序

回 忆

王 元

时隔三十四年,上海教育出版社重印他们出版的《华罗庚科普著作选集》.这是十分愉快的事,令人沉于往事的回忆.

这本《选集》的每篇著作都是经过华罗庚本人确认的.他对《选集》的出版十分重视,专门为此写了一篇"感谢":将这本《选集》比作他的早一年出版的"Loo-Keng Hua, Selected Papers, Springer-Verlag, 1983"一样,使他深感荣幸与喜悦.

出版社为这本《选集》举办了首发仪式.仪式在"科学大会堂"举行,有五百多位数学家与来宾参加,其中包括中科院卢嘉锡院长.

为了避免华老因为激动而影响健康,决定由我对《选集》做一个介绍并代表他对帮助过他的朋友与机构表示感谢.但他十分激动,仍然亲自发表了一篇"感谢".会议结束,他已汗流浃背了.

《选集》出版一年零三个月后,华老就永远离开了我们.三十四年来,《选集》中的一些部分曾多次被一些出版社重印过,教育与影响了无数读者,特别是青少年,但未全部重印过.这次重印,必将使读者能更全面地了解华老并向他学习,确实是一件很好的事情,我愿借此机会向上海教育出版社的有关朋友表示衷心的感谢与敬意.

华罗庚 著

大哉数学之为用

华罗庚科普著作选集

介绍

王 元

一

中国古代数学曾有过极为光荣的传统与贡献.由于我国长期处于封建社会,而西方已进入资本主义社会,我国的数学落后了.我国现代的数学研究是20世纪20年代开始的.华罗庚教授是中国解析数论、典型群、矩阵几何学、自守函数论与多个复变数函数论等很多方面研究的创始人与开拓者,也是我国进入世界著名数学家行列最杰出的代表.迄今他共发表学术论文二百余篇,专著十本,其中有八本被国外翻译出版,有些可列入20世纪经典著作之列.他被选为美国科学院国外院士,法国南锡大学与香港中文大学授予他荣誉博士.他的名字已进入美国华盛顿斯密司-宋尼博物馆,也被列为芝加哥科学技术博物馆中当今八十八个数学伟人之一.外国报刊上征引了很多著名数学家对他的赞扬:"由于他工作范围之广,使他堪称世界名列前茅的数学家之一"(劳埃尔·熊飞尔德),"他是绝对第一流的数学家,他是作出特多贡献的人"(李普曼·贝尔斯),"受他直接影响的人也许比受历史上任何数学家直接影响的人都多,他有一个普及数学的方法"(罗兰德·格雷汉),等等.这些绝非溢美之词,他是当之无愧的.

本文不准备介绍他的学术成就,有兴趣的读者可以参看最近斯普林格出版社出版的《华罗庚论文选集》及他的一些著作.但是,华罗庚教授不仅是一位卓越的数学家,他对组织领导工作、教育工作、普及工作也作出了出色的贡献.特别是他多年来从事应用数学的研究与推广工作,收效极为丰富,影响甚为深远.本文将就这些方面作一些简略的介绍.

二

正当他年富力强,风华正茂,创作处于最高潮的时刻,中国新民主主义革命成功了. 中华人民共和国成立的消息很快传到了美国. 他毅然放弃了伊利诺大学终身教授席位, 于1950年带领全家回到北京. 那时帝国主义封锁我们, 旧中央研究院数学所的图书馆又搬到台湾去了. 他就在这个时刻担当起中国科学院数学研究所所长职务, 负责新建数学所的重任. 在这样艰难的工作与生活条件下, 以他为核心与榜样, 数学所上下团结一致, 艰苦工作, 不到五年, 就初具规模, 涌现出一批出色的成果与人才, 受到国内外的高度赞扬. 这与他卓越的领导是分不开的.

他深知培养中国青年数学家的重要. 他始终抓紧这项工作, 不仅向他们传授数学知识和治学方法, 更注意教育他们热爱祖国和人民, 教育他们有良好的学术品德和作风.

他的宝贵治学经验只有较少一些已写成文章发表, 特别在60年代以后, 他很少有时间再去撰写这方面的文章, 这是很可惜的.

早在50年代初, 他就提出"天才在于积累, 聪明在于勤奋", 虽然他聪明过人, 但他从不夸耀自己的天分, 而是把比"聪明"重要得多的"勤奋"与"积累"看作两把成功的钥匙, 反复告诉青年人. 要他们学数学做到"拳不离手, 曲不离口", 经常地锻炼自己.

当时他领导的两个数论讨论班, 一个是基础性的, 由他每周讲一次, 讲义交给学生分别负责仔细阅读, 反复讨论后再定稿. 另一个是哥德巴赫问题讨论班. 由学生轮流报告, 每一点疑难, 他都要当场追问清楚, 学生常常被挂在黑板上下不了台. 在节假日, 他还常到宿舍找学生谈数学问题. 除此以外, 他还领导了代数学与多个复变数函数论的研究工作. 对全所的研究工作, 他都亲自过问. 在不到五年的时间里, 受他直接领导而很好成长的学生就有越民义、万哲先、陆启铿、龚升、王元、许孔时、陈景润、吴方、魏道政、严士健与潘承洞等. 这些人现在都成为教授了, 是我国数学界的骨干, 有些已是国际知名数学家. 受过他影响的数学家更是不胜枚举.

其实早在40年代, 他就在昆明西南联大领导了一个讨论班, 在讨论班中受到教益而成为著名数学家的有段学复、闵嗣鹤、樊畿与徐贤修等人.

50年代中期, 他又提出"要有速度, 还要有加速度". 所谓"速度"就是出成果, 所谓"加速度"就是成果的质量要不断提高. 这是针对当时数学所已经出了一批成果, 有些人有自满情绪, 写了一些同等水平的文章. 他这一意见, 正是针对这种倾向, 鼓励大家千万不要自满, 要继续攀登高峰.

在治学方面,他总是不吃老本,永远向前看.当他成为世界著名数论学家时仍不停步,宁可另起炉灶,研究新领域代数学与复分析.到他老年时,还勇敢地接触新的数学领域,如近似积分与偏微分方程等.他要大家不要"画地为牢",要抓紧机会学习别人的长处与锻炼自己.特别是他提出了"专"与"漫"的关系.首先要专,使研究工作深入,然后必须注意从自己的专长出发,向有关方面漫出去,扩大研究领域.

十年浩劫中,受了林彪、"四人帮"的毒害,一些人包括青年人中不良学风颇为盛行.表现在粗制滥造,争名夺利,任意吹嘘.这些作风使他深感痛心.1978年,他语重心长地提出"早发表,晚评价".后来又提出"努力在我,评价在人".自然科学的成果,常需经时间检验,才能逐渐清楚其价值,刚一发表就吹嘘,本身就是违反科学的客观规律的.

他对自己的要求比对其他人更严格了.当他以古稀高龄到西欧与美国讲学时,他向自己提出"弄斧必到班门".意思是到一个单位去演讲,最好讲该单位专长的内容,这样才能得到更多的帮助.

他深知年龄是不饶人的.在1979年,他指出:"树老易空,人老易松,科学之道,戒之以空,戒之以松,我愿一辈子从实以终,这是我对自己的鞭策,也可以说是我今后的打算."

他正是以"实"与"紧"要求自己,即使在卧病之中,仍然坚持工作.并且说:"我的哲学不是生命尽量延长,而是工作尽量多做."

三

当然,能够在华罗庚教授身边工作,承受他的身教与言教的学生总还是极少数人.早在50年代,他就注意发现社会上的卓越人才.陈景润就是他发现并推荐到数学所工作的.他是由于见到陈景润对塔内问题有些见解,而看出陈景润是一个可造就的人才的.这件好事情,居然使他在历次政治运动中受到错误的批判,说他重视"只专不红"的人,使他无法再做推荐人才的工作.

他是我国在中学进行数学竞赛活动的热心创始人、组织者与参加者.50年代北京的历次数学竞赛活动,他都参与组织,从出试题,到监考,改试卷都亲自参加,也多次到外地去推动这一工作.特别在竞赛前,他都亲自给学生作报告,作为动员.他写的几本通俗读物《从杨辉三角谈起》《从祖冲之的圆周率谈起》《从孙子的"神奇妙算"谈起》《数学归纳法》等,都源自于当时的报告.这些报告不仅是传授知识,富于启发性,更重要的是这些报告都是极好的爱国主义教材.杨辉、祖冲之都是我国古代的卓越数学家."神奇妙算"是《孙子算经》中的光辉篇章.《数学归纳法》中有一个李善兰恒等式的证明,这还有个故事,当匈牙利数学家保尔·吐朗来北京访问时,曾讲了这个恒等式,并用兰向达多项式等高深知识给出了一个证明.中国人难道不能给他们祖先提出的问题一个数学证明吗?他连夜思考,终于在与吐朗临别时,给了他一个非常初等、漂亮的证明.这些书一版再版,在青年中广为流传,是他们最喜欢的课外书籍之一.

他撰写《数论导引》《典型群》与《多个复变数典型域上的调和分析》的同时,曾引导一些青年人进入数学研究领域,使他们成为很好的数学家.从1958年开始,他到中国科学技术大学数学系授课,由王元任助手.他计划撰写四卷《高等数学引论》,作为近代数学的基础丛书.可惜只出版了一卷半,手稿都在十年浩劫中丢失了.

在教课过程中,他非常注意教学改革.他提倡启发式教学,强调数学各分科之间的内在联系.因此基础课统一成一门课,共三年半时间,这种体系被称为"一条龙".他还特别强调理论联系实际.例如在讲到用有理数贯逼近实数时,当给了实数,如何构造有理数贯?他介绍了"连分数".连分数在天文学上的一系列应用也就顺带讲了."数值积分"到底用到哪里去?我们向地理学家与地质学家请教,学会了不少实用的有效方法,他从理论上对这些方法加以总结提高.弄清了它们之间的关联与误差估计.这些成果总结于"关于在等高线图上计算矿藏储量与坡地面积的问题"之中.在中小学数学课中,学习的都是"离散性的数学",但大学一开始学习的微积分就是"连续性数学".容易造成一个错觉,即"连续性数学"比"离散性数学"更优越或更能解决问题.在文章《有限与无穷,离散与连续》中,用一系列生动的例子说明了"离散性数学"的重要性,特别指出,本来是离散性的数学问题,最好采用离散性方法来处理.文章发表后二十年的数学发展表明,离散性数学方法在应用数学中的重要性已经日趋显要.这充分表明他当时的见解是有深刻预见性的.

四

早在50年代初,华罗庚教授就热情地倡议并支持应用数学的发展,使数学能更好地为社会主义建设服务.数学所刚成立,他就建议并在数学所中成立电子计算机研制小组与力学研究组,为我国培养了这些方面的研究骨干.他还建议将微分方程与概率论作为中国数学发展的重点,以此作为数学应用的"触角".

1958年,华罗庚教授倡议在我国工业生产中推广使用运筹学中的数学方法,并亲自和他的学生越民义、万哲先、王元等一起,走出研究所,到我国运输部门从事运输问题中的数学方法的普及工作.推广与应用线性规划中的数学方法,一度曾在北京市与山东省形成了群众运动.但由于这些方法使用的范围有限,计算也比较复杂,所以这些方法在中国至今主要还是在少数部门,例如运输部门中推广使用.

早在1958年,华罗庚教授就倡议在制订国民经济计划时使用"投入-产出法",他不仅宣讲这一方法,并进行了深入的研究,他还讲授了与这一理论相关的非负元素矩阵理论,并指出某些理论上的重要结果在经济学上的重要意义.

这一期间,华罗庚教授千方百计地探索着数学为经济建设服务的途径.在《大哉数学之为用》一文中,他从各个方面精辟地阐述了数学的用途.他又以非常通俗的语言,在总标题为《数学的用场》的系列小品文中,介绍了一些有用的数学方法,登在《人民日报》上.他还提出近似计算多重积分的新思想,他的想法现在已发展成为系统的理论,受到国内外的高度评价.

在中国工业部门真正很好地进行普及数学方法的工作,是在1965年重新开始的,一直延续到现在.这段工作时间最长,工作量最大.华罗庚教授精辟地总结了这些年来从事普及数学方法工作的经验.他提出并解决了普及数学方法的目的、内容及方法.也就是他所说的"三条原则",即(1)为谁?(2)什么技术?(3)如何推广?"为谁?"是一个指导思想问题.他指出:"无穷维空间对一个数学家来说很引人入胜,但对工人来说,他不关心这一点.他希望尽快地找到砂轮或锡林的平衡位置.因此搞普及工作,首先要找到讲者与听者间的共同目标.有了共同目标,就能为产生共同语言打开道路"(见本选集《在中华人民共和国普及数学方法的若干个人体会》).

首先建立了以华罗庚教授为首的普及数学方法小分队,他的学生陈德泉与计雷为主要队员.他们二人一直跟他一起东奔西走,协助他做了很多工作.这期间,他的学生李志杰、那吉生、裴定一也较多地协助了相关的工作.

华罗庚教授选择了以改进生产工艺问题的数学方法为内容的"优选法"与处理

生产组织与管理问题为内容的"统筹法"作为普及工作的内容．这两大类方法又简称为"双法"．在浩如烟海的应用数学文献中，找出适合中国这样一个有众多小工厂、工业水平比较落后的国家中普及应用的数学方法，而且又要讲得通俗易懂，使中国广大的普通工人都能听懂，能运用，这本身就是非常困难的事．为此他撰写了《优选法平话及其补充》与《统筹法平话及补充》两本科普读物，以极为深入浅出的方式讲述了这两个方法，深受广大中国工人的欢迎．计算起来，他从事数学方法普及所耗去的精力与时间，并不少于他作为第一流的数学家在纯粹数学几个领域进行开拓性研究所耗的精力与时间．当然，在近二十年中，他仍利用点滴时间从事数学理论工作．对于他接触过的应用数学方法，他总是认真研究它们的理论及严格的数学证明．

从1965年开始，华罗庚教授及其小分队到过中国二十多个省、市和自治区的几百个城市，几千个工厂，给几百万工人及技术人员讲过课，使他们学会"优选法"与"统筹法"，并用于改进他们自己的工作．

小分队每到一个省，即到一个工厂或矿山所在地，把全省及外省的二百个左右的同志集合起来，举办约一周的学习班．除三四次讲课外，都是小组讨论．讨论的内容主要为如何将"优选法"与"统筹法"应用于各人自己的工作，或当地的生产过程中去．一周后，他们即分别奔赴全省各工业单位，与各厂的领导、工人师傅与技术人员结合起来共同工作．在这个过程中，华罗庚教授总是轮流到全省各主要城市及工厂中去亲自指导，及时了解一些成功的经验及失败的教训．然后再召集其他城市的代表到某工厂或矿山现场去开会，学习这些经验，以便进一步改进自己的工作．因此他们的工作范围与领域很广．每到一个省，常常得到上万项成果，产生了巨大的经济收益．工人们能在小分队离开后，自己将"优选法"与"统筹法"用于以后的工作．

在各处奔走搞应用数学方法普及工作的时候，华罗庚教授常常在深夜唤醒他的助手共同研究数学的理论问题．例如，在乌鲁木齐，他得到了分圆域独立单位组的一些结果；在杭州，他得出了用PV数构造伪随机数列的方法；在哈尔滨时，他得到了用初等方法处理哥德巴赫问题主项的办法等．这些成果都成为他在1979年以后去英国、法国、联邦德国、荷兰与美国等讲学的内容．他从来认为理论是基础，他之所以对应用有些成绩，得益于他多年的理论研究及坚实的数学基础与修养．

当然,普及数学方法的工作在中国取得这样的成功,与华罗庚教授本人在中国人民中享有的声誉是分不开的.

华罗庚教授将他普及数学方法的宝贵经验总结在他的论文《在中华人民共和国普及数学方法的若干个人体会》之中.这一报告曾在第四届国际数学教育会议上作为全会报告之一.这一报告还在伦敦数学会、美国数学会与西欧及美国很多大学与研究所报告过,受到高度赞扬.目前已根据这篇报告扩充成专著,即将在贝尔克豪斯(波斯顿)出版社出版.

五

应该指出,这三十多年来,华罗庚教授的各项工作都受到不应有的干扰破坏,致使他未能发挥更大作用.从1958年开始,"左"倾思想与做法就不断地冲击着数学界.他所领导的数论研究及关于哥德巴赫问题的研究被"批判"成"理论脱离实际的典型",而被迫解散了.从那时开始,他已无法再继续领导数学研究所的工作.他倡导的数学竞赛活动与撰写的介绍治学方法的文章,都被胡说成是所谓宣扬"封、资、修"的一套,而被迫中断了这些科普工作.

十年浩劫中,他的家更被"查抄"了好几次.手稿散失殆尽,至今没有下落,使不少工作无法继续进行.奇怪的是除手稿丢失外,其他东西并不少.

在他从事数学方法普及工作的二十年中,更有种种流言蜚语,甚至人身攻击.并且有人从中破坏,企图解散他领导的小分队.以致他在1975年患了严重的心脏病.

他的学生也因此遭到不同程度的攻击与迫害.

在这种情形下,即使在科研或科普方面作出一点点成绩来,又该是多么不容易啊!

这一切已经过去了.党的十一届三中全会给中国带来了美好的前程.我们深信他在古稀之年还会作出更出色的贡献.

六

在这本选集中,搜集的都是正式发表过的著作.他还有大量未发表的著作与手稿,可惜都在十年浩劫中丢失了.例如不少人见过的至少就有"投入-产出法"与"运输问题中的数学方法"手稿,都是1960年前后写成的.特别在近二十年中,他从事应用数学方法普及工作,在各地作了大量生动而有启发性的演讲,都没有正式发表."优选法"与"统筹法"在工业生产中具体问题的应用的大量出色经验,也没有写出来.这些材料都只能在以后陆续搜集出版.

参 考 文 献

关于华罗庚教授的生平与事迹,国内报刊上曾发表过很多文章加以介绍,在此就不列举了. 仅举几篇国外发表的文章于后.

[1] Lowell Schoenfeld, A Biographical Note on Professor Loo-Keng Hua, Notices of the AMS, 7, 1959, 729~730.
[2] Stephen Salaff, A Biography of Hua Loo Keng, Science and Tech. in East Asia, Sivin Nathan edited, Watson Acad. Publ. Inc; 1977, 42.
[3] Gina Bari Kolata, Hua Loo Keng Shapes Chinese Math. , Science, 210, 1980, 412~413.
[4] Anita Feferman, Professor Loo-Keng Hua on Tour, San Francisco Sunday, March, 15, 1981, 18~22.
[5] Loo-Keng Hua, Selected Papers, Springer-Verlag, 1983.

感谢

我的《论文选集》(Loo-Keng Hua, Selected Papers, Springer-Verlag, 1983) 在斯普林格出版社出版后，上海教育出版社又立即组织出版我的《科普著作选集》，我深感荣幸与喜悦.

在我从事数学普及工作的三十多年中，帮助过我的人实在太多，使我无法一一列举，来表示我的衷心感谢.

在我从事"数学竞赛"活动时，我要感谢各省(市)广大的中学老师、同学及教育厅(局)负责同志的大力支持与他们的宝贵意见. 我写的几本小册子中也有他们的心得.

特别在我从事"优选法"与"统筹法"推广工作的近二十年中，走遍了我国二十多个省、市和自治区，几百个城市，几千个工厂，给数以百万计的工人师傅、技术人员与厂矿领导讲过课. 从事推广工作的过程，对我来说，首先是一个学习的过程. 工厂的工人师傅、技术人员与领导干部教给了我生产与管理知识，然后我们共同研究，共同设法运用数学方法以改进生产与管理水平. 我对他们的感谢更是无法用言语来形容.

我也要感谢多年来协助我工作的很多学生.

最后我要感谢上海教育出版社的支持与帮助.

华罗庚
1984. 3. 15

目录

第一部分 致知

从杨辉三角谈起 　　　　　　　　　　　3
从祖冲之的圆周率谈起 　　　　　　　47
从孙子的"神奇妙算"谈起 　　　　　　82
数学归纳法 　　　　　　　　　　　　105
谈谈与蜂房结构有关的数学问题 　　154
三分角问题 　　　　　　　　　　　　190
有限与无穷，离散与连续
　　——为纪念中国科学技术大学建校五周年
　　而作 　　　　　　　　　　　　　198
《全国中学数学竞赛题解》前言 　　　233
天才与锻炼
　　——从沙昆塔拉快速计算所想到的 　242

第二部分 论学

数学是我国人民所擅长的学科 　　　253
谈谈同学们学科学的几个问题 　　　258
谈革命干部学习科学知识问题 　　　262

和同学们谈谈学习数学	268
我从事科学研究工作的体会	270
写给向科学堡垒进攻的青年们	275
聪明在于学习,天才由于积累	278
学·思·锲而不舍	284
取法务上,仅得乎中	290
和青年谈学习	292
学与识	297
学习和研究数学的一些体会	303

第三部分　为用

大哉数学之为用	315
数学的用场(五则)	327
关于在等高线图上计算矿藏储量与坡地面积的问题	337
统筹方法平话及补充	355
优选法平话及其补充	400
在中华人民共和国普及数学方法的若干个人体会	423

第一部分

致知

人类识自然，

探索穷研，

花明柳暗别有天，

谲诡神奇满目是，

气象万千.

往事几百年，

祖述前贤，

瑕疵讹谬犹盈篇，

蜂房秘奥未全揭，

待咱向前.

从杨辉三角谈起

写 在 前 面

这本小册子第 2 页[①]上所载的图形(图 1),称为"杨辉三角". 杨辉三角并不是杨辉发明的,原来的名字也不是"三角",而是"开方作法本源";后来也有人称为"乘方求廉图". 这些名称实在太古奥了些,所以我们简称之为"三角".

杨辉是我国宋朝时候的数学家,他在 1261 年著了一本叫作《详解九章算法》的书,里面画了这样一张图,并且说这个方法是出于《释锁算书》,贾宪曾经用过它. 但《释锁算书》早已失传,这书刊行的年代无从查考,是不是贾宪所著也不可知,更不知道在贾宪以前是否已经有这个方法. 然而有一点是可以肯定的,这一图形的发现在我国当不迟于 1200 年左右. 在欧洲,这图形称为"巴斯加(Pascal)三角"[②]. 因为一般都认为这是巴斯加在 1654 年发明的. 其实在巴斯加之前已有许多人论及过,最早的是德国人阿批纳斯(Petrus Apianus),他曾经把这个图形刻在 1527 年著的一本算术书的封面上. 可是无论怎

图 1

---

① 本书第 3 页.
② Pascal 现通常译为"帕斯卡".——编者注

样,杨辉三角的发现,在我国比在欧洲至少要早 300 年光景.

这本小册子是为中国数学会创办数学竞赛而作的,其中一部分曾经在中国数学会北京分会和天津分会举办的数学通俗讲演会上讲过. 它的目的是给中学同学们介绍一些数学知识,可以充当中学生的课外读物. 因此,我们既不钻进考证的领域,为这一图形的历史多费笔墨,也不只是限于古代的有关杨辉三角的知识,而是从我国古代的这一优秀创造谈起,讲一些和这图形有关的数学知识. 由于读者对象主要是中学生,我们不得不把论述的范围给予适度的限制.

我必须在此感谢潘一民同志,本书的绝大部分是他根据我的非常简略的提纲写出的.

华罗庚
1956 年 6 月序于清华园

一 杨辉三角的基本性质

我们先来考察一下杨辉三角里面数字排列的规则. 一般的杨辉三角是如下的图形(图 2):

$$
\begin{array}{c}
1 \\
1 \quad 1 \\
1 \quad 2 \quad 1 \\
1 \quad 3 \quad 3 \quad 1 \\
1 \quad 4 \quad 6 \quad 4 \quad 1 \\
1 \quad 5 \quad 10 \quad 10 \quad 5 \quad 1 \\
1 \quad 6 \quad 15 \quad 20 \quad 15 \quad 6 \quad 1 \\
\cdots\cdots
\end{array}
$$

第 n 行　　　　$1, C_{n-1}^1, \cdots, C_{n-1}^{r-1}, C_{n-1}^r, \cdots, C_{n-1}^{n-2}, 1$

第 $n+1$ 行　　$1, C_n^1, C_n^2, \cdots, C_n^r, \cdots, C_n^{n-2}, C_n^{n-1}, 1$

图 2

这里,记号 C_n^r 是用来表示下面的数:

$$C_n^r = \frac{n(n-1)\cdots(n-r+1)}{r!} = \frac{n!}{r!(n-r)!},$$

而记号 $n!$（同样 $r!$ 和 $(n-r)!$），我们知道它是代表从 1 到 n 的连乘积 $n(n-1)(n-2)\cdots 3\cdot 2\cdot 1$，称为 n 的阶乘. 学过排列组合的读者还可以知道，C_n^r 也就是表示从 n 件东西中取出 r 件东西的组合数.

从上面的图形（图 2）中我们能看出什么呢？就已经写出的一些数目字来看，很容易发现这个三角形的两条斜边都是由数字 1 组成的，而其余的数都等于它肩上的两个数相加. 例如 $2=1+1$，$3=1+2$，$4=1+3$，$6=3+3$，…. 其实杨辉三角正是按照这个规则作成的. 在一般的情形，因为

$$C_{n-1}^{r-1}+C_{n-1}^r=\frac{(n-1)!}{(r-1)!\,(n-r)!}+\frac{(n-1)!}{r!\,(n-1-r)!}$$

$$=\frac{(n-1)!}{r!\,(n-r)!}[r+(n-r)]$$

$$=\frac{n!}{r!\,(n-1)!}=C_n^r,$$

这说明了图 2 中的任一数 C_n^r 等于它肩上的两数 C_{n-1}^{r-1} 和 C_{n-1}^r 的和.

为了方便起见，我们把本来没有意义的记号 C_n^0 和 C_{n-1}^n 令它们分别等于 1 和 0，这样就可以把刚才得到的结果写成关系式：

$$C_{n-1}^{r-1}+C_{n-1}^r=C_n^r,\ (r=1,2,\cdots,n)$$

而称它为**杨辉恒等式**. 这是杨辉三角最基本的性质.

对于杨辉三角的构成，还可以有一种有趣的看法.

如图 3，在一块倾斜的木板上钉上一些正六角形的小木块，在它们中间留下一些通道，从上部的漏斗直通到下部的长方框. 把小弹子倒在漏斗里，它首先会通过中间的一个通道落到第二层六角板上面，以后，落到第二层中间一个六角板的左边或

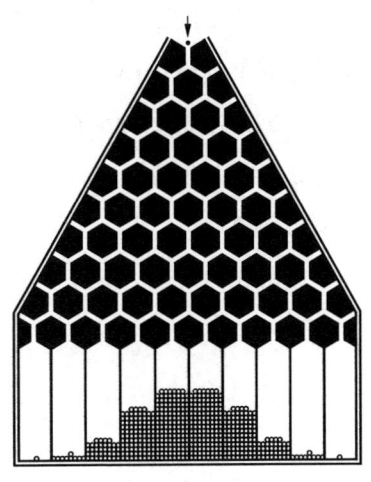

图 3

右边的两个竖直通道里去.再以后,它又会落到下一层的三个竖直通道之一里面去.这时,如果要弹子落在最左边的通道里,那么它一定要从上一层的左边通道里落下来的才行(1个可能情形);同样,如果要它落在最右边的通道里,它也非要从上一层的右边通道里落下来不可(1个可能情形);至于要它落在中间的通道里,那就无论它是从上一层的左边或右边落下来的都成(2个可能情形).

这样一来,弹子落在第三层(有几个竖直通道就算第几层)的通道里,按左、中、右的次序,分别有1,2,1个可能情形.不难看出,在再下面的一层(第四层),左、右两个通道都只有1个可能情形(因为只有当弹子是从第三层的左边或右边落下来时才有可能);而中间的两个通道,由于它们可以接受从上一层的中间和一边(靠左的一个可以接受左边,靠右的一个可以接受右边)掉下来的弹子,所以它们所有的可能情形应该分别是第三层的中间和一边(左边或右边)的可能情形相加,即是3个可能情形.因此第四层的通道按从左到右的次序,分别有1,3,3,1个可能情形.

照同样的理由类推下去,我们很容易发现一个事实,就是任何一层的左右两边的通道都只有一个可能情形,而其他任一个通道的可能情形,等于它左右肩上两个通道的可能情形相加.这正是杨辉三角组成的规则.于是我们知道,第 $n+1$ 层通道从左到右,分别有 $1, C_n^1, C_n^2, \cdots, C_n^{n-1}, 1$ 个可能情形.

我们还可以这样来看上面的结论:如果在倾斜板上做了 $n+1$ 层通道;从顶上漏斗里放下 $1+C_n^1+C_n^2+\cdots+C_n^{n-1}+1$ 颗弹子,让它们自由地落下,掉在下面的 $n+1$ 个长方框里.那么分配在各个框子中的弹子的正常数目(按照可能情形来计算),正好是杨辉三角的第 $n+1$ 行.注意,这是指"可能性"而不是绝对如此.这种现象称为概率现象.

以下我们来讨论杨辉三角的一些应用.

二 二项式定理

和杨辉三角有最直接联系的是二项式定理.学过初中代数的人都知道:

$$(a+b)^1 = a+b,$$
$$(a+b)^2 = a^2 + 2ab + b^2,$$
$$(a+b)^3 = a^3 + 3a^2b + 3ab^2 + b^3,$$
$$(a+b)^4 = a^4 + 4a^3b + 6a^2b^2 + 4ab^3 + b^4,$$
……

这里，$(a+b)^3$ 展开后的系数 1，3，3，1 就是杨辉三角第四行的数字. 不难算出 $(a+b)^6$ 的系数是 1，6，15，20，15，6，1，即杨辉三角第七行的数字. 所以杨辉三角可以看做是二项式的乘方经过分离系数法后列出的表. 实际上，我们可以证明这样的事实：一般地说，$(a+b)^n$ 的展开式的系数就是杨辉三角中第 $n+1$ 行的数字

$$1, C_n^1, C_n^2, \cdots, C_n^r, \cdots, C_n^{n-1}, 1,$$

即

$$(a+b)^n = a^n + na^{n-1}b + \frac{n(n-1)}{2!}a^{n-2}b^2 + \cdots +$$
$$\frac{n(n-1)\cdots(n-r+1)}{r!}a^{n-r}b^r + \cdots + b^n$$
$$= a^n + C_n^1 a^{n-1}b + C_n^2 a^{n-2}b^2 + \cdots + C_n^r a^{n-r}b^r + \cdots + b^n.$$

这便是有名的二项式定理.

要证明这个定理并不难，我们可以采用一个在各门数学中都被广泛地应用到的方法——数学归纳法. 数学归纳法的用途是它可以推断某些在一系列的特殊情形下已经成立了的数学命题，在一般的情形是不是也真确. 它的原理是这样的：

假如有一个数学命题，合于下面两个条件：(1) 这个命题对 $n=1$ 是真确的；(2) 如设这个命题对任一正整数 $n=k-1$ 为真确，就可以推出它对于 $n=k$ 也真确. 那么这个命题对于所有的正整数 n 都是真确的.

事实上，如果不是这样，就是说这个命题并非对于所有的正整数 n 都是真确的，那么我们一定可以找到一个最小的使命题不真确的正整数 m. 显然 m 大于 1，

因为这个命题对 $n=1$ 已经知道是真确的(条件(1)). 因此 $m-1$ 也是一个正整数. 但 m 是使命题不真确的最小的正整数, 所以命题对 $n=m-1$ 一定真确. 这样就得出, 对于正整数 $m-1$ 命题是真确的, 而对于紧接着的正整数 m 命题不真确. 这和数学归纳原理中的条件(2)相冲突.

数学归纳法是数学中一个非常有用的方法, 我们在以后各节中还将不止一次地用到它. 读者如果想详细了解这一原理和更多的例题, 我建议去读索明斯基(И. С. Соминский)著的小册子《数学归纳法》[①]. 但我想在这儿赘上一句: 归纳法的难点不在于证明, 而在于怎样预知结论. 读者在做完归纳法的习题以后, 试想一下这些习题人家是怎样想出来的!

现在我们就用数学归纳法来证明二项式定理.

从本节开头所列举出来的而为大家所熟知的恒等式(这些恒等式可以把它们的左边直接乘出而得到证明)可以看出, 二项式定理对于 $n=1, 2, 3$ 的情形的确是成立的. 这便满足了数学归纳法的条件(1)(其实只要对 $n=1$ 成立就够了). 另一方面, 假设定理对任一正整数 $n=k-1$ 成立. 那么, 因为

$$(a+b)^k = (a+b)(a+b)^{k-1}$$
$$= (a+b)(a^{k-1} + C_{k-1}^1 a^{k-2} b + \cdots + C_{k-1}^r a^{k-1-r} b^r + \cdots + b^{k-1})$$
$$= (a^k + C_{k-1}^1 a^{k-1} b + \cdots + C_{k-1}^r a^{k-r} b^r + \cdots + ab^{k-1}) +$$
$$\quad (a^{k-1} b + \cdots + C_{k-1}^{r-1} a^{k-r} b^r + \cdots + C_{k-1}^{k-2} ab^{k-1} + b^k)$$
$$= a^k + (1 + C_{k-1}^1) a^{k-1} b + \cdots + (C_{k-1}^{r-1} + C_{k-1}^r) a^{k-r} b^r + \cdots +$$
$$\quad (C_{k-1}^{k-2} + 1) ab^{k-1} + b^k,$$

再由杨辉恒等式(注意 $C_{k-1}^0 = C_{k-1}^{k-1} = 1$), 便得到:

$$(a+b)^k = a^k + C_k^1 a^{k-1} b + \cdots + C_k^r a^{k-r} b^r + \cdots + C_k^{k-1} ab^{k-1} + b^k.$$

所以条件(2)也是满足的. 于是我们的定理用数学归纳法得到了证明.

顺便指出, 由二项式定理可以得出一些有趣的等式, 例如:

---

① 索明斯基. 数学归纳法. 高彻, 译. 北京: 中国青年出版社, 1953 年 6 月.

$$2^n = (1+1)^n = 1 + C_n^1 + C_n^2 + \cdots + C_n^{n-1} + 1,$$
$$0 = (1-1)^n = [1+(-1)]^n$$
$$= 1 - C_n^1 + C_n^2 - \cdots + (-1)^{n-1} C_n^{n-1} + (-1)^n.$$

第一个等式说明杨辉三角的第 $n+1$ 行的数字的和等于 2^n；而第二个等式说明它们交错相加相减，所得的数值是 0. 利用前一式，我们可以把第一节中图 3 所表示的结论讲得更清楚些：如果倒进漏斗的小弹子数是 2^n，那么掉在第 $n+1$ 层各框子里的数目是 1, C_n^1, $\cdots$, C_n^{n-1}, 1（注意概率现象）.

三 开 方

杨辉三角在我国古代大多是用来作为开方的工具. 直到现在，我们在代数学中学到的开平方和开立方的方法，仍然是从杨辉三角中得来的.

譬如拿开平方来说吧，因为有等式

$$(a+b)^2 = a^2 + 2ab + b^2 = a^2 + (2a+b)b,$$

所以我们可以把一个数的平方根分成几位数字来求：先求出平方根的最高位数 a[①]，再从原来的数减去初商 a 的平方而得出余数. 如果原来的数可以表成 $(a+b)^2$ 的形式，那么这个余数一定能写成 $(2a+b)b$ 的样子. 我们可用 $2a$ 去试除余数，看看商数是多少，然后定出平方根的第二位数（次高位数）b（b 一定不会大于 $2a$ 除余数的商）. 假如 $(2a+b)b$ 刚好等于这个余数，那么原数的平方根就等于 $(a+b)$；不然的话，我们又可以把 $a+b$ 当成原来的 a，而将这一手续继续进行下去.

同样，如果要求一个数的立方根，根据等式

$$(a+b)^3 = a^3 + 3a^2b + 3ab^2 + b^3 = a^3 + (3a^2 + 3ab + b^2)b,$$

可以先求出它的最高位数 a，再从原来的数减去 a 的立方而得出余数. 然后用 $3a^2$ 去试除余数，定出立方根的次高位数 b，再从余数减去 $(3a^2 + 3ab + b^2)b$. 如果得到

[①] 这里，十位数 = 十位数字 × 10；百位数 = 百位数字 × 100；以下类推.

的新余数等于 0,那么立方根就是 $a+b$;不然的话,又可以把 $a+b$ 当成 a 而继续进行这些步骤.

从理论上说,有了杨辉三角,就可以求任何数的任意高次方根,只不过是次数愈高,计算就愈加繁复罢了. 下面我们举一个开 5 次方的例子:

例 求 1419857 的 5 次方根.

因为

$$(a+b)^5 = a^5 + 5a^4b + 10a^3b^2 + 10a^2b^3 + 5ab^4 + b^5$$
$$= a^5 + (5a^4 + 10a^3b + 10a^2b^2 + 5ab^3 + b^4)b,$$

所以有算式:

$$\begin{array}{r} 10 + 7 \cdots (a+b) \\ \hline 14,19857 \\ 1,00000 \cdots a \end{array}$$

$5a^4$ ············ $5 \times 10^4 = 50000$ $\quad$ 13,19857

$10a^3b$ ········· $10 \times 10^3 \times 7 = 70000$

$10a^2b^2$ ······· $10 \times 10^2 \times 7^2 = 49000$

$5ab^3$ ·········· $5 \times 10 \times 7^3 = 17150$

b^4 ················· $7^4 = 2401$

$5a^4 + 10a^3b + 10a^2b^2$ $\quad\quad\quad\quad\quad$ 13,19857 $\cdots (5a^4 + 10a^3b + 10a^2b^2$
$+ 5ab^3 + b^4$ ······· 188551 $\quad\quad\quad\quad\quad\quad\quad\quad + 5ab^3 + b^4)b,$

于是得出 $\sqrt[5]{1419857} = 17.$

四 高阶等差级数

如果一个级数的每一项减去它前面的一项所得的差都相等,这个级数就叫作等差级数. 但对于某些级数而言,这样得出来的差并不相等,而是构成一个新的等差级数,那么我们就把它们叫作**二阶等差级数**. 列成算式来说,二阶等差级数就是满足条件

$$(a_3 - a_2) - (a_2 - a_1) = (a_4 - a_3) - (a_3 - a_2) = \cdots$$
$$= (a_n - a_{n-1}) - (a_{n-1} - a_{n-2}) = \cdots$$

的级数,而这里的 $a_1, a_2, \cdots, a_n$ 分别是这个级数的第1,第2,…,第 n 项.同样,如果一个级数的各项同它的前一项的差构成一个二阶等差级数,便叫作**三阶等差级数**.这个定义很自然地可以推广到一般的情形:设 r 是一个正整数,所谓 r 阶等差级数就是这样的级数,它的各项同它的前一项的差构成一个 $r-1$ 阶等差级数.二阶以上的等差级数我们总称**高阶等差级数**.

高中程度的读者都熟悉求等差级数的和的公式①.本节的任务就是利用杨辉三角来讨论一般的高阶等差级数的和.

我们先从以下的一批公式入手:

$$\underbrace{1+1+1+\cdots+1}_{n\text{个}} = n,$$

$$1+2+3+\cdots+(n-1) = \frac{1}{2}n(n-1),$$

$$1+3+6+\cdots+\frac{1}{2}(n-1)(n-2) = \frac{1}{3!}n(n-1)(n-2),$$

$$1+4+10+\cdots+\frac{1}{3!}(n-1)(n-2)(n-3) = \frac{1}{4!}n(n-1)(n-2)(n-3),$$

……

一般性的公式可以猜到应当是:

$$C_r^r + C_{r+1}^r + C_{r+2}^r + \cdots + C_{n-1}^r = C_n^{r+1} \quad (n > r). \tag{1}$$

上面列举的式子分别是 $r=0,1,2,3$ 的情形.

这些恒等式的正确性可以从杨辉三角中直接看得出来.因为杨辉三角的基本性质是:其中任一数等于它左右肩上的二数的和.我们从图中一个确定的数开始,它是它左右肩上的二数的和;然后把左肩固定,而考虑右肩,它又是它的左右肩上的二数的和.这样推上去,总是把左肩固定,而对右肩运用这个规则,最后便得出:从一数的"左肩"出发,向右上方作一条和左斜边平行的直线,位于这条直线上的各

---

① 如 $S_n = \sum_{k=1}^{n} a_k = \frac{n}{2}(a_1 + a_n)$,即等差数列的求和公式.——编者注

图 4

数的和等于该数.如果选择杨辉三角的第 $n+1$ 行的第 $r+1$ 个数作为开始的数,那么这里的结果正是我们所要证明的恒等式(1).图 4 中所举的例子是

$$10=4+6=4+(3+3)=4+[3+(2+1)],$$

即得
$$1+2+3+4=10.$$

用数学归纳法来证明恒等式(1)也是不困难的,不过得首先说明一点:在数学归纳原理中,如果把条件(1)中的 $n=1$ 改成 $n=a$ (a 是一个确定的正整数),而条件(2)对于任一大于 a 的正整数都适合,那么同样可以证明命题对于所有大于或等于 a 的正整数 n 都是真确的(读者可补出详细的证明).

现在我们就在作了这样说明的基础上来对恒等式(1)中的 n 施行归纳法.当 $n=r+1$ 时,(1)式的左边是 1,而右边是 $C_{r+1}^{r+1}=1$,所以是真确的.又假定(1)式对 $n=k(k>r)$ 真确,即

$$C_r^r+C_{r+1}^r+\cdots+C_{k-1}^r=C_k^{r+1},$$

那么就有

$$C_r^r+C_{r+1}^r+\cdots+C_{k-1}^r+C_k^r=C_k^{r+1}+C_k^r;$$

再由杨辉恒等式,上式的右边又等于 C_{k+1}^{r+1},所以推出(1)式对于 $n=k+1$ 的真确性.这样,归纳原理的两个条件都已满足,于是可以断言,(1)式对于所有大于 r 的正整数 n 都是成立的.

依据同一原则,还可以把(1)式的证明写成

$$C_r^r+C_{r+1}^r+C_{r+2}^r+\cdots+C_{n-2}^r+C_{n-1}^r$$
$$=C_{r+1}^{r+1}+(C_{r+2}^{r+1}-C_{r+1}^{r+1})+(C_{r+3}^{r+1}-C_{r+2}^{r+1})+\cdots+$$
$$(C_{n-1}^{r+1}-C_{n-2}^{r+1})+(C_n^{r+1}-C_{n-1}^{r+1})$$
$$=C_n^{r+1}.$$

为了便于记忆,(1)式也可以改写成

$$C_r^r + C_{r+1}^r + C_{r+2}^r + \cdots + C_{r+n-1}^r = C_{r+n}^{r+1}. \qquad (2)$$

在 $r = 1, 2, 3$ 的情形,这就分别是等式

$$1 + 2 + 3 + \cdots + n = \frac{1}{2}n(n+1),$$

$$1 + 3 + 6 + \cdots + \frac{1}{2}n(n+1) = \frac{1}{6}n(n+1)(n+2),$$

$$1 + 4 + 10 + \cdots + \frac{1}{6}n(n+1)(n+2) = \frac{1}{24}n(n+1)(n+2)(n+3).$$

读者试证:(2)式的左边是一个 r 阶等差级数.

有了这些公式,我们就能够研究一切高阶等差级数的问题. 在未讨论一般情形之前,先举几个例子:

例 1 求等差级数的前 n 项的和.

以 a 为首项和以 d 为公差的等差级数的一般项是 $a + (k-1)d$,根据上面已有的公式,就有

$$\begin{aligned}
& a + (a+d) + (a+2d) + \cdots + [a + (n-1)d] \\
& = a(\underbrace{1 + 1 + 1 + \cdots + 1}_{n\text{个}}) + d[1 + 2 + \cdots + (n-1)] \\
& = na + \frac{1}{2}n(n-1)d = \frac{1}{2}n[2a + (n-1)d].
\end{aligned}$$

这个结果是我们所熟知的.

例 2 求 $1^2 + 2^2 + 3^2 + \cdots + n^2$ 的和.

把 k^2 写成为 $2 \times \frac{1}{2}k(k-1) + k$,而一般项为 $\frac{1}{2}k(k-1)$ 和 k 的级数是已有公式可以求和的,所以

$$\begin{aligned}
& 1^2 + 2^2 + 3^2 + \cdots + n^2 \\
& = 2\left[0 + 1 + 3 + 6 + \cdots + \frac{1}{2}n(n-1)\right] + (1 + 2 + 3 + \cdots + n)
\end{aligned}$$

$$= 2 \times \frac{1}{6}(n-1)n(n+1) + \frac{1}{2}n(n+1)$$

$$= \frac{1}{6}n(n+1)(2n+1).$$

例3 求 $1^3 + 2^3 + 3^3 + \cdots + n^3$ 的和①.

把 k^3 写为

$$6 \times \frac{1}{6}k(k-1)(k-2) + 6 \times \frac{1}{2}k(k-1) + k.$$

以 $\frac{1}{6}k(k-1)(k-2)$, $\frac{1}{2}k(k-1)$, k 为一般项的级数都包含在已有的公式里,所以

$$1^3 + 2^3 + 3^3 + \cdots + n^3$$

$$= 6 \times \frac{1}{24}(n-2)(n-1)n(n+1) + 6 \times \frac{1}{6}(n-1)n(n+1) + \frac{1}{2}n(n+1)$$

$$= \frac{1}{4}n(n+1)[(n-1)(n-2) + 4(n-1) + 2]$$

$$= \frac{1}{4}n(n+1)n(n+1) = \left[\frac{1}{2}n(n+1)\right]^2.$$

由此可见,

$$1^3 + 2^3 + 3^3 + \cdots + n^3 = (1 + 2 + 3 + \cdots + n)^2.$$

由上面的几个例子很容易看出,要求一个级数的和,可以先把它的一般项用公式中诸级数的一般项表示出来,再分别用公式求得. 很自然地会发生这样的疑问: 对于任何一个以 k 的多项式为一般项的级数,这种表示法常是可能的吗? 如果可能的话,又怎样求出它的表示式呢? 这就是在下面两节中要解决的中心问题.

五 差分多项式

我们先引进一些新的概念.

---

① 求这个和的公式,在我国元代的数学家朱世杰所著的《四元玉鉴》一书(1303年)中便已发现,比西洋最早得出这个公式的德国数学家莱布尼兹(Leibniz)要早三百多年.

定义 1 如果 $f(x)$ 是 x 的多项式,那么多项式
$$f(x+1)-f(x)$$
称为 $f(x)$ 的**差分**,用 $\Delta f(x)$ 表示它. $\Delta f(x)$ 的差分叫作 $f(x)$ 的**二级差分**,用 $\Delta^2 f(x)$ 表示它;所以
$$\Delta^2 f(x)=\Delta[f(x+1)-f(x)]=f(x+2)-2f(x+1)+f(x).$$
又用 $\Delta^3 f(x)$ 表示 $\Delta^2 f(x)$ 的差分,叫作 $f(x)$ 的**三级差分**;显然有
$$\Delta^3 f(x)=f(x+3)-3f(x+2)+3f(x+1)-f(x).$$
一般地,我们定义 $f(x)$ 的 r 级差分 $\Delta^r f(x)$ 是它的 $r-1$ 级差分 $\Delta^{r-1} f(x)$ 的差分.

不难证出:
$$\begin{aligned}\Delta^r f(x)=f(x+r)-C_r^1 f(x+r-1)+\\ C_r^2 f(x+r-2)-\cdots+(-1)^r f(x).\end{aligned} \quad (1)$$

要证明这个公式可以用数学归纳法. 我们已知这个公式当 $r=1,2,3$ 时都真确. 假定它对 $r=k-1$ 仍真确,即
$$\begin{aligned}\Delta^{k-1} f(x)=f(x+k-1)-C_{k-1}^1 f(x+k-2)+\\ C_{k-1}^2 f(x+k-3)-\cdots+(-1)^{k-1} f(x),\end{aligned}$$
那么根据定义得出
$$\begin{aligned}\Delta^k f(x)&=\Delta[\Delta^{k-1} f(x)]\\ &=[f(x+k)-C_{k-1}^1 f(x+k-1)+\\ &\quad C_{k-1}^2 f(x+k-2)-\cdots+(-1)^{k-1} f(x+1)]-\\ &\quad [f(x+k-1)-C_{k-1}^1 f(x+k-2)+\cdots+\\ &\quad (-1)^{k-2} C_{k-1}^{k-2} f(x+1)+(-1)^{k-1} f(x)].\end{aligned}$$

合并相同的项,由杨辉恒等式得

$$\Delta^k f(x) = f(x+k) - C_k^1 f(x+k-1) + C_k^2 f(x+k-2) - \cdots +$$
$$(-1)^{k-1} C_k^{k-1} f(x+1) + (-1)^k f(x).$$

所以(1)式对于任何正整数 r 都是真确的.

如果 $f(x)$ 是一个 m 次多项式，那么 $\Delta f(x)$ 是一个 $(m-1)$ 次多项式；再依次推下去，就知道 $\Delta^m f(x)$ 是一个常数. 因此，如果 $r > m$，那么 $\Delta^r f(x) = 0$. 从这里还很容易看出如下的事实：以 k 的 m 次多项式 $f(k)$ 为一般项的级数

$$f(0) + f(1) + f(2) + \cdots + f(n-1) + f(n)$$

是一个 m 阶等差级数（只须注意 $f(k)$ 的差分是级数的第 $k+2$ 项和第 $k+1$ 项的差）.

请读者试算出：

$$\Delta^{m-1} x^m = m! \left[x + \frac{1}{2}(m-1) \right], \quad \Delta^m x^m = m!.$$

定义 2 多项式

$$P_k(x) = \frac{1}{k!} x(x-1)\cdots(x-k+1), \quad k \geqslant 1; \quad P_0(x) = 1$$

称为 k 次差分多项式.

当 x 是一个大于或等于 k 的正整数 n 时，

$$P_k(n) = C_n^k,$$

这是一个整数；当 x 是一负整数 $-m$ 时，

$$P_k(-m) = (-1)^k \frac{(m+k-1)(m+k-2)\cdots(m+1)m}{k!}$$
$$= (-1)^k C_{m+k-1}^k$$

也是一个整数；当 $x = 0, 1, \cdots, k-1$ 时，

$$P_k(x) = 0.$$

显然有：

$$P_k(x+1) - P_k(x)$$
$$= \frac{1}{k!}[(x+1)x\cdots(x-k+2) - x(x-1)\cdots(x-k+1)]$$
$$= \frac{1}{k!}x(x-1)\cdots(x-k+2)[x+1-(x-k+1)]$$
$$= \frac{1}{(k-1)!}x(x-1)\cdots(x-k+2),$$

即

$$\Delta P_k(x) = P_{k-1}(x). \tag{2}$$

这是杨辉恒等式的推广，也是差分多项式的基本性质。

差分多项式的另一性质是：当 x 取任一整数值时，$P_k(x)$ 也是整数。因此显然有：如果 $a_k, a_{k-1}, \cdots, a_0$ 都是整数，那么当 x 取整数值时，多项式

$$f(x) = a_k P_k(x) + a_{k-1} P_{k-1}(x) + \cdots + a_1 P_1(x) + a_0 \tag{3}$$

也取整数值。具有这种性质的多项式称为整值多项式（例如任何以整数为系数的多项式都是整值多项式）。我们现在进一步去证明，任一个 k 次整值多项式一定可以表成为(3)的形式。

先证明：任一个 k 次多项式可以表成为

$$f(x) = \alpha_k P_k(x) + \alpha_{k-1} P_{k-1}(x) + \cdots + \alpha_1 P_1(x) + \alpha_0, \tag{4}$$

这里的 $\alpha_k, \alpha_{k-1}, \cdots, \alpha_0$ 不一定是整数。

要证明这一点并不困难，因为我们可以这样定出 α_k，使 $f(x) - \alpha_k P_k(x)$ 成为低于 k 次的多项式；这样陆续减去，即得所求。说得更严格一点，可以用数学归纳法：当 $f(x)$ 是一个 1 次多项式时，由于 $f(x) = \alpha x + \beta = \alpha P_1(x) + \beta$，这个结论显然是对的。再假定任一个 $(k-1)$ 次的多项式都可以表成为(4)的形式，那么，设 $f(x)$ 的 x^k 的系数是 α，显然 $f(x) - k!\alpha P_k(x)$ 是一个 $(k-1)$ 次的多项式。于是

$$f(x)-k!\alpha P_k(x)=\alpha_{k-1}P_{k-1}(x)+\cdots+\alpha_1 P_1(x)+\alpha_0,$$

移项并令 $k!\alpha=\alpha_k$，即得(4)式.

若(4)是整值多项式，以 $x=0$ 代入，即得 $f(0)=\alpha_0$ 是整数；再以 $x=1$ 代入，得 $f(1)=\alpha_1+\alpha_0$ 是整数，所以 α_1 是整数. 而

$$f(x)-\alpha_0-\alpha_1 P_1(x)=\alpha_k P_k(x)+\alpha_{k-1}P_{k-1}(x)+\cdots+\alpha_2 P_2(x)$$

也是整值多项式. 又以 $x=2$ 代入，可知 α_2 是整数. 再研究整值多项式

$$f(x)-\alpha_0-\alpha_1 P_1(x)-\alpha_2 P_2(x)$$
$$=\alpha_k P_k(x)+\alpha_{k-1}P_{k-1}(x)+\cdots+\alpha_3 P_3(x),$$

以 $x=3$ 代入，可知 α_3 也是整数. 依照这个法则继续进行，可得所有的系数 α_0，α_1，$\cdots$，α_k 都是整数.

有了表示式(4)，要求以 k 次多项式 $f(x)$ 为一般项的高阶等差级数的和就很容易了. 事实上，如果

$$f(x)=\alpha_k P_k(x)+\alpha_{k-1}P_{k-1}(x)+\cdots+\alpha_1 P_1(x)+\alpha_0,$$

根据上一节中已经证明了的一系列"标准"高阶等差级数的公式(注意当 $m\geqslant r$ 时，$P_r(m)=C_m^r$；当 $m<r$ 时，$P_r(m)=0$)，就有

$$f(0)+f(1)+f(2)+\cdots+f(n)$$
$$=\alpha_k P_{k+1}(n+1)+\alpha_{k-1}P_k(n+1)+\cdots+\alpha_1 P_2(n+1)+\alpha_0(n+1).$$

最后还剩下一个问题，就是：任何一个高阶等差级数的一般项是不是常常能够表成为一个多项式？运用本节所介绍的知识，这一点是不难证明的，我们把它留给读者作为一个习题.

六　逐差法

我们已经证明了任一多项式 $f(x)$ 可以表成为

$$f(x) = a_k P_k(x) + a_{k-1} P_{k-1}(x) + \cdots + a_1 P_1(x) + a_0. \tag{1}$$

但是如果按照证明中所用的方法去实际计算 $a_0, a_1, \cdots, a_k$,那还是一件相当麻烦的事. 现在我们给出一个比较简便的办法,直接求出这些系数.

显然 $f(0) = a_0$. 作(1)的差分,由推广的杨辉恒等式得到:

$$\Delta f(x) = a_k P_{k-1}(x) + a_{k-1} P_{k-2}(x) + \cdots + a_2 P_1(x) + a_1.$$

命 $x = 0$,那么有

$$(\Delta f(x))_{x=0} = a_1,$$

也就是
$$f(1) - f(0) = a_1.$$

同样因为

$$\Delta^2 f(x) = \Delta(\Delta f(x)) = a_k P_{k-2}(x) + \cdots + a_3 P_1(x) + a_2,$$

所以 $(\Delta^2 f(x))_{x=0} = f(2) - 2f(1) + f(0) = a_2.$

这样一直做下去,不难得到:

$$(\Delta^r f(x))_{x=0} = f(r) - C_r^1 f(r-1) + C_r^2 f(r-2) - \cdots + (-1)^r f(0)$$
$$= a_r \ (r = 1, 2, \cdots, k).$$

因此,关于如何具体算出 $a_0, a_1, \cdots, a_k$,有以下的方法:先把 $f(0), f(1), f(2), \cdots, f(k)$ 的数值写下;再求后项减前项的差值,于是得出 $f(1) - f(0)$, $f(2) - f(1), \cdots, f(k) - f(k-1)$;又求这些差值的后项减前项的差值;等等. 从而得出如下的逐差表:

$$f(0), f(1), f(2), f(3), \cdots, f(k-1), f(k)$$
$$f(1) - f(0), f(2) - f(1), f(3) - f(2), \cdots, f(k) - f(k-1)$$
$$f(2) - 2f(1) - f(0), \cdots, f(k) - 2f(k-1) + f(k-2)$$
$$\cdots\cdots$$
$$f(k) - C_k^1 f(k-1) + C_k^2 f(k-2) - \cdots + (-1)^k f(0)$$

于是 a_0 是上表中第一行最左边的数字,a_1 是第二行最左边的数字,等等.

例如：若 $f(x)=x^3$，那么上面的表变成

$$0, \quad 1, \quad 8, \quad 27$$
$$1, \quad 7, \quad 19$$
$$6, \quad 12$$
$$6$$

所以得出

$$n^3 = 0 \times 1 + 1 \times n + 6 \times \frac{n(n-1)}{2} + 6 \times \frac{n(n-1)(n-2)}{6},$$

这正是第四节中例 3 的情形.

从本节的结果还可以看出，如果一个 k 次多项式对于连续 $k+1$ 个整数都取整数值，那么它就是一个整值多项式.

七 堆 垛 术

高阶等差级数的一个重要应用是所谓堆垛问题，在西洋又叫它做"积弹". 现在举几个我国古代数学家所做的问题作为例子.

例 1（宋，沈括，1031—1095） 酒店里把酒坛层层堆积底层排成一长方形；以后每上一层，长和宽两边的坛子各少一个，这样堆成一个长方台形（图 5）. 求酒坛的总数.

图 5

设底层的长和宽两边分别摆 a 和 b 个坛子，又设一共堆了 n 层. 那么，酒坛的总数

$$S = ab + (a-1)(b-1) + (a-2)(b-2) + \cdots + (a-n+1)(b-n+1).$$

因为

$$(a-k+1)(b-k+1) = k^2 - (a+b+2)k + (a+1)(b+1)$$
$$= 2\left[\frac{1}{2}k(k-1)\right] - (a+b+1)k + (a+1)(b+1),$$

所以,由第四节的高阶等差级数的基本公式,立刻得出:

$$S = \frac{1}{3}(n+1)n(n-1) - \frac{1}{2}(a+b+1)(n+1)n + (a+1)(b+1)n$$
$$= \frac{1}{6}n[2n^2 - 3(a+b+1)n + 6ab + 3a + 6b + 1].$$

特别是如果 $a=b=n$,那么所堆成的"垛"叫作"正方垛".这时的总数就是

$$1 + 2^2 + 3^2 + \cdots + n^2 = \frac{1}{6}n(n+1)(2n+1).$$

例2(宋,杨辉,1261) 将圆弹堆成三角垛:底层是每边 n 个圆弹的三角形,向上逐层每边少一个,顶层是一个.求总数.

根据第四节的公式,很容易算出总数

$$S = 1 + (1+2) + (1+2+3) + \cdots + (1+2+\cdots+n)$$
$$= 1 + 3 + 6 + \cdots + \frac{1}{2}n(n+1)$$
$$= \frac{1}{6}n(n+1)(n+2).$$

例3(元,朱世杰,1303) 撒星形:由底层每边从 1 个到 n 个的 n 只三角垛集合而成(图6).求总数.

图6

根据上例的结果,得出总数

$$S = 1 + (1+3) + (1+3+6) + \cdots + \left[1+3+6+\cdots+\frac{1}{2}n(n+1)\right]$$

$$= 1 + 4 + 10 + \cdots + \frac{1}{6}n(n+1)(n+2)$$

$$= \frac{1}{24}n(n+1)(n+2)(n+3).$$

例4 食品罐头若干个,堆成六角垛:顶层是一个,以下各层都是正六角形,每边递增一个(图7).设底层每边是 n 个.求总数.

先算出底层罐头的个数 S',这种方法我国古代叫"束物术".事实上,底层的罐头除中心的一个外,其余的构成一个公差是6的等差级数,它的首项是6(即围绕中心的6个),末项是 $6(n-1)$(即最外一层罐头的数目).所以

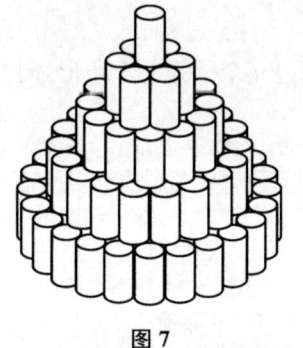

图 7

$$S' = 1 + 6 + 12 + \cdots + 6(n-1)$$
$$= 1 + 6[1+2+\cdots+(n-1)]$$
$$= 1 + 6 \times \frac{n(n-1)}{2}$$
$$= 1 + 3n(n-1).$$

于是得出罐头的总数

$$S = 1 + (1+3\times2\times1) + (1+3\times3\times2) + (1+3\times4\times3) + \cdots +$$
$$[1+3n(n-1)]$$
$$= (1+1+1+\cdots+1) + 3[2\times1 + 3\times2 + 4\times3 + \cdots + n(n-1)]$$
$$= n + 6\left(1+3+6+\cdots+\frac{n(n-1)}{2}\right)$$
$$= n + (n-1)n(n+1) = n(1+n^2-1) = n^3.$$

请读者试求出:当顶层不是一个而是每边是 k 个的正六角形时,罐头的总数是多少.

八　混　合　级　数

我们已经对高阶等差级数作了研究.在中学的代数课程里面,我们还学到过另一类很重要的级数——等比级数.所谓等比级数,就是级数中的每一项和它的前一项的比值等于一个常数,我们把这个常数叫作这个级数的公比.如果已经知道了一个等比级数的首项和公比,就能求出它的任一项以及它的和.例如

$$S_0 = 1 + x + x^2 + \cdots + x^{n-1}$$

是一个公比是 x 的等比级数.要求它的和 S_0,可以将上面级数中的每一项乘以 x,得到

$$xS_0 = x + x^2 + x^3 + \cdots + x^n;$$

从 S_0 减去 xS_0,有

$$(1-x)S_0 = 1 - x^n.$$

如果 $x \neq 1$,从上式就得到

$$S_0 = \frac{1-x^n}{1-x}.$$

把高阶等差级数和等比级数结合起来加以考虑,很自然地会引导出这样的问题:如果 $f(y)$ 是一个 k 次多项式,我们能不能求出级数

$$f(0) + f(1)x + f(2)x^2 + \cdots + f(n-1)x^{n-1}$$

的和呢?

回答是肯定的.

和前面的第四节一样,我们可以先来考虑以下一些特殊级数的和:

$$S_1 = 1 + 2x + 3x^2 + \cdots + nx^{n-1},$$

$$S_2 = 1 + 3x + 6x^2 + \cdots + \frac{1}{2}n(n+1)x^{n-1},$$

$$S_3 = 1 + 4x + 10x^2 + \cdots + \frac{1}{6}n(n+1)(n+2)x^{n-1}.$$

……

一般的是，

$$S_r = C_r^r + C_{r+1}^r x + C_{r+2}^r x^2 + \cdots + C_{r+n-1}^r x^{n-1}.$$

如果 $x=1$，那么它们正就是我们在第四节中讨论过的高阶等差级数，因而在以下的讨论中，我们总假定 $x \neq 1$.

求和数 $S_1, S_2, S_3, \cdots$ 的方法，和上面求 S_0 的方法是类似的. 因为

$$xS_1 = x + 2x^2 + 3x^3 + \cdots + nx^n.$$

所以 $\qquad (1-x)S_1 = 1 + x + x^2 + \cdots + x^{n-1} - nx^n = S_0 - nx^n.$

于是根据 S_0 的结果，得到

$$S_1 = \frac{1-x^n}{(1-x)^2} - \frac{nx^n}{1-x}.$$

用同样的办法又很容易算出：

$$(1-x)S_2 = S_1 - \frac{1}{2}n(n+1)x^n,$$

从而得到

$$S_2 = \frac{1-x^n}{(1-x)^3} - n\frac{x^n}{(1-x)^2} - \frac{1}{2}n(n+1)\frac{x^n}{1-x}.$$

这样依次算下去，只要知道求和数 S_{r-1} 的公式，就可以把和数 S_r 算出来. 于是对于上面的一些特殊的混合级数，我们的问题算是解决了.

再根据第五节的结果，任一个 k 次多项式 $f(y)$ 总可以表成为：

$$f(y) = a_k P_k(y) + a_{k-1} P_{k-1}(y) + \cdots + a_1 P_1(y) + a_0,$$

这里 $P_r(y)$ 是 y 的 r 次差分多项式. 因此由差分多项式的性质,一般的混合级数也可以求和.

九 无穷级数的概念

以上我们所讨论到的都只是有限项的级数,但是在有些时候,特别是在高等数学中,更重要的却是当级数的项数 n 增加到无穷时的情形.

试以等比级数为例. 我们已经知道

$$1 + x + x^2 + \cdots + x^{n-1} = \frac{1-x^n}{1-x} \quad (x \neq 1);$$

如果 $-1 < x < 1$,那么当 n 变得很大的时候,x^n 变得很小而非常接近于0,从而级数的和非常接近于 $\frac{1}{1-x}$. 这时我们就说:无穷级数

$$1 + x + x^2 + \cdots + x^{n-1} + \cdots$$

是收敛的,而且它的和就是 $\frac{1}{1-x}$.

一般地说,一个无穷级数的项是依某一规则排列的;如果它的前面任意有限项的和随着项数的无限增大而非常接近于一个确定的数目,那么这个无穷级数就叫作是收敛的,而这个确定的数目就是它的和.

从上面的例子还可以看出:如果一个无穷级数的项和变数 x 有关,那么为了保证这个级数是收敛的,需要把 x 限制在一定的范围之内. 事实上,假如例子中的 x 大于1或小于 -1,于是当 n 愈来愈大的时候,x^n 也随之愈来愈大. 这时级数的和就不再接近于一个确定的数目,而趋向于无穷了.

关于无穷级数的概念,在我国古代的著作中就已经有了. 例如在公元前300年左右我国著名的哲学家庄周所著的《庄子·天下第三十三篇》里面,就有"一尺之

棰,日取其半,万世不竭"的说法. 翻译成白话就是:一根一尺长的杖,今天取它的一半,明天取剩下的杖的一半,后天再取剩下的杖的一半……这样继续下去,总没有取完的时候. 我们可以把这件事列成数学式子,那么所取棰的总长是无穷级数

$$\frac{1}{2}+\frac{1}{2^2}+\cdots+\frac{1}{2^n}+\cdots$$

的和. 这是一个公比是 $\frac{1}{2}$ 的等比级数,由前面的公式,我们知道它的和等于

$$\frac{1}{2}\left(1+\frac{1}{2}+\frac{1}{2^2}+\cdots+\frac{1}{2^{n-1}}+\cdots\right)=\frac{1}{2}\times\frac{1}{1-\frac{1}{2}}=\frac{1}{2}\times 2=1,$$

即是棰的原长. 不过事实上我们是取不到无穷次的;因此只可能把取的次数尽量增多,使得剩下的部分非常之小而接近于 0,但总不能达到 0. 这便是"万世不竭"的意思.

在西洋的古代数学中也有类似的例子. 最有趣的例子之一就是所谓齐诺(Zeno)的诡辩,或者叫作亚其尔(Archilles)和龟的问题. 亚其尔是希腊传说中一个善走的神,可是齐诺却说在某种情况下他甚至于永远赶不上一只乌龟. 齐诺所持的理由是这样的:假定亚其尔的速度是乌龟的 10 倍,开始的时候他在龟的后面 10 里. 当亚其尔走完这 10 里时,在这段时间内,龟已向前走了 1 里. 而当亚其尔再走完这 1 里时,龟又向前走了 $\frac{1}{10}$ 里. 这样推论下去,亚其尔每赶上龟一段路程,龟又向前走了这段路程的 $\frac{1}{10}$ 长的路. 于是亚其尔和龟之间总有一段距离,而始终追不上这只乌龟.

可是任何人都知道事实并不是这样的. 那么齐诺的错误在什么地方呢? 很容易看出来,错误就在于他把亚其尔追赶乌龟的路程任意地分成无穷多段,而且断言:要走完这无穷多段的路程,就非要有无限长的时间不可.

让我们对亚其尔追赶乌龟所需的时间作同样的分析. 不妨设亚其尔的速度是

每小时走 10 里. 于是按照上面的分段, 走完第一段所需的时间是 1 小时, 走完第二段是 $\frac{1}{10}$ 小时, 走完第三段是 $\frac{1}{10^2}$ 小时……因此追上乌龟所需的时间就是无穷级数

$$1+\frac{1}{10}+\frac{1}{10^2}+\cdots+\frac{1}{10^n}+\cdots=\frac{1}{1-\frac{1}{10}}=1\frac{1}{9}(\text{小时}).$$

这和我们用算术或代数方法算出的答数是一致的. 所以齐诺的谬误就是显然的了.

十　无穷混合级数

在前节中我们已经得到这样的结果: 如果 $-1<x<1$, 那么

$$1+x+x^2+\cdots+x^{n-1}+\cdots=\frac{1}{1-x}.$$

从这个事实出发, 我们可以证明以下一系列的无穷混合级数的公式在 $-1<x<1$ 时成立:

$$1+2x+3x^2+\cdots+nx^{n-1}+\cdots=\frac{1}{(1-x)^2},$$

$$1+3x+6x^2+\cdots+\frac{1}{2}n(n+1)x^{n-1}+\cdots=\frac{1}{(1-x)^3},$$

……

或者一般地写为

$$C_r^r+C_{r+1}^r x+C_{r+2}^r x^2+\cdots+C_{r+n-1}^r x^{n-1}+\cdots$$
$$=\frac{1}{(1-x)^{r+1}} \quad (r=0,1,2,3,\cdots).$$

要证明这些等式,可以对 r 用归纳法:

当 $r=0$ 时,这就是等比级数的公式.

当 $r=1$ 时,因为

$$(1-x)(1+2x+3x^2+\cdots+nx^{n-1}+\cdots)$$
$$=1+2x+3x^2+\cdots+nx^{n-1}+\cdots-$$
$$(x+2x^2+\cdots+(n-1)n^{n-1}+\cdots)$$
$$=1+x+x^2+\cdots+x^{n-1}+\cdots=\frac{1}{1-x}.$$

所以有

$$1+2x+3x^2+\cdots+nx^{n-1}+\cdots=\frac{1}{(1-x)^2}.$$

现在假定对于正整数 $r=k-1$ 公式成立,即有

$$C_{k-1}^{k-1}+C_k^{k-1}x+C_{k+1}^{k-1}x^2+\cdots+C_{k+n-2}^{k-1}x^{n-1}+\cdots=\frac{1}{(1-x)^k};$$

那么由杨辉恒等式,

$$(1-x)(C_k^k+C_{k+1}^k x+C_{k+2}^k x^2+\cdots+C_{k+n-2}^k x^{n-2}+C_{k+n-1}^k x^{n-1}+\cdots)$$
$$=C_k^k+C_{k+1}^k x+C_{k+2}^k x^2+\cdots+C_{k+n-1}^k x^{n-1}+\cdots-$$
$$(C_k^k x+C_{k+1}^k x^2+\cdots+C_{k+n-2}^k x^{n-1}+\cdots)$$
$$=C_k^k+(C_{k+1}^k-C_k^k)x+(C_{k+2}^k-C_{k+1}^k)x^2+\cdots+(C_{k+n-1}^k-C_{k+n-2}^k)x^{n-1}+\cdots$$
$$=C_{k-1}^{k-1}+C_k^{k-1}x+C_{k+1}^{k-1}x^2+\cdots+C_{k+n-2}^{k-1}x^{n-1}+\cdots=\frac{1}{(1-x)^k}.$$

于是得到

$$C_k^k+C_{k+1}^k x+C_{k+2}^k x^2+\cdots+C_{k+n-1}^k x^{n-1}+\cdots=\frac{1}{(1-x)^{k+1}}.$$

这便是我们所要证明的.

不过在上面的运算过程中,我们还得郑重声明一点,就是我们必须事先知道这

些级数在$-1<x<1$的时候都是收敛的. 判定它们的收敛性需要用到高等数学的知识,在这里就只好略去了.

读者自然不难从已经证明的公式和差分多项式的知识来导出求一般无穷混合级数的和的公式(x 仍然要限制在 -1 和 1 之间).

我们只举两个例子.

例 1 设 $-1<x<1$,求以下无穷级数的和:

$$S = 1 + 2^2 x + 3^2 x^2 + \cdots + n^2 x^{n-1} + \cdots.$$

因为
$$n^2 = 2 \times \frac{1}{2} n(n+1) - n,$$

所以
$$S = 2\left[1 + 3x + 6x^2 + \cdots + \frac{1}{2} n(n+1) x^{n-1} + \cdots\right] -$$
$$(1 + 2x + 3x^2 + \cdots + nx^{n-1} + \cdots)$$
$$= \frac{2}{(1-x)^3} - \frac{1}{(1-x)^2} = \frac{1+x}{(1-x)^3} \quad (-1 < x < 1).$$

例 2 设 $-1<x<1$,求以下无穷级数的和:

$$S = 1 + 2^3 x + 3^3 x^2 + \cdots + n^3 x^{n-1} + \cdots.$$

因为
$$n^3 = 6 \times \frac{1}{6} n(n+1)(n+2) - 6 \times \frac{1}{2} n(n+1) + n,$$

所以
$$S = 6\left[1 + 4x + 10x^2 + \cdots + \frac{1}{6} n(n+1)(n+2) x^{n-1} + \cdots\right] -$$
$$6\left[1 + 3x + 6x^2 + \cdots + \frac{1}{2} n(n+1) x^{n-1} + \cdots\right] +$$
$$(1 + 2x + 3x^2 + \cdots + nx^{n-1} + \cdots)$$
$$= \frac{6}{(1-x)^4} - \frac{6}{(1-x)^3} + \frac{1}{(1-x)^2}$$
$$= \frac{6 - 6(1-x) + (1-x)^2}{(1-x)^4} = \frac{1 + 4x + x^2}{(1-x)^4} \quad (-1 < x < 1).$$

十一 循 环 级 数

我们还可以定义一类更加广泛的级数,把前面所讨论过的高阶等差级数和混合级数都包含在内,这就是所谓循环级数.

我们把一个任意的级数写成如下的形式:

$$u_0 + u_1 + u_2 + \cdots + u_n + \cdots. \tag{1}$$

如果存在一个正整数 k 和 k 个数 $a_1, a_2, \cdots, a_k$,使得关系式

$$u_{n+k} = a_1 u_{n+k-1} + a_2 u_{n+k-2} + \cdots + a_k u_n$$

对所有的非负整数 n 都成立,那么级数(1)就叫作 **k 阶循环级数**,而上面的方程式叫作 **k 阶循环方程式**.

换句话说,一个 k 阶循环级数的特征就是:它的任一项(除了最前面的 k 项以外)都可以表成它前面 k 项的一次式,而这个一次式的系数不因项的变动而改变.

对于带有 x 的幂次的级数

$$u_0 + u_1 x + u_2 x^2 + \cdots + u_n x^n + \cdots, \tag{2}$$

我们要将上面的定义略加修改.这时候,级数(2)成为 k 阶循环级数的条件是:存在一个正整数 k 和 k 个数 $a_1, a_2, \cdots, a_k$,使得关系式

$$u_{n+k} x^{n+k} = a_1 x (u_{n+k-1} x^{n+k-1}) + a_2 x^2 (u_{n+k-2} x^{n+k-2}) + \cdots + a_k x^k (u_n x^n)$$

对所有的非负整数 n 成立;同时称多项式

$$1 - a_1 x - a_2 x^2 - \cdots - a_k x^k$$

为级数(2)的特征多项式.

为了更清楚地说明这个定义的意义,我们举几个例子.

例 1 以 d 为公差的等差级数

$$a + (a+d) + (a+2d) + \cdots + (a+nd) + \cdots.$$

这时 $u_0=a$,$u_1=a+d$,$u_2=a+2d$,$\cdots$,$u_n=a+nd$,$\cdots$.

由 $$u_{n+2}=u_{n+1}+d$$

和 $$u_{n+1}=u_n+d,$$

得出 $$u_{n+2}=2u_{n+1}-u_n.$$

所以等差级数是二阶循环级数.

例 2 以 x 为公比的等比级数

$$a+ax+ax^2+\cdots+ax^n+\cdots.$$

这时按照第二种定义的形式,

$$u_0=u_1=u_2=\cdots=u_n=\cdots=a.$$

因为 $$u_{n+1}x^{n+1}=x(u_n x^n),$$

所以它是一阶循环级数,而它的特征多项式是 $1-x$.

例 3 一般的高阶等差级数

$$f(0)+f(1)+f(2)+\cdots+f(n)+\cdots,$$

这里 $f(n)$ 是一个 n 的 k 次多项式.

这时 $u_0=f(0)$,$u_1=f(1)$,$u_2=f(2)$,$\cdots$,$u_n=f(n)$,$\cdots$.

因为任一个 k 次多项式的 $k+1$ 级差分等于 0,根据第五节所证明的公式,有

$$\begin{aligned}\Delta^{k+1}f(n)=&f(n+k+1)-C_{k+1}^1 f(n+k)+\\&C_{k+1}^2 f(n+k-1)-\cdots+(-1)^{k+1}f(n)\\=&0;\end{aligned}$$

移项便得到循环方程式

$$u_{u+k+1}=C_{k+1}^1 u_{n+k}-C_{k+1}^2 u_{n+k-1}+\cdots-(-1)^{k+1}u_n.$$

所以我们证明了任一个 k 阶等差级数是 $k+1$ 阶的循环级数.

例 4 一般的混合级数

$$f(0)+f(1)x+f(2)x^2+\cdots+f(n)x^n+\cdots.$$

由例 3 很容易看出它也是一个 $k+1$ 阶的循环级数(k 是多项式 $f(n)$ 的次数),而它的特征多项式是

$$1-C_{k+1}^1 x+C_{k+1}^2 x^2-\cdots+(-1)^{k+1}x^{k+1}=(1-x)^{k+1}.$$

例 3 和例 4 是分别包括例 1 和例 2 的.

现在的问题是:怎样去求一个循环级数的和呢?

我们先来考虑循环级数

$$u_0+u_1 x+u_2 x^2+\cdots+u_n x^n+\cdots.$$

设

$$1-a_1 x-a_2 x^2-\cdots-a_k x^k$$

是它的特征多项式,且令

$$S_n=u_0+u_1 x+u_2 x^2+\cdots+u_n x^n, \quad n\geqslant k.$$

那么 $(1-a_1 x-a_2 x^2-\cdots-a_k x^k)S_n$

$$=[u_0+(u_1-a_1 u_0)x+(u_2-a_1 u_1-a_2 u_0)x^2+\cdots+$$
$$(u_{k-1}-a_1 u_{k-2}-a_2 u_{k-3}-\cdots-a_{k-1}u_0)x^{k-1}]+$$
$$[(u_k-a_1 u_{k-1}-a_2 u_{k-2}-\cdots-a_k u_0)x^k+\cdots+$$
$$(u_n-a_1 u_{n-1}-a_2 u_{n-2}-\cdots-a_k u_{n-k})x^n]-$$
$$[(a_1 u_n+a_2 u_{n-1}+\cdots+a_k u_{n-k+1})x^{n+1}+\cdots+a_k u_n x^{n+k}].$$

但由于循环的条件,第二个方括弧里面的项都等于 0,所以得出 S_n 等于

$$\frac{u_0+(u_1-a_1 u_0)x+\cdots+(u_{k-1}-a_1 u_{k-2}-\cdots-a_{k-1}u_0)x^{k-1}}{1-a_1 x-a_2 x^2-\cdots-a_k x^k}-$$

$$\frac{(a_1 u_n+a_2 u_{n-1}+\cdots+a_k u_{n-k+1})x^{n+1}+\cdots+a_k u_n x^{n+k}}{1-a_1 x-a_2 x^2-\cdots-a_k x^k}.$$

如果上面的级数对于一定范围内的 x 是收敛的,那么它的第 n 项将随着 n 的增大而接近于 0. 于是无穷级数的和为

$$S_\infty = \frac{u_0 + (u_1 - a_1 u_0)x + \cdots + (u_{k-1} - a_1 u_{k-2} - \cdots - a_{k-1} u_0)x^{k-1}}{1 - a_1 x - a_2 x^2 - \cdots - a_k x^k}.$$

如果 1 不是特征多项式 $1 - a_1 x - a_2 x^2 - \cdots - a_k x^k$ 的根,那么在求得的 S_n 和 S_∞ 中置 $x = 1$(如果收敛的话),就得到和数

$$u_0 + u_1 + u_2 + \cdots + u_n$$

和

$$u_0 + u_1 + u_2 + \cdots + u_n + \cdots.$$

我们让读者证明逆的命题:如果

$$P(x) = 1 - a_1 x - a_2 x^2 - \cdots - a_k x^k,$$

而 $Q(x)$ 是任何一个次数小于 k 的多项式,那么 $\dfrac{Q(x)}{P(x)}$ 按 x 的升幂排列所得的商是一个以 $P(x)$ 为特征多项式的循环级数.

十二 循环级数的一个例子——斐波那契级数

上节中已经举了循环级数的四个例子,现在我们再举一个有趣的例子,就是所谓关于兔子数目的斐波那契问题[①].

假定每对大兔每月能生产一对小兔,而每对小兔过一个月就能完全长成. 问:在一年里面,由一对大兔能繁殖出多少对大兔来?

这个问题有趣的并不是正面的答案,那是不难直接算出的. 我们感兴趣的是大兔的总对数所成的级数. 假定最初的对数记作 u_0,过了一个月是 u_1,过了两个月是 u_2,而一般的过了 n 个月是 u_n. 由题设,$u_0 = 1$. 过了一个月之后,有一对小兔生产

---

① 斐波那契(Fibonacci),即比萨的莱翁那度,中世纪意大利的数学家.

出来了,但是大兔的对数仍然一样,即 $u_1=1$. 过了两个月,这对小兔长大了,而且大兔又有一对小兔生产出来,所以 $u_2=2$. 这样继续算下去,还可以得出 $u_3=3$, $u_4=5$,⋯. 一般地说,假设我们已经求出 n 个月以后大兔的对数(u_n)和 $n+1$ 个月后大兔的对数(u_{n+1}),那么因为在第 $n+1$ 个月的时候,原来的 u_n 对大兔又生产了 u_n 对小兔,所以在第 $n+2$ 个月之后,大兔的总对数应该是

$$u_{n+2}=u_{n+1}+u_n.$$

由此可见,大兔的对数 u_0,u_1,u_2,⋯,u_n,⋯恰好组成一个二阶循环级数,我们叫它做斐波那契级数.

知道了循环方程式和 u_0,u_1 的数值,可以逐步地把所有的 u_2,u_3,⋯,u_n,⋯算出来. 自然会提出问题:是不是可以有办法直接把一般的 u_n 表示出来呢?

考虑循环级数

$$u_0+u_1x+u_2x^2+\cdots+u_nx^n+\cdots.$$

很容易看出它的特征多项式是 $1-x-x^2$. 于是由上节的公式

$$\begin{aligned}
S_\infty &= \frac{u_0+(u_1-u_0)x}{1-x-x^2}=\frac{1}{1-x-x^2}\\
&= \frac{1}{\left(\dfrac{\sqrt{5}-1}{2}-x\right)\left(\dfrac{\sqrt{5}+1}{2}+x\right)}\\
&= \frac{\dfrac{1}{\sqrt{5}}}{\dfrac{\sqrt{5}-1}{2}-x}+\frac{\dfrac{1}{\sqrt{5}}}{\dfrac{\sqrt{5}+1}{2}+x}\\
&= \frac{2}{5-\sqrt{5}}\times\frac{1}{1-\dfrac{2x}{\sqrt{5}-1}}+\frac{2}{5+\sqrt{5}}\times\frac{1}{1+\dfrac{2x}{\sqrt{5}+1}},
\end{aligned}$$

再根据混合级数的公式展开上式的右边,得到

$$u_0 + u_1 x + u_2 x^2 + \cdots + u_n x^n + \cdots$$

$$= \frac{2}{5-\sqrt{5}} \left(1 + \frac{2x}{\sqrt{5}-1} + \frac{2^2 x^2}{(\sqrt{5}-1)^2} + \cdots + \frac{2^n x^n}{(\sqrt{5}-1)^n} + \cdots \right) +$$

$$\frac{2}{5+\sqrt{5}} \left(1 - \frac{2x}{\sqrt{5}+1} + \frac{2^2 x^2}{(\sqrt{5}+1)^2} - \cdots + (-1)^n \frac{2^n x^n}{(\sqrt{5}+1)^n} + \cdots \right).$$

在等式两边对比 x^n 的系数,我们有以下的公式:

$$u_n = \frac{2}{5-\sqrt{5}} \times \frac{2^n}{(\sqrt{5}-1)^n} + (-1)^n \frac{2}{5+\sqrt{5}} \times \frac{2^n}{(\sqrt{5}+1)^n}$$

$$= \frac{2^{n+1}}{\sqrt{5}} \left[\frac{1}{(\sqrt{5}-1)^{n+1}} + (-1)^n \frac{1}{(\sqrt{5}+1)^{n+1}} \right]$$

$$= \frac{1}{\sqrt{5}} \left[\left(\frac{1+\sqrt{5}}{2} \right)^{n+1} - \left(\frac{1-\sqrt{5}}{2} \right)^{n+1} \right].$$

这个等式是很耐人寻味的:虽然所有的 u_n 都是正整数,可是它们却由一些无理数表示出来. 在实际计算的时候,如果我们注意以下的事实,可以方便得多:由于 $\frac{\sqrt{5}-1}{2}$ 是一个小于 1 的数,而 u_n 是整数,因此如果 n 是奇数,那么 u_n 等于 $\frac{1}{\sqrt{5}} \left(\frac{1+\sqrt{5}}{2} \right)^{n+1}$ 的整数部分;如果 n 是偶数,那么 u_n 等于 $\frac{1}{\sqrt{5}} \left(\frac{1+\sqrt{5}}{2} \right)^{n+1}$ 的整数部分加 1. 换句话说,我们并不需要算出 $\frac{1}{\sqrt{5}} \left(\frac{1-\sqrt{5}}{2} \right)^{n+1}$ 的数值.

另一方面,在等式

$$S_n = \frac{u_0 + (u_1 - u_0)x}{1 - x - x^2} - \frac{(u_n + u_{n-1})x^{n+1} + u_n x^{n+2}}{1 - x - x^2}$$

中用 $x=1$ 代入,得到

$$u_0+u_1+u_2+\cdots+u_n=2u_n+u_{n-1}-1,$$

或

$$u_0+u_1+u_2+\cdots+u_{n-2}=u_n-1.$$

这也是斐波那契级数的基本性质之一.

十三 倒 数 级 数

关于高阶等差级数和混合级数的讨论,引导我们去考虑它们的倒数级数. 但是在初等数学的范围以内,我们却无法求得一切这样的倒数级数的和.

首先来讨论高阶等差级数的倒数级数,而且也从一些特殊的形式开始.

级数 $$1+\frac{1}{2}+\frac{1}{3}+\cdots+\frac{1}{n}$$

就是我们所熟知的调和级数. 它是不能求和的,因为当项数 n 无限增大的时候,它的和要趋向于无穷大.

然而对于以下的一些倒数级数,我们仍可以有办法求它们的和:

$$\frac{1}{1\times2}+\frac{1}{2\times3}+\frac{1}{3\times4}+\cdots+\frac{1}{(n-1)n}+\frac{1}{n(n+1)}$$

$$=\left(1-\frac{1}{2}\right)+\left(\frac{1}{2}-\frac{1}{3}\right)+\left(\frac{1}{3}-\frac{1}{4}\right)+\cdots+$$

$$\left(\frac{1}{n-1}-\frac{1}{n}\right)+\left(\frac{1}{n}-\frac{1}{n+1}\right)$$

$$=1-\left(\frac{1}{2}-\frac{1}{2}\right)-\left(\frac{1}{3}-\frac{1}{3}\right)-\cdots-\left(\frac{1}{n}-\frac{1}{n}\right)-\frac{1}{n+1}$$

$$=1-\frac{1}{n+1}.$$

$$\frac{1}{1\times 2\times 3}+\frac{1}{2\times 3\times 4}+\frac{1}{3\times 4\times 5}+\cdots +$$

$$\frac{1}{(n-1)n(n+1)}+\frac{1}{n(n+1)(n+2)}$$

$$=\frac{1}{2}\left(\frac{1}{1\times 2}-\frac{1}{2\times 3}\right)+\frac{1}{2}\left(\frac{1}{2\times 3}-\frac{1}{3\times 4}\right)+\cdots +$$

$$\frac{1}{2}\left[\frac{1}{(n-1)n}-\frac{1}{n(n+1)}\right]+\frac{1}{2}\left[\frac{1}{n(n+1)}-\frac{1}{(n+1)(n+2)}\right]$$

$$=\frac{1}{2\times 2!}-\frac{1}{2}\left(\frac{1}{2\times 3}-\frac{1}{2\times 3}\right)-\frac{1}{2}\left(\frac{1}{3\times 4}-\frac{1}{3\times 4}\right)-\cdots -$$

$$\frac{1}{2}\left[\frac{1}{n(n+1)}-\frac{1}{n(n+1)}\right]-\frac{1}{2(n+1)(n+2)}$$

$$=\frac{1}{2\times 2!}-\frac{1}{2(n+1)(n+2)}.$$

$$\frac{1}{1\times 2\times 3\times 4}+\frac{1}{2\times 3\times 4\times 5}+\frac{1}{3\times 4\times 5\times 6}+\cdots +$$

$$\frac{1}{(n-1)n(n+1)(n+2)}+\frac{1}{n(n+1)(n+2)(n+3)}$$

$$=\frac{1}{3}\left(\frac{1}{1\times 2\times 3}-\frac{1}{2\times 3\times 4}\right)+\frac{1}{3}\left(\frac{1}{2\times 3\times 4}-\frac{1}{3\times 4\times 5}\right)+\cdots +$$

$$\frac{1}{3}\left[\frac{1}{(n-1)n(n+1)}-\frac{1}{n(n+1)(n+2)}\right]+$$

$$\frac{1}{3}\left[\frac{1}{n(n+1)(n+2)}-\frac{1}{(n+1)(n+2)(n+3)}\right]$$

$$=\frac{1}{3\times 3!}-\frac{1}{3}\left(\frac{1}{2\times 3\times 4}-\frac{1}{2\times 3\times 4}\right)-$$

$$\frac{1}{3}\left(\frac{1}{3\times 4\times 5}-\frac{1}{3\times 4\times 5}\right)-\cdots -$$

$$\frac{1}{3}\left[\frac{1}{n(n+1)(n+2)}-\frac{1}{n(n+1)(n+2)}\right]-$$
$$\frac{1}{3(n+1)(n+2)(n+3)}$$
$$=\frac{1}{3\times 3!}-\frac{1}{3(n+1)(n+2)(n+3)}.$$
……

一般地说,因为
$$\frac{1}{k(k+1)\cdots(k+r-1)}$$
$$=\frac{1}{r-1}\left[\frac{1}{k(k+1)\cdots(k+r-2)}-\frac{1}{(k+1)(k+2)\cdots(k+r-1)}\right],$$

仿照上面的办法,可以求出
$$\frac{1}{1\times 2\times\cdots\times r}+\frac{1}{2\times 3\times\cdots\times(r+1)}+\frac{1}{3\times 4\times\cdots\times(r+2)}+\cdots+$$
$$\frac{1}{n(n+1)\cdots(n+r-1)}$$
$$=\frac{1}{(r-1)\cdot(r-1)!}-\frac{1}{(r-1)(n+1)\cdots(n+r-1)}.$$

以上所求得的都是包含 n 项的级数的和;每一个和数都是一个常数和一个同 n 有关的数的差. 可以看到,当项数 n 愈来愈大的时候,这个同 n 有关的数就变得非常小而接近于 0(因为它的分母趋向于无穷大). 于是我们得到了如下的一些无穷级数的和的公式:
$$\frac{1}{1\times 2}+\frac{1}{2\times 3}+\frac{1}{3\times 4}+\cdots+\frac{1}{n(n+1)}+\cdots=1,$$
$$\frac{1}{1\times 2\times 3}+\frac{1}{2\times 3\times 4}+\frac{1}{3\times 4\times 5}+\cdots+\frac{1}{n(n+1)(n+2)}+\cdots$$

$$= \frac{1}{2\times 2!} = \frac{1}{4},$$

$$\frac{1}{1\times 2\times 3\times 4} + \frac{1}{2\times 3\times 4\times 5} + \frac{1}{3\times 4\times 5\times 6} + \cdots +$$

$$\frac{1}{n(n+1)(n+2)(n+3)} + \cdots$$

$$= \frac{1}{3\times 3!} = \frac{1}{18},$$

……

一般的是

$$\frac{1}{1\times 2\times 3\times \cdots \times r} + \frac{1}{2\times 3\times \cdots \times (r+1)} + \cdots + \frac{1}{n(n+1)\cdots(n+r-1)} + \cdots$$
$$= \frac{1}{(r-1)\cdot (r-1)!}.$$

这里和前几节的讨论不同的地方,就是我们并不能从这些已有的公式来求出一般的倒数级数

$$\frac{1}{f(1)} + \frac{1}{f(2)} + \frac{1}{f(3)} + \cdots + \frac{1}{f(n)}$$

或无穷级数

$$\frac{1}{f(1)} + \frac{1}{f(2)} + \frac{1}{f(3)} + \cdots + \frac{1}{f(n)} + \cdots$$

的和. 我们所举的调和级数就是一个例子. 又例如无穷级数

$$1 + \frac{1}{2^2} + \frac{1}{3^2} + \cdots + \frac{1}{n^2} + \cdots$$

的和也是不能用初等方法求得的[①].

----

① 在高等数学中可以证明这和的数值等于 $\frac{\pi^2}{6}$.

其次,就混合级数的倒数级数来说,情况比上面更要复杂些.我们为了简便起见,只对无穷级数的情形略加讨论.

无穷级数

$$x + \frac{1}{2}x^2 + \frac{1}{3}x^3 + \cdots + \frac{1}{n}x^n + \cdots$$

叫作对数级数.它也是不能用初等方法求和的.在高等数学中,可以证明这个级数在 $-1 < x < 1$ 的时候是收敛的,并且它的值等于 $-\log(1-x)$.①

我们姑且假定这个结果是已知的.那么利用这个结果,还可以推出另外一些无穷级数的和.例如,如果 $x \neq 0$,而且 $-1 < x < 1$,就有:

$$\frac{1}{1 \times 2}x + \frac{1}{2 \times 3}x^2 + \frac{1}{3 \times 4}x^3 + \cdots + \frac{1}{(n-1)n}x^{n-1} + \frac{1}{n(n+1)}x^n + \cdots$$

$$= \left(1 - \frac{1}{2}\right)x + \left(\frac{1}{2} - \frac{1}{3}\right)x^2 + \left(\frac{1}{3} - \frac{1}{4}\right)x^3 + \cdots +$$

$$\left(\frac{1}{n-1} - \frac{1}{n}\right)x^{n-1} + \left(\frac{1}{n} - \frac{1}{n+1}\right)x^n + \cdots$$

$$= x - \frac{1}{2}(1-x)x - \frac{1}{3}(1-x)x^2 - \cdots - \frac{1}{n}(1-x)x^{n-1} - \cdots$$

$$= x - \frac{1-x}{x}\left(\frac{1}{2}x^2 + \frac{1}{3}x^3 + \cdots + \frac{1}{n}x^n + \cdots\right)$$

$$= x - \frac{1-x}{x}[-\log(1-x) - x]$$

$$= 1 + \frac{(1-x)\log(1-x)}{x}.$$

在对 x 作同样的限制之下,又有

$$\frac{1}{1 \times 2 \times 3}x + \frac{1}{2 \times 3 \times 4}x^2 + \frac{1}{3 \times 4 \times 5}x^3 + \cdots +$$

$$\frac{1}{(n-1)n(n+1)}x^{n-1} + \frac{1}{n(n+1)(n+2)}x^n + \cdots$$

---

① 本书中"log"表示自然对数,即对应现在教材中的"ln".——编者注

$$= \frac{1}{2}\left(\frac{1}{1\times 2} - \frac{1}{2\times 3}\right)x + \frac{1}{2}\left(\frac{1}{2\times 3} - \frac{1}{3\times 4}\right)x^2 +$$

$$\frac{1}{2}\left(\frac{1}{3\times 4} - \frac{1}{4\times 5}\right)x^3 + \cdots + \frac{1}{2}\left[\frac{1}{(n-1)n} - \frac{1}{n(n+1)}\right]x^{n-1} +$$

$$\frac{1}{2}\left[\frac{1}{n(n+1)} - \frac{1}{(n+1)(n+2)}\right]x^n + \cdots$$

$$= \frac{1}{4}x - \frac{1}{2}\left[\frac{1}{2\times 3}(1-x)x + \frac{1}{3\times 4}(1-x)x^2 + \cdots + \right.$$

$$\left.\frac{1}{n(n+1)}(1-x)x^{n-1} + \cdots\right]$$

$$= \frac{1}{4}x - \frac{1-x}{2x}\left[1 + \frac{(1-x)\log(1-x)}{x} - \frac{1}{1\times 2}x\right]$$

$$= \frac{3}{4} - \frac{1}{2x} - \frac{(1-x)^2 \log(1-x)}{2x^2}.$$

这样的手续还可以继续做下去. 不过也和前面讨论的情形一样,有了这些公式,仍然不能求出一般的无穷混合级数的倒数级数的和.

十四　级数 $\sum_{n=1}^{\infty}\frac{1}{n^2}$ 的渐近值

从上节中已经可以看到,有很多无穷级数我们是无法在初等数学的范围之内求得它们的准确值的;而且即使能求出来,如果它是一个无理数,那么在实际应用上仍然是不方便的. 因此就实用的价值来说,我们的任务往往是要用最简捷的方法求得一个无穷级数的有理渐近值.

本节的目的就是建议一个方法,来求级数

$$1 + \frac{1}{2^2} + \frac{1}{3^2} + \frac{1}{4^2} + \cdots + \frac{1}{n^2} + \cdots$$

的渐近值. 为了简便起见,我们采用符号$\sum$(读作西格码)来记级数的和:

$$\frac{1}{1^2}+\frac{1}{2^2}+\frac{1}{3^2}+\cdots+\frac{1}{n^2}+\cdots=\sum_{n=1}^{\infty}\frac{1}{n^2},$$

符号 $\sum$ 下面的 $n=1$ 表示这个无穷级数中的 n 顺序地跑过从 1 开始的所有正整数.

同样, 可以写

$$\frac{1}{1\times2}+\frac{1}{2\times3}+\cdots+\frac{1}{n(n+1)}+\cdots=\sum_{n=1}^{\infty}\frac{1}{n(n+1)},$$

$$\frac{1}{1\times2\times3}+\frac{1}{2\times3\times4}+\cdots+\frac{1}{n(n+1)(n+2)}+\cdots=\sum_{n=1}^{\infty}\frac{1}{n(n+1)(n+2)},$$

……

有时候,我们并不要考虑级数的全部而只取这个级数的"尾部";这时可以把符号 $\sum$ 下面的 $n=1$ 改成 $n=N$, 表示 n 跑过从 N 开始的一切正整数. 例如

$$\sum_{n=N}^{\infty}\frac{1}{n^2}=\frac{1}{N^2}+\frac{1}{(N+1)^2}+\frac{1}{(N+2)^2}+\cdots.$$

下面我们开始进行计算.

第一步 因为

$$\frac{1}{n(n+1)}<\frac{1}{n^2}<\frac{1}{n(n-1)},$$

所以 $$1=\sum_{n=1}^{\infty}\frac{1}{n(n+1)}<\sum_{n=1}^{\infty}\frac{1}{n^2}<1+\sum_{n=2}^{\infty}\frac{1}{n(n-1)}=2,$$

即 $1<\sum_{n=1}^{\infty}\frac{1}{n^2}<2$. 根据同样的理由,

$$\frac{1}{4}=\sum_{n=1}^{\infty}\frac{1}{n(n+1)(n+2)}<\sum_{n=1}^{\infty}\left[\frac{1}{n^2}-\frac{1}{n(n+1)}\right]$$
$$=\sum_{n=1}^{\infty}\frac{1}{n^2(n+1)}<\frac{1}{2}+\sum_{n=2}^{\infty}\frac{1}{(n-1)n(n+1)}=\frac{3}{4},$$

于是得到更精密的估计式:

$$\frac{5}{4} = 1 + \frac{1}{4} < \sum_{n=1}^{\infty} \frac{1}{n^2} < 1 + \frac{3}{4} = \frac{7}{4}.$$

这个方法虽然简单,却有美中不足的地方.缺点就在于它把级数的各项都放大或缩小,使变成已有方法求和的级数;这样,只要原级数中有一项和被代换的项相差 1%,那么得出的答数(渐近值)的准确度就绝不能比 1%还小.因此为了估计得更精确些,我们还得另外想方法.

第二步 设 N 是一个给定了的正整数,我们研究级数的"尾部"

$$\sum_{n=N+1}^{\infty} \frac{1}{n^2}.$$

和第一步同样的理由,它适合不等式①

$$\frac{1}{N+1} = \sum_{n=N+1}^{\infty} \frac{1}{n(n+1)} < \sum_{n=N+1}^{\infty} \frac{1}{n^2} < \sum_{n=N+1}^{\infty} \frac{1}{n(n-1)} = \frac{1}{N}.$$

这说明了

$$0 < \sum_{n=N+1}^{\infty} \frac{1}{n^2} - \frac{1}{N+1} < \frac{1}{N} - \frac{1}{N+1} = \frac{1}{N(N+1)}.$$

如果选取 $N = 4$,那么上式变成:

$$0 < \sum_{n=1}^{\infty} \frac{1}{n^2} - \left(\frac{1}{1^2} + \frac{1}{2^2} + \frac{1}{3^2} + \frac{1}{4^2}\right) - \frac{1}{4+1}$$

$$= \sum_{n=1}^{\infty} \frac{1}{n^2} - \left(1 + \frac{1}{4} + \frac{1}{9} + \frac{1}{16} + \frac{1}{5}\right) < \frac{1}{20} = 0.05,$$

于是算出 $\sum_{n=1}^{\infty} \frac{1}{n^2}$ 的渐近值是

---

① 级数 $\sum_{n=N+1}^{\infty} \frac{1}{n(n-1)} = \frac{1}{N}$, $\sum_{n=N+1}^{\infty} \frac{1}{n(n+1)} = \frac{1}{N+1}$,可以用上一节所用的方法来证明.以下还有类似的等式也是这样.

$$a_1 = 1 + \frac{1}{4} + \frac{1}{9} + \frac{1}{16} + \frac{1}{5} = 1.6236.$$

它的误差不超过 5%.

第三步 我们还可以把 $\sum_{n=1}^{\infty} \frac{1}{n^2}$ 的渐近值继续精密化. 试考察

$$\sum_{n=N+1}^{\infty} \left[\frac{1}{n^2} - \frac{1}{n(n+1)} \right] = \sum_{n=N+1}^{\infty} \frac{1}{n^2(n+1)},$$

它适合不等式

$$\frac{1}{2(N+1)(N+2)} = \sum_{n=N+1}^{\infty} \frac{1}{n(n+1)(n+2)}$$

$$< \sum_{n=N+1}^{\infty} \left[\frac{1}{n^2} - \frac{1}{n(n+1)} \right]$$

$$< \sum_{n=N+1}^{\infty} \frac{1}{(n-1)n(n+1)}$$

$$= \frac{1}{2N(N+1)},$$

也就是

$$0 < \sum_{n=N+1}^{\infty} \frac{1}{n^2} - \frac{1}{N+1} - \frac{1}{2(N+1)(N+2)}$$

$$< \frac{1}{2N(N+1)} - \frac{1}{2(N+1)(N+2)} = \frac{1}{N(N+1)(N+2)}.$$

仍选取 $N=4$, 得到:

$$0 < \sum_{n=1}^{\infty} \frac{1}{n^2} - \left[a_1 + \frac{1}{2 \times (4+1) \times (4+2)} \right]$$

$$= \sum_{n=1}^{\infty} \frac{1}{n^2} - \left(a_1 + \frac{1}{60} \right) < \frac{1}{120} = 0.0083.$$

所以求得 $\sum_{n=1}^{\infty} \frac{1}{n^2}$ 的更精确的渐近值是

$$a_2 = a_1 + \frac{1}{60} = 1.64027.$$

它的误差不超过 0.0083，即准确到小数点后两位．

第四步 再应用类似的方法，又有不等式

$$\frac{2}{3(N+1)(N+2)(N+3)} = \sum_{n=N+1}^{\infty} \frac{2}{(n+1)(n+2)(n+3)}$$

$$< \sum_{n=N+1}^{\infty} \left[\frac{1}{n^2} - \frac{1}{n(n+1)} - \frac{1}{n(n+1)(n+2)} \right]$$

$$= \sum_{n=N+1}^{\infty} \frac{2}{n^2(n+1)(n+2)}$$

$$< \sum_{n=N+1}^{\infty} \frac{2}{(n-1)n(n+1)(n+2)}$$

$$= \frac{2}{3N(N+1)(N+2)},$$

或

$$0 < \sum_{n=N+1}^{\infty} \frac{1}{n^2} - \frac{1}{N+1} - \frac{1}{2(N+1)(N+2)} -$$

$$\frac{2}{3(N+1)(N+2)(N+3)}$$

$$< \frac{2}{N(N+1)(N+2)(N+3)}.$$

仍取 $N=4$，那么有：

$$0 < \sum_{n=1}^{\infty} \frac{1}{n^2} - \left(a_2 + \frac{1}{315} \right) < \frac{1}{420} = 0.0024.$$

由此得出 $\sum_{n=1}^{\infty} \frac{1}{n^2}$ 的更精确的渐近值是

$$a_3 = a_2 + \frac{1}{315} = a_2 + 0.00317 = 1.64344,$$

它的误差不超过 0.0024.

  这一步骤可以继续进行下去.算的次数愈多,得出的渐近值的准确度就愈大.例如总是取 $N=4$,当我们算到第六次时,就可以保证准确到小数点后三位.但是必须指出:这个方法算到后面,得出的渐近值逼近准确数的速度非常缓慢;换句话说,如果要使小数部分的准确度向后推移一位,往往要算好几次.例如像上面的情形,从小数第二位到第三位,就要经过 3 次运算才能获得.

  自然,如果我们要得出更近似的结果,还可以把 N 取得大些,只不过这时候计算的手续要多做几次罢了.例如取 $N=10$,把上面步骤进行 5 次,就得到在一般情况下已经足够适用的渐近值 1.64493,它和 $\sum_{n=1}^{\infty} \frac{1}{n^2}$ 的误差不超过 0.000005,即它的前四位小数都是准确的.

  精确地估计一个无穷级数的和的值,是"近似计算"的内容之一,在实际上有很重要的应用,我们决不可轻视它.本节只是举出一个例子.

(据中国青年出版社 1962 年版排印)

从祖冲之的圆周率谈起

……宋末,南徐州从事史祖冲之,更开密法,以圆径……为一丈,圆周盈数三丈一尺四寸一分五厘九毫二秒七忽;朒数三丈一尺四寸一分五厘九毫二秒六忽;正数在盈朒二限之间.密率:圆径一百一十三,圆周三百五十五;约率:圆径七,周二十二.……指要精密,算氏之最者也.所著之书,名为缀术,学官莫能究其深奥,是故废而不理.

——唐长孙无忌《隋书·律历志上》

一 祖冲之的约率 $\frac{22}{7}$ 和密率 $\frac{355}{113}$

祖冲之是我国古代的伟大数学家.他生于公元 429 年,卒于公元 500 年.他的儿子祖暅和他的孙子祖皓,也都是数学家,善算历.

关于圆周率 π,祖冲之的贡献有二:

(Ⅰ) $3.1415926 < \pi < 3.1415927$;

(Ⅱ) 他用 $\frac{22}{7}$ 作为约率,$\frac{355}{113}$ 作为密率.

这些结果是刘徽割圆术之后的重要发展.刘徽从圆内接正六边形起算,令边数一倍一倍地增加,即 12、24、48、96、…、1536、…,因而逐个算出六边形、十二边形、二十四边形……的边长,这些数值逐步地逼近圆周率.刘徽方法的特点,是得出一批一个大于一个的数值,这样来一步一步地逼近圆周率.这方法是可以无限精密地逼近圆周率的,但每一项都比圆周率小.

祖冲之的结果(Ⅰ)从上下两方面指出了圆周率的误差范围.这是大家都容易

看到的事实,因此在这本小书中不预备多讲. 我只准备着重地谈一谈结果(Ⅱ). 在谈到 $\frac{355}{113}$ 的时候,一定能从

$$\frac{355}{113} = 3.1415929\cdots$$

看出,他所提出的 $\frac{355}{113}$ 惊人精密地接近于圆周率,准确到六位小数. 也有人会指出这一发现比欧洲人早了一千年. 因为德国人奥托(Valenlinus Otto)在1573年才发现这个分数. 如果更深入地想一下,就会发现 $\frac{22}{7}$ 和 $\frac{355}{113}$ 的意义还远不止这些. 有些人认为那时的人们喜欢用分数来计算. 这样看问题未免太简单了. 其实其中孕育着不少道理,这道理可以用来推算天文上的很多现象. 无怪乎祖冲之祖孙三代都是算历的专家. 这个约率和密率,提出了"用有理数最佳逼近实数"的问题. "逼近"这个概念在近代数学中是十分重要的.

二 人造行星将于2113年又接近地球

我们暂且把"用有理数最佳逼近实数"的问题放一放,而再提一个事实:

1959年苏联第一次发射了一个人造行星,报上说:苏联某专家算出,五年后这个人造行星又将接近地球,在2113年又将非常接近地球. 这是怎样算出来的? 难不难,深奥不深奥? 我们中学生能懂不能懂? 我说能懂的! 不需要专家,中学生是可以学懂这个方法的.

先看为什么五年后这个人造行星会接近地球. 报上登过这个人造行星绕太阳一周的时间是450天. 如果以地球绕日一周360天计算,地球走5圈和人造行星走4圈不都是1800天吗? 因此五年后地球和人造行星将相互接近. 至于为什么在2113年这个人造行星和地球又将非常接近? 我们将在第四节中说明.

再看5圈是怎样算出来的. 任何中学生都会回答:这是由于约分

$$\frac{360}{450} = \frac{4}{5}$$

而得来的,或者这是求 450 和 360 的最小公倍数而得来的. 它们的最小公倍数是 1800, 而 $\frac{1800}{360} = 5$, $\frac{1800}{450} = 4$; 也就是当地球绕太阳 5 圈时,人造行星恰好回到了原来的位置. 求最小公倍数在这儿找到了用场. 在进入下节介绍辗转相除法之前,我们再说一句,地球绕太阳并不是 360 天一周,而是 $365\frac{1}{4}$ 天. 因而仅仅学会求最小公倍数法还不能够应付这一问题,还须更上一层楼.

三 辗转相除法和连分数

我们还是循序渐进吧. 先从简单的(原来在小学或初中一年级讲授的)辗转相除法讲起. 但我们采用较高的形式,采用学过代数学的同学所能理解的形式.

给两个正整数 a 和 b,用 b 除 a 得商 a_0,余数 r. 写成式子

$$a = a_0 b + r, \quad 0 \leqslant r < b. \tag{1}$$

这是最基本的式子. 如果 r 等于 0,那么 b 可以除尽 a,而 a、b 的最大公约数就是 b.

如果 $r \neq 0$,再用 r 除 b,得商 a_1,余数 r_1,即

$$b = a_1 r + r_1, \quad 0 \leqslant r_1 < r. \tag{2}$$

如果 $r_1 = 0$,那么 r 除尽 b,由(1)它也除尽 a. 又任何一个除尽 a 和 b 的数,由(1)也一定除尽 r. 因此,r 是 a、b 的最大公约数.

如果 $r_1 \neq 0$,用 r_1 除 r,得商 a_2,余数 r_2,即

$$r = a_2 r_1 + r_2, \quad 0 \leqslant r_2 < r_1. \tag{3}$$

如果 $r_2 = 0$,那么由(2) r_1 是 b、r 的公约数,由(1)它也是 a、b 的公约数. 反之,如果一数除得尽 a、b,那么由(1)它一定除得尽 b、r,由(2)它一定除得尽 r、r_1,所以

r_1 是 a、b 的最大公约数.

如果 $r_2 \neq 0$,再用 r_2 除 r_1,如法进行. 由于 $b > r > r_1 > r_2 > \cdots (\geqslant 0)$ 逐步小下来,因此经过有限步骤后一定可以找出 a、b 的最大公约数(最大公约数可以是 1). 这就是**辗转相除法**,或称**欧几里得算法**. 这个方法是我们这本小册子的灵魂.

例 1 求 360 和 450 的最大公约数.

$$450 = 1 \times 360 + 90,$$
$$360 = 4 \times 90.$$

所以 90 是 360、450 的最大公约数. 由于最小公倍数等于两数相乘再除以最大公约数,因此这两数的最小公倍数等于

$$360 \times 450 \div 90 = 1800,$$

因而得出上节的结果.

例 2 求 42897 和 18644 的最大公约数.

$$42897 = 2 \times 18644 + 5609,$$
$$18644 = 3 \times 5609 + 1817,$$
$$5609 = 3 \times 1817 + 158,$$
$$1817 = 11 \times 158 + 79,$$
$$158 = 2 \times 79.$$

因此最大公约数等于 79.

计算的草式如下:

42897		
−37288	2	18644
5609	3	16827
5451	3	1817
158	11	1738
158	2	79
0		

例 2 的计算也可以写成为

$$\frac{42897}{18644} = 2 + \frac{5609}{18644} = 2 + \frac{1}{\frac{18644}{5609}}$$

$$= 2 + \frac{1}{3 + \frac{1817}{5609}} = 2 + \frac{1}{3 + \frac{1}{\frac{5609}{1817}}} = 2 + \frac{1}{3 + \frac{1}{3 + \frac{158}{1817}}}$$

$$= 2 + \frac{1}{3 + \frac{1}{3 + \frac{1}{11 + \frac{79}{158}}}} = 2 + \frac{1}{3 + \frac{1}{3 + \frac{1}{11 + \frac{1}{2}}}}.$$

这样的繁分数称为**连分数**. 为了节省篇幅,我们把它写成

$$2 + \frac{1}{3} + \frac{1}{3} + \frac{1}{11} + \frac{1}{2}.$$

注意 2、3、3、11、2 都是草式中间一行的数字. 倒算回去,得

$$2 + \frac{1}{3} + \frac{1}{3} + \frac{1}{11} + \frac{1}{2} = 2 + \frac{1}{3} + \frac{1}{3} + \frac{2}{23}$$

$$= 2 + \frac{1}{3} + \frac{23}{71} = 2 + \frac{71}{236} = \frac{543}{236}.$$

这就是原来分数的既约分数.

依次截段,得

$$2,\ 2 + \frac{1}{3} = \frac{7}{3},\ 2 + \frac{1}{3} + \frac{1}{3} = \frac{23}{10},\ 2 + \frac{1}{3} + \frac{1}{3} + \frac{1}{11} = \frac{260}{113}.$$

这些分数称为 $\frac{543}{236}$ 的**渐近分数**. 我们看到第一个渐近分数比 $\frac{543}{236}$ 小,第二个渐近分数比它大,第三个又比它小……为什么叫作渐近分数?我们看一下分母不超过 10

的分数和 $\frac{543}{236}$ 相接近的情况.

分母是 1, 2, 3, 4, 5, 6, 7, 8, 9, 10, 而最接近于 $\frac{543}{236}$ 的分数是

$$\frac{2}{1}, \frac{5}{2}, \frac{7}{3}, \frac{9}{4}, \frac{12}{5}, \frac{14}{6}, \frac{16}{7}, \frac{19}{8}, \frac{21}{9}, \frac{23}{10}.$$

取两位小数,它们分别等于

2.00, 2.50, 2.33, 2.25, 2.40, 2.33, 2.29, 2.38, 2.33, 2.30.

和 $\frac{543}{236}=2.30$ 相比较,可以发现其中有几个特出的既约分数

$$\frac{2}{1}, \frac{5}{2}, \frac{7}{3}, \frac{16}{7}, \frac{23}{10},$$

这几个数比它们以前的数都更接近于 $\frac{543}{236}$. 而其中 $\frac{2}{1}, \frac{7}{3}, \frac{23}{10}$ 都是由连分数截段算出的数,即它们都是渐近分数.

我们现在再证明:分母小于 113 的分数里面,没有一个比 $\frac{260}{113}$ 更接近于 $\frac{543}{236}$ 了. 要证明这点很容易,首先

$$\left|\frac{543}{236} - \frac{260}{113}\right| = \frac{1}{236 \times 113}.$$

命 $\frac{a}{b}$ 是任一分母 b 小于 113 的分数,那么

$$\left|\frac{543}{236} - \frac{a}{b}\right| = \left|\frac{543b - 236a}{236 \times b}\right| \geq \frac{1}{236 \times b} > \frac{1}{236 \times 113}.$$

四 答第二节的问

现在我们来回答第二节里的问题:怎样算出人造行星 2113 年又将非常接近

地球?

人造行星绕日一周需 450 天,地球绕日一周是 $365\frac{1}{4}$ 天. 如果以 $\frac{1}{4}$ 天做单位,那么人造行星和地球绕日一周的时间各为 1800 和 1461 个单位. 如上节所讲的方法,

```
1800 |   |
1461 | 1 | 1461
 339 | 4 | 1356
 315 | 3 |  105
  24 | 4 |   96
  18 | 2 |    9
   6 | 1 |    6
   6 | 2 |    3,
   0 |   |
```

即得连分数

$$1+\frac{1}{4}+\frac{1}{3}+\frac{1}{4}+\frac{1}{2}+\frac{1}{1}+\frac{1}{2}.$$

由此得渐近分数

$$1,\ 1+\frac{1}{4}=\frac{5}{4},\ 1+\frac{1}{4}+\frac{1}{3}=\frac{16}{13},\ 1+\frac{1}{4}+\frac{1}{3}+\frac{1}{4}=\frac{69}{56},$$

$$1+\frac{1}{4}+\frac{1}{3}+\frac{1}{4}+\frac{1}{2}=\frac{154}{125},\ \cdots.$$

第一个渐近分数说明了地球绕日 5 圈,人造行星绕日 4 圈,即 5 年后人造行星和地球接近. 但地球绕日 16 圈,人造行星绕日 13 圈更接近些;地球绕日 69 圈,人造行星绕日 56 圈还要接近些;而地球绕日 154 圈,人造行星绕日 125 圈又更要接近些. 这就是报上所登的苏联专家所算出的数字了,这也就是在

$$1959+154=2113$$

年,人造行星将非常接近地球的道理.

当然,由于连分数还可以做下去,所以我们可以更精密地算下去;但是因为 450 天和 $365\frac{1}{4}$ 天这两个数字本身并不很精确,所以再继续算下去也就没有太大的必要了.但读者不妨作为习题再算上一项.

五　约率和密率的内在意义

在上节中,我们将 $365\frac{1}{4}$,450 乘 4 以后再算.实际上,在求两个分数的比的连分数时,不必把它们化为两个整数再算.

例如,3.14159265 和 1 可以计算如下:

$$
\begin{array}{r|c|l}
3.14159265 & & \\
\underline{3} & 3 & 1 \\
0.14159265 & 7 & 0.99114855 \\
0.13277175 & 15 & 0.00885145 \\
0.00882090 & 1 & 0.00882090 \\
& & 0.00003055,
\end{array}
$$

即得

$$\pi = 3 + \frac{1}{7} + \frac{1}{15} + \frac{1}{1} + \cdots.$$

渐近分数是

$$3 \qquad\qquad\qquad [径一周三,《周髀算经》],$$

$$3 + \frac{1}{7} = \frac{22}{7} \qquad\qquad [约率,何承天(公元 370—447)],$$

$$3 + \frac{1}{7} + \frac{1}{15} = \frac{333}{106},$$

$$3 + \frac{1}{7} + \frac{1}{15} + \frac{1}{1} = \frac{355}{113} \qquad [密率,祖冲之(公元 429—500)].$$

实际算出 $\frac{22}{7} = 3.142$ 和 $\frac{355}{113} = 3.1415929$,误差分别在小数点后第三位和第七位.

用比 π＝3.14159265 更精密的圆周率来计算,我们可以得出

$$\pi = 3 + \cfrac{1}{7} + \cfrac{1}{15} + \cfrac{1}{1} + \cfrac{1}{292} + \cfrac{1}{1} + \cfrac{1}{1} + \cdots.$$

$\dfrac{355}{113}$ 之后的一个渐近分数是 $\dfrac{103993}{33102}$. 这是一个很不容易记忆、也不便于应用的数.

以下的数据说明,分母比 7 小的分数不比 $\dfrac{22}{7}$ 更接近于 π,而分母等于 8 的也不比 $\dfrac{22}{7}$ 更接近于 π.

分母 q	$q\pi$	分子 p	$\pi - \dfrac{p}{q}$
1	3.1416	3	0.1416
2	6.2832	6	0.1416
3	9.4248	9	0.1416
4	12.5664	13	−0.1084
5	15.7080	16	−0.0584
6	18.8496	19	−0.0251
7	21.9912	22	−0.0013
8	25.1328	25	0.0166

关于 $\dfrac{333}{106}$ 也有同样性质(以后将会证明的). 为了避免不必要的计算,我仅仅指出:

$$\left|\pi - \frac{330}{105}\right| = \left|\pi - \frac{22}{7}\right| = 0.0013,$$

$$\left|\pi - \frac{333}{106}\right| = 0.00009,$$

从祖冲之的圆周率谈起

$$\left|\pi-\frac{336}{107}\right|=0.0014,$$

以 $\frac{333}{106}$ 的误差为最小. 又

$$\left|\pi-\frac{352}{112}\right|=0.0013,$$

$$\left|\pi-\frac{355}{113}\right|=0.0000003,$$

$$\left|\pi-\frac{358}{114}\right|=0.0012,$$

以 $\frac{355}{113}$ 的误差为最小.

总之,在分母不比 8, 107, 114 大的分数中,分别不比 $\frac{22}{7}$, $\frac{333}{106}$, $\frac{335}{113}$ 更接近于 π;而 $\frac{22}{7}$, $\frac{355}{113}$ 又是两个相当便于记忆和应用的分数. 我国古代的数学家祖冲之能在这么早的年代,得到 π 的这样两个很理想的近似值,是多么不简单的事.

注意 并不是仅有这些数有这一性质,例如 $\frac{311}{99}$ 就是一个.

$$\left|\pi-\frac{308}{98}\right|=0.0013, \quad \left|\pi-\frac{311}{99}\right|=0.0002, \quad \left|\pi-\frac{314}{100}\right|=0.0016.$$

又

$$\frac{374}{119}=3.1429, \quad \frac{377}{120}=3.14167, \quad \frac{380}{121}=3.1405.$$

这说明 $\frac{377}{120}$ 比另外两个数来得好,但是它的分母比 $\frac{355}{113}$ 的分母大,而且它不比 $\frac{355}{113}$ 更精密.

六 为什么四年一闰,而百年又少一闰?

如果地球绕日一周是 365 天整,那么我们就不需要分平年和闰年了,也就是没有必要每隔四年把 2 月份的 28 天改为 29 天了.

如果地球绕日一周恰恰是 $365\frac{1}{4}$ 天,那么我们四年加一天的算法就很精确,没有必要每隔一百年又少加一天了.

如果地球绕日一周恰恰是 365.24 天,那么一百年必须有 24 个闰年,即四年一闰而百年少一闰,这就是我们用的历法的来源. 由 $\frac{1}{4}$ 可知:每四(分母)年加一(分子)天;由 $\frac{24}{100}$ 可知:每百(分母)年加 24(分子)天.

但是事实并不这样简单,地球绕日一周的时间是 365.2422 天. 由

$$0.2422 = \frac{2422}{10000}$$

可知:一万年应加上 2422 天,但按百年 24 闰计算只加了 2400 天,显然少算了 22 天.

现在让我们用求连分数的渐近分数来求得更精密的结果.

我们知道地球绕日一周需时 365 天 5 小时 48 分钟 46 秒,也就是

$$365 + \frac{5}{24} + \frac{48}{24 \times 60} + \frac{46}{24 \times 60 \times 60} = 365\frac{10463}{43200},$$

展开,得连分数

$$365\frac{10463}{43200} = 365 + \frac{1}{4} + \frac{1}{7} + \frac{1}{1} + \frac{1}{3} + \frac{1}{5} + \frac{1}{64}.$$

```
                43200
   10463  4    41852
    9436  7     1348
    1027  1     1027
     963  3      321
      64  5      320
      64 64        1.
       0
```

分数部分的渐近分数是

$$\frac{1}{4}, \quad \frac{1}{4+}\frac{1}{7}=\frac{7}{29}, \quad \frac{1}{4+}\frac{1}{7+}\frac{1}{1}=\frac{8}{33},$$

$$\frac{1}{4+}\frac{1}{7+}\frac{1}{1+}\frac{1}{3}=\frac{31}{128}, \quad \frac{1}{4+}\frac{1}{7+}\frac{1}{1+}\frac{1}{3+}\frac{1}{5}=\frac{163}{673},$$

$$\frac{1}{4+}\frac{1}{7+}\frac{1}{1+}\frac{1}{3+}\frac{1}{5+}\frac{1}{64}=\frac{10463}{43200}.$$

和 π 的渐近分数一样,这些渐近分数也一个比一个精密.这说明四年加一天是初步的最好的近似值,但 29 年加 7 天更精密些,33 年加 8 天又更精密些,而 99 年加 24 天正是我们百年少一闰的由来.由数据也可见 128 年加 31 天更精密(也就是说头三个 33 年各加 8 天,后一个 29 年加 7 天,共 3×33+29＝128 年加 3×8+7＝31 天),等等.

所以积少成多,如果过了 43200 年,按照百年 24 闰的算法一共加了 432×24＝10368 天,但是按照精密的计算,却应当加 10463 天,一共少加了 95 天.也就是说,按照百年 24 闰的算法,过 43200 年后,人们将提前 95 天过年,也就是在秋初就要过年了!

不过我们的历法除订定四年一闰、百年少一闰外,还订定每 400 年又加一闰,这就差不多补偿了按百年 24 闰计算少算的差数.因此照我们的历法,即使过 43200 年后,人们也不会在秋初就过年.我们的历法是相当精确的.

七 农历的月大月小、闰年闰月

农历的大月三十天、小月二十九天是怎样安排的?

我们先说明什么叫朔望月. 出现相同月面所间隔的时间称为**朔望月**, 也就是从满月(望)到下一个满月, 从新月(朔)到下一个新月, 从蛾眉月(弦)到下一个同样的蛾眉月所间隔的时间. 我们把朔望月取作农历月.

已经知道朔望月是 29.5306 天, 把小数部分展为连分数

$$0.5306 = \cfrac{1}{1} + \cfrac{1}{1} + \cfrac{1}{7} + \cfrac{1}{1} + \cfrac{1}{2} + \cfrac{1}{33} + \cfrac{1}{1} + \cfrac{1}{2},$$

它的渐近分数是

$$\frac{1}{1}, \frac{1}{2}, \frac{8}{15}, \frac{9}{17}, \frac{26}{49}, \frac{867}{1634}, \frac{893}{1683}, \frac{2653}{5000}.$$

也就是说, 就 1 个月来说, 最近似的是 30 天, 两个月就应当一大一小, 而 15 个月中应当 8 大 7 小, 17 个月中 9 大 8 小, 等等. 就 49 个月来说, 前两个 17 个月里, 都有 9 大 8 小, 最后 15 个月里, 有 8 大 7 小, 这样在 49 个月中, 就有 26 个大月.

再谈农历的闰月的算法. 地球绕日一周需 365.2422 天, 朔望月是 29.5306 天, 而它正是我们通用的农历月, 因此一年中应该有

$$\frac{365.2422}{29.5306} = 12.37\cdots = 12\,\frac{10.8750}{29.5306}$$

个农历的月份, 也就是多于 12 个月. 因此农历有些年是 12 个月; 而有些年有 13 个月, 称为闰年. 把 0.37 展成连分数

$$0.37 = \cfrac{1}{2} + \cfrac{1}{1} + \cfrac{1}{2} + \cfrac{1}{2} + \cfrac{1}{1} + \cfrac{1}{3},$$

它的渐近分数是

$$\frac{1}{2}, \frac{1}{3}, \frac{3}{8}, \frac{7}{19}, \frac{10}{27}, \frac{37}{100}.$$

因此,两年一闰太多,三年一闰太少,八年三闰太多,十九年七闰太少. 如果算得更精密些:

$$\frac{10.8750}{29.5306} = \frac{1}{2} + \frac{1}{1} + \frac{1}{2} + \frac{1}{1} + \frac{1}{1} + \frac{1}{16} + \frac{1}{1} + \frac{1}{5} + \frac{1}{2} + \frac{1}{6} + \frac{1}{2} + \frac{1}{2},$$

它的渐近分数是

$$\frac{1}{2}, \frac{1}{3}, \frac{3}{8}, \frac{4}{11}, \frac{7}{19}, \frac{116}{315}, \frac{123}{334}, \frac{731}{1985}, \cdots.$$

八 火星大冲

我们知道地球和火星差不多在同一平面上围绕太阳旋转;火星轨道在地球轨道之外. 当太阳、地球和火星在一直线上并且地球在太阳和火星之间时,这种现象称为冲. 在冲时地球和火星的距离比冲之前和冲之后的距离都小,因此便于观察. 地球轨道和火星轨道之间的距离是有远有近的. 在地球轨道和火星轨道最接近处发生的冲叫大冲. 理解冲的现象最方便的办法是看钟面. 时针和分针相重合就是冲. 12 小时中有多少次冲? 分针一小时走 $360°(=2\pi)$,时针走 $30°\left(=\frac{2\pi}{12}\right)$. 从 12 点整开始,走了 t 小时后,分针和时针的角度差是

$$\left(2\pi - \frac{2\pi}{12}\right)t.$$

如果两针相重,那么这差额应是 2π 的整数倍,也就是要求出哪些 t 满足下列等式:

$$\left(2\pi - \frac{2\pi}{12}\right)t = 2\pi n.$$

其中 n 是整数,也就是要找 t 使

$$\frac{11}{12}t$$

是整数,即在 $\frac{12}{11}$, $2\times\frac{12}{11}$, $3\times\frac{12}{11}$, … 小时时,分针和时针发生了冲,在 12 小时中共有 11 次冲.

现在回到火星大冲问题. 火星绕日一周需 687 天,地球绕日一周需 $365\frac{1}{4}$ 天. 把它们的比展成连分数

$$\frac{687}{365.25}=1+\frac{1}{1}+\frac{1}{7}+\frac{1}{2}+\frac{1}{1}+\frac{1}{1}+\frac{1}{11},$$

取一个渐近分数

$$1+\frac{1}{1}+\frac{1}{7}=\frac{15}{8},$$

它说明地球绕日 15 圈和火星绕日 8 圈的时间差不多相等,也就是大约 15 年后火星与地球差不多回到了原来的位置,即从第一次大冲到第二次大冲需间隔 15 年. 上一次大冲在 1956 年 9 月,下一次约在 1971 年 8 月.

再看看冲的情况如何. 每一天地球转过 $\frac{2\pi}{365.25}$ 度,火星转过 $\frac{2\pi}{687}$ 度. 我们看在什么时候太阳、地球和火星在一直线上. 在 t 天之后,地日火的夹角等于

$$\left(\frac{2\pi}{365.25}-\frac{2\pi}{687}\right)t.$$

如果三者在一直线上,并且地球在太阳和火星之间,那么有整数 n 使

$$\left(\frac{2\pi}{365.25}-\frac{2\pi}{687}\right)t=2\pi n,$$

即

$$t=\frac{687\times 365.25}{321.75}\times n=780\times n,$$

于是当 $n=1, 2, \cdots$ 时所求出的 t 都是发生冲的时间. 所以约每隔 2 年 50 天有一次冲.

注意

1. 对于冲的发生可以严格要求三星一线,但对于大冲仅要求差不多共线就行了.然而二者都要求地球在太阳和火星之间.

2. 如果钟面上还有秒针,问是否可能三针重合?

九 日月食

前面已经介绍过朔望月,现在再介绍交点月.大家知道地球绕太阳转,月亮绕地球转.地球的轨道在一个平面上,称为**黄道面**.而月亮的轨道并不在这个平面上,因此月亮轨道和这黄道面有交点.具体地说,月亮从地球轨道平面的这一侧穿到另一侧时有一个交点,再从另一侧又穿回这一侧时又有一个交点,其中一个在地球轨道圈内,另一个在圈外.从圈内交点到圈内交点所需时间称为**交点月**.交点月约为 27.2123 天.

图 1

当太阳、月亮和地球的中心在一直线上,这时就发生日食(如图 1)或月食(如果月亮在地球的另一侧).如图 1,由于三点在一直线上,因此月亮一定在地球轨道平面上,也就是月亮在交点上;同时也是月亮全黑的时候,也就是朔.从这样的位置再回到同样的位置必须要有两个条件:从一交点到同一交点(这和交点月有关);从朔到朔(这和朔望月有关).现在我们来求朔望月和交点月的比.

我们有

$$\frac{29.5306}{27.2123}=1+\cfrac{1}{11}+\cfrac{1}{1}+\cfrac{1}{2}+\cfrac{1}{1}+\cfrac{1}{4}+\cfrac{1}{2}+\cfrac{1}{9}+\cfrac{1}{1}+\cfrac{1}{25}+\cfrac{1}{2},$$

考虑渐近分数

$$1+\cfrac{1}{11}+\cfrac{1}{1}+\cfrac{1}{2}+\cfrac{1}{1}+\cfrac{1}{4}=\frac{242}{223},$$

而 223×29.5306 天 $= 6585$ 天 $= 18$ 年 11 天.

这就是说,经过了 242 个交点月或 223 个朔望月以后,太阳、月亮和地球又差不多回到了原来的相对位置.应当注意的是不一定这三个天体的中心准在一直线上时才出现日食或月食,稍偏一些也会发生,因此在这 18 年 11 天中会发生好多次日食和月食(约有 41 次日食和 29 次月食),虽然相邻两次日食(或月食)的间隔时间并不是一个固定的数,但是经过了 18 年 11 天以后,由于这三个天体又回到了原来的相对位置,因此在这 18 年 11 天中日食、月食发生的规律又重复实现了.这个交食(日食和月食的总称)的周期称为**沙罗周期**."沙罗"就是重复的意思.求出了沙罗周期,就大大便于日食和月食的测定.

十 日月合璧,五星联珠,七曜同宫

今年(1962 年)2 月 5 日那天,正当我们欢度春节的时候,天空中出现了一个非常罕见的现象,那就是金、木、水、火、土五大行星在同一方向上出现,而且就在这方向上日食也正好发生.这种现象称为日月合璧,五星联珠,七曜同宫(图 2),这是几百年才出现一次的现象.

天文学家把"天"划分成若干部分,每一部分称为一个星座.通过黄道面的共有 12 个星座,称为**黄道十二宫**.这次金、木、水、火、土、日、月七个星球同时走到了一个宫内(宝瓶宫),而日食也在这宫内发生.

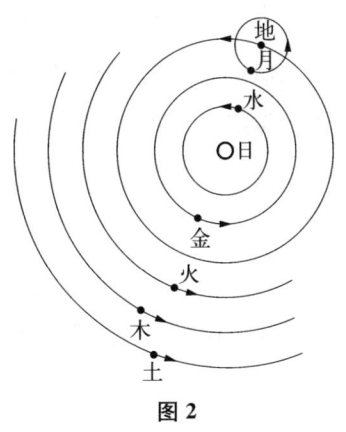

图 2

现在我们根据下表来说明这种现象是怎样发生的.

星别	水星	金星	火星	土星	木星	太阳	月亮
赤经	318°15′	320°30′	319°45′	321°15′	323°45′	318°15′	318°
赤纬	12°24′	16°45′	20°36′	19°40′	15°54′	16°08′	15°57′

表中的赤经和赤纬表示某一星球的方向.如果两个星球对应的赤经和赤纬很接近,

那么在地球上看起来,它们在同一个方向上出现.表中所列是1962年2月5日那天各星球的方向,由此可见它们方向的相差是不大的.怎样来理解不大?钟面上每一小时代表$360°/12=30°$,每一分钟代表$30°/5=6°$,也就是一分钟的角度是$6°$.这就可以看出这七个星球的方向是多么互相接近了.

为什么又称为五星联珠呢?我们看起来,那天金、木、水、火、土五星的位置差不多在一起,但实际上它们是有远有近的,因此好像串成了一串珠子一样.这种现象也称为五星聚.古代迷信的人把五星联珠看作吉祥之兆,因此把相差不超过$45°$的情况都称为五星联珠了.

关于这种现象,远在两千多年前,我国历史上就有了记载.在《汉书·律历志上》是这样写的:

复覆太初历,晦朔弦望皆最密,日月如合璧,五星如连珠.

而且还有一个注:

太初上元甲子夜半朔旦冬至时,七曜皆会聚斗牵牛分度,夜尽如合璧连珠也.

太初是汉武帝的年号,在公元前104年.

读者一定希望知道何时再发生几个星球的联珠现象,我们在下面两节中提出一个考虑这个问题的粗略方法.

十一　计　算　方　法

我们用以下方法解决类似于上节所提出的问题.

图 3

问题 1　假定有内外两圈圆形跑道,甲在里圈沿逆时针方向匀速行走,49分钟走完一圈;乙在外圈也沿逆时针方向匀速行走,86分钟走完一圈.出发时他们和圆心在一直线上.问:何时甲、乙在圆心所张的角度小于$15°$?

解　甲每分钟行走$\dfrac{2\pi}{49}$度,乙每分钟行走$\dfrac{2\pi}{86}$度.

t 分钟后,走过的角度差是 $\left(\dfrac{2\pi}{49}-\dfrac{2\pi}{86}\right)t$. 所以他们与圆心连接的角度是

$$\theta=\left(\dfrac{2\pi}{49}-\dfrac{2\pi}{86}\right)t-2\pi m,$$

其中 m 是一个自然数,使 θ 的绝对值最小. 问题一变而为 t 是何值时,存在自然数 m 使

$$\left|\left(\dfrac{2\pi}{49}-\dfrac{2\pi}{86}\right)t-2\pi m\right|<15°=\dfrac{2\pi\times15}{360}=\dfrac{2\pi}{24},$$

也就是

$$\left|\dfrac{37t}{4214}-m\right|<\dfrac{1}{24}.$$

取 $m=0$,得

$$t<\dfrac{4214}{37\times24}=4.75,$$

即在出发后 4.75 分钟之内夹角都小于 $15°$.

取 $m=1$,得

$$\dfrac{23}{24}<\dfrac{37}{4214}t<\dfrac{25}{24},$$

即

$$109.15\leqslant t\leqslant118.64,$$

也就是说,出发 4.75 分钟后,夹角开始变得大于 $15°$;在出发后的 109.15 分到 118.64 分之间时,夹角又在 $15°$ 内.

一般地讲,

$$m-\dfrac{1}{24}<\dfrac{37}{4214}t<m+\dfrac{1}{24},$$

即

$$\dfrac{4214}{37}m-\dfrac{4214}{24\times37}<t<\dfrac{4214}{37}m+\dfrac{4214}{24\times37},$$

$$113.9m-4.75<t<113.9m+4.75. \tag{1}$$

这个问题看来较难，而实质上比本文所讨论的其他问题都更容易. 把这问题代数化一下：假定甲、乙各以 a、b 分钟走完一圈，那么

$$\left|\left(\frac{1}{a}-\frac{1}{b}\right)t-m\right|\leqslant\frac{1}{24},$$

即

$$\frac{ab}{b-a}\left(m-\frac{1}{24}\right)<t<\frac{ab}{b-a}\left(m+\frac{1}{24}\right),\quad m=1,2,3,\cdots.$$

问题 2 如果还有一圈，丙以 180 分钟走完一圈，问：何时三个人同在一个 $15°$ 的角内？

解 在直线上用红铅笔标上区间(1)，即从 0 到 4.75，113.9−4.75 到 113.9+4.75，113.9×2−4.75 到 113.9×2+4.75，⋯ 分别涂上红色. 这是甲、乙同在 $15°$ 角内的时间. 同法用绿色线标出甲、丙同在 $15°$ 角内的时间，用蓝色线标出乙、丙同在 $15°$ 角内的时间. 那么三色线段的重复部分就是甲、乙、丙三人同在 $15°$ 角内的时间.

当然，只是为了方便，才用各色线来标出结果，读者还是应当把它具体地计算出来.

现在我们回到第十节中所提出的问题，但把问题设想得简单一点. 假设各行星在同一平面上，以等角速度绕太阳旋转，它们绕日一周所需时间列于下表：

星　别	水　星	金　星	地　球	火　星	木　星	土　星
绕日周期	88 天	225 天	1 年 = 365 天	1 年 322 日	11 年 315 日	29 年 167 日

假设在 1962 年 2 月 5 日，地球、金、木、水、火、土等星球，位于以太阳为中心的圆的同一半径上，问：经过多少时间以后它们都在同一个 $30°$ 的圆心角内？

这个问题可以用上面所介绍的方法解决. 当然，得到的结果是很粗略的，原因是各行星并非在一个平面上运动，而且它们也不是作等角速度运动，所以实际情况很复杂. 但读者不妨作为练习照上面的方法去计算一下.

十二　有理数逼近实数

以上所讲的一些问题,可以概括并推广如下:

给定实数 $\alpha(>0)$,要求找一个有理数 $\dfrac{p}{q}$ 去逼近它,说得更确切些,给一自然数 N,找一个分母不大于 N 的有理数 $\dfrac{p}{q}$,使误差

$$\left|\alpha - \dfrac{p}{q}\right|$$

最小.

这是一个重要问题. 由它引导出数论的一个称为丢番图(Diophantine)逼近论的分支. 它也可以看成数学上各种各样逼近论的开端.

以上所讲的感性知识告诉我们,如果 α 是一有理数,我们把 α 展开成连分数,而命 $\dfrac{p_n}{q_n}$ 为其第 n 个渐近分数,那么在分母不大于 q_n 的一切分数中,以 $\dfrac{p_n}{q_n}$ 和 α 最为接近. 我们将在第十五节中证明这一事实. 不但如此,这个事实对于 α 是无理数的情形也同样正确. 为此,我们需要介绍把无理数展成连分数的方法.

在第三节中,我们已用辗转相除法把一有理数 $\dfrac{a}{b}$ 展成连分数. 现在把那里的 (1),(2),… 诸式加以改写,便得

$$\begin{cases} \dfrac{a}{b} = a_0 + \dfrac{r}{b} & (0 < r < b), \\ \dfrac{b}{r} = a_1 + \dfrac{r_1}{r} & (0 < r_1 < r), \\ \cdots\cdots \\ \dfrac{r_{n-3}}{r_{n-2}} = a_{n-1} + \dfrac{r_{n-1}}{r_{n-2}} & (0 < r_{n-1} < r_{n-2}), \\ \dfrac{r_{n-2}}{r_{n-1}} = a_n. \end{cases}$$

我们看到：$a_0, a_1, \cdots, a_{n-1}, a_n$ 实际上也就是用 b 除 a，用 r 除 b，……，用 r_{n-1} 除 r_{n-2} 以及用 r_n 除 r_{n-1} 后所得各个商数的整数部分. 如果以记号 $[x]$ 来表示实数 x 的整数部分（即不大于 x 的最大整数，例如 $[2]=2$，$[\pi]=3$，$[-1.5]=-2$ 等），那么

$$a_0 = \left[\frac{a}{b}\right], \quad a_1 = \left[\frac{b}{r}\right], \quad \cdots, \quad a_{n-1} = \left[\frac{r_{n-3}}{r_{n-2}}\right], \quad a_n = \left[\frac{r_{n-2}}{r_{n-1}}\right],$$

而 $\dfrac{a}{b}$ 就有如下的连分数表示：

$$\frac{a}{b} = a_0 + \frac{1}{a_1} + \frac{1}{a_2} + \cdots + \frac{1}{a_{n-1}} + \frac{1}{a_n}.$$

对于无理数 α，我们也可以用这方法将它以连分数表示. 首先取 α 的整数部分 $[\alpha]$，用 a_0 记之，然后看 α 和 a_0 的差，$\alpha - a_0 = \dfrac{1}{\alpha_1}$（注意，因为 α 是无理数，α_1 一定大于 1）；再取 α_1 的整数部分 $[\alpha_1]$，记它为 a_1，而改写 α_1 和 a_1 的差，$\alpha_1 - a_1 = \dfrac{1}{\alpha_2}$（注意，$\alpha_2 > 1$）；再取 α_2 的整数部分为 a_2……也就是说，命

$$a_0 = [\alpha], \qquad \alpha - a_0 = \frac{1}{\alpha_1},$$

$$a_1 = [\alpha_1], \qquad \alpha_1 - a_1 = \frac{1}{\alpha_2},$$

$$a_2 = [\alpha_2], \qquad \alpha_2 - a_2 = \frac{1}{\alpha_3},$$

……   ……

于是显然有

$$\alpha = a_0 + \frac{1}{\alpha_1} = a_0 + \frac{1}{a_1 + \dfrac{1}{\alpha_2}} = \cdots = a_0 + \frac{1}{a_1 + \dfrac{1}{a_2 + \dfrac{1}{a_3 + \cdots}}}$$

$$= a_0 + \cfrac{1}{a_1} + \cfrac{1}{a_2} + \cfrac{1}{a_3} + \cdots + \cfrac{1}{a_n} + \cdots. \qquad ①$$

在第五节开头我们就是按照这个方法去求 π 的连分数的. 和有理数的情形一样,称

$$a_0 + \cfrac{1}{a_1} + \cfrac{1}{a_2} + \cdots + \cfrac{1}{a_n}$$

为 α 的第 n 个渐近分数. 关于渐近分数的一些基本性质,将在下节中加以说明.

上面已经说过,我们将在第十五节中证明:如果命 $N=q_n$,则 $\dfrac{p_n}{q_n}$ 的确是使 $\left|\alpha-\dfrac{p}{q}\right|$ ($q \leqslant N=q_n$) 为最小的有理数.

但是并非仅 $\dfrac{p_n}{q_n}$ 有这种性质,例如,在第三节中,我们已经给出例子:

$$\alpha = \frac{543}{236}, \quad N = 7,$$

而 $\dfrac{p}{q} = \dfrac{16}{7}$ 在所有分母不大于 7 的分数中最接近于 α,但 $\dfrac{16}{7}$ 并非 $\dfrac{543}{236}$ 的渐近分数.

十三　渐　近　分　数

设 α 是一正数,并且假定它已展成连分数

$$\alpha = a_0 + \cfrac{1}{a_1} + \cfrac{1}{a_2} + \cdots.$$

容易看到,它的前三个渐近分数是

---

① 有理数 $\dfrac{a}{b}$ 的连分数表示一定是有尽的,而无理数 α 的连分数表示则一定无尽.

$$\frac{a_0}{1}, \frac{a_1 a_0 + 1}{a_1}, \frac{a_2(a_1 a_0 + 1) + a_0}{a_2 a_1 + 1}.$$

一般地,有:

定理 1 如果命

$$p_0 = a_0, \ p_1 = a_1 a_0 + 1, \ p_n = a_n p_{n-1} + p_{n-2} \quad (n \geqslant 2),$$
$$q_0 = 1, \ q_1 = a_1, \ q_n = a_n q_{n-1} + q_{n-2} \quad (n \geqslant 2),$$

那么 $\dfrac{p_n}{q_n}$ 就是 α 的第 n 个渐近分数.

证明 当 $n=2$ 时,定理已经正确. 现在用数学归纳法证明定理.

我们看到,α 的第 $n-1$ 个渐近分数

$$a_0 + \frac{1}{a_1} + \frac{1}{a_2} + \cdots + \frac{1}{a_{n-1}}$$

和 α 的第 n 个渐近分数

$$a_0 + \frac{1}{a_1} + \frac{1}{a_2} + \cdots + \frac{1}{a_{n-1}} + \frac{1}{a_n}$$

的差别仅在于将 a_{n-1} 换成 $a_{n-1} + \dfrac{1}{a_n}$. 所以若定理对 $n-1$ 正确,也就是如果 α 的第 $n-1$ 个渐近分数是

$$\frac{p_{n-1}}{q_{n-1}} = \frac{a_{n-1} p_{n-2} + p_{n-3}}{a_{n-1} q_{n-2} + q_{n-3}},$$

那么第 n 个渐近分数应是

$$\frac{\left(a_{n-1} + \dfrac{1}{a_n}\right) p_{n-2} + p_{n-3}}{\left(a_{n-1} + \dfrac{1}{a_n}\right) q_{n-2} + q_{n-3}} = \frac{a_n(a_{n-1} p_{n-2} + p_{n-3}) + p_{n-2}}{a_n(a_{n-1} q_{n-2} + q_{n-3}) + q_{n-2}}$$

$$= \frac{a_n p_{n-1} + p_{n-2}}{a_n q_{n-1} + q_{n-2}} = \frac{p_n}{q_n}.$$

定理得到证明.

有了这个递推公式,我们就可以根据 α 的连分数立刻写出它的各个渐近分数.

如果命
$$\alpha_n = a_n + \cfrac{1}{a_{n+1}} + \cfrac{1}{a_{n+2}} + \cdots,$$

那么显见
$$\alpha = a_0 + \cfrac{1}{a_1} + \cfrac{1}{a_2} + \cdots + \cfrac{1}{a_{n-1}} + \cfrac{1}{\alpha_n}.$$

它和 α 的第 n 个渐近分数的差别仅在于将 a_n 换成 α_n,于是由定理 1 立刻得到

定理 2
$$\alpha = a_0, \quad \alpha = \frac{\alpha_1 a_0 + 1}{\alpha_1}, \quad \alpha = \frac{\alpha_n p_{n-1} + p_{n-2}}{\alpha_n q_{n-1} + q_{n-2}} \quad (n \geqslant 2).$$

定理 3
$$p_n q_{n-1} - q_n p_{n-1} = (-1)^{n-1} \quad (n \geqslant 1),$$
$$p_n q_{n-2} - q_n p_{n-2} = (-1)^n a_n \quad (n \geqslant 2).$$

证明 易见
$$p_1 q_0 - q_1 p_0 = (a_0 a_1 + 1) - a_1 a_0 = 1.$$

由定理 1 可知
$$p_n q_{n-1} - q_n p_{n-1} = (a_n p_{n-1} + p_{n-2}) q_{n-1} - (a_n q_{n-1} + q_{n-2}) p_{n-1}$$
$$= -(p_{n-1} q_{n-2} - q_{n-1} p_{n-2}).$$

故由数学归纳法,立刻得出第一个式子.

仍用定理 1 和第一式,得出
$$p_n q_{n-2} - q_n p_{n-2} = (a_n p_{n-1} + p_{n-2}) q_{n-2} - (a_n q_{n-1} + q_{n-2}) p_{n-2} = (-1)^n a_n.$$

从定理 3 的第一式可以看到,p_n 与 q_n 的任何公约数,一定除得尽 $(-1)^{n-1}$,所以得到:

系 p_n 和 q_n 互素(即它们的最大公约数是 1).

定理 4 $\alpha - \dfrac{p_n}{q_n} = \dfrac{(-1)^n}{q_n(\alpha_{n+1}q_n + q_{n-1})} = \dfrac{(-1)^n \alpha_{n+2}}{q_n(\alpha_{n+2}q_{n+1} + q_n)}.$

证明 由定理 2 及定理 3,可得

$$\alpha - \dfrac{p_n}{q_n} = \dfrac{\alpha_{n+1}p_n + p_{n-1}}{\alpha_{n+1}q_n + q_{n-1}} - \dfrac{p_n}{q_n} = \dfrac{(-1)^n}{q_n(\alpha_{n+1}q_n + q_{n-1})}.$$

和

$$\alpha - \dfrac{p_n}{q_n} = \dfrac{\alpha_{n+2}p_{n+1} + p_n}{\alpha_{n+2}q_{n+1} + q_n} - \dfrac{p_n}{q_n} = \dfrac{(-1)^n \alpha_{n+2}}{q_n(\alpha_{n+2}q_{n+1} + q_n)}.$$

十四 实数作为有理数的极限

在本节中,我们假定 α 是无理数. 由上节定理 3 推得

$$\dfrac{p_n}{q_n} - \dfrac{p_{n-1}}{q_{n-1}} = \dfrac{(-1)^{n-1}}{q_n q_{n-1}},$$

$$\dfrac{p_n}{q_n} - \dfrac{p_{n-2}}{q_{n-2}} = \dfrac{(-1)^n a_n}{q_n q_{n-2}}.$$

由此并由定理 4,我们得到

$$\dfrac{p_0}{q_0} < \dfrac{p_2}{q_2} < \dfrac{p_4}{q_4} < \cdots < \dfrac{p_{2n}}{q_{2n}} < \cdots < \alpha,$$

和

$$\dfrac{p_1}{q_1} > \dfrac{p_3}{q_3} > \dfrac{p_5}{q_5} > \cdots > \dfrac{p_{2n+1}}{q_{2n+1}} > \cdots > \alpha,$$

而且

$$\left| \dfrac{p_{2n}}{q_{2n}} - \dfrac{p_{2n-1}}{q_{2n-1}} \right| = \dfrac{1}{q_{2n} q_{2n-1}}.$$

当 n 无限增大时,由上节定理 1,$q_n = a_n q_{n-1} + q_{n-2} > q_{n-1}$. 因为 $q_1 = 1$,所以 $q_n \geqslant n$,因此 q_n 也无限增大. 而 $\dfrac{p_{2n}}{q_{2n}}$ 是一递增的数列,趋于极限 α; $\dfrac{p_{2n+1}}{q_{2n+1}}$ 是一递减的数列,趋于极限 α (由上节定理 4 可见当 $n \to \infty$ 时, $\left| \alpha - \dfrac{p_n}{q_n} \right| \leqslant \dfrac{1}{q_n^2} \to 0$).

定理 5 $\dfrac{p_n}{q_n}$ 趋于 α,而 $\dfrac{p_n}{q_n}$ 比 $\dfrac{p_{n-1}}{q_{n-1}}$ 更接近于 α. 也就是

$$\left|\alpha-\frac{p_n}{q_n}\right|<\left|\alpha-\frac{p_{n-1}}{q_{n-1}}\right|.$$

证明 由定理 4 已知

$$\alpha-\frac{p_n}{q_n}=\frac{(-1)^n}{q_n(\alpha_{n+1}q_n+q_{n-1})},$$

及

$$\alpha-\frac{p_{n-1}}{q_{n-1}}=\frac{\alpha_{n+1}(-1)^{n-1}}{q_{n-1}(\alpha_{n+1}q_n+q_{n-1})},$$

由于 $\alpha_{n+1}\geqslant 1$ 及 $q_{n-1}<q_n$,所以

$$\frac{1}{q_n(\alpha_{n+1}q_n+q_{n-1})}<\frac{\alpha_{n+1}}{q_{n-1}(\alpha_{n+1}q_n+q_{n-1})},$$

得

$$\left|\alpha-\frac{p_n}{q_n}\right|<\left|\alpha-\frac{p_{n-1}}{q_{n-1}}\right|.$$

这证明也给出了

定理 6 $\dfrac{1}{q_{n-1}(q_n+q_{n-1})}\leqslant\left|\alpha-\dfrac{p_{n-1}}{q_{n-1}}\right|\leqslant\dfrac{1}{q_{n-1}q_n}.$

因此推出

定理 7 有无限多对整数 p、q 使

$$\left|\alpha-\frac{p}{q}\right|<\frac{1}{q^2}.$$

十五 最佳逼近

问题 求出所有的 $\dfrac{P}{Q}$,使它比分母不大于 Q 的一切分数 $\left(\text{不等于}\dfrac{P}{Q}\right)$ 都更接近于 α,即要求:

$$\left|\alpha-\frac{P}{Q}\right|<\left|\alpha-\frac{p}{q}\right| \quad \left(q\leqslant Q, \frac{p}{q}\neq\frac{P}{Q}\right), \tag{1}$$

先证一初步结果：

定理 8 设 $n\geqslant 1$, $q\leqslant q_n$, $\frac{p}{q}\neq\frac{p_n}{q_n}$, 那么渐近分数 $\frac{p_n}{q_n}$ 比 $\frac{p}{q}$ 更接近于 α.

证明 不妨假设 n 是偶数，至于 n 是奇数的情形可以完全同样地证明.

若 $\alpha=\frac{p_n}{q_n}$, 定理自然成立. 现在假设 $\alpha\neq\frac{p_n}{q_n}$, 若 $\frac{p}{q}$ 比 $\frac{p_n}{q_n}$ 更接近于 α, 由定理 5 可知

$$\left|\alpha-\frac{p}{q}\right|<\alpha-\frac{p_n}{q_n}<\frac{p_{n-1}}{q_{n-1}}-\alpha,$$

即

$$\alpha-\frac{p_{n-1}}{q_{n-1}}<\alpha-\frac{p}{q}<\alpha-\frac{p_n}{q_n},$$

也就是

$$\frac{p_n}{q_n}<\frac{p}{q}<\frac{p_{n-1}}{q_{n-1}}. \tag{2}$$

所以我们只需证明适合上式的分数 $\frac{p}{q}$ 必有分母 $q>q_n$.

如果

$$\alpha<\frac{p}{q}<\frac{p_{n-1}}{q_{n-1}},$$

那么

$$\frac{1}{qq_{n-1}}\leqslant\frac{p_{n-1}}{q_{n-1}}-\frac{p}{q}<\frac{p_{n-1}}{q_{n-1}}-\alpha=\frac{1}{q_{n-1}(\alpha_n q_{n-1}+q_{n-2})},$$

因此

$$q>\alpha_n q_{n-1}+q_{n-2}\geqslant a_n q_{n-1}+q_{n-2}=q_n.$$

同样地由

$$\frac{p_n}{q_n}<\frac{p}{q}<\alpha$$

可以得出 $q>q_{n+1}>q_n$. 于是定理得到证明.

在定理的证明过程中，我们还推出下述的论断：

系 若 $\frac{p}{q}$ 在 $\frac{p_n}{q_n}$ 和 α 之间,那就必有 $q > q_{n+1}$.

定理 8 说明渐近分数满足本节开始所提问题中对 $\frac{P}{Q}$ 的要求(1),但我们还不知道能满足(1)的 $\frac{P}{Q}$ 是否仅限于渐近分数.关于这个问题,我们有下面的定理.

定理 9 （Ⅰ）在分母不大于 $q_1 = a_1$ 的一切分数中,只有

$$a_0 + \frac{1}{q} \quad \left(\frac{a_1+1}{2} \leqslant q \leqslant a_1\right)$$

满足(1).

（Ⅱ）设 $n \geqslant 2$,在分母大于 q_{n-1} 但不大于 q_n 的一切分数中,只有

$$\frac{lp_{n-1} + p_{n-2}}{lq_{n-1} + q_{n-2}} \quad \left(\frac{1}{2}\left(\alpha_n - \frac{q_{n-2}}{q_{n-1}}\right) < l \leqslant a_n\right)$$

满足(1).

证明 先证明（Ⅰ）.我们有

$$a_0 < \alpha \leqslant a_0 + \frac{1}{a_1} \leqslant a_0 + \frac{1}{q} \quad (q \leqslant a_1),$$

a_0 和 $a_0 + \frac{1}{q_1}$ 至 α 的距离分别等于 $\frac{1}{\alpha_1}$ 和 $\frac{1}{q} - \frac{1}{\alpha_1}$,所以当而且仅当 $2q > \alpha_1$,或即 $q \geqslant \frac{a_1+1}{2}$ 时,$a_0 + \frac{1}{q}$ 才比 a_0 更接近于 α.又对于任何 q,a_0 和 $a_0 + \frac{1}{q}$ 的距离等于 $\frac{1}{q}$,所以 $a_0 + \frac{1}{q} \left(\frac{a_1+1}{2} \leqslant q \leqslant a_1\right)$ 比分母不大于 q 的其他任何分数都更接近于 α.

（Ⅱ）的证明：我们假设 n 是偶数,n 是奇数的情形可以同样证明.

由定理 3、4、5 可知

$$\frac{p_{n-2}}{q_{n-2}} < 2\alpha - \frac{p_{n-1}}{q_{n-1}} < \frac{p_n}{q_n} \leqslant \alpha < \frac{p_{n-1}}{q_{n-1}} \qquad (3)$$

$\Big($因为 $2\alpha - \dfrac{p_{n-1}}{q_{n-1}}$ 和 $\dfrac{p_{n-1}}{q_{n-1}}$ 到 α 的距离相等，而 $\dfrac{p_{n-1}}{q_{n-1}}$ 比 $\dfrac{p_{n-2}}{q_{n-2}}$ 更接近于 α，$\dfrac{p_n}{q_n}$ 又比 $\dfrac{p_{n-1}}{q_{n-1}}$ 更接近于 $\alpha\Big)$.

设 $\dfrac{P}{Q}$ 满足 (1) 和 $q_{n-1} < Q \leqslant q_n$，那么必有

$$\left|\frac{P}{Q} - \alpha\right| < \frac{p_{n-1}}{q_{n-1}} - \alpha,$$

即
$$\alpha - \frac{p_{n-1}}{q_{n-1}} < \frac{P}{Q} - \alpha < \frac{p_{n-1}}{q_{n-1}} - \alpha,$$

也就是
$$2\alpha - \frac{p_{n-1}}{q_{n-1}} < \frac{P}{Q} < \frac{p_{n-1}}{q_{n-1}}.$$

其次，由 $Q \leqslant q_n$ 和定理 8 的系，可知不可能有 $\dfrac{p_n}{q_n} < \dfrac{P}{Q} < \alpha$，也不可能有 $\alpha \leqslant \dfrac{P}{Q} < \dfrac{p_{n-1}}{q_{n-1}}$. 所以必有

$$2\alpha - \frac{p_{n-1}}{q_{n-1}} < \frac{P}{Q} \leqslant \frac{p_n}{q_n}. \qquad (4)$$

再次，由定理 3 可得

$$\frac{p_{n-2}}{q_{n-2}} < \cdots < \frac{l p_{n-1} + p_{n-2}}{l q_{n-1} + q_{n-2}} < \frac{(l+1) p_{n-1} + p_{n+2}}{(l+1) q_{n-1} + q_{n-2}} < \cdots$$

$$< \frac{a_n p_{n-1} + p_{n-2}}{a_n q_{n-1} + q_{n-2}} = \frac{p_n}{q_n}. \qquad (5)$$

所以必有唯一的 $l_0 (0 \leqslant l_0 < a_n)$ 使

$$\frac{l_0 p_{n-1} + p_{n-2}}{l_0 q_{n-1} + q_{n-2}} \leqslant 2\alpha - \frac{p_{n-1}}{q_{n-1}} < \frac{(l_0+1) p_{n-1} + p_{n-2}}{(l_0+1) q_{n-1} + q_{n-2}}, \quad (6)$$

即 $\quad \alpha - \dfrac{l_0 p_{n-1} + p_{n-2}}{l_0 q_{n-1} + q_{n-2}} \geqslant \dfrac{p_{n-1}}{q_{n-1}} - \alpha > \alpha - \dfrac{(l_0+1) p_{n-1} + p_{n-2}}{(l_0+1) q_{n-1} + q_{n-2}}.$

将 $\alpha = \dfrac{\alpha_n p_{n-1} + p_{n-2}}{\alpha_n q_{n-1} + q_{n-2}}$ 代入上式，并加整理，最后得

$$\frac{1}{2}\left(\alpha_n - \frac{q_{n-2}}{q_{n-1}}\right) - 1 < l_0 \leqslant \frac{1}{2}\left(\alpha_n - \frac{q_{n-2}}{q_{n-1}}\right).$$

由(4)(5)(6)必有唯一的 $l(l_0 + 1 \leqslant l \leqslant a_n)$ 使

$$\frac{(l-1) p_{n-1} + p_{n-2}}{(l-1) q_{n-1} + q_{n-2}} < \frac{P}{Q} \leqslant \frac{l p_{n-1} + p_{n-2}}{l q_{n-1} + q_{n-2}}.$$

倘若等式不成立，即若

$$\frac{(l-1) p_{n-1} + p_{n-2}}{(l-1) q_{n-1} + q_{n-2}} < \frac{P}{Q} < \frac{l p_{n-1} + p_{n-2}}{l q_{n-1} + q_{n-2}},$$

那就有

$$\frac{1}{Q[(l-1) q_{n-1} + q_{n-2}]} \leqslant \frac{P}{Q} - \frac{(l-1) p_{n-1} + p_{n-2}}{(l-1) q_{n-1} + q_{n-2}}$$

$$< \frac{l p_{n-1} + p_{n-2}}{l q_{n-1} + q_{n-2}} - \frac{(l-1) p_{n-1} + p_{n-2}}{(l-1) q_{n-1} + q_{n-2}}$$

$$= \frac{1}{[(l-1) q_{n-2} + q_{n-1}](l q_{n-1} + q_{n-2})}.$$

即得 $\quad Q > l q_{n-1} + q_{n-2}.$

但 $\quad \alpha - \dfrac{P}{Q} > \alpha - \dfrac{l p_{n-1} + p_{n-2}}{l q_{n-1} + q_{n-2}} \geqslant 0,$

这和要求(1)矛盾。所以必有 $\dfrac{P}{Q} = \dfrac{l p_{n-1} + p_{n-2}}{l q_{n-1} + q_{n-2}}$ $(l_0 + 1 \leqslant l \leqslant a_n)$. 反之，这些分

数的分母都适合 $q_{n-1} < Q \leqslant q_n$,并且它们满足(1).因为假如 $\dfrac{p}{q}$ 和 α 的距离小于或等于 $\dfrac{lp_{n-1}+p_{n-2}}{lq_{n-1}+q_{n-2}}$ 和 α 的距离,那么 $\dfrac{p}{q}$ 或者落在 $\dfrac{p_n}{q_n}$ 和 $\dfrac{p_{n-1}}{q_{n-1}}$ 之间,而由定理 8 的系得 $q > q_n$;或者落在 $\dfrac{lp_{n-1}+p_{n-2}}{lq_{n-1}+q_{n-2}}$ 和 $\dfrac{p_n}{q_n}$ 之间,而有 k ($l < k \leqslant a_n$) 使

$$\frac{kp_{n-1}+p_{n-2}}{kq_{n-1}+q_{n-2}} < \frac{p}{q} \leqslant \frac{(k+1)p_{n-1}+p_{n-2}}{(k+1)q_{n-1}+q_{n-2}}.$$

由上面同样的证明,得到 $q \geqslant (k+1)q_{n-1}+q_{n-2} > lq_{n-1}+q_{n-2}$.所以总有

$$q > lq_{n-1}+q_{n-2},$$

也就是说 $\dfrac{lp_{n-1}+p_{n-2}}{lq_{n-1}+q_{n-2}}$ ($l_0+1 \leqslant l \leqslant a_n$) 满足(1).定理证完.于是本节开始所提出的问题完全得到了的解决.

十六 结 束 语

我们在这里只挑选了少数容易说明的应用;就问题的性质来说,应用的范围是宽广的.凡是几种周期的重遇或复迭,都可能用到这一套数学理论;而多种周期的现象,经常出现于声波、光波、电波、水波和空气波的研究之中.又如坝身每隔 a 分钟受某种冲击力,每隔 b 分钟受另一种冲击力,用这套数学理论可以确定大致每隔多少分钟最大的冲击力出现一次,等等.

本书是为中学生写的.和这有关的许多有趣的、更深入的问题,这里不谈了.想要进一步了解的读者,可以参考拙著《数论导引》第十章.

为了迎接 1962 年的数学竞赛,这本小书写得太匆忙了,没有经过充分的修饰和考虑,更没有预先和中学生们在一起共同研究一下,希望读者、特别是中学教师和高中同学们多多提意见.

1962 年春节完稿于从化温泉

在完稿之后,又改写了几次.中国科技大学高等数学教研室副主任龚升同志曾就原稿提出了不少宝贵意见.中国科学院自然科学史研究室严敦杰同志提供了有价值的历史资料.而在改写过程中,又曾得到吴方、徐诚浩、谢盛刚三位同志的帮助.特别是吴方同志对第十二到十五节作了重大修改,徐诚浩同志对有关天文的部分提了很多意见,又北京天文馆刘麟仲同志提供了今年春节"五星联珠,七曜同宫"现象的图像,对于以上诸同志的帮助,一并在此致谢.

1962 年 4 月 8 日
于中国科学技术大学

附录 祖冲之简介

祖冲之,字文远,生于公元 429 年,卒于公元 500 年.他的祖籍是范阳郡蓟县,就是现在的河北省涞源县.他是南北朝时期南朝宋齐之间的一位杰出的科学家.他不仅是一位数学家,同时还通晓天文历法、机械制造、音乐,并且是一位文学家.

在机械制造方面,他重造了指南车,改进了水碓磨,创制了一艘"千里船".在音乐方面,人称他"精通'钟律',独步一时".在文学方面,他著有小说《述异记》十卷.

祖家世世代代都对天文历法有研究,他比较容易接触到数学的文献和历法资料,因此他从小对数学和天文学就发生兴趣.用他自己的话来说,他从小就"专攻数术,搜炼古今".这"搜""炼"两个字,刻画出他的治学方法和精神.

"搜"表明他不但阅读了祖辈相传的文献和资料,还主动去寻找从远古到他所生活的时代的各项文献和观测记录,也就是说他尽量吸收了前人的成就.而更重要的还在"炼"字上,他不仅阅读了这些文献和资料,并且做过一些"由表及里,去芜存精"的工作,把自己所搜到的资料经过消化,据为己有,最具体的例子是注解了我国历史上的名著《九章算术》.

他广博地学习和消化了古人的成就和古代的资料,但是他不为古人所局囿,他决不"虚推古人",这是另一个可贵的特点.例如他接受了刘徽算圆周率的方法,但是他并不满足于刘徽的结果 $3.14\frac{64}{125}$,他进一步计算,算到圆内接正 1536 边形,

得出圆周率 3.1416. 但是他还不满足于这一结果, 又推算下去, 得出

$$3.1415926 < \pi < 3.1415927.$$

这一结果的重要意义在于指出误差范围. 大家不要低估这个工作, 它的工作量是相当巨大的. 至少要对 9 位数字反复进行 130 次以上的各种运算, 包括开方在内. 即使今天我们用纸笔来算, 也绝不是一件轻松的事, 何况古代计算还是用算筹(小竹棍)来进行的呢? 这需要怎样的细心和毅力啊! 他这种严谨不苟的治学态度, 不怕复杂计算的毅力, 都是值得我们学习的.

他在历法方面测出了地球绕日一周的时间是 365.24281481 日, 跟现在知道的数据 365.2422 对照, 知道他的数值准到小数第三位. 这当然是由于受当时仪器的限制. 根据这个数字, 他提出了把农历的 19 年 7 闰改为 391 年 144 闰的主张. 这一论断虽有它由于测量不准的局限性, 但是他的数学方法是正确的(读者可以根据本书的论述来判断这一建议的精密度: $\frac{10.8750}{29.5306} = 0.36826$ 只能准到四位, $\frac{7}{19} = 0.3684$, $\frac{144}{391} = 0.36829$, $\frac{116}{315} = 0.36825$).

他这种勤奋实践、不怕复杂计算和精细测量的精神, 正如他所说的"亲量圭尺, 躬察仪漏, 目尽毫厘, 心穷筹策". 由于有这样的精神, 他发现了当时历法上的错误, 因此着手编制出新的历法, 这是当时最好的历法. 在公元 462 年(刘宋大明六年), 他上表给皇帝刘骏, 请讨论颁行, 定名为"大明历".

新的历法遭到了戴法兴的反对. 戴是当时皇帝的宠幸人物, 百官惧怕戴的权势, 多所附和. 戴法兴认为"古人制章""万世不易", 是"不可革"的, 认为天文历法"非凡夫所测". 甚至骂祖冲之是"诬天背经", 说"非冲之浅虑, 妄可穿凿"的. 祖冲之并没有为这权贵吓倒, 他写了一篇《驳议》, 说"愿闻显据, 以核理实", 并表示了"浮词虚贬, 窃非所惧"的正确立场.

这场斗争祖冲之并没有得到胜利, 一直到他死后, 由于他的儿子祖暅的再三坚持, 经过了实际天象的检验, 在公元 510 年(梁天监九年)才正式颁行. 这已经是祖冲之死后的第十个年头了.

祖冲之的数学专著《缀术》已经失传.《隋书·律历志上》中写道:"……祖冲之……所著之书,名为缀术,学官莫能究其深奥,是故废而不理."这是我们数学史上的一个重大损失.

祖冲之虽已去世一千四百多年,但他的广泛吸收古人成就而不为其所拘泥、艰苦劳动、勇于创造和敢于坚持真理的精神,仍旧是我们应当学习的榜样.

(据人民教育出版社1964年版排印)

从孙子的"神奇妙算"谈起

序

神奇妙算古名词,
　师承前人沿用之,
神奇化易是坦道,
　易化神奇不足提.
妙算还从拙中来,
　愚公智叟两分开,
积久方显愚公智,
　发白才知智叟呆.
埋头苦干是第一,
　熟练生出百巧来,
勤能补拙是良训,
　一分辛劳一分才.

华罗庚
1963 年 2 月 11 日
于北京铁狮子坟

三人同行七十稀，

五树梅花廿一枝，

七子团圆月正半，

除百零五便得知.

——程大位,《算法统宗》(1583)

一 问题的提出

《孙子算经》是我国古代的一部优秀数学著作,确切的出版年月无从考证.其中有"物不知其数"一问,原文如下：

"今有物不知其数,三三数之剩二,五五数之剩三,七七数之剩二,问物几何."

这个问题的意义可以用以下的数学游戏来表达：

有一把围棋子,三个三个地数,最后余下两个,五个五个地数,最后余下三个,七个七个地数,最后余下二个.问：这把棋子有多少个？

这类问题在我国古代数学史上有不少有趣味的名称.除上面所说的"物不知其数"而外,还有称之为"鬼谷算""秦王暗点兵"的.还有"剪管术""隔墙算""神奇妙算""大衍求一术"等.

这个问题的算法是用 83 页上的四句诗来概括的.这个问题和它的解法是世界数学史上著名的东西,中外数学史家都称它为孙子定理或中国余数定理.这一工作不仅在古代数学史上占有地位,而且这个问题的解法的原则在近代数学史上还占有重要的地位,在电子计算机的设计中也有重要的应用.

这个问题属于数学的一个分支——数论.但方法的原则却反映在插入理论、代数理论及算子理论(泛函分析)之中.学好初等数学,融会贯通,会对将来学好高等数学提供简单而具体的模型.

这个问题难不难？不难！高小初中的学生都可以学会.但由此所启发出来的东西却是这本小册子所不能介绍的了.

我准备先讲一个笨办法——"笨"字可能用得不妥当,但这个方法是朴素原始的方法,算起来费时间的方法.其次讲解我国古代原有的巧方法.然后讲这巧方法所引申出来的一些中学生所看得懂的东西——面目全非,原则则一.这样发现同一性,正是数学训练的重要部分之一.最后谈谈这个问题所启发出来的一支学问——同余式理论的简单介绍.

二 "笨"算法

原来的问题是:求一数,三除余二,五除余三,七除余二.这问题太容易回答了,因为三除余二,七除余二,则二十一除余2,而23是三、七除余二的最小数,刚好又是五除余三的数.所以心算快的人都能算出.我们还是换一个例子吧!

我们来试图解决:三除余二,五除余三,七除余四的问题.我们先介绍以下的笨算法.

在算盘上先打上(或纸上写上)2,每次加3,加成5除余3的时候暂停下来,再在这个数上每次加15,到得出7除余4的数的时候,就是答数.具体地说:从2加3,再加3得8,即

$$2, 2+3=5, 5+3=8,$$

它是5除余3的数.然后在8上加15,再加15,第三次加15,得53,即

$$8, 8+15=23, 23+15=38, 38+15=53.$$

它是第一个7除余4的数.53就是解答.经过验算,正是53,3除余2,5除余3,7除余4.

这方法的道理是什么?很简单:先从3除余2的数中去找5除余3的数.再从"3除余2,5除余3"的数中去找7除余4的数,如此而已.这方法虽然拙笨些,但这是一个步步能行的方法,是一个值得推荐的、朴素的方法.

但注意,问题的提法是有问题的.不但53有此性质,

$$53+105=158, 158+105=263$$

都有此性质.确切的提法应当是:求出三除余二,五除余三,七除余四的最小的正整数.

读者试一下:三除适尽,五除余二,七除余四的问题.读者将发现计算较麻烦了!在练几次之后便会发现,在计算的过程中从"大"除数出发可能算得快些:先看7,

$$4, 4+7=11, 11+7=18, 18+7=25, 25+7=32.$$

这是第一个五除余二的数.再由

$$32, 32+35=67, 67+35=102,$$

即得所求.

总之:第一法"3,5,7"法,是从问题本身立刻反映出来的方法.再思考一下,每次加得大,则算得快,因此得第二法"7,5,3"法.由于5的余数一目了然,因而用"7,3,5"法也可能省劲些.总之,先不要以为方法笨,有了方法之后,方法是死的,人是活的.运用之妙,存乎其人.

我们再介绍一个麻烦得多的问题.这也是古代的现成问题,见黄宗宪著的《求一术通解》.原文如次:

今有数不知总;以五累减之无剩,以七百十五累减之剩十,以二百四十七累减之剩一百四十,以三百九十一累减之剩二百四十五,以一百八十七累减之剩一百零九.问总数若干.

好麻烦的问题.但看两遍问题之后立刻发现,有窍门在!第一句"以五累减之无剩"是废话,因为那一个715除余10的数不是5的倍数.第三句话,因为余数140是5的倍数,而原数又是5的倍数,因此这句话可以改为"247×5=1235累减之剩140".同法第四句也可以改为"391×5=1955累减之剩245".

我们现在从1955除余245,1235除余140出发.

$$245, 245+1955=2200, 4155, 6110, 8065, 10020,$$
$$245, \qquad\qquad 965, \quad 450, \quad 1170, \quad 655, \quad 140.$$

下一行是上一行的数除以1235所得的余数,依次试除,发现10020就是黄宗宪所要求的答案了.

看来烦得可怕,算来不过尔尔.多动动手,多动动脑子,便会熟能生巧.

在杨辉著的《续古摘奇算法》(1275)上还有以下的例子:

二数余一,五数余二,七数余三,九数余四,问本数.

首句与末句合起来是"18 除余 13",再由

13, 13+18=31, 31+18=49, 49+18=67,

67 是五除余二的数,再由

67, 67+5×18=67+90=157,

157 就是解答了.

在杨辉的书上还有以下二问:

七数剩一,八数剩二,九数剩三,问本数.

十一数余三,十二数余二,十三数余一,问本数.

读者请暂勿动手,细看一下! 看看能不能不用复杂计算(或就用心算)给出这两个问题的解答来.

更考虑以下的问题:有 n 个正整数 $a_1, \cdots, a_n$. 求最小的正整数之被 a_1 除余 $a_1 - p$, 被 a_2 除余 $a_2 - p$, $\cdots$, 被 a_n 除余 $a_n - p$ 者.

求最小的正整数,被 a_1 除余 $l - a_1$, 被 a_2 除余 $l - a_2$, $\cdots$, 被 a_n 除余 $l - a_n$ 者.

这两个题形式上吓唬人,但实质上与杨辉原来的问题并无太大的差异.

三 口诀及其意义

三人同行七十稀,五树梅花廿一枝,

七子团圆月正半,除百零五便得知.

这几句口诀见程大位著的《算法统宗》.它的意义是:

用 70 乘 3 除所得的余数,21 乘 5 除所得的余数,15 乘 7 除所得的余数,然后总加起来.若它大于 105,则减 105,还大再减,……最后得出来的正整数就是答数了.

以孙子算经上的例子来说明. 它的形式是

$$2\times 70+3\times 21+2\times 15=233.$$

两次减去 105,得 23. 这就是答数了！

（读者试算一下第二节开始的另一个例子.）

为什么 70, 21, 15 有此妙用？这 70, 21, 15 是怎样求出来的？

先看 70, 21, 15 的性质：70 是这样一个数, 3 除余 1, 5 与 7 都除得尽的数. 所以 $70a$ 是一个 3 除余 a 而 5 与 7 除都除得尽的数. 21 是 5 除余 1, 3 与 7 除尽的数, 所以 $21b$ 是 5 除余 b 而 3 与 7 除得尽的数. 同样, $15c$ 是 7 除余 c 而 3 与 5 除得尽的数. 总之,

$$70a+21b+15c$$

是一个 3 除余 a, 5 除余 b, 7 除余 c 的数, 也就是可能的解答之一, 但可能不是最小的. 这数加减 105 都仍然有同样性质. 所以可以多次减去 105 而得出解答来.

在程大位的口诀里,前三句的意义是点出 3, 5, 7 与 70, 21, 15 的关系,后一句说明为了寻求最小正整数解还须减 105,或再减 105 等.

（读者自证,这一方法顶多只需要减两个 105,而不会要减三个 105.）

这个方法好是好,但人家是怎样找出这 70, 21, 15 来的. 当然可以凑,在算盘上先打上 35,它不是 3 除余 1. 再加上 35 得 70,它是 3 除余 1 了. 其他仿此.

但这是 3, 5, 7,凑来容易！一般如何？例如 4, 6, 9,我们不难发现,并没有 4 除余 1, 6 除余 0, 9 除余 0 的数存在. 欲知求出 70, 21, 15 的一般方法,且看下文.

四　辗转相除法

我们所要求的数是：3 除余 1, $35(=5\times 7)$ 除余 0 的数. 也就是要找 x, 使 $35x$ 是 3 除余 1 的数,也就是它等于 $3y+1$. 直截地说,就是要找 x, y, 使

$$35x-3y=1.$$

这个方程怎样解？阅读过我写的《从祖冲之的圆周率谈起》[①] 一书的读者,一

---

① 见本书 47 页.

定知道解法：把 $\frac{35}{3}$ 展开为连分数 $11+\frac{2}{3}=11+\frac{1}{1+\frac{1}{2}}$，而渐近连分数是 $11+\frac{1}{1}=\frac{12}{1}=\frac{u}{v}$，由此得出

$$35v-3u=-1$$

来. 因此 $35(3-v)-3(35-u)=1$，因而 $x=3-v=2$，$y=35-u=23$ 就是解答（即 $35\times2-3\times23=1$）. 因而 $35x=70$ 就是所求的数了.

也许有些读者没有看过我的那本小册子. 好在问题不比那本书上更复杂，我们还是从辗转相除法谈起. 辗转相除法是用来求最大公约数的. 我们用代数的形式来表达（实质上，算术形式也是可以完全讲得清楚的）.

给出两个正整数 a 和 b，用 b 除 a 得商 a_0，余数 r，写成式子

$$a=a_0b+r,\ 0\leqslant r<b. \tag{1}$$

这是最基本的式子，辗转相除法的灵魂. 如果 r 等于 0，那么 b 可以除尽 a，而 a,b 的最大公约数就是 b.

如果 $r\neq0$，再用 r 除 b，得商 a_1，余数 r_1，即

$$b=a_1r+r_1,\ 0\leqslant r_1<r. \tag{2}$$

如果 $r_1=0$，那么 r 除尽 b，由(1)也除尽 a，所以 r 是 a,b 的公约数. 反之，任何一个除尽 a,b 的数，由(1)，也除尽 r，因此 r 是 a,b 的最大公约数.

如果 $r_1\neq0$，那么用 r_1 除 r 得商 a_2，余数 r_2，即

$$r=a_2r_1+r_2,\ 0\leqslant r_2<r_1. \tag{3}$$

如果 $r_2=0$，那么由(2)可知 r_1 是 b,r 的公约数，由(1)，r_1 也是 a,b 的公约数. 反之，如果一数除得尽 a,b，那么由(1)，它一定也除得尽 b,r，由(2)，它一定除得尽 r,r_1，所以 r_1 是 a,b 的最大公约数.

如果 $r_2\neq0$，再用 r_2 除 r_1，如法进行. 由于 $b>r>r_1>r_2>\cdots$ 逐步小下来，而

又都是正整数,因此经过有限步骤后一定可以找到 a,b 的最大公约数 d(它可能是 1).这就是有名的辗转相除法,在外国称为欧几里得算法.这个方法不但给出了求最大公约数的方法,而且帮助我们找出 x,y,使

$$ax+by=d. \tag{4}$$

在说明一般道理之前,先看下面的例子.

从求 42897 与 18644 的最大公约数出发:

$$42897=2\times 18644+5609, \tag{5}$$
$$18644=3\times 5609+1817, \tag{6}$$
$$5609=3\times 1817+158, \tag{7}$$
$$1817=11\times 158+79, \tag{8}$$
$$158=2\times 79.$$

这样求出最大公约数是 79.我们现在来寻求 x,y,使

$$42897x+18644y=79.$$

由(8)可知 $1817-11\times 158=79.$

把(7)式的 158 表达式代入此式,得

$$79=1817-11\times(5609-3\times 1817)=34\times 1817-11\times 5609.$$

再以(6)式的 1817 表达式代入,得

$$79=34\times(18644-3\times 5609)-11\times 5609=34\times 18644-113\times 5609.$$

再以(5)式的 5609 表达式代入,得

$$79=34\times 18644-113\times(42897-2\times 18644)=260\times 18644-113\times 42897.$$

也就是 $x=-113, y=260$.

这虽然是特例,也说明了一般的理论.一般的理论是:把辗转相除法写成为

$$a=a_0 b+r,$$
$$b=a_1 r+r_1,$$

$$r = a_2 r_1 + r_2,$$
$$r_1 = a_3 r_2 + r_3,$$
$$\cdots\cdots$$
$$r_{n-1} = a_{n+1} r_n + r_{n+1},$$
$$r_n = a_{n+2} r_{n+1}.$$

这样得出最大公约数 $d = r_{n+1}$. 由倒数第二式，r_{n+1} 可以表为 r_{n-1}, r_n 的一次式，再倒回一个可以表为 r_{n-2}、r_{n-1} 的一次式，……最后表为 a, b 的一次式.

我们试用这个方法把"3,5,7"算改为"3,7,11"算.

先求 3 除余 1, 77 除尽的数. 3 除 77 余 2, 因此 154 就是. 不必算.

再求 7 除余 1, 33 除尽的数. 用辗转相除法

$$33 - 4 \times 7 = 5, \quad 7 - 5 = 2, \quad 5 - 2 \times 2 = 1.$$

因此
$$1 = 5 - 2 \times 2 = 5 - 2(7-5) = 3 \times 5 - 2 \times 7$$
$$= 3(33 - 4 \times 7) - 2 \times 7 = 3 \times 33 - 14 \times 7.$$

即对应的数是 99.

最后求 11 除余 1, 21 除尽的数. 11 除 21 得商 2 余 -1. 因此 $11 \times 21 - 21 = 210$ 就是所求的数. 因此得出 "3,7,11" 算的结论如下：

三对幺五四，七对九十九，

十一、二百十，减数二三幺.

五 一些说明

我们再发挥一下杨辉的例子.

"二除余 a, 五除余 b, 七除余 c, 九除余 d, 求本数."

二对应的系数是 $5 \times 7 \times 9 = 315$,

五对应的系数是 $2\times 7\times 9=126$，

七对应的系数求法如下：$2\times 5\times 9=90$，七除余 -1，因此 $90\times 6=540$ 就是 2，5，9 除尽，7 除余一的数了.

九对应的系数求法如下：对 70 与 9 用辗转相除法(变着!). $70-9\times 8=-2$，$9-4\times 2=1$，因此

$$1=9-4\times 2=9+4\times(70-9\times 8)=4\times 70-31\times 9,$$

即 $4\times 70=280$ 是对应的系数.

因此问题的解答是：

$$315a+126b+540c+280d$$

减去 $2\times 5\times 7\times 9=630$ 的倍数.

再举一个例子.

"四除余 a，六除余 b，九除余 c，求本数."

上法不能进行，因为没有 $6,9$ 除尽而 4 除余一的数！同时这类问题也真可能没有解，例如：a 是偶数，b 是奇数. 又如，b 是 3 的倍数，而 c 不是！这样的问题如何解？当然开始介绍的"笨"办法还是可行. 但无解时却就苦了！这样问题必先注意这些除数的公因子问题. 首先，a,b 必须同时为奇或为偶，其次，b,c 必须对三有相同的余数. 否则无解.

如果这些条件适合了，我们就可以考虑求解问题. 对本问题来说，由第一个条件决定了 b 的奇偶性，由第三个条件决定了 b 被 3 除所得的余数，因而确定了 b 被 6 除的余数. 因而第二个条件是多余的. 也就是：除非原问题无解答. 要有一定是"四除余 a，九除余 c"的数了. (答数是 $9a-8c$ 加减 36 的倍数.)

因此，解问题的时候：先看诸除数，有无公因子，对于公因子，必须要同余.

为了考虑得更细致些，我们引入以下的反问题：如果一数被 ab 除之余 c，那么可由之知道它被 a 除余几，b 除余几. 例如：6 除余 4 的数一定是 2 除适尽，3 除余 1. 反之，2 除适尽，3 除余 1 的数也是 6 除余 4 的数：这样便可拆开来再合并起来看了.

例如：求 6 除余 4,10 除余 8,9 除余 4 的数.

拆开来,第一句话是"2 除适尽,3 除余 1",第二句话是"2 除适尽,5 除余 3",第三句话是"3 除余 1,9 除余 4"(拆法有些不同,必须注意).综合起来就是：

"2 除适尽,5 除余 3,9 除余 4."(答数 58)如果经分析后有矛盾出现,就无解.

六 插 入 法

以上所介绍的神奇妙算中的"70,21,15"法,给我们提供了一个数学上很有用的原则和方法.在抽象地刻画这个原则和方法之前,还是先讲些应用,甚至于读者看穿了这点之后,可以不必再讲原则,而自己也会体会到的.

问题：要找出一个函数在 a,b,c 三点取数值 α,β,γ.

孙子方法给我们提供解决这问题的途径：先作一个函数 $p(x)$ 在 a 点等于 1,在 b,c 点都等于 0；再作 $q(x)$ 在 b 点等于 1,在 c,a 点都等于 0；然后作 $r(x)$ 在 c 点等于 1,而在 a,b 点都等于 0.这样

$$\alpha p(x)+\beta q(x)+\gamma r(x)$$

就适合要求了!

最简单的 $p(x)$ 定法如下：它既然在 b,c 处为 0,则

$$p(x)=\lambda(x-b)(x-c).$$

又由 $p(a)=1$,可得

$$p(x)=\frac{(x-b)(x-c)}{(a-b)(a-c)}.$$

同法得出

$$q(x)=\frac{(x-c)(x-a)}{(b-c)(b-a)},\ r(x)=\frac{(x-a)(x-b)}{(c-a)(c-b)}.$$

因此

$$\alpha\frac{(x-b)(x-c)}{(a-b)(a-c)}+\beta\frac{(x-c)(x-a)}{(b-c)(b-a)}+\gamma\frac{(x-a)(x-b)}{(c-a)(c-b)} \quad (1)$$

就是问题的一个解答.

(1)是著名的插入法中的拉格朗日(Lagrange)公式. 从孙子的原则来看,推导是多么简单明了.

数学在应用的时候,一般仅仅有有限个数据,我们就用这一类的方法来推演出函数来. 来描述其他各点的大概数据.

一般的插入法公式是:

在 n 个不同点 $a_1, \cdots, a_n$, 函数 $f(x)$ 各取值 $\alpha_1, \cdots, \alpha_n$ 的插入公式是

$$\alpha_1\frac{(x-a_2)\cdots(x-a_n)}{(a_1-a_2)\cdots(a_1-a_n)}+\alpha_2\frac{(x-a_1)(x-a_3)\cdots(x-a_n)}{(a_2-a_1)(a_2-a_3)\cdots(a_2-a_n)}+\cdots+$$

$$\alpha_n\frac{(x-a_1)\cdots(x-a_{n-1})}{(a_n-a_1)\cdots(a_n-a_{n-1})}.$$

这是不必证明的公式了!

由此看来"插入公式"与"70,21,15"法,面貌虽不同,原则本无隔.

那儿可以差一个 105 的倍数,而这儿可以差一个在 $a_1, \cdots, a_n$ 点都等于 0 的函数.

七 多项式的辗转相除法

整数固然有辗转相除法的现象,多项式也有相似的性质. 假定 $a(x)$ 与 $b(x)$ 是两个多项式. 用 $b(x)$ 除 $a(x)$ 得商式 $a_0(x)$,得余式 $r(x)$,也就是

$$a(x)=a_0(x)b(x)+r(x),$$

而 $r(x)$ 的次数小于 $b(x)$ 的次数. 如果 $r(x)\equiv 0$,那么 $a(x)$、$b(x)$ 的最大公因式就是 $b(x)$.

如果 $r(x) \not\equiv 0$，那么以 $r(x)$ 除 $b(x)$ 得商式 $a_1(x)$，余式 $r_1(x)$，即

$$b(x) = a_1(x)r(x) + r_1(x),$$

而 $r_1(x)$ 的次数小于 $r(x)$ 的次数. 如果 $r_1(x) \equiv 0$，那么 $r(x)$ 就是 $a(x)$ 与 $b(x)$ 的最大公因式.

如果 $r_1(x) \not\equiv 0$，那么以 $r_1(x)$ 除 $r(x)$ 得

$$r(x) = a_2(x)r_1(x) + r_2(x),$$

$r_2(x)$ 的次数小于 $r_1(x)$ 的次数. 这样一直下去，得出一系列的多项式

$$r(x), r_1(x), r_2(x), \cdots,$$

它们的次数一个比一个小. 当然不能无限下去，一定有时候会出现

$$r_{n-1}(x) = a_{n+1}(x)r_n(x) + r_{n+1}(x)$$

及

$$r_n(x) = a_{n+2}(x)r_{n+1}(x)$$

的现象. 这样便可以得出：$r_{n+1}(x)$ 是 $a(x)$ 与 $b(x)$ 的最大公因式（证明请读者自己补出）. 同样不难证明，如果 $d(x)$ 是 $a(x), b(x)$ 的最大公因式，那么一定有两个多项式 $p(x)$ 与 $q(x)$，使

$$a(x)p(x) + b(x)q(x) = d(x).$$

特别有：如果 $a(x)$ 和 $b(x)$ 无公因式，那么有 $p(x)$ 与 $q(x)$ 使

$$a(x)p(x) + b(x)q(x) = 1.$$

多项式既然有这一性质，就启发出应当有多项式的"神奇妙算".

例如：有三个无公因子的多项式 $p(x), q(x), r(x)$，求出一个多项式 $f(x)$ 使 $p(x), q(x), r(x)$ 除之各余 $a(x), b(x), c(x)$，并且要 $f(x)$ 的次数最低.

根据孙子原则：先找出 $q(x), r(x)$ 除尽而 $p(x)$ 除余 1 的多项式 $A(x)$；再找出 $r(x), p(x)$ 除尽而 $q(x)$ 除余 1 的多项式 $B(x)$；更找出 $p(x), q(x)$ 除尽而 $r(x)$ 除余 1 的多项式 $C(x)$. 则

$$A(x)a(x)+B(x)b(x)+C(x)c(x)$$

就是 $p(x),q(x),r(x)$ 除各余 $a(x),b(x),c(x)$ 的多项式. 但并非最低次. 再以 $p(x)q(x)r(x)$ 除之, 所得出的余式就是最低次的适合要求的多项式了.

八 例 子

例 求出 $x+1$ 除余 1, x^2+1 除余 x, x^4+1 除余 x^3 的次数最低的多项式.

先找出 x^2+1、x^4+1 除得尽而 $x+1$ 除余 1 的多项式. 一找就到:
$$\frac{1}{4}(x^2+1)(x^4+1).$$

这就是我们所求的 $A(x)$.

再找出 $x+1$, x^4+1 除得尽, 而 x^2+1 除余 1 的多项式. 用辗转相除法, 得
$$(x+1)(x^4+1)-(x^3+x^2-x-1)(x^2+1)=2x+2.$$
$$x^2+1-\left[\frac{1}{2}(x-1)\right](2x+2)=2.$$

因此
$$\begin{aligned}2&=(x^2+1)-\left[\frac{1}{2}(x-1)\right](2x+2)\\&=(x^2+1)-\left[\frac{1}{2}(x-1)\right][(x+1)(x^4+1)-\\&\quad(x^3+x^2-x-1)\times(x^2+1)]\\&=\left[\frac{1}{2}(x-1)(x^3+x^2-x-1)+1\right](x^2+1)-\\&\quad\frac{1}{2}(x-1)\times(x+1)(x^4+1).\end{aligned}$$

以 2 除之, 得出 $B(x)=-\frac{1}{4}(x-1)(x+1)(x^4+1)$.

再找出 $x+1$, x^2+1 除得尽, 而 x^4+1 除余 1 的多项式. 立刻看出

$$(x-1)[(x+1)(x^2+1)]-(x^4+1)=-2.$$

即
$$C(x)=-\frac{1}{2}(x-1)(x+1)(x^2+1).$$

因此
$$a(x)A(x)+b(x)B(x)+c(x)C(x)$$
$$=\frac{1}{4}(x^2+1)(x^4+1)-\frac{1}{4}(x-1)(x+1)(x^4+1)x-$$
$$\frac{1}{2}(x^2-1)(x^2+1)x^3$$
$$=\frac{1}{4}(-3x^7+x^6+x^5+x^4+x^3+x^2+x+1)$$

加上
$$\frac{3}{4}(x+1)(x^2+1)(x^4+1)$$
$$=\frac{3}{4}\cdot\frac{x^8-1}{x-1}$$
$$=\frac{3}{4}(x^7+x^6+x^5+x^4+x^3+x^2+x+1),$$

得出答数
$$x^6+x^5+x^4+x^3+x^2+x+1.$$

大家别以为关于多项式的"神奇妙算"与插入法有何不同. 学了插入公式, 多学了些东西, 实质上并无什么新鲜处. 如果不信, 请以 $p(x)=x-a$, $q(x)=x-b$, $r(x)=x-c$ 为例. 立刻发现 Lagrange 插入公式就是我们这儿所介绍的东西的最简单的例子.

九 实同貌异

1. 复整数

一个虚实部分都是整数的复数称为复整数. 对复整数来说, 辗转相除法还能成立. 即任给两个复整数 $\alpha = a_1 + a_2 i$ 及 $\beta = b_1 + b_2 i$，我们可以找出两个复整数

$$\gamma = c_1 + c_2 i \text{ 与 } \delta = d_1 + d_2 i,$$

使
$$\alpha = \gamma \beta + \delta, \ |\delta| < |\beta|.$$

根据这一性质，读者试试看，能不能作出相应的结论来.

2. 多变数内插法

多变数的插入公式，我们作如下的建议.

在平面上给了 n 点

$$(x_1, y_1), (x_2, y_2), \cdots, (x_n, y_n),$$

求一函数 $f(x, y)$ 在这 n 点各有数值 $\alpha_1, \cdots, \alpha_n$.

根据孙子原理，我们作出

$$P_1(x, y) = \frac{\left\{\begin{array}{c}[(x-x_2)^2 + (y-y_2)^2][(x-x_3)^2 + (y-y_3)^2] \\ \cdots [(x-x_n)^2 + (y-y_n)^2]\end{array}\right\}}{\left\{\begin{array}{c}[(x_1-x_2)^2 + (y_1-y_2)^2][(x_1-x_3)^2 + (y_1-y_3)^2] \\ \cdots [(x_1-x_n)^2 + (y_1-y_n)^2]\end{array}\right\}}.$$

这是一个函数在 $(x_2, y_2), \cdots, (x_n, y_n)$ 诸点为 0，在 (x_1, y_1) 这一点为 1（当然，做法不是唯一的，读者可以根据应用的需要作出这类函数. 量子力学里的"δ 函数"就是根据这样的想法来的）. 同样作出

$$P_2(x, y), \cdots, P_n(x, y).$$

而
$$\alpha_1 P_1(x, y) + \cdots + \alpha_n P_n(x, y)$$

就是一个在所给点吻合于客观数据的函数.

在数学的应用中，经常只有有限个数据，怎样从有限个数据来描述客观的函数？或者说怎样去找出函数来与客观数据吻合，又能有大势地代表客观情况？这一门学问就是插入法. 必须注意，插入法所得出的函数毕竟并不一定是真正的函数，而是某种近似而已. 但也可能提供出可能性，因而理论上加以证明，这就是真正反映客观情况的函数的时候也还是有的.

十　同　余　式

讲到这儿实际上已经讲了不少同余式的性质了. 我们现在可以较系统地介绍同余式理论了.

定义　命 m 为一自然数. 如果 $a-b$ 是 m 的倍数, 那么谓之 a,b 对模 m 同余. 用符号

$$a \equiv b (\bmod\ m)$$

表之. 也就是说, 用 m 除 a 及 b 有相同的余数.

例如: $21 \equiv -11 (\bmod\ 8)$.

用同余式符号, 孙子问题可以写成为: 求 x, 使

$$x \equiv 2 (\bmod\ 3),$$
$$x \equiv 3 (\bmod\ 5),$$
$$x \equiv 2 (\bmod\ 7).$$

同余式有以下的一些性质:

（Ⅰ）$a \equiv a (\bmod\ m)$　（反身性）;

（Ⅱ）如果 $a \equiv b (\bmod\ m)$, 那么 $b \equiv a (\bmod\ m)$（对称性）;

（Ⅲ）如果 $a \equiv b (\bmod\ m), b \equiv c (\bmod\ m)$, 那么 $a \equiv c (\bmod\ m)$（传递性）.

并且还有:

（Ⅳ）如果 $a \equiv b (\bmod\ m)$, $a_1 \equiv b_1 (\bmod\ m)$, 那么 $a + a_1 \equiv b + b_1 (\bmod\ m)$ 及 $a - a_1 \equiv b - b_1 (\bmod\ m)$（等式求和差性）.

（Ⅴ）如果 $a \equiv b$, $a_1 \equiv b_1 (\bmod\ m)$, 那么 $aa_1 \equiv bb_1 (\bmod\ m)$（等式求积性）. 但需注意, "等式两边不能同除一数". 例如 $6 \equiv 8 (\bmod\ 2)$, 但 $3 \not\equiv 4 (\bmod\ 2)$.

定理　命 m 是 m_1, m_2 的最小公倍数. 同余式

$$x \equiv a_1 (\bmod\ m_1), \tag{1}$$

$$x \equiv a_2 (\bmod\ m_2) \tag{2}$$

有公解的必要且充分条件是 m_1, m_2 的最大公约数除得尽 $a_1 - a_2$. 如果这条件适合,那么方程组有一个而且仅有一个小于 m 的非负整数解.

证明 （Ⅰ）命 d 是 m_1, m_2 的最大公约数. 由(1)(2)立刻得出

$$x \equiv a_1 (\bmod\ d), \ x \equiv a_2 (\bmod\ d).$$

等式相减得出 $0 = a_1 - a_2 (\bmod\ d)$. 因此,如果(1)(2)有公解,那么 d 一定除尽 $a_1 - a_2$.

（Ⅱ）反之,如果 d 除尽 $a_1 - a_2$. 由(1)

$$x = a_1 + m_1 y, \tag{3}$$

代入(2),得

$$a_1 + m_1 y \equiv a_2 (\bmod\ m_2).$$

也就是

$$a_1 - a_2 = m_2 z - m_1 y.$$

即

$$\frac{a_1 - a_2}{d} = \frac{m_2}{d} z - \frac{m_1}{d} y. \tag{4}$$

由于 $\dfrac{m_1}{d}$ 与 $\dfrac{m_2}{d}$ 没有公因子,因此由辗转相除法所推出的结论,一定有 p, q 使

$$1 = \frac{m_2}{d} p - \frac{m_1}{d} q. \tag{5}$$

如果取 $z = \dfrac{a_1 - a_2}{d} p, \ y = \dfrac{a_1 - a_2}{d} q$,那么(4)式有解,也就是(1)(2)是有公解的.

（Ⅲ）如果(1)(2)有两个解,即原来 x 之外,还有 x',那么

$$x - x' \equiv 0 (\bmod\ m_1), \ x - x' \equiv 0 (\bmod\ m_2)$$

也就是 $x-x'$ 必须为 m_1,m_2 的最小公倍数 m 所除尽. 因而在 0 与 m 之间有一个而且仅有一个 x 适合于(1)(2).

同余式有一整套的结果,和方程式一样,有"联立的",有"高次的",等等. 当然不是这本小书所能介绍的了. 详情可读拙著《数论导引》.

"3,5,7"算的原则可以更一般地讲成:求 x,使

$$x \equiv a(\mathrm{mod}\ p),$$
$$x \equiv b(\mathrm{mod}\ q),$$
$$x \equiv c(\mathrm{mod}\ r).$$

解题法则可以讲成如果 p,q,r 两两无公因子,那么先求出 A,使

$$A \equiv 1(\mathrm{mod}\ p),$$
$$A \equiv 0(\mathrm{mod}\ q),$$
$$A \equiv 0(\mathrm{mod}\ r).$$

再求出 B,使

$$B \equiv 0(\mathrm{mod}\ p),$$
$$B \equiv 1(\mathrm{mod}\ q),$$
$$B \equiv 0(\mathrm{mod}\ r).$$

更求出 C,使

$$C \equiv 0(\mathrm{mod}\ p),$$
$$C \equiv 0(\mathrm{mod}\ q),$$
$$C \equiv 1(\mathrm{mod}\ r).$$

而问题的一般解是

$$x \equiv aA+bB+cC(\mathrm{mod}\ pqr).$$

十一　一次不定方程

同余式

$$\left.\begin{array}{l} x \equiv 2(\bmod 3) \\ x \equiv 3(\bmod 5) \\ x \equiv 2(\bmod 7) \end{array}\right\} \quad (1)$$

求解的问题,也可以改写成为联立方程组

$$\left.\begin{array}{l} x = 2 + 3y \\ x = 3 + 5z \\ x = 2 + 7w \end{array}\right\} \quad (2)$$

求整数解的问题. 这个方程组有三个方程、四个未知数.

一般讲来,未知数多于方程组,要求整数解的问题称为不定方程的问题. 表面上看来一次不定方程组的问题可能较同余式的问题广泛些. 但实质上它们之间是密切相关的. 其理由是: 如果要求方程组

$$ax + by + cz + dw = e,$$
$$a'x + b'y + c'z + d'w = e',$$
$$a''x + b''y + c''z + d''w = e''$$

的整数解. 用消去法,得出

$$Ay = Bx + C, \ A'z = B'x + C', \ A''w = B''x + C''.$$

这便等价于同余式

$$Bx + C \equiv 0(\bmod A), \ B'x + C' \equiv 0(\bmod A'), \ B''x + C'' \equiv 0(\bmod A'')$$

了.

关于不定方程,在我国古代也有丰富的研究. 我们现在举一个例子.

"百钱买百鸡"是我国古代《张丘建算经》中的名题. 用现代语讲:

一百元钱买一百只鸡,小鸡一元钱三只,母鸡三元钱一只,公鸡五元钱一只,小鸡、母鸡、公鸡各几只?

这个问题的代数叙述如下：

命 x、y、z 各代表小鸡、母鸡、公鸡只数，则

$$x+y+z=100, \tag{1}$$

$$\frac{1}{3}x+3y+5z=100. \tag{2}$$

$(2)\times 3-(1)$，得出

$$8y+14z=200,$$

即

$$4y+7z=100. \tag{3}$$

用辗转相除法，得出

$$4\times 2+7\times(-1)=1,$$

因此 $y=200$，$z=-100$ 是方程(3)的一个解.方程(3)可以改写成

$$4y+7z=4\times 200+7\times(-100).$$

即得

$$7(z+100)=4(200-y). \tag{4}$$

由此可见 $200-y$ 是 7 的倍数，即 $7t$，则

$$y=200-7t, \tag{5}$$

代入(4)式，得

$$z=4t-100. \tag{6}$$

而

$$x=100-y-z=3t.$$

x，y，z 不能是负数，因此

$$t\geqslant 0, \ 200-7t\geqslant 0, \ 4t-100\geqslant 0,$$

即
$$\frac{200}{7} \geqslant t \geqslant 25.$$

因此,t 只有 25,26,27,28 四个解,也就是

t	x	y	z
25	75	25	0
26	78	18	4
27	81	11	8
28	84	4	12

习题 1 一元钱买 15 张邮票,其中有四分的、八分的、一角的三种,有几种方法?

习题 2[①] 今有散钱不知其数,作七十七陌穿之,欠五十凑穿,若作七十八陌穿之,不多不少,问钱数若干.(严恭《通原算法》(1372)).

十二 原 则

"3,5,7"算的"70,21,15"法提供了以下的一个原则.

要作出有性质 A、B、C 的一个数学结构,而性质 A、B、C 的变化又能用数据(或某种量)α、β、γ 来刻画,我们可用标准"单因子构件"凑成整个结构的方法:也就是先作出性质 B、C 不发生作用而性质 A 取单位量的构件,再作出性质 C、A 不发生作用而性质 B 取单位量的构件,最后作出性质 A、B 不发生作用而性质 C 取单位量的构件.所要求的结构可由这些构件凑出来.

以上所用的就是这一类型的例子.我现在再举一个.

"力"可以用一个箭头来表示.箭杆的长短表示力的大小,而方向表示用力的方向.

---

① 这个题目的意思是:有钱一堆,每 77 个穿成一串,则少 50 个,每 78 个穿成一串,则不多不少.这堆钱有多少个?

在一点上用上两个"力"所发生的作用等于以下一个"力"的作用：以这两个"力"为边作平行四边形,这平行四边形的对角线所表达的力.这个力称为原来两个力的合力(图1).

图1　　　　　　　　图2

为简单计,我们只考虑同一平面上的力.反过来,给了一个力,我们可以找出两个力,一个平行于 x 轴,一个平行于 y 轴,这两力的合力就等于原来所给的力(图2).

要表出平面所有的力来,可以先作一个与 x 轴平行的单位力 f_1,再作一个与 y 轴平行的单位力 f_2.任何力都可以表示为 f_1 的 α_1 倍与 f_2 的 α_2 倍所代表的力的合力.

其他的例子还很多,读者在学习高等数学的时候会不断发现的.

(据人民教育出版社1964年版排印)

数学归纳法

一 写在前面

高中代数教科书里,讲过数学归纳法,也有不少的数学参考书讲到数学归纳法.但是,我为什么还要写这本小册子呢?

首先,当然是由于这个方法的重要.学好了,学透了,对进一步学好高等数学有帮助,甚至对认识数学的性质,也会有所裨益.但更主要的,我总觉得有些看法、有些材料值得补充.而这些看法和材料,在我学懂数学归纳法的过程中,曾经起过一定的作用.

这里,我先提出其中的一点.

我在中学阶段学习数学归纳法这部分教材的时候,总认为学会了

"1 对;假设 n 对,那么 $n+1$ 也对"

的证明方法就满足了.后来,却愈想愈觉得不满足,总感到还差了些什么.

抽象地谈恐怕谈不清楚,还是举个例子来说明吧.

例如:求证

$$1^3 + 2^3 + 3^3 + \cdots + n^3 = \left[\frac{1}{2}n(n+1)\right]^2. \tag{1}$$

这个问题当时我会做. 证法如下:

证明:当 $n=1$ 的时候,(1)式左右两边都等于 1;所以,当 $n=1$ 的时候,(1)式成立.

假设当 $n=k$ 的时候(1)式成立,就是

$$1^3+2^3+3^3+\cdots+k^3=\left[\frac{1}{2}k(k+1)\right]^2. \tag{2}$$

那么,因为

$$1^3+2^3+3^3+\cdots+k^3+(k+1)^3$$
$$=\left[\frac{1}{2}k(k+1)\right]^2+(k+1)^3$$
$$=\left[\frac{1}{2}(k+1)\right]^2[k^2+4(k+1)]$$
$$=\left[\frac{1}{2}(k+1)\right]^2[k+2]^2$$
$$=\left[\frac{1}{2}(k+1)(k+2)\right]^2,$$

所以,当 $n=k+1$ 的时候,(1)式也成立.

因此,对于所有的自然数 n,(1)式都成立.(证毕)

上面的证明步骤是不是完整了呢? 当然是完整了. 老师应当不加挑剔地完全认可了.

但是,我后来仔细想想,却感到有些不满足. 问题不是由于证明错了,而是对上面这个恒等式(1)是怎样得来的,也就是对前人怎样发现这个恒等式,产生了疑问. 难道这是从天上掉下来的吗? 当然不是! 是有"天才"的人,直观地看出来的吗? 也不尽然!

这个问题启发了我: 难处不在于有了公式去证明,而在于没有公式之前,怎样去找出公式来; 才知道要点在于言外. 而我们以前所学到的,仅仅是其中比较容易的一个方面而已.

我这样说,请不要跟学校里对同学们的要求混同起来,作为中学数学教科书,要求同学们学会数学归纳法的运用,就可以了. 而这本书是中学生的数学课外读

物,不是教科书,要求也就不同了.

话虽如此,一切我们还是从头讲起.

二　归纳法的本原

先从少数的事例中摸索出规律来,再从理论上来证明这一规律的一般性,这是人们认识客观法则的方法之一.

以识数为例. 小孩子识数,先学会数一个、两个、三个;过些时候,能够数到十了;又过些时候,会数到二十、三十、……一百了. 但后来,却绝不是这样一段一段地增长,而是飞跃前进. 到了某一个时候,他领悟了,他会说:"我什么数都会数了."这一飞跃,竟从有限跃到了无穷! 怎样会的? 首先,他知道从头数;其次,他知道一个一个按次序地数,而且不愁数了一个以后,下一个不会数. 也就是他领悟了下一个数的表达方式可以由上一个数来决定,于是,他也就会数任何一个数了.

设想一下,如果这个飞跃现象不出现,那么人们一辈子就只能学数数了. 而且人生有限,数目无穷,就是学了一辈子,也绝不会学尽呢!

解释这个飞跃现象的原理,正是数学归纳法. 数学归纳法大大地帮助我们认识客观事物,由简到繁,由有限到无穷.

从一个袋子里摸出来的第一个是红玻璃球,第二个是红玻璃球,甚至第三个、第四个、第五个都是红玻璃球的时候,我们立刻会出现一种猜想:"是不是这个袋里的东西全部都是红玻璃球?"但是,当我们有一次摸出一个白玻璃球的时候,这个猜想失败了;这时,我们会出现另一个猜想:"是不是袋里的东西,全部都是玻璃球?"但是,当有一次摸出来的是一个木球的时候,这个猜想又失败了;那时我们会出现第三个猜想:"是不是袋里的东西都是球?"这个猜想对不对,还必须继续加以检验,要把袋里的东西全部摸出来,才能见个分晓.

袋子里的东西是有限的,迟早总可以把它摸完,由此可以得出一个肯定的结论. 但是,当东西是无穷的时候,那怎么办?

如果我们有这样的一个保证:"当你这一次摸出红玻璃球的时候,下一次摸出的东西,也一定是红玻璃球",那么,在这样的保证之下,就不必费力去一个一个地摸了.只要第一次摸出来的确实是红玻璃球,就可以不再检查地作出正确的结论:"袋里的东西,全部是红玻璃球."

这就是数学归纳法的引子.我们采用形式上的讲法,也就是:

有一批编了号码的数学命题,我们能够证明第 1 号命题是正确的;如果我们能够证明在第 k 号命题正确的时候,第 $k+1$ 号命题也是正确的,那么,这一批命题就全部正确.

在上一节里举过的例子:

$$1^3 + 2^3 + 3^3 + \cdots + n^3 = \left[\frac{1}{2}n(n+1)\right]^2. \tag{1}$$

当 $n=1$ 的时候,这个等式就成为

$$1^3 = \left[\frac{1}{2} \times 1 \times (1+1)\right]^2.$$

这是第 1 号命题.(这个命题可以通过验证,证实它是成立的.)

当 $n=k$ 的时候,这个等式成为

$$1^3 + 2^3 + 3^3 + \cdots + k^3 = \left[\frac{1}{2}k(k+1)\right]^2, \tag{2}$$

这是第 k 号命题.(这个命题是假设能够成立的.)

而下一步就是要在第 k 号命题成立的前提下,证明第 $k+1$ 号命题

$$1^3 + 2^3 + 3^3 + \cdots + k^3 + (k+1)^3 = \left[\frac{1}{2}(k+1)(k+2)\right]^2$$

也成立.所以这个证法就是上面所说的这一原则的体现.

再看下面的一个例子.

例 求证：

$$\frac{1}{1\times 2}+\frac{1}{2\times 3}+\cdots+\frac{1}{n(n+1)}=\frac{n}{n+1}. \tag{3}$$

第 1 号命题是：当 $n=1$ 的时候，上面这个等式成为

$$\frac{1}{1\times 2}=\frac{1}{1+1}.$$

这显然是成立的.

现在假设第 k 号命题是正确的，就是假设

$$\frac{1}{1\times 2}+\frac{1}{2\times 3}+\cdots+\frac{1}{k(k+1)}=\frac{k}{k+1},$$

那么，第 $k+1$ 号命题的左边是

$$\frac{1}{1\times 2}+\frac{1}{2\times 3}+\cdots+\frac{1}{k(k+1)}+\frac{1}{(k+1)(k+2)}$$

$$=\frac{k}{k+1}+\frac{1}{(k+1)(k+2)}$$

$$=\frac{k(k+2)+1}{(k+1)(k+2)}=\frac{k+1}{k+2},$$

恰好等于第 $k+1$ 号命题的右边. 所以第 $k+1$ 号命题也正确.

由此，我们就可以作出结论：对于所有的自然数 n，(3)式都成立.

附言：上面的证明中，假设"第 k 号命题是正确的"，我们有时用"归纳法假设"一语来代替.

三　两条缺一不可

这里，必须强调一下，在我们的证法里：

(1) "当 $n=1$ 的时候，这个命题是正确的"；

(2) "假设当 $n=k$ 的时候，这个命题是正确的，那么当 $n=k+1$ 的时候，这个

数学归纳法　　109

命题也是正确的",这两条缺一不可.

不要认为,一个命题在 $n=1$ 的时候,正确;在 $n=2$ 的时候,正确;在 $n=3$ 的时候也正确,就正确了.老实说,不要说当 $n=3$ 的时候正确还不算数,就是一直到当 n 是 1 000 的时候正确,或者 10 000 的时候正确,是不是对任何自然数都正确,还得证明了再说.

不妨举几个例子.

例 1 当 $n=1,2,3,\cdots,15$ 的时候,我们可以验证式子
$$n^2+n+17$$
的值都是素数[①].是不是由此就可以作出这样的结论:"n 是任何自然数的时候,n^2+n+17 的值都是素数"呢?

这个命题是不正确的.事实上,当 $n=16$ 的时候,
$$n^2+n+17=16^2+16+17=17^2,$$
它就不是素数.

不仅如此,我们还可以举出同样性质的例子:

(1) 当 $n=1,2,3,\cdots,39$ 的时候,式子
$$n^2+n+41$$
的值都是素数;但是,当 $n=40$ 的时候,它的值就不是素数.

(2) 当 $n=1,2,3,\cdots,11\,000$ 的时候,式子
$$n^2+n+72\,491$$
的值都是素数,即使如此,我们还不能肯定 n 是任何自然数的时候,这个式子的值总是素数.事实上,只要 $n=72\,490$ 的时候,它的值就不是素数.

这也就是说,即使我们试了 11 000 次,式子
$$\text{"}n^2+n+72\,491\text{"}$$

---

① 素数又称质数,就是除 1 和它本身以外,不能被其他自然数整除的数.

的值都是素数,但我们仍旧不能断定这个命题一般的正确性.

例2 式子
$$2^{2^n}+1,$$
当 $n=0,1,2,3,4$ 的时候,它的值分别等于 3, 5, 17, 257, 65 537,这 5 个数都是素数. 根据这些资料,费尔马(Fermat)就猜想:对于任何自然数 n,式子
$$2^{2^n}+1$$
的值都是素数. 但这是一个不幸的猜测. 欧拉(Euler)举出,当 $n=5$ 的时候,
$$2^{2^n}+1=641\times 6\,700\,417.$$
因而费尔马猜错了.

后来,有人还证明当 $n=6,7,8,9$ 的时候,$2^{2^n}+1$ 的值也都不是素数.

例3 $x-1=x-1$,
$x^2-1=(x-1)(x+1)$,
$x^3-1=(x-1)(x^2+x+1)$,
$x^4-1=(x-1)(x+1)(x^2+1)$,
$x^5-1=(x-1)(x^4+x^3+x^2+x+1)$,
$x^6-1=(x-1)(x+1)(x^2+x+1)(x^2-x+1)$,
……

从上面这些恒等式,可以看出什么来?

我们可以看出一点:"把 x^n-1 分解为不可再分解并且具有整系数的因式以后,各系数的绝对值都不超过 1".

这个命题是不是正确呢?这就是所谓契巴塔廖夫(Н. Г. Чеботарев)问题. 后来被依万诺夫(В. Иванов)找出了反例,他发现 $x^{105}-1$ 有下面的因式

$$x^{48}+x^{47}+x^{46}-x^{43}-x^{42}-2x^{41}-x^{40}-x^{39}+x^{36}+x^{35}+x^{34}+$$
$$x^{33}+x^{32}+x^{31}-x^{28}-x^{26}-x^{24}-x^{22}-x^{20}+x^{17}+x^{16}+x^{15}+$$
$$x^{14}+x^{13}+x^{12}-x^9-x^8-2x^7-x^6-x^5+x^2+x+1.$$

其中 x^{41} 和 x^7 的系数都是 -2,它的绝对值大于 1.

虽然如此,我们可以证明上面的命题,当 n 是素数的时候,总是对的;当 $n < 105$ 的时候,也总是对的.

例 4　一个平面把空间分为两份;两个平面最多可以把空间分为四份;三个平面最多可以把空间分为八份. 从这些资料,我们能不能得出这样的结论:

"n 个平面最多可以把空间分为 2^n 份"?

这个命题是不正确的. 事实上,四个平面不可能把空间分为 16 份,而最多只能分为 15 份;五个平面也不可能把空间分成 32 份,而最多只能分为 26 份. 一般地说,n 个平面最多可以把空间分为 $\frac{1}{6}(n^3+5n+6)$ 份,而不是 2^n 份,并且的确有这样的 n 个平面存在.

怎样证明这一点,读者可以自己思考①. 在思考的过程中,可以先从比较容易的问题入手,试一试证明下面这个命题:

平面上 n 条直线,最多可以把平面分为 $1+\frac{1}{2}n(n+1)$ 份.

上面这几个例子,总的说明了一个问题:对于一个命题,仅仅验证了有限次,即使是千次、万次,还不能肯定这个命题的一般正确性. 而命题的一般正确性,必须要看我们能不能证明数学归纳法的第二句话:"假设当 $n=k$ 的时候,这个命题是正确的,那么当 $n=k+1$ 的时候,这个命题也是正确的".

另一方面,也不要以为"当 $n=1$ 的时候,这个命题是正确的",这句话简单而丢开不管. 在证题的时候,如果只证明了"假设当 $n=k$ 的时候,这个命题是正确的,那么当 $n=k+1$ 的时候,这个命题也是正确的",而不去验证"当 $n=1$ 的时候,这个命题是正确的",那么这个证明是不对的,至少也得说,这个证明是不完整的.

让我们来看几个由于不确切地阐明数学归纳法里的第一句话"当 $n=1$ 的时

---

① 本书以后将证明这一结论(见第 149 页).

候,这个命题是正确的",而得出非常荒谬的结果的例子.

例 5　所有的正整数都相等.

这个命题显然是荒谬的.但是如果我们丢开"当 $n=1$ 的时候,这个命题是正确的"不管,那么可以用"数学归纳法"来"证明"它.

这里,第 k 号命题是:"第 $k-1$ 个正整数等于第 k 个正整数",就是

$$k-1=k.$$

两边都加上 1,就得

$$k=k+1.$$

这就是说,第 k 个正整数等于第 $k+1$ 个正整数.这不是说明了所有的正整数都相等了吗?

错误就在于,我们没有考虑 $k=1$ 的情况.

例 6　如果我们不考虑 $n=1$ 的情况,可以证明

$$1^3+2^3+\cdots+n^3=\left[\frac{1}{2}n(n+1)\right]^2+l.$$

这里,l 是任何的数.

事实上,假设第 k 号命题

$$1^3+2^3+\cdots+k^3=\left[\frac{1}{2}k(k+1)\right]^2+l$$

正确,那么像第 107 页里证过的一样,第 $k+1$ 号命题

$$1^3+2^3+\cdots+k^3+(k+1)^3=\left[\frac{1}{2}(k+1)(k+2)\right]^2+l$$

也就正确.

但是,这个结论显然是荒谬的.

讲到这里,让我们再重复说一遍:数学归纳法的证明过程必须包括两个步骤:

数学归纳法　113

"当 $n=1$ 的时候,这个命题是正确的";"假设当 $n=k$ 的时候,这个命题是正确的,那么当 $n=k+1$ 的时候,这个命题也是正确的". 两者缺一不可! 缺一不可!

也许有人会问:上面的第一句话要不要改做"当 $n=1,2,3,\cdots$ 的时候,这个命题是正确的"?

这样的要求是多余的,同时也是不正确的. 所以多余,在于除了用 $n=1$ 来验证以外,还要用 $n=2$ 和 $n=3$ 来验证,而它的不正确则在于"……". 如果"……"表示试下去都正确,那么试问到底要试到什么地步才算试完呢?

"多余"还可以解释成我是从 $n=1$, $n=2$, $n=3$ 里看出规律来的,或者希望通过练习熟悉这个公式;但在没有证明 n 是所有自然数时都对以前就加上"……",却要不得,这是犯了逻辑上的错误!

四 数学归纳法的其他形式

数学归纳法有不少"变着". 下面我们先来讲几种"变着".

1. 不一定从 1 开始. 也就是数学归纳法里的两句话,可以改成:如果当 $n=k_0$ 的时候,这个命题是正确的,又从假设当 $n=k(k\geqslant k_0)$ 时,这个命题是正确的,可以推出当 $n=k+1$ 时,这个命题也是正确的,那么这个命题当 $n\geqslant k_0$ 时都正确.

例 1 求证:n 边形 n 个内角的和等于 $(n-2)\pi$.

这里就要假定 $n\geqslant 3$.

证明 当 $n=3$ 时,我们知道三角形三个内角的和是两直角. 所以,当 $n=3$ 时,命题是正确的.

假设当 $n=k(k\geqslant 3)$ 时命题也是正确的. 设 $A_1, A_2, \cdots, A_{k+1}$ 是 $k+1$ 边形的顶点. 作线段 A_1A_k,它把这个 $k+1$ 边形分成两个图形,一个是 k 边形 $A_1A_2\cdots A_k$,另一个是三角形 $A_kA_{k+1}A_1$. 并且 $k+1$ 边形内角的和等于后面这两个图形的内角和的和. 就是

$$(k-2)\pi+\pi=(k-1)\pi=[(k+1)-2]\pi.$$

也就是说,当 $n=k+1$ 时这个命题也是正确的.因此,定理得证.

例2 求证:当 $n \geqslant 5$ 的时候,$2^n > n^2$.

证明 当 $n=5$ 时,
$$2^5 = 32, \quad 5^2 = 25;$$
所以
$$2^5 > 5^2.$$
假设当 $n=k(k \geqslant 5)$ 时这个命题是正确的,那么由
$$2^{k+1} = 2 \times 2^k > 2 \times k^2$$
$$\geqslant k^2 + 5k > k^2 + 2k + 1 = (k+1)^2,$$
可知这个命题当 $n=k+1$ 时也是正确的.因此,这个命题对于所有大于或等于 5 的自然数 n 都正确.

例3 求证:当 $n \geqslant -4$ 的时候,$(n+3)(n+4) \geqslant 0$.

证明 当 $n=-4$ 时,这个不等式成立.

假设当 $n=k(k \geqslant -4)$ 时,这个不等式成立,那么由
$$[(k+1)+3][(k+1)+4]$$
$$= (k+4)(k+5) = k^2 + 9k + 20$$
$$= (k+3)(k+4) + 2k + 8 \geqslant (k+3)(k+4),$$
$$(\because 当 k \geqslant -4 时, 2k+8 \geqslant 0.)$$
即得所证.

2. 第二句话也可以改为"如果当 n 适合于 $1 \leqslant n \leqslant k$ 时,命题正确,那么当 $n=k+1$ 时,命题也正确". 由此同样可以证明对于所有的 n 命题都正确.

例4 有两堆棋子,数目相等.两人玩耍,每人可以在一堆里任意取几颗,但不能同时在两堆里取,规定取得最后一颗者胜.求证后取者可以必胜.

证明 设 n 是棋子的颗数.当 $n=1$ 时,先取者只能在一堆里取 1 颗,这样另一堆里留下的 1 颗就被后取者取得.所以结论是正确的.

假设当 $n \leqslant k$ 时命题是正确的.现在我们来证明,当 $n=k+1$ 时,命题也是正

确的.

因为在这种情况下,先取者可以在一堆里取棋子 l 颗($1 \leqslant l \leqslant k+1$),这样,剩下的两堆棋子,一堆有棋子$(k+1)$颗,另一堆有棋子$(k+1-l)$颗.这时后取者可以在较多的一堆里取棋子 l 颗,使两堆棋子都有$(k+1-l)$颗.这样就变成了 $n=k+1-l$ 的问题.按照规定,后取者可以得胜.由此就证明了对于所有的自然数 n 来说,后取者都可以得胜.

读者可以自己考虑一下,如果任给两堆棋子,能不能数一下棋子的颗数,就知道谁胜谁负?

3. 有时,第二句话需要改成"假设当 $n=k$ 的时候,这个命题是正确的,那么当 $n=k+2$ 的时候,这个命题也是正确的".这时,第一句话仅仅验证"当 $n=1$ 的时候,这个命题是正确的"就不够了,而要改成:"当 $n=1,2$ 的时候,这个命题都是正确的."

例 5 求证:适合于

$$x+2y=n \quad (x \geqslant 0, y \geqslant 0, 并且 x、y 都是整数) \tag{1}$$

的解的组数 $r(n)$[①]等于

$$\frac{1}{2}(n+1)+\frac{1}{4}[1+(-1)^n].$$

(1)式的解,可以分为两类:"$y=0$"的和"$y \geqslant 1$"的.前一类解的组数等于 1;后一类解的组数等于

$$x+2(y-1)=n-2,$$

适合于 $x \geqslant 0, y-1 \geqslant 0$($x$、$y$ 都是整数)的解的组数 $r(n-2)$.所以

$$r(n)=r(n-2)+1.$$

如果仅仅知道当 $n=1$ 时,$r(n)=1$(这时 $x+2y=1$,所以适合条件的解只有一

---

① 因为适合这个方程的解的组数与 n 有关,所以我们用符号 $r(n)$ 来表示.例如,当 $n=5$ 时,方程有 3 组解,所以 $r(n)=3$.

组,就是 $x=1$, $y=0$),就只能推出当 n 是奇数时,$r(n)=\frac{1}{2}(n+1)$,而还不能推出 n 是偶数时的情况.必须再算出,当 $n=2$ 时,
$$x+2y=2$$
有两组解 $x=2$, $y=0$ 和 $x=0$, $y=1$,即 $r(2)=2$,才能推出当 n 是偶数时,$r(n)=\frac{1}{2}(n+2)$.

这样归纳法才完整.

作为练习,读者可以试一试解下面这个比较更复杂的题目:求适合于
$$2x+3y=n \quad (x\geqslant 0, y\geqslant 0,并且 x、y 都是整数)$$
的解的组数.

4. 一般地,还可以有以下的"变着":

当 $n=1, 2, \cdots, l$ 时,这个命题都是正确的,并且证明了"假设当 $n=k$ 时,这个命题正确,那么当 $n=k+l$ 时,这个命题也正确",于是当 n 是任何自然数时,这个命题都是正确的.

例 6 求证:适合于
$$x+ly=n \quad (x\geqslant 0, y\geqslant 0,并且 x、y 都是整数)$$
的解的组数等于 $\left[\frac{n}{l}\right]+1$.这里符号 $\left[\frac{n}{l}\right]$ 表示商 $\frac{n}{l}$ 的整数部分.

证明留给读者.

数学归纳法的"变着"还有不少,读者以后还会看到"反向归纳法""翘翘板归纳法"等等.

五 归纳法能帮助我们深思

大家都知道,数学归纳法有帮助我们"进"的一面.现在我想谈谈数学归纳法帮

助我们"退"的一面.把一个比较复杂的问题,"退"成最简单最原始的问题,把这个最简单最原始的问题想通了、想透了,然后再用数学归纳法来一个飞跃上升,于是问题也就迎刃而解了.

我们还是举一个具体的例子来谈.

这是一个有趣的数学游戏.但它充分说明了,一个人会不会应用数学归纳法,在思考问题上就会有很大的差异.不会应用数学归纳法的人,要想解决这个问题着实要些"聪明",但是融会贯通地掌握了数学归纳法的人,解决这个问题就不需要多少"聪明".

问题是这样的:

有一位老师,想辨别出他的三个得意门生中哪一个更聪明一些,他采用了以下的方法.事先准备好5顶帽子,其中3顶是白的,2顶是黑的.在试验时,他先把这些帽子让学生们看了一看,然后要他们闭上眼睛,替每个学生戴上一顶白色的帽子,并且把2顶黑帽子藏了起来,最后再让他们张开眼睛,请他们说出自己头上戴的帽子,究竟是哪一种颜色.

三个学生相互看了一看,踌躇了一会儿,然后他们异口同声地说,自己头上戴的是白色的帽子.

他们是怎样推算出来的呢?他们怎样能够从别人头上戴的帽子的颜色,正确地推断出自己头上戴的帽子的颜色的呢?

建议读者,读到这儿,暂时把书搁下来,自己想一想.能够想出来吗?如果一时想不出,可以多想一些时候.

现在,我把谜底揭晓一下:甲、乙、丙三个学生是怎样想的.

甲这样想[1]:{如果我头上戴的是黑帽子,那么乙一定会这样想:[如果我头上戴的是黑帽子,那么丙一定会这样想:(甲乙两人都戴了黑帽子,而黑帽子只有两顶,所以自己头上戴的一定是白帽子.)这样,丙就会脱口而出地说出他自己头上戴的是白帽子.但是他为什么要踌躇?可见自己〈指乙〉头上戴的是白帽子.]如果这

---

[1] 为了读者容易看懂,这里加上了一些括号.{ }里是甲的想法,[ ]里是甲设想乙应当有的想法.( )里的是甲设想乙应当为丙设想的想法.

样乙也会接下去说出他自己头上戴的是白帽子.但是他为什么也要踌躇呢？可见自己〈指甲〉头上戴的不是黑帽子.〉

经过这样思考,于是三个人都推出了自己头上戴的是白帽子.

读者读到这儿,请再想一下.想通了没有？有些伤脑筋吧！

学过数学归纳法的人会怎样想呢？他会先退一步,（善于"退",足够地"退","退"到最原始而不失去重要性的地方,是学好数学的一个诀窍！）不考虑三个人而仅仅考虑两个人一顶黑帽子的问题.这个问题谁都会解,黑帽子只有一顶,我戴了,他立刻会说："自己戴的是白帽子."但是,他为什么要踌躇呢？可见我戴的不是黑帽子而是白帽子.

这就是说,"两个人,一顶黑帽子,不管多少（当然要不少于 2）顶白帽子"的问题,是一个轻而易举的问题.

现在我们来解上面这个较复杂的："三个人,两顶黑帽子,不管多少（当然要不少于 3）顶白帽子"的问题也就容易了. 为什么呢？如果我头上戴的是黑帽子,那么对于他们两人来说,就变成"两个人,一顶黑帽子"的问题,这是他们两人应当立刻解决的问题,是不必踌躇的. 现在他们在踌躇,就说明了我头上戴的不是黑帽子而是白帽子.

这里可以看到,学会了数学归纳法,就会得运用"归纳技巧"从原来问题里减去一个人、一顶黑帽子,把它转化为一个简单的问题.

倘使我们把原来的问题再搞得复杂一些："四个人,三顶黑帽子,若干（不少于 4）顶白帽子",或者更一般地,"n 个人,$n-1$ 顶黑帽子,若干（不少于 n）顶白帽子"这样复杂的问题,我们也可以用以上的思想来解决了（读者可以想一想,应该怎样去解决）.

读到这儿,读者可能领会到两点：

（1）应用归纳法可以处理多么复杂的问题！懂得它的人,比不懂它的人岂不是"聪明"得多.

（2）归纳法的原则,不但指导我们"进",而且还教会我们"退". 把问题"退"到最朴素易解的情况,然后再用归纳法飞跃前进. 这样比学会了"三人问题"搞"四人

数学归纳法　119

问题",搞通了"四人问题"再尝试"五人问题"的做法,不是要爽快得多!

当然,我们也不能完全排斥步步前进的做法.当我们看不出归纳线索的时候,先一步一步地前进,也还是必要的.

六 "题"与"解"

数学里,有时候出题容易解题难.凡事问一个为什么,有时候要回答出来却不容易.但也有时候,出题困难解题易.题目本身就包括了解题的方法,难不难在解,而难在怎样想出这个题目来.最显著的是用归纳法来证明一些代数恒等式.这时,难不难在应用归纳法来证明,而难在怎样想出这些恒等式来.本书开始时所举的例子,就是:人家怎样想出

$$1^3+2^3+\cdots+n^3=\left[\frac{1}{2}n(n+1)\right]^2=(1+2+3+\cdots+n)^2$$

来的?

一般地说:求证一个形如

$$a_1+\cdots+a_n=S_n \tag{1}$$

的恒等式,本身就建议我们求证"$a_{n+1}+S_n=S_{n+1}$"或者"$S_{n+1}-S_n=a_{n+1}$".而一般讲来由"a"求"S"较难,由"S"求"a"较易.并且如果证明了

$$S_{n+1}-S_n=a_{n+1},$$

我们还可以把级数(1)写成

$$a_1+a_2+\cdots+a_n$$
$$=S_1+(S_2-S_1)+(S_3-S_2)+\cdots+(S_n-S_{n-1})=S_n.$$

交叉消去即得所求.(注意:上面这个等式的成立也要用归纳法加以证明才合乎严格要求.)

下面我们举些例子:

例1 求证：

$$4\times7\times10+7\times10\times13+10\times13\times16+\cdots+(3n+1)(3n+4)(3n+7)$$
$$=\frac{1}{12}[(3n+1)(3n+4)(3n+7)(3n+10)-1\times4\times7\times10]. \quad (n\geqslant1)$$

看了这个公式，就可以知道：一定会有 $a_n=S_n-S_{n-1}$，也就是

$$\frac{1}{12}[(3n+1)(3n+4)(3n+7)(3n+10)-(3n-2)(3n+1)(3n+4)(3n+7)]$$
$$=(3n+1)(3n+4)(3n+7).$$

一算真对. 我们就可以用交叉消去法（或者归纳法）来证明这个公式了.

例2 求证：

$$\frac{1}{3\times7\times11}+\frac{1}{7\times11\times15}+\frac{1}{11\times15\times19}+\cdots+\frac{1}{(4n-1)(4n+3)(4n+7)}$$
$$=\frac{1}{8}\left(\frac{1}{3\times7}-\frac{1}{(4n+3)(4n+7)}\right). \quad (n\geqslant1)$$

这个恒等式可以由

$$\frac{1}{8}\left[\frac{1}{(4n-1)(4n+3)}-\frac{1}{(4n+3)(4n+7)}\right]$$
$$=\frac{1}{(4n-1)(4n+3)(4n+7)}$$

推出.

例3 求证：

$$\sin x + \sin 2x + \cdots + \sin nx = \frac{\sin\frac{1}{2}(n+1)x \sin\frac{1}{2}nx}{\sin\frac{1}{2}x}. \quad (n \geqslant 1)$$

从这个恒等式可以得到启发：

$$\frac{\sin\frac{1}{2}(n+1)x \sin\frac{1}{2}nx - \sin\frac{1}{2}nx \sin\frac{1}{2}(n-1)x}{\sin\frac{1}{2}x}$$

$$= \frac{\sin\frac{1}{2}nx \left[\sin\frac{1}{2}(n+1)x - \sin\frac{1}{2}(n-1)x\right]}{\sin\frac{1}{2}x}$$

$$= 2\sin\frac{1}{2}nx \cos\frac{1}{2}nx = \sin nx.$$

反过来，可以用这个等式来证明原来的恒等式.

用同样的方法，我们可以处理以下的题目：

例 4 求证：

$$\frac{1}{2} + \cos x + \cos 2x + \cdots + \cos nx = \frac{\sin\left(n+\frac{1}{2}\right)x}{2\sin\frac{1}{2}x}. \quad (n \geqslant 0)$$

例 5 求证：

$$\frac{1}{2}\tan\frac{x}{2} + \frac{1}{2^2}\tan\frac{x}{2^2} + \cdots + \frac{1}{2^n}\tan\frac{x}{2^n} = \frac{1}{2^n}\cot\frac{x}{2^n} - \cot x. \quad (n \geqslant 1)$$

（这里，x 不等于 π 的整数倍）

例 6 求证：

$$\cos\alpha \cos 2\alpha \cos 4\alpha \cdots \cos 2^n\alpha = \frac{\sin 2^{n+1}\alpha}{2^{n+1}\sin\alpha}. \quad (n \geqslant 0)$$

这些例题的真困难不是在于既得公式之后去寻求它们的证明,而是在于这批恒等式是怎样获得的.

我国古代堆垛术所得出的一些公式,也都属于这一类.

例 7 求证:当 $n \geqslant 1$ 的时候,

$$1 + (1+9) + (1+9+25) + \cdots + [1^2 + 3^2 + 5^2 + \cdots + (2n-1)^2]$$

$$= \frac{1}{3}\left[n^2(n+1)^2 - \frac{1}{2}n(n+1)\right].①$$

以下五题采自元朱世杰:算学启蒙(1299),四元玉鉴(1303).

例 8 $a + 2(a+b) + 3(a+2b) + \cdots + n[a+(n-1)b]$

$$= \frac{1}{6}n(n+1)[2bn + (3a-2b)]. \quad (n \geqslant 1)$$

例 9 $[a+(n-1)b] + 2[a+(n-2)b] + \cdots + (n-1)(a+b) + na$

$$= \frac{1}{6}n(n+1)[bn + (3a-b)]. \quad (n \geqslant 1)$$

作为练习,读者可以试由例 8 直接推出例 9 来;试用两两相加、两两相减找出例 8、例 9 的恒等式来.

例 10 $a + 3(a+b) + 6(a+2b) + \cdots + \frac{n}{2}(n+1)[a+(n-1)b]$

$$= \frac{1}{24}n(n+1)(n+2)[3bn + (4a-3b)]. \quad (n \geqslant 1)$$

例 11 $[a+(n-1)b] + 3[a+(n-2)b] + \cdots +$

$$\frac{1}{2}n(n-1)(a+b) + \frac{1}{2}n(n+1)a$$

$$= \frac{1}{24}n(n+1)(n+2)[bn + (4a-b)]. \quad (n \geqslant 1)$$

---

① 本题采自陈世仁《少广补遗》.

例 12 在级数

$$1+3+7+12+19+27+37+48+61+\cdots$$

里,如果 a_n 是它的第 n 项,那么

$$a_{2l}=3l^2,\ a_{2l-1}=3l(l-1)+1.$$

这里 l 是大于或者等于 1 的整数.求证:

$$S_{2l-1}=\frac{1}{2}l(4l^2-3l+1);$$

$$S_{2l}=\frac{1}{2}l(4l^2+3l+1).$$

最后一题启发我们想到归纳法的另一"变着":"翘翘板归纳法"——有两个命题 A_n,B_n,如果" A_1 是正确的","假设 A_k 是正确的,那么 B_k 也是正确的","假设 B_k 是正确的,那么 A_{k+1} 也是正确的",那么,对于任何自然数 n,命题 A_n,B_n 都是正确的.

这里命题 A_n 是" $S_{2n-1}=\frac{1}{2}n(4n^2-3n+1)$ ",而命题 B_n 是" $S_{2n}=\frac{1}{2}n(4n^2+3n+1)$ ".

显而易见, A_1 是正确的,即 $S_1=1$.

假设 $S_{2k-1}=\frac{1}{2}k(4k^2-3k+1)$,那么

$$S_{2k}=\frac{1}{2}k(4k^2-3k+1)+3k^2=\frac{1}{2}k(4k^2+3k+1).$$

这就是说,假设 A_k 是正确的,那么 B_k 也是正确的.

又假设 $S_{2k}=\frac{1}{2}k(4k^2+3k+1)$,那么

$$S_{2k+1} = \frac{1}{2}k(4k^2+3k+1)+3k(k+1)+1$$
$$= \frac{1}{2}(k+1)[4(k+1)^2-3(k+1)+1].$$

这也就是说,假设 B_k 是正确的,那么 A_{k+1} 也是正确的.

因此,A_n,B_n 对于任何自然数 n,都是正确的.

这个题目是朱世杰研究圆锥垛积得出来的.但照上面这样写下来,就显得有些造作了.

不仅出现过"翘翘板归纳法",而且还出现过若干结论螺旋式上升的证明方法.例如:有5个命题 A_n,B_n,C_n,D_n,E_n.现在知道 A_1 是正确的,又 $A_k \to B_k$[①],$B_k \to C_k$,$C_k \to D_k$,$D_k \to E_k$,并且 $E_k \to A_{k+1}$,这样,这五个命题就都是正确的.

七 递 归 函 数

上节里我们的主要依据是
$$a_1+a_2+\cdots+a_n=S_n \tag{1}$$
和
$$S_n-S_{n-1}=a_n \tag{2}$$

的关系.这启发了我们,如果知道了(2),就可以作出一个(1)来.例如,我们知道了公式:
$$\arctan\frac{1}{n}-\arctan\frac{1}{n+1}=\arctan\frac{1}{n^2+n+1},$$

由此就可以作出一个恒等式:

---

① 我们用 $A_k \to B_k$ 表示"假设 A_k 是正确的,那么 B_k 也是正确的".

$$\arctan\frac{1}{3}+\arctan\frac{1}{7}+\arctan\frac{1}{13}+\cdots+\arctan\frac{1}{n^2+n+1}$$
$$=\frac{\pi}{4}-\arctan\frac{1}{n+1}.$$

关系式(2)本身就可以看成是用数学归纳法来定义 S_n. 就是:

已知 $S_1=a_1$, 假设已知 S_{k-1}, 那么由 $S_k=S_{k-1}+a_k$ 就定义了 S_k.

这是所谓递归函数的一个例证.

一般来说, 递归函数是一个在正整数集上定义了的函数 $f(n)$. 首先, $f(1)$ 有定义; 其次, 如果知道了 $f(1), f(2), \cdots, f(k)$, 那么 $f(k+1)$ 也就完全知道了. 这实在不是什么新东西, 而只是数学归纳法的重申.

例如, 由

$$\begin{cases} f(k+1)=f(k)+k, \\ f(1)=1 \end{cases}$$

定义了一个递归函数. 通过计算, 可以知道 $f(1)=1, f(2)=2, f(3)=4, f(4)=7, \cdots$, 从而可以得出这个递归函数就是

$$f(k)=\frac{1}{2}k(k-1)+1.$$

这个等式一下就变为一个需要"证明"的问题. 而由数学归纳法可以知道: 对于所有正整数 n, 有

$$f(n)=\frac{1}{2}n(n-1)+1.$$

本节开始时的例子, 就是求解:

$$\begin{cases} f(k)-f(k+1)=\arctan\dfrac{1}{k^2+k+1}, \\ f(1)=\dfrac{\pi}{4}. \end{cases}$$

跟数学归纳法一样,递归函数也可以有各种形式的"变着". 例如,由关系式

$$f(k+1) = 3f(k) - 2f(k-1)$$

所定义的 $f(k)$,就必须由两个已知值,例如 $f(0)=2, f(1)=3$ 开始.

现在我们来证明这样的开始值:

$$f(n) = 2^n + 1.$$

证明 当 $n=0,1$ 的时候,这个结论显然正确.

假设已知 $f(k) = 2^k + 1, f(k-1) = 2^{k-1} + 1$,那么

$$f(k+1) = 3(2^k + 1) - 2(2^{k-1} + 1) = 2^{k+1} + 1.$$

由此命题得证.

上面的这个解答 $f(n) = 2^n + 1$ 又是怎样想出来的呢?可能是从 $f(0)=2$,$f(1)=3, f(2)=5$ 等等归纳出来的,但是从

$$f(k+1) - f(k) = 2[f(k) - f(k-1)]$$

来看,却会更容易一些.

我们设 $$g(k) = f(k+1) - f(k).$$

那么由 $$g(1) = 2, \quad g(k+1) = 2g(k),$$

可见 $$g(k) = 2^k.$$

再由 $$f(k) - f(k-1) = 2^{k-1},$$

得出 $$f(n) - f(0) = \sum_{k=1}^{n} [f(k) - f(k-1)]\ ①$$

---

① "$\sum$"是和的符号,读做"Sigma".

$\sum_{k=1}^{n}[f(k) - f(k-1)]$ 就是表示下面的和:

$$[f(1) - f(0)] + [f(2) - f(1)] + [f(3) - f(2)] + \cdots + [f(n) - f(n-1)].$$

也就是顺次用 $1, 2, 3, \cdots, n$ 代替 $[f(k) - f(k-1)]$ 里的 k,再把这 n 个差 $[f(1) - f(0)]$,$[f(2) - f(1)], \cdots, [f(n) - f(n-1)]$ 加起来.

下文里我们常常要使用这个符号,读者必须熟悉它.

$$=\sum_{k=1}^{n} 2^{k-1}=1+2+2^2+\cdots+2^{n-1}=2^n-1.$$

从而可得
$$f(n)=2^n+1.$$

八 排列和组合

数学归纳法最简单的应用之一是用来研究排列和组合的公式.

读者在中学代数课程中,已经知道:"从 n 个不同的元素里,每次取 r 个,按照一定的顺序摆成一排,叫作从 n 个元素里每次取出 r 个元素的排列."排列的种数,叫作排列数. 从 n 个不同元素里每次取 r 个元素所有不同的排列数,可以用符号 A_n^r 来表示. 对于 A_n^r 有下面的公式:

定理 1

$$A_n^r=n(n-1)(n-2)\cdots(n-r+1). \tag{1}$$

当时,这个公式并没有作严格的证明,现在我们利用数学归纳法来证明它.

证明 首先,$A_n^1=n$.

这是显然的. 如果再能证明

$$A_n^r=nA_{n-1}^{r-1},$$

那么,这个定理就可以应用数学归纳法来证明①.

我们假定 n 个元素是 $a_1, a_2, \cdots, a_n$,在每次取出 r 个元素的 A_n^r 种排列法里,以 a_1 为首的共有 A_{n-1}^{r-1} 种,以 a_2 为首的同样也有 A_{n-1}^{r-1} 种,由此即得

$$A_n^r=nA_{n-1}^{r-1}.$$

于是定理得证.

---

① 因为当 $n=1$ 的时候,这个定理显然是正确的;假设当 $n=k-1$ 的时候,这个定理是正确的,那么
$$A_k^r=kA_{k-1}^{r-1}=k[(k-1)(k-2)\cdots(k-r+1)]. (这里, 1<r<k)$$
所以,当 $n=k$ 的时候,这个定理也是正确的.

定理 1 的特例是 n 个元素全取的排列数,它是

$$A_n^n = n(n-1)(n-2) \cdot \cdots \cdot 3 \cdot 2 \cdot 1.$$

我们用符号 $n!$ 表示这个乘积,就是

$$n! = 1 \cdot 2 \cdot 3 \cdot \cdots \cdot (n-1)n.$$

这样,定理 1 就可以写成

$$A_n^r = \frac{n!}{(n-r)!}.$$

现在我们来研究更一般的情况:

n 个元素里,有若干个是同类的,其中有 p 个 a,q 个 b……求每次全取这些元素所作成的排列种数. 答案是:

$$N = \frac{n!}{p! \, q! \, \cdots}.$$

这个结论可以这样来证明:

如果在 p 个 a 上标上号数 $a_1, a_2, \cdots, a_p$,作为不同的元素,q 个 b 上标上号数 $b_1, b_2, \cdots, b_q$,也作为不同的元素……这样问题就变成了 n 个不同元素全取的排列,得出的排列数是

$$P_n = n!.$$

把 $a_1, a_2, \cdots, a_p$ 这 p 个元素任意排列的排列数是 $p!$. 但是实际上这 p 个元素是相同的元素,是分辨不出的,所以擦去了标号之后,原来的 $p!$ 个排列只变成了 1 个排列. 因此擦去 a 的编号以后,排列的种数是

$$\frac{n!}{p!}.$$

同样的,再擦去 b 的标号以后,排列的种数就是

$$\frac{n!}{p!\,q!}$$

等等.

注 我们用一个具体例子来说明. 例如, 求 a, a, a, b 全取排列的种数.

编号以后的排列种数是

$$P_4 = 4! = 24.$$

$a_1a_2a_3b$	$a_1a_2ba_3$	$a_1ba_2a_3$	$ba_1a_2a_3$
$a_1a_3a_2b$	$a_1a_3ba_2$	$a_1ba_3a_2$	$ba_1a_3a_2$
$a_2a_1a_3b$	$a_2a_1ba_3$	$a_2ba_1a_3$	$ba_2a_1a_3$
$a_2a_3a_1b$	$a_2a_3ba_1$	$a_2ba_3a_1$	$ba_2a_3a_1$
$a_3a_1a_2b$	$a_3a_1ba_2$	$a_3ba_1a_2$	$ba_3a_1a_2$
$a_3a_2a_1b$	$a_3a_2ba_1$	$a_3ba_2a_1$	$ba_3a_2a_1$

擦去编号以后, 每一直行里的 6(3!) 种, 变成了 1 种, 所以排列种数就成为 4 种: $aaab$, $aaba$, $abaa$, $baaa$.

由此可见

$$N = \frac{4!}{3!} = \frac{24}{6} = 4.$$

读者在中学代数课程中还曾知道: 从 n 个不同元素里, 每次取出 r 个, 不管怎样的顺序并成一组, 叫作从 n 个元素里每次取出 r 个元素的组合. 组合的种数, 叫作组合数, 从 n 个不同元素里每次取出 r 个元素所有不同的组合数, 可以用符号 C_n^r 来表示. 对于 C_n^r 有下列的公式:

定理 2

$$C_n^r = \frac{n!}{r!\,(n-r)!}. \tag{2}$$

这个定理也可以用数学归纳法来证明.

证明 首先, $C_n^1 = n$.

这是显然的. 如果再能证明当 $1 < r < n$ 的时候,
$$C_n^r = C_{n-1}^r + C_{n-1}^{r-1}, \tag{3}$$
那么,这个定理就可以应用数学归纳法来证明[①].

我们假定有 n 个不同的元素 $a_1, a_2, \cdots, a_n$,在每次取出 r 个元素的组合里,可以分为两类:一类含有 a_1,一类不含有 a_1. 含有 a_1 的组合数,就等于从 $a_2, a_3, \cdots, a_n$ 里取 $r-1$ 个元素的组合数,它等于 C_{n-1}^{r-1};不含有 a_1 的组合数,就等于 $a_2, a_3, \cdots, a_n$ 里取 r 个的组合数,它等于 C_{n-1}^r. 所以

$$C_n^r = C_{n-1}^r + C_{n-1}^{r-1}[②].$$

于是定理得证.

读者在中学代数课程中学过的二项式定理

$$(x+a)^n = x^n + C_n^1 a x^{n-1} + C_n^2 a^2 x^{n-2} + \cdots + C_n^k a^k x^{n-k} + \cdots + C_n^n a^n$$
$$= \sum_{j=0}^{n} C_n^j a^j x^{n-j}.$$

就是利用组合的知识来证明的.

九 代数恒等式方面的例题

有不少代数恒等式,它的严格证明,需要用到数学归纳法. 这里先讲几个读者所熟悉的例子.

例1 等差数列的第 n 项,可以用公式

---

① 因为当 $n=1$ 的时候,这个定理是正确的;假设当 $n=k-1$ 的时候,这个定理是正确的,那么
$$C_k^r = C_{k-1}^r + C_{k-1}^{r-1} = \frac{(k-1)!}{r!(k-1-r)!} + \frac{(k-1)!}{(r-1)!(k-r)!}$$
$$= \frac{k!}{r!(k-r)!}. \text{(这里,} 1 < r < k\text{)}$$
所以当 $n=k$ 的时候,这个定理也是正确的.
② 公式 $C_n^r = C_{n-1}^r + C_{n-1}^{r-1}$ 是一个十分重要的公式,详见拙著《从杨辉三角谈起》(见本书第 5 页).

$$a_n = a_1 + (n-1)d \qquad (1)$$

表示. 这里，a_1 是它的首项，d 是公差.

证明 当 $n=1$ 的时候，$a_1 = a_1$，(1)式是成立的.

假设当 $n=k$ 的时候，(1)式是成立的，那么，因为

$$a_{k+1} = a_k + d = a_1 + (k-1)d + d = a_1 + [(k+1)-1]d,$$

所以当 $n=k+1$ 的时候，(1)式也是成立的. 由此可知，对于所有的 n，(1)式都是成立的.

例 2 等差数列前 n 项的和，可以用公式

$$S_n = na_1 + \frac{1}{2}n(n-1)d \qquad (2)$$

表示. 这里，a_1 是它的首项，d 是公差.

这个公式也可以用数学归纳法来证明.

证明 当 $n=1$ 的时候，$S_1 = a_1$，(2)式是成立的.

假设当 $n=k$ 的时候，(2)式是成立的，那么

$$\begin{aligned}
S_{k+1} &= S_k + a_{k+1} \\
&= \left[ka_1 + \frac{1}{2}k(k-1)d\right] + \{a_1 + [(k+1)-1]d\} \\
&= (k+1)a_1 + \frac{1}{2}(k+1)[(k+1)-1]d.
\end{aligned}$$

所以当 $n=k+1$ 的时候，(2)式也是成立的. 由此可知，对于所有的 n，(2)式都是成立的.

注 例 1 里的公式(1)可以直观地得出，但是例 2 里的公式(2)又怎样得出的呢？所以从要找出这个公式的角度来考虑，还是像中学代数课本里那样用"颠倒相加"的方法好. 而数学归纳法的作用只是在找出了这样的公式以后，给以严格的证明.

例 3 等比数列的第 n 项可以用公式

$$a_n = a_1 q^{n-1} \tag{3}$$

表示；前 n 项的和可以用公式

$$S_n = \frac{a_1(q^n - 1)}{q - 1} \tag{4}$$

表示. 这里，a_1 是它的首项，q 是公比.

这两个公式也都可以用数学归纳法来证明（证明留给读者）. 像例 2 一样，公式(4)的导出，当然也还是像中学代数课本里那样用习惯使用的方法来得好，就是把

$$S_n = a_1 + a_1 q + a_1 q^2 + \cdots + a_1 q^{n-1},$$
$$q S_n = a_1 q + a_1 q^2 + a_1 q^3 + \cdots + a_1 q^n$$

两式相减，再把所得差的两边同除以 $q - 1$.

再谈高阶等差级数. 在拙著《从杨辉三角谈起》一书里提出的不少恒等式，它们都可以用数学归纳法证明. 其中最主要的是：

(1) $\underbrace{1 + 1 + 1 + \cdots + 1}_{n\text{个}} = n$；

(2) $1 + 2 + 3 + \cdots + n = \dfrac{1}{2} n(n+1)$；

(3) $1 + 3 + 6 + \cdots + \dfrac{1}{2} n(n+1) = \dfrac{1}{6} n(n+1)(n+2)$；

(4) $1 + 4 + 10 + \cdots + \dfrac{1}{6} n(n+1)(n+2) = \dfrac{1}{24} n(n+1)(n+2)(n+3)$；

……

这些公式，读者不妨用数学归纳法一一加以验证.

这些公式是怎样得来的呢？事实上，它们都可以从上节里的公式(3)

$$C_n^r = C_{n-1}^r + C_{n-1}^{r-1}$$

推出.例如,取 $r=2$,就得

$$\frac{1}{2}n(n+1)-\frac{1}{2}(n-1)n=n;$$

取 $r=3$,就得

$$\frac{1}{6}n(n+1)(n+2)-\frac{1}{6}(n-1)n(n+1)=\frac{1}{2}n(n+1);$$

等等.这样,应用第七节里所讲的方法,就可以从这些公式导出上面的恒等式.

有了这些公式,把 n^2 写成 $2\left[\frac{1}{2}n(n+1)\right]-n$,把 n^3 写成

$$6\left[\frac{1}{6}n(n+1)(n+2)\right]-6\left[\frac{1}{2}n(n+1)\right]+n,$$

就可以算出

$$1^2+2^2+3^2+\cdots+n^2=\frac{1}{6}n(n+1)(2n+1);$$

$$1^3+2^3+3^3+\cdots+n^3=\left[\frac{1}{2}n(n+1)\right]^2.$$

作为练习,请读者先算出这些公式,然后用数学归纳法加以证明.

十 差 分

我们把 $f(x)-f(x-1)$ 叫作**函数 $f(x)$ 的差分**.记做

$$\Delta f(x)=f(x)-f(x-1). \tag{1}$$

例如,$f(n)=C_n^r$,它的差分就是

$$\Delta f(n)=f(n)-f(n-1)=C_n^r-C_{n-1}^r=C_{n-1}^{r-1}.\text{[应用第八节里的公式(3).]}$$

前面我们所讲的求和问题

$$a_1 + a_2 + \cdots + a_n = S_n \quad (= f(n)),$$

可以看做给了差分 $a_n = g(n)$，求原函数 $f(n)$，使

$$f(n) - f(n-1) = g(n) \tag{2}$$

的问题. 方程(2)叫作**差分方程**.

用数学归纳法的眼光来看，(2)式不过说出了归纳法的第二句话："如果知道了 $f(n-1)$，那么可以定出 $f(n)(f(n)=f(n-1)+g(n))$ 来."所以只有(2)式还不能完全定义 $f(n)$，还必须添上一句："$f(0)$ 如何". 加上了这句话，归纳法的程序完成了，因而对于所有的自然数 n，函数 $f(n)$ 都定义了.

函数 $f(x)$ 的差分 $\Delta f(x) = f(x) - f(x-1)$，还是 x 的函数. 我们可以再求它的差分，这就引出了二阶差分的概念. 就是

$$\Delta(\Delta f(x)) = \Delta(f(x) - f(x-1)).$$

我们用 $\Delta^2 f(x)$ 来表示.

一般地，如果对函数 $f(x)$ 的 $r-1$ 阶差分再求差分，就得到了 $f(x)$ 的 r 阶差分. 就是

$$\Delta^r f(x) = \Delta(\Delta^{r-1} f(x)). \tag{3}$$

现在我们用数学归纳法来证明下面的恒等式：

$$\Delta^n f(x) = \sum_{j=0}^{n} (-1)^j C_n^j f(x-j)\,^{①}. \tag{4}$$

证明 当 $n=1$ 的时候，(4)式就表示

$$\Delta f(x) = f(x) - f(x-1),$$

命题显然正确.

假设当 $n=k$ 的时候，(4)式是成立的，那么当 $n=k+1$ 的时候，

---

① $\sum_{j=0}^{n}(-1)^j C_n^j f(x-j) = f(x) - C_n^1 f(x-1) + C_n^2 f(x-2) - \cdots + (-1)^n C_n^n f(x-n).$

$$\Delta^{k+1}f(x) = \Delta(\Delta^k f(x))$$

$$= \Delta\Big[\sum_{j=0}^{k}(-1)^j C_k^j f(x-j)\Big]$$

$$= \sum_{j=0}^{k}(-1)^j C_k^j \Delta f(x-j)$$

$$= \sum_{j=0}^{k}(-1)^j C_k^j [f(x-j) - f(x-j-1)]$$

$$= \sum_{j=0}^{k}(-1)^j C_k^j f(x-j) - \sum_{j=0}^{k}(-1)^j C_k^j f(x-j-1) \quad ①$$

$$= \Big[f(x) + \sum_{j=1}^{k}(-1)^j C_k^j f(x-j)\Big] + \Big[\sum_{j=1}^{k}(-1)^j C_k^{j-1} f(x-j)$$

$$\qquad + (-1)^{k+1} f(x-k-1)\Big]$$

$$= f(x) + (-1)^{k+1} f(x-k-1) + \sum_{j=1}^{k}(-1)^j (C_k^j + C_k^{j-1}) f(x-j)$$

$$= f(x) + (-1)^{k+1} f(x-k-1) + \sum_{j=1}^{k}(-1)^j C_{k+1}^j f(x-j) \quad ②$$

$$= \sum_{j=0}^{k+1}(-1)^j C_{k+1}^j f(x-j).$$

---

① $\sum_{j=0}^{k}(-1)^j C_k^j f(x-j) = C_k^0 f(x) - C_k^1 f(x-1) + C_k^2 f(x-2) - \cdots + (-1)^k C_k^k f(x-k)$

$= f(x) + \sum_{j=1}^{k}(-1)^j C_k^j f(x-j);$

$-\sum_{j=0}^{k}(-1)^j C_k^j f(x-j-1)$

$= \sum_{j=0}^{k}(-1)^{j+1} C_k^j f(x-j-1)$

$= -C_k^0 f(x-1) + C_k^1 f(x-2) - \cdots + (-1)^k C_k^{k-1} f(x-k) + (-1)^{k+1} C_k^k f(x-k-1)$

$= \sum_{j=1}^{k}(-1)^j C_k^{j-1} f(x-j) + (-1)^{k+1} f(x-k-1).$

② $f(x) + (-1)^{k+1} f(x-k-1) + \sum_{j=1}^{k}(-1)^j C_{k+1}^j f(x-j)$

$= f(x) + (-1)^1 C_{k+1}^1 f(x-1) + (-1)^2 C_{k+1}^2 f(x-2) + \cdots + (-1)^k C_{k+1}^k f(x-k) + (-1)^{k+1} f(x-\overline{k+1})$

$= \sum_{j=0}^{k+1}(-1)^j C_{k+1}^j f(x-j).$

于是定理得证.

如果 $f(x)$ 是 x 的多项式,那么经过一次差分,多项式的次数就降低 1 次,因此对于任何一个次数低于 k 次的多项式,经过 k 次差分,一定等于 0. 也就是说,如果 $f(x)$ 是次数低于 k 次的多项式,那么

$$\sum_{j=0}^{k}(-1)^{j}\mathrm{C}_{k}^{j}f(x-j)=0. \tag{5}$$

特别地,当 $x=k$ 的时候,取 $k-j=l$,那么

$$\sum_{l=0}^{k}(-1)^{k-l}\mathrm{C}_{k}^{l}f(l)=0. \tag{6}$$

一阶差分方程

$$f(x)-f(x-1)=g(x)$$

的解是

$$f(n)-f(0)=\sum_{k=1}^{n}(f(k)-f(k-1))=\sum_{k=1}^{n}g(k).$$

更一般的一阶差分方程

$$af(x)-bf(x-1)=g(x),$$

不妨假定 $a=1$,于是

$$\begin{aligned}
f(n)&=g(n)+bf(n-1)\\
&=g(n)+b(g(n-1)+bf(n-2))\\
&=g(n)+bg(n-1)+b^{2}f(n-2)\\
&\cdots\cdots\\
&=g(n)+bg(n-1)+b^{2}g(n-2)+\cdots+b^{n-1}g(1)+b^{n}f(0).
\end{aligned}$$

(可以用数学归纳法来证明)

二阶差分方程

$$f(x)+\alpha f(x-1)+\beta f(x-2)=g(x), \tag{7}$$

可以变成两次一阶差分方程来解. 因为

$$(f(x)+\lambda f(x-1))+\mu(f(x-1)+\lambda f(x-2))$$
$$=f(x)+(\lambda+\mu)f(x-1)+\lambda\mu f(x-2),$$

从 $\lambda+\mu=\alpha$, $\lambda\mu=\beta$ 里解出 λ 和 μ 来. 再设

$$h(x)=f(x)+\lambda f(x-1),$$

那么方程 (7) 就变成先求

$$h(x)+\mu h(x-1)=g(x),$$

再求
$$f(x)+\lambda f(x-1)=h(x)$$

的解了.

例 求差分方程

$$f(x)-3f(x-1)+2f(x-2)=1,$$
$$f(0)=0, \ f(1)=1$$

的解.

解 设 $h(x)=f(x)-f(x-1)$, 得

$$h(x)-2h(x-1)=1, \ h(1)=1.$$

解得
$$h(n)=2^n-1.$$

再从
$$f(x)-f(x-1)=2^x-1, \ f(0)=0,$$

解得
$$f(n)=2^{n+1}-n-2.$$

十一 李善兰恒等式

这里, 我附带地介绍两个有趣的恒等式.

清末数学家李善兰 (1810—1882) 曾提出了恒等式

$$\sum_{j=0}^{k}(C_k^j)^2 C_{n+2k-j}^{2k}=(C_{n+k}^k)^2. \tag{1}$$

这个恒等式流传于海外. 我们现在借讲过差分性质之便,来证明这个恒等式.

因为 $$C_{n+k}^k = \frac{(n+k)(n+k-1)\cdots(n+1)}{k!},$$

所以李善兰恒等式(1)是下面这个更一般的恒等式

$$\sum_{j=0}^{k}(C_k^j)^2 \frac{(x+2k-j)(x+2k-j-1)\cdots(x-j+1)}{(2k)!}$$
$$= \left[\frac{(x+k)(x+k-1)\cdots(x+1)}{k!}\right]^2, \tag{2}$$

在 $x=n$ 时的特殊情形.

现在我们来证明恒等式(2)成立.

(2)式的左右两边都是 x 的 $2k$ 次多项式,并且右边的多项式有二重根 $x=-l(1\leqslant l\leqslant k)$,如果我们能够证明:

(Ⅰ)左右两边 x^{2k} 的系数相等,就是

$$\sum_{j=0}^{k}(C_k^j)^2 = \frac{(2k)!}{k!\ k!}; \tag{3}$$

(Ⅱ)左边也有 $x=-l(1\leqslant l\leqslant k)$ 是它的重根,那么问题就解决了.

先证明(Ⅰ).根据二项式定理,得

$$(1+x)^k = \sum_{j=0}^{k} C_k^j x^j.$$

因此,$(1+x)^k \cdot (1+x)^k$ 里 x^k 的系数等于

$$\sum_{j+l=k} C_k^j C_k^l = \sum_{j=0}^{k} C_k^j C_k^{k-j} = \sum_{j=0}^{k}(C_k^j)^2.$$

另一方面,从

$$(1+x)^k \cdot (1+x)^k = (1+x)^{2k}$$

的展开式里,可知 x^k 的系数是

$$C_{2k}^k = \frac{(2k)!}{k!\ k!}.$$

所以(3)式成立.

现在再来证(Ⅱ).(2)式里左边每一项里都含有因式 $x+l$,所以它有根 $x=-l$ 是显然的.问题只在于证明它有二重根 $x=-l$.

因为(2)式左边各项都有因式 $x+l$,所以

$$\frac{1}{x+l}\sum_{j=0}^{k}(C_k^j)^2\frac{(x+2k-j)(x+2k-j-1)\cdots(x-j+1)}{(2k)!}$$

$$=\sum_{j=0}^{k}(C_k^j)^2\frac{(x+2k-j)(x+2k-j-1)\cdots(x+l+1)(x+l-1)\cdots(x-j+1)}{(2k)!}.$$

我们证明,当 $x=-l$ 时,这个式子的值是 0.

事实上,当 $x=-l$ 时,上式的值等于

$$\sum_{j=0}^{k}(C_k^j)^2\frac{[(2k-j-l)(2k-j-l-1)\cdots][(-1)\cdots(-l-j+1)]}{(2k)!}$$

$$=\sum_{j=0}^{k}C_k^j\frac{k!}{(k-j)!\,j!}\cdot\frac{(2k-j-l)!\,(l+j-1)!}{(2k)!}(-1)^{l+j-1}$$

$$=(-1)^{l-1}\frac{k!}{(2k)!}\sum_{j=0}^{k}(-1)^jC_k^j\frac{(2k-j-l)!\,(l+j-1)!}{(k-j)!\,j!}$$

$$=(-1)^{l-1}\frac{k!}{(2k)!}\sum_{j=0}^{k}(-1)^jC_k^j(2k-j-l)\cdots(k-j+1)(l+j-1)\cdots(j+1).$$

(4)

这里 $(2k-j-l)\cdots(k-j+1)(l+j-1)\cdots(j+1)$

是多项式

$$f(x)=(2k-x-l)\cdots(k-x+1)(l+x-1)\cdots(x+1)$$

当 $x=j$ 时的值.而 $f(x)$ 是 x 的

$$(k-l)+(l-1)=k-1$$

次多项式.因此根据上节里的公式(5)(第 137 页),可知 (4) 式等于 0.

由此,我们就证明了 (2) 式确是一个恒等式.

施惠同把李善兰恒等式进一步推广为：

设 $l \geqslant k \geqslant 0$，$l,k$ 是整数，那么

$$\binom{x+k}{k}\binom{x+l}{l} = \sum_{j=0}^{k} C_k^j C_l^j \binom{x+k+l-j}{k+l}.$$

这里，x 是实数，符号 $\binom{x+k}{k}$ 表示多项式 $\dfrac{1}{k!}(x+k)(x+k-1)\cdots(x+1)$.

这个恒等式是怎样想出来的呢？

十二　不等式方面的例题

数学归纳法在证明不等式方面，也很有用．下面我们举几个例子．

例 1　求证 n 个非负数的几何平均数不大于它们的算术平均数．

n 个非负数 $a_1, a_2, \cdots, a_n$ 的几何平均数是

$$(a_1 a_2 \cdots a_n)^{\frac{1}{n}};$$

算术平均数是

$$\frac{a_1 + a_2 + \cdots + a_n}{n}.$$

所以本题就是要求证明：

$$(a_1 a_2 \cdots a_n)^{\frac{1}{n}} \leqslant \frac{a_1 + a_2 + \cdots + a_n}{n}. \tag{1}$$

证明　当 $n=1$ 的时候，(1)式不证自明．如果 $a_1, a_2, \cdots, a_n$ 里有一个等于 0，(1)式也不证自明．

现在假设

$$0 < a_1 \leqslant a_2 \leqslant \cdots \leqslant a_n.$$

如果 $a_1 = a_n$，那么所有的 $a_j (j=1, 2, \cdots, n)$ 都相等，(1)式也就不证自明．所以我

们进一步假设 $a_1 < a_n$，并且假设

$$(a_1 a_2 \cdots a_{n-1})^{\frac{1}{n-1}} \leqslant \frac{a_1 + a_2 + \cdots + a_{n-1}}{n-1} \tag{2}$$

成立. 显然(2)式的右边 $\dfrac{a_1 + a_2 + \cdots + a_{n-1}}{n-1} < a_n$. 因为

$$\frac{a_1 + a_2 + \cdots + a_n}{n}$$

$$= \frac{(n-1)\dfrac{a_1 + a_2 + \cdots + a_{n-1}}{n-1} + a_n}{n}$$

$$= \frac{a_1 + a_2 + \cdots + a_{n-1}}{n-1} + \frac{a_n - \dfrac{a_1 + a_2 + \cdots + a_{n-1}}{n-1}}{n},$$

把等式两边都乘方 $n(n > 1)$ 次，并且由

$$(a+b)^n > a^n + na^{n-1}b, \quad (a > 0, b > 0)$$

可知

$$\left(\frac{a_1 + a_2 + \cdots + a_n}{n}\right)^n$$

$$> \left(\frac{a_1 + a_2 + \cdots + a_{n-1}}{n-1}\right)^n +$$

$$n\left(\frac{a_1 + a_2 + \cdots + a_{n-1}}{n-1}\right)^{n-1}\left(\frac{a_n - \dfrac{a_1 + a_2 + \cdots + a_{n-1}}{n-1}}{n}\right)$$

$$= a_n \left(\frac{a_1 + a_2 + \cdots + a_{n-1}}{n-1}\right)^{n-1}$$

$$\geqslant a_n (a_1 a_2 \cdots a_{n-1}) = a_1 a_2 \cdots a_n,$$

所以
$$(a_1 a_2 \cdots a_n)^{\frac{1}{n}} \leqslant \frac{a_1 + a_2 + \cdots + a_n}{n}$$

也成立. 于是定理得证.

上面的证明中还说明了,当各数都相等的时候,(1)式才会出现等号.

下面是另一个证法,它提出了数学归纳法的另一"变着"——"反向归纳法".

别证 当 $n = 2$ 的时候,(1)式是
$$(a_1 a_2)^{\frac{1}{2}} \leqslant \frac{a_1 + a_2}{2}.$$

这可以由 $\left(a_1^{\frac{1}{2}} - a_2^{\frac{1}{2}}\right)^2 \geqslant 0$ 直接推出.

现在我们来证明,当 $n = 2^p$, p 是任意自然数的时候,定理都是成立的.(用数学归纳法)

假设当 $n = 2^k$ 的时候,(1)式是成立的,那么

$$(a_1 a_2 \cdots a_{2^{k+1}})^{\frac{1}{2^{k+1}}} = \left[(a_1 a_2 \cdots a_{2^k})^{\frac{1}{2^k}} (a_{2^k+1} a_{2^k+2} \cdots a_{2^{k+1}})^{\frac{1}{2^k}}\right]^{\frac{1}{2}}$$

$$\leqslant \frac{1}{2}\left[(a_1 a_2 \cdots a_{2^k})^{\frac{1}{2^k}} + (a_{2^k+1} + a_{2^k+2} \cdots a_{2^{k+1}})^{\frac{1}{2^k}}\right]$$

$$\leqslant \frac{1}{2}\left[\frac{a_1 + a_2 + \cdots + a_{2^k}}{2^k} + \frac{a_{2^k+1} + a_{2^k+2} + \cdots + a_{2^{k+1}}}{2^k}\right]$$

$$= \frac{a_1 + a_2 + \cdots + a_{2^{k+1}}}{2^{k+1}}.$$

所以当 $n = 2^{k+1}$ 的时候,(1)式也是成立的. 因此,当 $n = 2^p$, p 是任何自然数的时候,(1)式都是成立的.

进一步再推到一般的 n. 我们在假设当 $n = k$ 的时候,(1)式成立的前提下来证明,当 $n = k - 1$ 的时候,它也成立.

取 $a_k = \dfrac{a_1 + a_2 + \cdots + a_{k-1}}{k-1}$. 因为当 $n = k$ 的时候,(1)式是成立的,所以

$$\frac{a_1+a_2+\cdots+a_{k-1}}{k-1} = \frac{a_1+a_2+\cdots+a_{k-1}+a_k}{k}$$

$$\geqslant (a_1a_2\cdots a_{k-1}a_k)^{\frac{1}{k}}$$

$$= \left(a_1a_2\cdots a_{k-1}\cdot\frac{a_1+a_2+\cdots+a_{k-1}}{k-1}\right)^{\frac{1}{k}}.$$

两边同除以 $\left(\frac{a_1+a_2+\cdots+a_{k-1}}{k-1}\right)^{\frac{1}{k}}$，得

$$\left(\frac{a_1+a_2+\cdots+a_{k-1}}{k-1}\right)^{\frac{k-1}{k}} \geqslant (a_1a_2\cdots a_{k-1})^{\frac{1}{k}}.$$

由此得 $$\frac{a_1+a_2+\cdots+a_{k-1}}{k-1} \geqslant (a_1a_2\cdots a_{k-1})^{\frac{1}{k-1}}.$$

即得所证.

至此定理就完全得到了证明.

例 2 （加权平均）设 $p_1,p_2,\cdots,p_n$ 是 n 个正数，它们的和是 1. 那么，当 $a_v\geqslant 0(v=1,2,\cdots,n)$ 的时候，

$$a_1^{p_1}a_2^{p_2}\cdots a_n^{p_n} \leqslant p_1a_1+p_2a_2+\cdots+p_na_n. \tag{3}$$

例 1 显然是例 2 在 $p_1=p_2=\cdots=p_n=\frac{1}{n}$ 时的特例. 但例 2 也并未走得很远. 事实上，如果 $p_1,p_2,\cdots,p_n$ 是正有理数，它们的公分母是 l，那么可以记做 $p_v=\frac{m_v}{l}$，而 $m_1+m_2+\cdots+m_n=l$. 我们想要证明的就变成是

$$(a_1^{m_1}a_2^{m_2}\cdots a_n^{m_n})^{\frac{1}{l}} \leqslant \frac{m_1a_1+m_2a_2+\cdots+m_na_n}{l}.$$

这就是例 1 里取 m_1 个等于 a_1，m_2 个等于 a_2，$\cdots$，m_n 个等于 a_n 的特例而已. 也就是，(3)式对适合于 $p_1+p_2+\cdots+p_n=1$ 的任意 n 个正有理数 $p_1,p_2,\cdots,p_n$ 都

成立.

读者如果学过极限的概念,就不难推出(3)式对所有适合于 $p_1+p_2+\cdots+p_n=1$ 的正实数 $p_1,p_2,\cdots,p_n$ 都成立.

例3 设 $a_1,a_2,\cdots,a_n$ 是正数,并且
$$(x+a_1)(x+a_2)\cdots(x+a_n)=x^n+c_1x^{n-1}+c_2x^{n-2}+\cdots+c_n.$$

这里 c_r 是从 $a_1,a_2,\cdots,a_n$ 里每次任意取 r 个乘起来的总和,它一定含有 C_n^r 项. 而 C_n^r 就是从 n 个元素里每次取 r 个的组合数,也就是
$$C_n^r=\frac{n(n-1)\cdots(n-r+1)}{1\cdot 2\cdots\cdot r}.$$

现在定义 P_r 是从 $a_1,a_2,\cdots,a_n$ 里每次取 r 个的乘积的平均数,就是
$$P_r=\frac{c_r}{C_n^r}.$$

不难看到,P_1 就是 $a_1,a_2,\cdots,a_n$ 的算术平均数,而 P_n 就是 $a_1,a_2,\cdots,a_n$ 的几何平均数的 n 次方.

比例1更广泛些有以下的结果:
$$P_1\geqslant P_2^{\frac{1}{2}}\geqslant P_3^{\frac{1}{3}}\geqslant\cdots\geqslant P_n^{\frac{1}{n}}. \tag{4}$$

为了方便,我们再定义 $c_0=1$, $P_0=1$, $P_{n+1}=0$. 于是这个结果可以由以下的结果推导出来:
$$P_{r-1}P_{r+1}\leqslant(P_r)^2. \quad(1\leqslant r\leqslant n) \tag{5}$$

我们先用归纳法证明(5)式. 当 $n=2$ 的时候,它就是
$$a_1a_2\leqslant\left(\frac{a_1+a_2}{2}\right)^2,$$

所以(5)式一定成立.

假设对于 $n-1$ 个数 $a_1, a_2, \cdots, a_{n-1}$，(5)式是成立的，而用 c'_r, P'_r 分别表示由这 $n-1$ 个数所做成的 c_r, P_r。又设 $c'_0 = P'_0 = 1, c'_n = P'_n = 0$，那么

$$c_r = c'_r + a_n c'_{r-1} \quad (1 \leqslant r \leqslant n)$$

和

$$P_r = \frac{n-r}{n} P'_r + \frac{r}{n} a_n P'_{r-1}. \quad (1 \leqslant r \leqslant n)$$

(这里用到了 $\dfrac{C_{n-1}^r}{C_n^r} = \dfrac{n-r}{n}, \dfrac{C_{n-1}^{r-1}}{C_n^r} = \dfrac{r}{n}$。)

因此

$$n^2(P_{r-1}P_{r+1} - P_r^2) = A + Ba_n + Ca_n^2. \quad (1 \leqslant r \leqslant n-1)$$

这里

$$A = [(n-r)^2 - 1]P'_{r-1}P'_{r+1} - (n-r)^2 P'^2_r,$$
$$B = (n-r+1)(r+1)P'_{r-1}P'_r + (n-r-1)(r-1)P'_{r-2}P'_{r+1} -$$
$$\quad 2r(n-r)P'_{r-1}P'_r,$$
$$C = (r^2 - 1)P'_{r-2}P'_r - r^2 P'^2_{r-1}.$$

由归纳法的假定与 $C'_0 = P'_0 = 1$，易见

$$P'_{r-1}P'_{r+1} \leqslant P'^2_r, \quad (1 \leqslant r \leqslant n-2)$$
$$P'_{r-2}P'_r \leqslant P'^2_{r-1}. \quad (2 \leqslant r \leqslant n-1)$$

由此推得

$$P'_{r-2}P'_{r+1} \leqslant P'_{r-1}P'_r. \quad (2 \leqslant r \leqslant n-1)$$

因此，当 $1 \leqslant r \leqslant n-1$ 的时候，

$$A \leqslant \{[(n-r)^2 - 1] - (n-r)^2\}P'^2_r = -P'^2_r,$$
$$B \leqslant [(n-r+1)(r+1) + (n-r-1)(r-1) -$$
$$\quad 2r(n-r)]P'_{r-1}P'_r = 2P'_{r-1}P'_r,$$
$$C \leqslant [(r^2 - 1) - r^2]P'^2_{r-1} = -P'^2_{r-1}.$$

所以
$$n^2(P_{r-1}P_{r+1} - P_r^2) \leqslant -P_r'^2 + 2P_{r-1}'P_r'a_n - P_{r-1}'^2 a_n^2$$
$$= -(P_r' - P_{r-1}'a_n)^2 \leqslant 0.$$

因此 $$P_{r-1}P_{r+1} \leqslant P_r^2.$$

即得所证.

再由(5)推出(4)来,由(5)可知
$$(P_0P_2)(P_1P_3)^2(P_2P_4)^3 \cdots (P_{r-1}P_{r+1})^r \leqslant P_1^2 P_2^4 P_3^6 \cdots P_r^{2r},$$

得 $$P_{r+1}^r \leqslant P_r^{r+1},$$

就是 $$P_r^{\frac{1}{r}} \geqslant P_{r+1}^{\frac{1}{r+1}}.$$

这就是(4)式. 从这个问题就可以推出:
$$c_{r-1}c_{r+1} < c_r^2. \tag{6}$$

因为由 $$P_{r-1}P_{r+1} \leqslant P_r^2$$

得出 $$c_{r-1}c_{r+1} < \frac{(r+1)(n-r+1)}{r(n-r)} c_{r-1}c_{r+1} \leqslant c_r^2.$$

所以这是较弱的结论.

由(6)推出,当 $r < s$ 的时候,(要不要用归纳法?)
$$c_{r-1}c_s < c_r c_{s-1}. \tag{7}$$

由此也证明了,如果方程
$$x^n + c_1 x^{n-1} + \cdots + c_n = 0$$

只有负根,那么它的系数一定适合于(6)与(7).

十三 几何方面的例题

数学归纳法还可以用来证明几何方面的问题. 下面我们也举几个例子.

例 1 平面上有 n 条直线,其中没有两条平行,也没有三条经过同一点. 求证: 它们

(1) 共有 $V_n = \frac{1}{2}n(n-1)$ 个交点;

(2) 互相分割成 $E_n = n^2$ 条线段;

(3) 把平面分割成 $S_n = 1 + \frac{1}{2}n(n+1)$ 块.

证明 假设命题在 $n-1$ 条直线时是正确的. 现在来看添上一条直线后的情况.

新添上去的 1 条直线与原来的 $n-1$ 条直线各有 1 个交点, 因此

$$V_n = V_{n-1} + n - 1.$$

这新添上去的 1 条直线被原来的 $n-1$ 条直线分割为 n 段, 而它又把原来的 $n-1$ 条直线每条多分割出一段, 因此

$$E_n = E_{n-1} + n + n - 1 = E_{n-1} + 2n - 1.$$

这新添上去的 1 条直线被分割为 n 段, 每段把一块平面分成两块, 总共要添出 n 块, 因此

$$S_n = S_{n-1} + n.$$

当 $n = 1$ 的时候, $V_1 = 0$, $E_1 = 1$, $S_1 = 2$.

因此 $V_n = (n-1) + V_{n-1} = (n-1) + (n-2) + V_{n-2}$

……

$$= (n-1) + (n-2) + \cdots + 1 = \frac{1}{2}n(n-1);$$

$$E_n = (2n-1) + E_{n-1} = (2n-1) + (2n-3) + E_{n-2}$$

……

$$= (2n-1) + (2n-3) + \cdots + 1 = n^2;$$

$$S_n = n + S_{n-1} = n + (n-1) + S_{n-2}$$

……

$$= n + (n-1) + \cdots + 2 + 2 = \frac{1}{2}n(n+1) + 1.$$

思考题：如果平面上有 n 条直线，其中 a 条过同一点，b 条过同一点……这 n 条直线分平面为多少份？

例 2 空间有 n 个平面，其中没有两个平面平行，没有三个平面相交于同一条直线，也没有四个平面过同一个点．求证：它们

(1) 有 $V_n = \frac{1}{6}n(n-1)(n-2)$ 个交点；

(2) 有 $E_n = \frac{1}{2}n(n-1)^2$ 段交线；

(3) 有 $S_n = n + \frac{1}{2}n^2(n-1)$ 片面；

(4) 把空间分成 $F_n = \frac{1}{6}(n^3 + 5n + 6)$ 份．

证明 (1) 每三个平面有 1 个交点，所以共有

$$C_n^3 = \frac{1}{6}n(n-1)(n-2)$$

个交点．

(2) 每两个平面有 1 条交线，所以共有

$$C_n^2 = \frac{1}{2}n(n-1)$$

条交线．而每条交线又被其他 $n-2$ 个平面截为 $n-1$ 段，因此得

$$E_n = C_n^2 \cdot (n-1) = \frac{1}{2}n(n-1)^2.$$

(3) 在每个平面上都有这平面与其他 $n-1$ 个平面的 $n-1$ 条交线，而这平面被

数学归纳法

这 $n-1$ 条交线割成 $1+\frac{1}{2}n(n-1)$ 块(例1). 因此共有

$$S_n = n\left[1+\frac{1}{2}n(n-1)\right] = n+\frac{1}{2}n^2(n-1)$$

片面.

(4) 原来 $n-1$ 个平面已把空间分成为 F_{n-1} 块. 再添上1个平面,这平面上被分为 $1+\frac{1}{2}n(n-1)$ 部分,每一部分又把一空间块切成两块. 因此得

$$F_n = F_{n-1} + 1 + \frac{1}{2}n(n-1).$$

应用归纳法,由

$$F_1 = 2, \quad F_{n-1} = \frac{1}{6}[(n-1)^3 + 5(n-1) + 6]$$

即可推得

$$F_n = \frac{1}{6}[(n-1)^3 + 5(n-1) + 6] + 1 + \frac{1}{2}n(n-1)$$

$$= \frac{1}{6}(n^3 + 5n + 6).$$

例3 过同一点的 n 个平面,其中没有3个交于同一条直线,它们把空间分为 $[n(n-1)+2]$ 份.

证明留给读者.

与此等价的问题有:

例4 球面上以球心为圆心的圆称为大圆. 设有 n 个大圆,其中任何3个都不能在球面上有同一个交点,这些大圆把球面分成 $[n(n-1)+2]$ 份.

思考题:依经纬度每隔 $30°$ 作一单位来划分球面,这样划出的区域有多少点、线、面?

例 5 平面上若干条线段连在一起组成一个几何图形,其中有顶点,有边(两端都是顶点的线段,并且线段中间再没有别的顶点),有面(四周被线段所围绕的部分,并且不是由两个或者两个以上的面合起来的). 如果用 V、E 和 S 分别表示顶点数、边数和面数,求证:

$$V - E + S = 1. \tag{1}$$

证明 我们应用数学归纳法.

当 $n=1$ 就是有 1 条线段的时候,有 2 个点,1 条边,无面. 也就是

$$V_1 = 2, \ E_1 = 1, \ S_1 = 0.$$

所以结论是正确的.

假设对由不多于 k 条线段组成的图形,这个定理成立,现在证明对由 $k+1$ 条线段组成的图形,这个定理也成立.

添上一条线段可以有好几种添法,但是这条线段是与原来的图形连在一起的,所以至少要有一端在原图形上. 根据这一点,我们来考虑以下各种可能情况.

(1) 一端在图形外,另一端就是原来的顶点. 这样,点数加上 1,边数加上 1,面数不变. 这就是要在原来的公式的左边加上 $1-1+0=0$. 所以(1)式成立.

(2) 一端在图形外,另一端在某一条线段上. 这样,点数加上 2,边数也加上 2(除掉添上的一条线之外,原来的某一条线被分为两段),面数不变. 因为 $2-2+0=0$,所以(1)式仍成立.

(3) 两端恰好是原来的两顶点. 这时,这条线段把一个面一分为两,即边数、面数各加上 1,而点数不变. 因为 $0-1+1=0$,所以(1)式仍成立.

(4) 一端是顶点,另一端在一条边上. 这时,点数加上 1,边数加上 2(一条是添的线,另一条来自把一边一分为两),面数加上 1. 因为 $1-2+1=0$,所以(1)式仍成立.

(5) 两端都在边上. 这时,点数加上 2,边数加上 3,面数加上 1. 因为 $2-3+1=0$,所以(1)式仍成立.

综上所述,可知公式

$$V - E + F = 1$$

对于所有的 n 都成立.

十四　自然数的性质

作为本书(文)的结束,这里来谈谈自然数的性质.

众所周知,自然数就是指

$$1, 2, 3, \cdots ①$$

这些数所组成的整体.

对于自然数有以下的性质:

(1) 1 是自然数.

(2) 每一个确定的自然数 a,都有一个确定的随从②a',a' 也是自然数.

(3) 1 非随从,即 $1 \neq a'$.

(4) 一个数只能是某一个数的随从,或者根本不是随从,即由

$$a' = b',$$

一定能推得
$$a = b.$$

(5) 任意一个自然数的集合,如果包含 1,并且假设包含 a,也一定包含 a 的随从 a',那么这个集合包含所有的自然数.

这五条自然数的性质是由 Peano 抽象出来的,因此通常把它叫作自然数的斐雅诺(Peano)公理. 特别的,其中的性质(5)是数学归纳法(也称完全归纳法)的根据.

现在我们来证明以下的基本性质(也称数学归纳法的第二形式):

---

① 本文中自然数不包含 0.——编者注
② "随从"也叫作后继数,就是紧接在某一个自然数后面的数. 例如,1 的随从是 2;2 的随从是 3;等等.

一批自然数里一定有一个最小的数,也就是这个数小于其他所有的数.

证明 在这集合里任意取一个数 n,大于 n 的不必讨论了.我们需要讨论的是那些不大于 n 的自然数里一定有一个最小的数.

应用归纳法.如果 $n=1$,它本身就是自然数里的最小的数.如果这集合里没有小于 n 的自然数存在,那么 n 就是最小的,也不必讨论了.如果有一个 $m<n$,那么由数学归纳法的假设,知道集合里不大于 m 的自然数里一定有一个最小的数存在.这个数也就是原集合里的最小的数.即得所证.

反过来,也可以用这个性质来推出"数学归纳法".

假设对于某些自然数命题是不正确的,那么,一定有一个最小的自然数 $n=k$ 使这个命题不正确;也就是,当 $n=k-1$ 的时候,命题正确,而当 $n=k$ 的时候,这个命题不正确.这与归纳法的假定是矛盾的.

"最小数原则"不仅在理论研究上很重要,在具体使用时,有时也比归纳法原来的形式更为方便.但在这本书里,不准备加以深论了.

(据上海教育出版社 1963 年版排印)

谈谈与蜂房结构有关的数学问题

人类识自然，

探索穷研，

花明柳暗别有天，

谲诡神奇满目是，

气象万千.

往事几百年，

祖述前贤，

瑕疵讹谬犹盈篇，

蜂房秘奥未全揭，

待咱向前.

楔　　子

先谈谈我接触到和思考这问题的过程. 始之以"有趣". 在看到了通俗读物上所描述的自然界的奇迹之———蜂房结构的时候, 觉得趣味盎然, 引人入胜. 但继之而来的却是"困惑". 中学程度的读物上所提出的数学问题我竟不会, 或说得更确切些, 我竟不能在脑海中想象出一个几何模型来, 当然我更不能列出所对应的数学问题来了, 更不要说用数学方法来解决这个问题了！在列不出数学问题, 想象不出几何模型的时候, 咋办？感性知识不够, 于是乎请教实物, 找个蜂房来看看. 看了之后, 了解了, 原来如此, 问题形成了, 因而很快地初步解决了. 但解法中用了些微积分,因而提出一个问题,能不能不用微积分,想出些使中学同学能懂的初等解法. 这样就出现了本文的第五节"浅化"(在这段中还将包括南京师范学院附属中学老师和同学给我提出的几种不同解法. 这种听了报告就动手动脑的风气是值得称道的). 问题解得是否全面? 更全面地考虑后,引出一个"难题". 这难题的解决需要些较高深或较繁复的数学. 在本文中我作了些对比,以便看出蜂房的特点来.

在深入探讨一下之后发现,容积一样而用材最省的尺寸比例竟不是实测下来的数据,因而使我们怀疑前人已得的结论,因而发现问题的提法也必须改变,似乎应当是:以蜜蜂的身长腰围为准,怎样的蜂房才最省材料. 这样问题就更进了一步,不是仅仅依赖于空间形式与数量关系的数学问题了,而是与生物体统一在一起的问题了,这问题的解答,不是本书的水平所能胜任的.

问题看清了,解答找到了. 但还不能就此作结,随之而来的是浮想联翩. 更丰富更多的问题,在这小册子上是写不完的,并且不少已经超出了中学生水平. 但在最后我还是约略地提一下,写了几节中学生可能看不懂的东西,留些咀嚼余味罢!

总之,我做了一个习题. 我把做习题的源源本本写下来供中学同学参考,请读者指正.

一　有　趣

我把我所接触到的通俗读物中有关蜂房的材料摘引几条(有些用括号标出的问句或问号是作者添上的).

如果把蜜蜂大小放大为人体的大小,蜂箱就会成为一个悬挂在几乎达20公顷的天顶上的密集的立体市镇.

一道微弱的光线从市镇的一边射来,人们看到由高到低悬挂着一排排一列列五十层的建筑物.

耸立在左右两条街中间的高楼上,排列着薄墙围成的既深又矮的,成千上万个六角形巢房.

为什么是六角形? 这到底有什么好处? 18世纪初,法国学者马拉尔琪曾经测

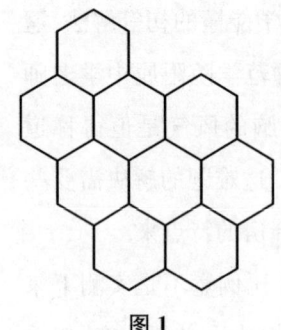

图 1

量过蜂窝的尺寸,得到一个有趣的发现,那就是六角形窝洞的六个角,都有一致的规律:钝角等于 $109°28'$,锐角等于 $70°32'$.(对吗?)

难道这是偶然的现象吗?法国物理学家列奥缪拉由此得到一个启示,蜂窝的形状是不是为了使材料最节省而容积最大呢?(确切的提法应当是,同样大的容积,建筑用材最省;或同样多的建筑材料,造成最大容积的容器.)

列奥缪拉去请教巴黎科学院院士瑞士数学家克尼格.他计算的结果,使人非常震惊.因为他从理论上的计算,要消耗最少的材料,制成最大的菱形容器(?),它的角度应该是 $109°26'$ 和 $70°34'$.这与蜂窝的角度仅差 2 分.

后来,苏格兰数学家马克劳林又重新计算了一次,得出的结果竟和蜂窝的角度完全一样.后来发现,原来是克尼格计算时所用的对数表(?)印错了!

小小蜜蜂在人类有史以前所已经解决的问题,竟要 18 世纪的数学家用高等数学才能解决呢!

这些是多么有趣的描述呀!"小小蜜蜂""科学院院士""高等数学""对数表印错了"!真是引人入胜的描述呀!启发人们思考的描述呀!

诚如达尔文说得好:"巢房的精巧构造十分符合需要,如果一个人看到巢房而不备加赞扬,那他一定是个糊涂虫."自然界的奇迹如此,人类认识这问题的过程又如此,怎能不引人入胜呢!

二 困 惑

是的,真有趣.这个 18 世纪数学家已经解决的问题,我们会不会?如果会,要用怎样的高等数学?大学教授能不能解?大学高年级学生能不能解?我们现在是 20 世纪了,大学低年级学生能不能解?中学生能不能解?且慢!这到底是个什么数学问题?什么样的六角形窝洞的钝角等于 $109°28'$,锐角等于 $70°32'$?不懂!六角形六内角的和等于 $(6-2)\pi = 4\pi = 720°$,每个角平均 $120°$,而 $109°28'$ 与 $70°32'$ 都小于 120°,因而不可能有这样的六角形.

既说"蜂窝是六角形的",又说"它是菱形容器",所描述的到底是个什么样子? 六角形和菱形都是平面图形的术语,怎样用来刻画一个立体结构? 不懂!

困恼! 不要说解问题了,连个蜂窝模型都摸不清. 问题钉在心上了! 这样想,那样推,无法在脑海形成一个形象来. 设想出了几个结构,算来算去,都与事实不符,找不出这样的角度来. 这还不只是数学问题,而必须请教一下实物,看看蜂房到底是怎样的几何形状,所谓的角到底是指的什么角!

三　访　实

解除困恼的最简单的办法是撤退. 是的,我们有一千个理由可以撤退,像这是已经解决了的问题呀! 这不是属于我们研究的范围内的问题呀! 这还不是确切的数学问题呀! 这些理由中只要有一个抬头,我们就将失去了一个锻炼的机会. 一千个理由顶不上一个理由,就是不会! 不会就得想,就得想到水落石出来. 空间的几何图形既然还属茫然,当然就必须请教实物. 感谢昆虫学家刘崇乐教授,他给了我一个蜂房,使我摆脱了困境.

画一支铅笔怎样画? 是否把它画成为如图 2 那样?

有人说这不像,我说很像. 我是从近处正对着铅笔头画的. 这是写实,但是并不足以刻画出铅笔的形态来. 我们的图 1(和第一节的说明)就是用"正对铅笔头的方法"画出来的,当然没有了立体感,更无法显示出蜂房内部的构造情况.

图 2

看到了实物,才知道既说"六角"又说"菱形"的意义. 原来是正面看来,蜂房是由一些正六边形所组成的. 既然是正六边形,那就每一角都是 120°,并没有什么角度的问题. 问题在于房底. 蜂房并非六棱柱,它的底部都是由三个菱形所拼成的. 图 3 是蜂房的立体图. 这个图比较清楚些,但还是得用各种分图及说明来解释清楚. 说得更具体些,拿一支六棱柱的铅笔,未削之前,铅笔一端的形状是正六角形 $ABCDEF$(图 4). 通过 AC,一刀切下一角,把三角形 ABC 搬置 $AP'C$ 处;过 AE,

CE 切如此同样三刀,所堆成的形状就如图 5 那样,而蜂巢就是由两排这样的蜂房底部和底部相接而成的.

因而初步形成了以下的数学问题了:

图 3　　　　　　图 4　　　　　　图 5

怎样切出来使所拼成的三个菱形做底的六面柱的表面积最小?

为什么说是"初步"?且待第六、第七节分解.下节中首先解决这个简单问题.

(读者试利用这机会来考验一下自己对几何图形的空间想象能力.这样的图形可以排成密切无间的蜂窝.)

四　解　　题

假定六棱柱的边长是 1,先求 AC 的长度. 三角形 ABC 是腰长为 1, 夹角为 $120°$ 的等腰三角形. 以 AC 为对称轴作一个三角形 $AB'C$(图 6). 三角形 ABB' 是等边三角形. 因此,

$$\frac{1}{2}AC = \sqrt{1-\left(\frac{1}{2}\right)^2} = \frac{\sqrt{3}}{2},$$

即得 $AC = \sqrt{3}$.

把图 5 的表面分成六份,把其中之一摊平下来,得出图 7 的形状. 从一个宽为 1

的长方形切去一角,切割处成边 AP. 以 AP 为腰,以 $\frac{\sqrt{3}}{2}$ 为高作等腰三角形. 问题: 怎样切才能使所作出的图形的面积最小?

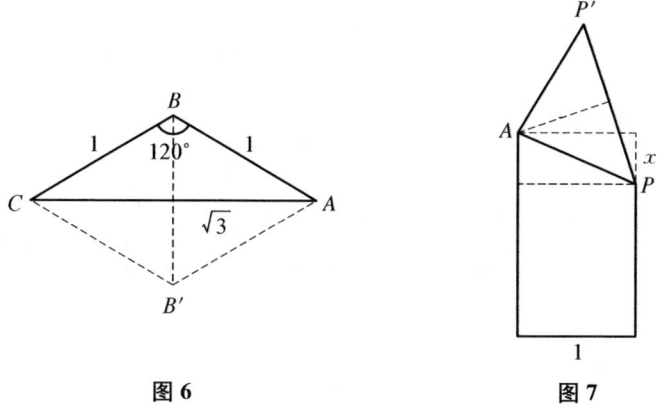

图 6 　　　　　图 7

假定被切去的三角形的高是 x. 从矩形中所切去的面积等于 $\frac{1}{2}x$. 现在看所添上的三角形 APP' 的面积. AP 的长度是 $\sqrt{1+x^2}$,因此 PP' 的长度等于

$$2\sqrt{(1+x^2)-\frac{3}{4}}=\sqrt{1+4x^2},$$

因而三角形 APP' 的面积等于

$$\frac{\sqrt{3}}{4}\sqrt{1+4x^2}.$$

问题再变而为求

$$-\frac{1}{2}x+\frac{\sqrt{3}}{4}\sqrt{1+4x^2}$$

的最小值的问题.

学过微积分的读者立刻可以用以下的方法求解:(没有学过微积分的读者可以略去以下这一段.)

求
$$f(x) = -\frac{1}{2}x + \frac{\sqrt{3}}{4}\sqrt{1+4x^2}$$
的微商,得
$$f'(x) = -\frac{1}{2} + \frac{\sqrt{3}\,x}{\sqrt{1+4x^2}}.$$

由 $f'(x)=0$,解得 $1+4x^2=12x^2$, $x=\dfrac{1}{\sqrt{8}}$. 又

$$f''(x) = \frac{\sqrt{3}}{\sqrt{1+4x^2}} - \frac{4\sqrt{3}\,x^2}{(1+4x^2)^{3/2}} = \frac{\sqrt{3}}{(1+4x^2)^{3/2}} > 0,$$

因而当 $x=\dfrac{1}{\sqrt{8}}$ 时给出极小值

$$f\left(\frac{1}{\sqrt{8}}\right) = -\frac{1}{4\sqrt{2}} + \frac{\sqrt{3}}{4} \times \frac{\sqrt{3}}{\sqrt{2}} = \frac{1}{\sqrt{8}}.$$

这一节说明了当 $x=\dfrac{1}{\sqrt{8}}$ 时取最小值,即在一棱上过 $x=\dfrac{1}{\sqrt{8}}$ 处(图5中 P 点)以及与该棱相邻的二棱的端点(图5中 A, C 点)切下来拼上去的图形的表面积最小.

用 γ 表示三角形 APP' 两腰的夹角 $\angle PAP'$. γ 的余弦由以下的余弦公式给出:
$$2(1+x^2)\cos\gamma = 2(1+x^2) - (1+4x^2) = 1 - 2x^2,$$
即
$$\cos\gamma = \frac{1-2x^2}{2(1+x^2)} = \frac{3}{8} \bigg/ \left(1+\frac{1}{8}\right) = \frac{1}{3}.$$

因此得出 $\gamma = 70°32'$.

把问题说得更一般些,以边长为 a 的正六边形为底,以 b 为高的六棱柱,其六个顶点顺次以 $ABCDEF$ 标出(图8).过 B(或 D 或 F)棱距顶点为 $\dfrac{1}{\sqrt{8}}a$ 处及 A, C

(或 C, E;或 E, A)作一平面;切下三个四面体,反过来堆在顶上,得一以三个菱形做底的六棱尖顶柱. 现在算出这六棱尖顶柱的体积和表面积:

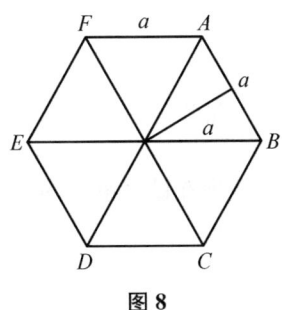

图 8

体积等于以边长为 a 的正六角形的面积乘高 b,即

$$6 \times \frac{1}{2}a \times \frac{\sqrt{3}}{2}a = \frac{3\sqrt{3}}{2}a^2$$

乘以 b,即得

$$\frac{3\sqrt{3}}{2}a^2 b.$$

表面积等于六棱柱的侧面积 $6ab$ 加上六倍的 $\frac{1}{\sqrt{8}}a^2$ [也就是 $f\left(\frac{1}{\sqrt{8}}\right)a^2 = \frac{1}{\sqrt{8}}a^2$],即

$$6ab + \frac{6}{\sqrt{8}}a^2 = 6a\left(b + \frac{a}{\sqrt{8}}\right).$$

五 浅 化

没有读过微积分的读者不要着急. 在我解决了这问题之后,当然就想到了要不要用微积分,能不能找到一个中学生所能理解的解法. 有的,而且很不少.

方法一 我们需要用以下的结果(或称为算术中项大于几何中项). 当 $a \geqslant 0$, $b \geqslant 0$ 时,常有

$$\frac{1}{2}(a+b) \geqslant \sqrt{ab}, \tag{1}$$

当 $a=b$ 时取等号,当 $a \neq b$ 时取不等号. 这一结论可由不等式

$$(\sqrt{a} - \sqrt{b})^2 \geqslant 0 \qquad (2)$$

立刻推出.

现在试来解决问题. 命 $2x = t - \dfrac{1}{4t}(t > 0)$，则

$$f(x) = -\frac{1}{2}x + \frac{\sqrt{3}}{4}\sqrt{1+4x^2}$$

$$= -\frac{1}{4}\left(t - \frac{1}{4t}\right) + \frac{\sqrt{3}}{4}\left(t + \frac{1}{4t}\right)$$

$$= \frac{\sqrt{3}-1}{4}t + \frac{\sqrt{3}+1}{4} \times \frac{1}{4t}.$$

由(1)得出
$$f(x) \geqslant 2\sqrt{\frac{(\sqrt{3}-1)(\sqrt{3}+1)}{4^3}} = \frac{1}{\sqrt{8}}.$$

并且知道仅当

$$\frac{\sqrt{3}-1}{4}t = \frac{\sqrt{3}+1}{4} \times \frac{1}{4t}$$

时取等号. 即，当

$$4t^2 = \frac{\sqrt{3}+1}{\sqrt{3}-1} = \frac{(1+\sqrt{3})^2}{2}, \quad t = \frac{1+\sqrt{3}}{2\sqrt{2}};$$

而当

$$x = \frac{1}{2}\left[\frac{1+\sqrt{3}}{2\sqrt{2}} - \frac{2\sqrt{2}}{4(1+\sqrt{3})}\right] = \frac{1}{2}\left(\frac{1+\sqrt{3}}{2\sqrt{2}} + \frac{1-\sqrt{3}}{2\sqrt{2}}\right) = \frac{1}{\sqrt{8}}$$

时，$f(x)$ 取最小值 $\dfrac{1}{\sqrt{8}}$.

方法二 在式子

$$[\lambda(\sqrt{1+4x^2}+2x)^{\frac{1}{2}}-\mu(\sqrt{1+4x^2}-2x)^{\frac{1}{2}}]^2$$
$$=2(\lambda^2-\mu^2)x+(\lambda^2+\mu^2)\sqrt{1+4x^2}-2\lambda\mu \geqslant 0$$

中,取 $2(\lambda^2-\mu^2)=-\dfrac{1}{2}$, $\lambda^2+\mu^2=\dfrac{\sqrt{3}}{4}$,即得

$$-\frac{1}{2}x+\frac{\sqrt{3}}{4}\sqrt{1+4x^2} \geqslant 2\lambda\mu = \sqrt{(\lambda^2+\mu^2)^2-(\lambda^2-\mu^2)^2}$$
$$=\sqrt{\frac{3}{4^2}-\frac{1}{4^2}}=\frac{1}{\sqrt{8}}.$$

并且仅当 $\lambda^2(\sqrt{1+4x^2}+2x)=\mu^2(\sqrt{1+4x^2}-2x)$ 时取等号,即

$$(\lambda^2-\mu^2)\sqrt{1+4x^2}+2(\lambda^2+\mu^2)x=-\frac{1}{4}\sqrt{1+4x^2}+\frac{\sqrt{3}}{2}x=0$$

时取等号,解得 $x=\dfrac{1}{\sqrt{8}}$.

方法三 命 $2x=\tan\theta$,则

$$f(x)=\frac{-\dfrac{1}{4}\sin\theta+\dfrac{1}{4}\sqrt{3}}{\cos\theta}=\alpha\times\frac{1-\sin\theta}{\cos\theta}+\beta\times\frac{1+\sin\theta}{\cos\theta}$$
$$\geqslant 2\sqrt{\alpha\beta\frac{1-\sin^2\theta}{\cos^2\theta}}=2\sqrt{\alpha\beta},$$

这儿 $\alpha+\beta=\dfrac{\sqrt{3}}{4}$, $-\alpha+\beta=-\dfrac{1}{4}$,不难由此解得答案.

方法虽是三个,实质仅有一条,转来转去仍然是依据了 $a^2+b^2-2ab=(b-a)^2 \geqslant 0$.

南京师范学院附属中学的老师和同学们又提供了以下的四个证明(方法四至方法七).

方法四 令

$$y = -\frac{1}{2}x + \frac{\sqrt{3}}{4}\sqrt{1+4x^2},$$

故

$$y + \frac{1}{2}x = \frac{\sqrt{3}}{4}\sqrt{1+4x^2},$$

两边平方并加以整理,得

$$x^2 - 2yx + \frac{3}{8} - 2y^2 = 0. \tag{3}$$

因为 x 为实数,故二次方程(3)的判别式

$$\Delta = y^2 - \frac{3}{8} + 2y^2 = 3y^2 - \frac{3}{8} \geqslant 0,$$

而 y 必大于 0,因此 y 的最小值是 $\frac{1}{\sqrt{8}}$. 以此代入(3),则

$$x = \frac{1}{\sqrt{8}}.$$

方法五 设

$$\sqrt{1+4x^2} = 2x + t, \quad (t > 0)$$

由此得

$$x = \frac{1-t^2}{4t},$$

因此

$$\sqrt{1+4x^2} = \frac{1-t^2}{2t} + t = \frac{1+t^2}{2t}.$$

故

$$f(x) = \frac{t^2-1}{8t} + \frac{\sqrt{3}(t^2+1)}{8t}$$

$$= \frac{1}{8} \times \frac{(\sqrt{3}+1)t^2 + (\sqrt{3}-1)}{t}$$

$$= \frac{1}{8}\left[(\sqrt{3}+1)t + (\sqrt{3}-1)\frac{1}{t}\right]$$

$$\geqslant \frac{1}{8} \times 2\sqrt{(\sqrt{3}+1)(\sqrt{3}-1)} = \frac{1}{\sqrt{8}}.$$

由此不难解出问题.

方法六 设

$$2x = \tan\theta.$$

则

$$y = f(x) = \frac{\sqrt{3}}{4}\sec\theta - \frac{1}{4}\tan\theta,$$

即

$$4y\cos\theta + \sin\theta = \sqrt{3},$$

$$\sqrt{1+(4y)^2}\sin(\theta+\varphi) = \sqrt{3},$$

这儿 φ 由 $\tan\varphi = 4y$ 决定. 因此,

$$\sin(\theta+\varphi) = \sqrt{\frac{3}{1+16y^2}} \leqslant 1,$$

即

$$1 + 16y^2 \geqslant 3,$$

故 y 的最小值为 $\frac{1}{\sqrt{8}}$. 这时 $\tan\varphi = \sqrt{2}$, $\cot\varphi = \frac{\sqrt{2}}{2}$, $\sin(\theta+\varphi) = 1$. 因此

$$\theta + \varphi = 2k\pi + \frac{\pi}{2}. \quad (k = 0, 1, \cdots)$$

于是 $\tan\theta = \cot\varphi = \frac{\sqrt{2}}{2}$, $x = \frac{1}{2}\tan\theta = \frac{1}{\sqrt{8}}$.

方法七

首先证明,当 $b \geqslant 1, x \geqslant 0$ 时下列不等式成立:

$$\sqrt{b(1+x)} - \sqrt{x} \geqslant \sqrt{b-1}; \tag{4}$$

且仅当 $x = \frac{1}{b-1}$ 时等号成立.

证明 $[(b-1)x-1]^2 = (b-1)^2x^2 - 2(b-1)x + 1 \geqslant 0.$

故 $(b+1)^2x^2 + 2(b+1)x + 1 \geqslant 4bx(1+x) > 0,$

$(b+1)x + 1 \geqslant 2\sqrt{b(x+1)} \times \sqrt{x},$

$b(x+1) - 2\sqrt{b(x+1)} \times \sqrt{x} + x \geqslant b-1,$

即 $(\sqrt{b(x+1)} - \sqrt{x})^2 \geqslant b-1 > 0.$

则 $\sqrt{b(x+1)} - \sqrt{x} \geqslant \sqrt{b-1}.$

这样,不等式(4)得证. 由此,

$$-\frac{1}{2}x + \frac{\sqrt{3}}{4}\sqrt{1+4x^2} = \frac{1}{4}[\sqrt{3(1+4x^2)} - \sqrt{4x^2}] \geqslant \frac{1}{4} \times \sqrt{2};$$

仅当 $4x^2 = \frac{1}{2}$ 时(此时 $b=3$)等号成立,即得问题之解.

方法八 (北京师范大学附属实验中学某高一同学的解法)

由 $$y = -\frac{1}{2}x + \frac{\sqrt{3}}{4}\sqrt{1+4x^2},$$

清理方根号,得出

$$y^2 + xy = \frac{3}{16} + \frac{1}{2}x^2,$$

即 $$y^2 - \frac{1}{8} = \frac{1}{3}(x-y)^2.$$

可知当 $x = y = \frac{1}{\sqrt{8}}$ 时,y 取最小值.

读者试分析这些证法的原则性的共同点或不同点(例如:配方).

六 慎 微

我们必须小心在意,不要以为前所提出的几何问题和我们上两节所讨论的代数问题是完全等价的了. 在几何问题中, 切割处不能超过六棱柱的高度, 也就是高度 b 必须 $\geqslant \dfrac{1}{\sqrt{8}}a$ 才有意义. 如果 $b<\dfrac{1}{\sqrt{8}}a$, 应当怎样切才对? 是否就是通过上底的 AC 及下底的 B' 所切出的方法, 共切三刀所得出的图形 (图9)?

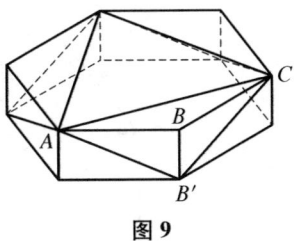

图9

七 切 方

从以上的问题立刻可以联想到, 以六棱柱为基础, 还有没有其他的切拼方法? 例如, 不是尖顶六棱柱, 而是屋脊六棱柱行不行? 由四方柱出发行不行? 用四方柱怎样切下接上最好? 读者不妨多方设想. 我现在举以下二例:

1. 从边长为 1 的正四方柱的 $\dfrac{1}{4}$ 处切下一个三角柱堆到顶上, 对边也如此切, 也如此堆上去 (图10, 参看图14), 堆好之后得一方柱上加一屋脊的形状. 求切在何处, 表面积最小.

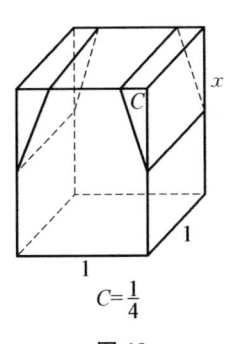

图10

假定在棱上距顶点 x 处切. 一刀使侧面少去一个矩形, 面积是 x (并且同时还少掉两个三角形, 但是把切下来的三角柱搬置顶上以后, 此两个三角形仍为柱体的侧面, 因此实际上并没有少), 添上三角柱翻开后暴露出的两个侧面. 其总面积是 $2\sqrt{x^2+\dfrac{1}{4^2}}$. 因此, 问题成为求 $-x+2\sqrt{x^2+\dfrac{1}{4^2}}$ 的最小值.

不难求出, 当 $x=\dfrac{1}{4\sqrt{3}}$ 时, 此面积取最小值

$$-\dfrac{1}{4\sqrt{3}}+2\sqrt{\dfrac{1}{4^2\times 3}+\dfrac{1}{4^2}}=-\dfrac{1}{4\sqrt{3}}+\dfrac{1}{\sqrt{3}}=\dfrac{\sqrt{3}}{4}.$$

2. 如果把"切边"改为"切角", 即过两边中点及棱上距顶点为 x 处切下四面体

堆上去的情况(图 11).

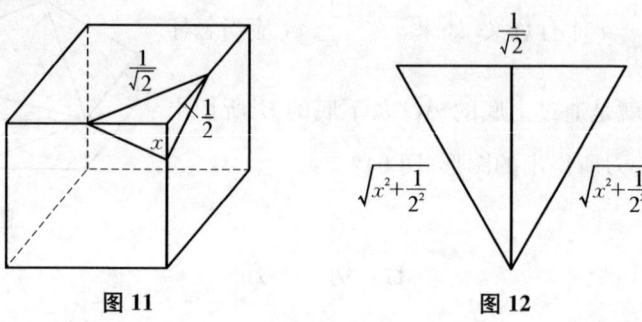

图 11　　　　　图 12

一刀切去侧面两个三角形,其总面积为 $2\times\frac{1}{2}x\times\frac{1}{2}=\frac{x}{2}$；添上三个边长为

$$\sqrt{x^2+\frac{1}{2^2}},\sqrt{x^2+\frac{1}{2^2}},\sqrt{\frac{1}{2^2}+\frac{1}{2^2}}$$

的三角形(图 12),其总面积是

$$2\times\frac{1}{2}\times\frac{1}{\sqrt{2}}\times\sqrt{x^2+\frac{1}{2^2}-\left(\frac{1}{2\sqrt{2}}\right)^2}=\frac{1}{\sqrt{2}}\times\sqrt{x^2+\frac{1}{8}}.$$

问题成为求

$$-\frac{x}{2}+\frac{1}{\sqrt{2}}\times\sqrt{x^2+\frac{1}{8}}$$

的最小值.

不难求出当 $x=\frac{1}{\sqrt{8}}$ 时,即得最小值 $\frac{1}{2\sqrt{8}}$.

两种切法相比,前一法添上 2 块大小是 $\frac{\sqrt{3}}{4}$ 的面积,后一法添上 4 块大小是 $\frac{1}{2\sqrt{8}}$ 的面积. 由于

$$4\times\frac{1}{2\sqrt{8}}=\frac{\sqrt{2}}{2}<2\times\frac{\sqrt{3}}{4}=\frac{\sqrt{3}}{2},$$

所以第二种切法更好些.

把第一种切法讲得更一般些：四方柱的底是边长为 a 的正方形，高是 b. 从四方形边的 $\frac{1}{4}a$ 处及棱上 $\frac{1}{4\sqrt{3}}a$ 处切下一个三角柱，堆到顶上. 则所得屋脊四方柱的体积仍为 a^2b，而表面积(不算底面)为

$$4ab + 2 \times \frac{\sqrt{3}}{4}a^2 = 4a\left(b + \frac{\sqrt{3}}{8}a\right).$$

第二种切法的一般情况则是：四方柱的底是边长为 a 的正方形，高为 b. 从四方形两邻边的中点及棱上 $\frac{1}{\sqrt{8}}a$ 处切下四个四面体，堆到顶上形成一个尖顶四方柱，其体积仍是 a^2b，而表面积(不算底面)是 $4ab + \frac{1}{\sqrt{2}}a^2$.

八　疑　古

以上虽然讲了不少，我们还没有回答出"同样的体积，哪一种模型需要建筑材料最少"的问题. 在处理这问题之前，先证明以下的不等式.

如果 $a \geqslant 0, b \geqslant 0, c \geqslant 0$，那么

$$\frac{1}{3}(a+b+c) \geqslant (abc)^{\frac{1}{3}}, \tag{1}$$

且仅当 $a = b = c$ 时取等号.

其证明可由以下的恒等式推出：

$$a + b + c - 3(abc)^{\frac{1}{3}}$$
$$= (a^{\frac{1}{3}} + b^{\frac{1}{3}} + c^{\frac{1}{3}})[a^{\frac{2}{3}} + b^{\frac{2}{3}} + c^{\frac{2}{3}} - (ab)^{\frac{1}{3}} - (bc)^{\frac{1}{3}} - (ca)^{\frac{1}{3}}]$$
$$= \frac{1}{2}(a^{\frac{1}{3}} + b^{\frac{1}{3}} + c^{\frac{1}{3}})[(a^{\frac{1}{3}} - b^{\frac{1}{3}})^2 + (b^{\frac{1}{3}} - c^{\frac{1}{3}})^2 + (c^{\frac{1}{3}} - a^{\frac{1}{3}})^2].$$

定理 1 体积为 V 的尖顶六棱柱的表面积(不算底面)的最小值是 $3\sqrt{2}V^{\frac{2}{3}}$,而且仅当六角形边长是 $\sqrt{\frac{2}{3}}V^{\frac{1}{3}}$,高度是 $\frac{1}{2}\sqrt{3}V^{\frac{1}{3}}$ 时取这最小值(图 13).

证明 由第四节已知尖顶六棱柱的体积 V 和表面积 S 各为

$$V = \frac{3\sqrt{3}}{2}a^2 b,$$

$$S = 6a\left(b + \frac{a}{\sqrt{8}}\right),$$

即 $\quad S = \dfrac{4V}{\sqrt{3}a} + \dfrac{6}{\sqrt{8}}a^2 = \dfrac{2V}{\sqrt{3}a} + \dfrac{2V}{\sqrt{3}a} + \dfrac{6}{\sqrt{8}}a^2.$

图 13

由公式(1)得出

$$S \geqslant 3\left(\frac{2V}{\sqrt{3}a} \times \frac{2V}{\sqrt{3}a} \times \frac{6}{\sqrt{8}}a^2\right)^{\frac{1}{3}} = 3\sqrt{2}V^{\frac{2}{3}};$$

而且仅当

$$\frac{2V}{\sqrt{3}a} = \frac{6}{\sqrt{8}}a^2,$$

也就是

$$a = \sqrt{\frac{2}{3}}V^{\frac{1}{3}}, \quad b = \frac{1}{\sqrt{3}}V^{\frac{1}{3}}$$

时 S 取最小值. 但必须检验这是否适合于条件

$$b \geqslant \frac{1}{\sqrt{8}}a;$$

如果不适合,可能出现第六节所指出的情况,而这个数值是不能达到的.

这尖顶六棱柱的高度是 $b + \dfrac{1}{\sqrt{8}}a = \dfrac{1}{2}\sqrt{3}V^{\frac{1}{3}}$,它的棱长高的是 $b = \dfrac{1}{\sqrt{3}}V^{\frac{1}{3}}$,低的是 $b - \dfrac{1}{\sqrt{8}}a = \dfrac{1}{6}\sqrt{3}V^{\frac{1}{3}}.$

定理 2 体积为 V 的屋脊四方柱的表面积(不算底面)的最小值是 $V^{\frac{2}{3}}$, 而且仅当正方形边长是 $\dfrac{2^{2/3}}{3^{1/6}} V^{\frac{1}{3}}$ 及檐高 $\dfrac{1}{2^{1/3} 3^{2/3}} V^{\frac{1}{3}}$ 的情况下取这最小值.

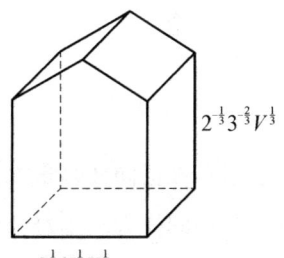

图 14

证明 由第七节已知屋脊四方柱的体积 V 和表面积 S 各等于

$$V = a^2 b,$$
$$S = 4a\left(b + \dfrac{\sqrt{3}}{8} a\right),$$

即

$$S = \dfrac{4V}{a} + \dfrac{\sqrt{3}}{2} a^2 = \dfrac{2V}{a} + \dfrac{2V}{a} + \dfrac{\sqrt{3}}{2} a^2.$$

由公式(1)得出

$$S \geqslant 3\left(\dfrac{2V}{a} \times \dfrac{2V}{a} \times \dfrac{\sqrt{3}}{2} a^2\right)^{\frac{1}{3}} = 2^{\frac{1}{3}} 3^{\frac{7}{6}} V^{\frac{2}{3}};$$

而且仅当

$$\dfrac{2V}{a} = \dfrac{\sqrt{3}}{2} a^2,$$

也就是

$$a = \dfrac{2^{2/3}}{3^{1/6}} V^{\frac{1}{3}}, \quad b = \dfrac{3^{1/3}}{2^{4/3}} V^{\frac{1}{3}}$$

时 S 取最小值. 易见 $b > \dfrac{a}{4\sqrt{3}}$. 因此檐高等于

$$b - \dfrac{1}{4\sqrt{3}} a = \left(\dfrac{3^{1/3}}{2^{4/3}} - \dfrac{1}{2^{4/3} 3^{2/3}}\right) V^{\frac{1}{3}} = \dfrac{1}{2^{1/3} 3^{2/3}} V^{\frac{1}{3}};$$

图 15

脊高为 $b + \dfrac{1}{4\sqrt{3}} a = \dfrac{2^{2/3}}{3^{2/3}} V^{\frac{1}{3}}$. 截面如图 15, 即六角形的一半.

结论 由于
$$3\sqrt{2} < 3^{\frac{7}{6}} 2^{\frac{1}{3}},$$
所以在保证同样容量的条件下,尖顶六棱柱比屋脊四方柱用材要少.

用同样方法不难证明,体积为 V 的尖顶四方柱的表面积(不算底面)的最小值是 $3\sqrt{2}V^{\frac{2}{3}}$,而且仅当正方形边长为 $\sqrt{2}V^{\frac{1}{3}}$ 及檐高为"0"的情况下取这最小值. 说得更清楚些,这是个以 $\sqrt{2}V^{\frac{1}{3}}$ 为底边长,以 $\left(2 \times \dfrac{1}{\sqrt{8}} \times \sqrt{2}V^{\frac{1}{3}} = \right) V^{\frac{1}{3}}$ 为高的尖顶形,或即将菱形十二面体拦腰一截,所得之半. 因此在同样容量下,这种容器和尖顶六棱柱用材相同.

虽然如此,但实际测量一下,蜂房的大小与定理 1 中所给出的比例并不相合. 经过实测,$a \approx 0.35$ 厘米,深 $b + \dfrac{1}{\sqrt{8}} a \approx 0.70$ 厘米,而按定理 1,$b + \dfrac{1}{\sqrt{8}} a = \dfrac{1}{\sqrt{2}} a + \dfrac{1}{\sqrt{8}} a = \dfrac{3}{\sqrt{8}} \times 0.35 \approx 0.38$ 厘米.

正是:往事几百年,祖述前贤,瑕疵讹谬犹盈篇,蜂房秘奥未全揭,待咱向前!

让我们再看看,添上一扇以底面做的"门",问哪种形状最好?

先看屋脊四方柱,它是在体积为
$$V = a^2 b$$
的情况下求表面积(包括"门"在内)
$$S = 4a\left(b + \dfrac{\sqrt{3}}{8} a\right) + a^2$$
的最小值. 由
$$S = \dfrac{4V}{a} + \left(\dfrac{\sqrt{3}}{2} + 1\right) a^2 \geq 3\left[\dfrac{2V}{a} \times \dfrac{2V}{a}\left(\dfrac{\sqrt{3}}{2} + 1\right) a^2\right]^{\frac{1}{3}}$$

$$=3[2(\sqrt{3}+2)]^{\frac{1}{3}}V^{\frac{2}{3}},$$

并且仅当

$$\frac{2V}{a}=\left(\frac{\sqrt{3}}{2}+1\right)a^2$$

时取等号,即

$$a=\left[\frac{4}{\sqrt{3}+2}\right]^{\frac{1}{3}}V^{\frac{1}{3}}=[4(2-\sqrt{3})]^{\frac{1}{3}}V^{\frac{1}{3}}$$

时取等号. 其时

$$b=\frac{1}{[4(2-\sqrt{3})]^{2/3}}V^{\frac{1}{3}}=\left(\frac{2+\sqrt{3}}{4}\right)^{\frac{2}{3}}V^{\frac{1}{3}}.$$

再看尖顶六棱柱. 它是在体积

$$V=\frac{3\sqrt{3}}{2}a^2b$$

的情况下求表面积(包括"门"在内)

$$S=6a\left(b+\frac{a}{\sqrt{8}}\right)+\frac{3\sqrt{3}}{2}a^2$$

的最小值. 由

$$S=2\times\frac{2}{\sqrt{3}}\times\frac{V}{a}+\left(\frac{3}{\sqrt{2}}+\frac{3\sqrt{3}}{2}\right)a^2$$

$$\geqslant 3\left[\frac{2}{\sqrt{3}}\frac{V}{a}\times\frac{2}{\sqrt{3}}\frac{V}{a}\left(\frac{3}{\sqrt{2}}+\frac{3\sqrt{3}}{2}\right)a^2\right]^{\frac{1}{3}}$$

$$=3[2(\sqrt{2}+\sqrt{3})]^{\frac{1}{3}}V^{\frac{2}{3}},$$

且仅当

$$\frac{2V}{\sqrt{3}a}=\left(\frac{3}{\sqrt{2}}+\frac{3\sqrt{3}}{2}\right)a^2,$$

即
$$a = \frac{4^{1/3}}{\sqrt{3}}(\sqrt{3}-\sqrt{2})^{\frac{1}{3}}V^{\frac{1}{3}},$$

$$b = \frac{2}{3\sqrt{3}} \times \frac{3}{(\sqrt{3}-\sqrt{2})^{2/3}} \times \frac{1}{2^{4/3}}V^{\frac{1}{3}} = \frac{1}{2^{1/3} \times \sqrt{3}(\sqrt{3}-\sqrt{2})^{2/3}}V^{\frac{1}{3}}$$

时取等号.

两下相比,由于

$$3[2(\sqrt{3}+2)]^{\frac{1}{3}} > 3[2(\sqrt{3}+\sqrt{2})]^{\frac{1}{3}},$$

所以还是尖顶六棱柱来得好.

对于尖顶四方柱而言,可以算出表面积(包括"门"在内)的最小值为

$$3[2(2+\sqrt{2})]^{\frac{1}{3}}V^{\frac{2}{3}},$$

也没有尖顶六棱柱来得好.

对于尖顶六棱柱,可得

$$\frac{a}{b} = \frac{2}{\sqrt{3}+\sqrt{2}} \approx 0.64,$$

与实测所得的 $\frac{a}{b} \approx \frac{0.35}{0.58} \approx 0.6$ 相比相当接近. 有没有道理?

九 正 题

图 16

由上可知,客观情况并不单纯是一个"体积给定,求用材最小"的数学问题,那样的提法是不妥当的. 现在让我们来重提看看.

把蜜蜂的体态入算. 从考虑它的身长、腰围入手,怎样情况用材最省?

首先,那尖顶六棱柱所能容纳的"腰围"等于 $\sqrt{3}a$(图 16),长度是 $b+\frac{1}{\sqrt{8}}a$. 另一方面屋脊四方柱的"腰围"等于 a_1,长度等于 $b_1+\frac{1}{4\sqrt{3}}a_1$. 让我们在粗长各相

等,即在
$$\sqrt{3}a = a_1,$$
$$b + \frac{1}{\sqrt{8}}a = b_1 + \frac{1}{4\sqrt{3}}a_1$$

的条件下考虑问题. 由于

$$\begin{aligned}
S_1 &= 4a_1\left(b_1 + \frac{\sqrt{3}}{8}a_1\right) \\
&= 4a_1\left[\left(b_1 + \frac{1}{4\sqrt{3}}a_1\right) + \left(\frac{\sqrt{3}}{8} - \frac{1}{4\sqrt{3}}\right)a_1\right] \\
&> 4a_1\left(b_1 + \frac{1}{4\sqrt{3}}a_1\right) = 4\sqrt{3}a\left(b + \frac{1}{\sqrt{8}}a\right) \\
&> 6a\left(b + \frac{1}{\sqrt{8}}a\right) = S.
\end{aligned}$$

即在同长同粗的情况下,尖顶六棱柱比屋脊四方柱省料些.

这建议了以下的猜测:

量体裁衣,形状为尖顶六棱柱的蜂房,是最省材料的结构,它比屋脊四方柱还要节省材料.

再看带"门"的情况. 仍然

$$\sqrt{3}a = a_1, \quad b + \frac{1}{\sqrt{8}}a = b_1 + \frac{1}{4\sqrt{3}}a_1.$$

但需要比较
$$S_1 = 4a_1\left(b_1 + \frac{\sqrt{3}}{8}a_1\right) + a_1^2$$

与
$$S = 6a\left(b + \frac{1}{\sqrt{8}}a\right) + \frac{3\sqrt{3}}{2}a^2 = 6ab + \left(\frac{3}{\sqrt{2}} + \frac{3\sqrt{3}}{2}\right)a^2$$

谁大. 以 $a_1 = \sqrt{3}a$, $b_1 = b + \frac{1}{\sqrt{8}}a - \frac{1}{4}a$ 代入 S_1,得

$$S_1 = 4\sqrt{3}a\left(b + \frac{1}{\sqrt{8}}a - \frac{1}{4}a + \frac{3}{8}a\right) + 3a^2$$

$$= 4\sqrt{3}ab + \left(\sqrt{6} + \frac{\sqrt{3}}{2} + 3\right)a^2$$

$$> 6ab + \left(\frac{3}{\sqrt{2}} + \frac{3\sqrt{3}}{2}\right)a^2 = S.$$

也就是说,带上门,还是蜂窝来得好.

这说明了生物本身与环境的关系的统一性.

图 17

附记 读者不难证明,如果我们考虑 x, y 轴刻度不一致的正六边形(图 17),考虑由此所作出的六棱柱和尖顶六棱柱,我们不难证明,在体积给定的条件下,仍然以第八节中所得出的图形表面积最小.

学过微积分的读者可以看出,我实在是在"分散难点". 确切地说,这是一个四个变数求条件极值的问题. 四个变数是指 x, y, z 轴各增加若干倍,并在某点切下来;条件是等体积.

十 设　问

从以上所谈的一些情况看来,我们只不过从六棱柱(或四方柱)出发,按一定的切拼方法做了些研究而已. 实质上,这样的看法未入事物之本质. 为什么仅从六棱柱出发,而不能从三角柱、四方柱或其他柱形出发,甚至于为什么要从柱形出发?更不要说切拼之法也是千变万化了!甚至于为什么要从切拼得来!越想问题越多,思路越宽.

把两个蜂房门对门地连接起来,得出以下两种可能的图形(图 18、图 19).

这两图形都有以下的性质:用这种形式的砖可以填满整个空间. 有这样性质的砖,就是结晶体. 图 19 所表达的其实就是透视石的晶体.

图 18　　　　　　　图 19

两个屋脊四棱柱口对口地接在一起，两个尖顶四棱柱口对口地接在一起，各得黄赤沸石(图 20)与锆英石(图 21)的晶体图形．特别，两个尖顶形口对口地接在一起得一菱形十二面体，也就是石榴子石晶体的图形(图 22)．

  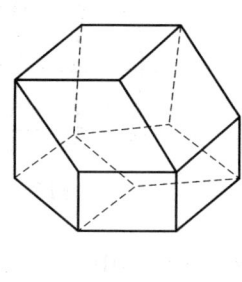

图 20　　　　　　　图 21　　　　　　　图 22

因而归纳出以下的基本问题：

问题 1　怎样的体可以作为晶体？也就是说，用同样的体可以无穷无尽、无空无隙地填满整个空间．

这是有名的晶体问题．经过费德洛夫的研究知道，晶体可分为 230 类．

问题 2　给定体积，哪一类晶体的表面积最小？

问题 3　给一个一定的体形，求出能包有这体形的表面积最小的晶体．例如，图 23 给了一个橄榄或一个陀螺，求包这橄榄或陀螺的表面积最小的晶体．把那晶体拦腰切为两段，那可能是蜂房的最佳结构了．

为了补充些感性知识，我们再讲些例子．

谈谈与蜂房结构有关的数学问题　　177

柱体填满空间的问题等价于怎样的样板可以填满平面的问题. 以任何一个三角形为样板都可以填满平面(图24). 任何四边形也可以作为样板用来填满平面(图25). 一个正六边形(或六个角都是120°的图形), 也可以用来作为样板填满平面(图26).

图23　　　　　　　　图24

图25　　　　　　　　图26

在这三个图形中可以看出什么公共性质? 例如, 图24的各边中点形成怎样的网格? 在图26中连上六边形的三条"对角线"得出怎样的图形?

为什么要求的只是填上整个空间或平面, 而不是一个球或一个圆柱?

现在让我们以球为例来作一些探讨.

例1 把球分为二十四等份. 如图27, 以球心为原点, 引三条坐标轴, 将球分为八等份(八个卦限, 每个卦限一份); 再从每片球面的中心向三顶点如图划分, 共得24份.

例2 把球分为六十等份. 从球内接正二十面体(图28)出发, 向球上投影得20个三角形; 再把每一个三角形依中心到三角的连线分为三等份, 因而共得60份.

例3 把柱形直切成四等份; 再切成片, 每一个成一间房(图29). 另一方法, 作柱上开口像六角形的图形拼上(图30).

图27　　　　图28　　　　图29　　　　图30

(感谢许杰教授,他给我看到了古生物笔石的模型,启发出这一图像.)

由蜂房启发出来的问题,所联想到的问题何止于此!浮想联翩,由此及彼,花样真不少呢!据说飞机的蜂窝结构也是由此而启发出来的,但可以根据不同的要求,而得出各种各样的求极值问题来(例如,使结构的强度达到最高的问题).就数学来说,由此可以想到的问题真也不少.本文是为高中水平的读者写的,因而不能不适可而止了.但是为了让同学们在进入大学之后还可以咀嚼一番,回味一番,我在此后再添讲几节.一来看看怎样"浮想";二来给同学提供一个例子:怎样从一个问题而复习我们所学到的东西,这样复习就使有些学过的内容自然而然地串联起来了.

十一　代　数

在阅读第十二、十三节等内容以前,我们先来一段插话.这段插话可以不看.也许看了一下会觉得有些联系不上,但将来回顾一下,读者会有深长体会的!

经过旋转,平移,透视石(两个蜂房对合所成的图形)的表面积和体积不变.在第九节中曾经提出过把 x,y,z 轴各增长若干倍而看一个透视石体积及表面积的变化的情况.如果体积不变,怎样的倍数才能使表面积取最小值?这实质上是求:在群

$$x'=\alpha_1 x+\beta_1 y+\gamma_1 z+\delta_1,$$
$$y'=\alpha_2 x+\beta_2 y+\gamma_2 z+\delta_2,$$

谈谈与蜂房结构有关的数学问题　　179

$$z' = \alpha_3 x + \beta_3 y + \gamma_3 z + \delta_3,$$

$$\left(\begin{vmatrix} \alpha_1 & \beta_1 & \gamma_1 \\ \alpha_2 & \beta_2 & \gamma_2 \\ \alpha_3 & \beta_3 & \gamma_3 \end{vmatrix} = 1 \right)$$

下,等价于一个透视石的诸图形中,哪一个表面积最小.

看来,对平行六面体的讨论可能容易些.用无数个同样的平行六面体可以填满空间.如果六面体的体积给了,怎样的形状表面积最小(或棱的总长最短,或棱的长度的乘积最小)?

讲到这儿,暂且摆下,慢慢咀嚼,慢慢体会这一段话与以下所讲的东西的关系.我们先看一批代数不等式.

例 1 求证

$$2\sqrt{|ad-bc|} \leqslant \sqrt{a^2+b^2} + \sqrt{c^2+d^2}, \tag{1}$$

而且仅当 $\dfrac{a}{b} = -\dfrac{d}{c}$ 及 $|b|=|c|$ 或 $|a|=|b|$ 时取等号.

证明 由

$$(a^2+b^2)(c^2+d^2) = (ad-bc)^2 + (ac+bd)^2 \geqslant (ad-bc)^2,$$

因此

$$|ad-bc| \leqslant \sqrt{(a^2+b^2)(c^2+d^2)}, \tag{2}$$

$$\sqrt{|ad-bc|} \leqslant \sqrt{\sqrt{a^2+b^2}\sqrt{c^2+d^2}} \leqslant \frac{1}{2}(\sqrt{a^2+b^2}+\sqrt{c^2+d^2}),$$

即得所证.

例 2 求证

$$6\sqrt{|ad-bc|} \leqslant 2\sqrt{a^2+c^2} + \sqrt{a^2+c^2+3(b^2+d^2)-2\sqrt{3}(ab+cd)} + \sqrt{a^2+c^2+3(b^2+d^2)+2\sqrt{3}(ab+cd)}. \tag{3}$$

读者试自己证明此式,并且试证以下两不等式.最好等证毕后再看第十三节.

例3 求证

$$16\,|ad-bc|^3 \leqslant (a^2+c^2)\{[a^2+c^2+3(b^2+d^2)]^2 - 12(ab+cd)^2\}. \tag{4}$$

更一般些,有

例4 当 $n \geqslant 1$ 时,

$$|ad-bc|^n \leqslant \prod_{l=1}^{n}\left[(a^2+c^2)\sin^2\frac{\pi(2l-1)}{n} - \right.$$

$$2(ab+cd)\sin\frac{\pi(2l-1)}{n}\cos\frac{\pi(2l-1)}{n} +$$

$$\left.(b^2+d^2)\cos^2\frac{\pi(2l-1)}{n}\right], \tag{5}$$

或

$$|ad-bc|^{\frac{1}{2}} \leqslant \frac{1}{n}\sum_{l=1}^{n}\left[(a^2+c^2)\sin^2\frac{\pi(2l-1)}{n} - \right.$$

$$2(ab+cd)\sin\frac{\pi(2l-1)}{n}\cos\frac{\pi(2l-1)}{n} +$$

$$\left.(b^2+d^2)\cos^2\frac{\pi(2l-1)}{n}\right]^{\frac{1}{2}}. \tag{6}$$

(5)式比(6)式难些,我们将在第十四节中给以证明.

十二 几 何

看看上节(1)式及(2)式的几何意义如何.在平面上作三点 $O(0,0)$,$A(a,b)$ 及 $B(c,d)$.以 OA,OB 为边的平行四边形的面积等于 $|ad-bc|$,OA,OB 的长度各为 $\sqrt{a^2+b^2}$,$\sqrt{c^2+d^2}$.所以上节不等式(2)的意义是平行四边形的面积小

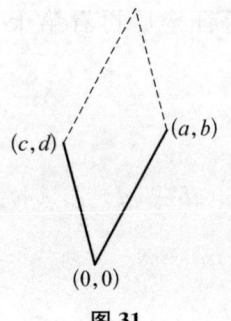

图 31

于或等于两邻边的乘积.

而不等式(1)的意义是：平行四边形面积的平方根小于或等于其周长的四分之一,即四边长的平均值,并且仅当正方形时取等号；或者说(1)的意义也就是周长一定的平行四边形中,以正方形的面积为最大.

再看不等式(3),从代数的角度来看有些茫然,有些突然.但从几何来看却是"周长一定的六边形中,以正六角形的面积为最大"的这一性质的特例.不等式(6)也可以作如是观.

这些结果的几何意义是明显的.但如果抛开几何,就式论式,从代数角度来看就有些意外了.实质岂其然哉,谬以千里！那不过是几何的性质用代数的语言说出而已.

这是"几何"启发出"代数",但代数的考虑又大大地丰富了几何.由于几何平均小于算术平均,因此,由(6)式可以追问更精密的(5)式对不对.要从几何角度直接看出(5)式来是不太容易的.

不要说不等式(2)简单,推广到 n 维空间就有

$$\begin{vmatrix} a_{11} & a_{12} & \cdots & a_{1n} \\ a_{21} & a_{22} & \cdots & a_{2n} \\ \vdots & \vdots & \vdots & \vdots \\ a_{n1} & a_{n2} & \cdots & a_{nn} \end{vmatrix} \leq \sum_{i=1}^{n} a_{1i}^2 \sum_{i=1}^{n} a_{2i}^2 \cdots \sum_{i=1}^{n} a_{ni}^2.$$

这是有名的阿达玛(Hadamard)不等式.但其几何直观已尽乎此点,对有丰富几何直观的人来说此式之发明并非出人意料了.正是：

数与形,本是相倚依,焉能分作两边飞.数缺形时少直觉,形少数时难入微.数形结合百般好,隔裂分家万事非.切莫忘,几何代数统一体,永远联系,切莫分离！

十三 推 广

我们现在来证明十一节中公式(5).在证明之前,我们换一下符号.命

$$A = a^2 + c^2, \quad B = -ab - cd, \quad C = b^2 + d^2,$$

因此 $(ad-bc)^2 = (a^2+c^2)(b^2+d^2) - (ab+cd)^2 = AC - B^2.$

十一节的公式(5)一变而为求证：如果 $A > 0$, $AC - B^2 > 0$, 那么

$$(AC - B^2)^{\frac{n}{2}} \leqslant \prod_{l=1}^{n} \left[A\sin^2 \frac{\pi(2l-1)}{n} + 2B\sin \frac{\pi(2l-1)}{n} \cos \frac{\pi(2l-1)}{n} + C\cos^2 \frac{\pi(2l-1)}{n} \right]. \tag{1}$$

这式子的右边用 P 表之，用倍角公式得

$$P = \prod_{l=1}^{n} \left[\frac{1}{2}(A+C) + B\sin \frac{2\pi(2l-1)}{n} + \frac{1}{2}(C-A)\cos \frac{2\pi(2l-1)}{n} \right]$$

$$= \prod_{l=1}^{n} \left[p - q\cos\left(\frac{2\pi(2l-1)}{n} + \eta \right) \right],$$

这儿

$$p = \frac{1}{2}(A+C), \quad q = \sqrt{B^2 + \frac{1}{4}(C-A)^2}, \tag{2}$$

及

$$\sin \eta = \frac{1}{2}(C-A)/q.$$

考虑

$$\left[u - v\exp\left(\frac{2\pi(2l-1)i}{n} + \eta i \right) \right] \left[u - v\exp\left(-\frac{2\pi(2l-1)i}{n} - \eta i \right) \right]$$

$$= u^2 + v^2 - 2uv\cos\left(\frac{2\pi(2l-1)}{n} + \eta \right),$$

这儿 e^x 写成为 $\exp x$，如果取得 u, v 使

$$u^2 + v^2 = p, \quad 2uv = q, \tag{3}$$

则 P 可以写成为 $Q\overline{Q}$，其中

$$Q = \prod_{l=1}^{n} (u - v e^{\eta i} e^{2\pi i(2l-1)/n}).$$

当 n 是奇数时，

$$Q = \prod_{m=1}^{n} (u - v e^{\eta i} e^{2\pi i m/n}) = u^n - v^n e^{n\eta},$$

即得

$$P = (u^n - v^n e^{n\eta})(u^n - v^n e^{-n\eta}) = u^{2n} + v^{2n} - 2u^n v^n \cos n\eta; \tag{4}$$

当 n 是偶数时，

$$Q = \prod_{l=1}^{\frac{n}{2}} (u - v e^{\eta i} e^{-2\pi i n} e^{2\pi l/\frac{n}{2}})^2 = [u^{\frac{n}{2}} - (v e^{\eta i} e^{-2\pi i n})^{\frac{n}{2}}]^2 = (u^{\frac{n}{2}} + v^{\frac{n}{2}} e^{n\eta i/2})^2.$$

即得

$$P = \left(u^n + v^n + 2u^{\frac{n}{2}} v^{\frac{n}{2}} \cos \frac{n\eta}{2}\right)^2. \tag{5}$$

我们现在需要以下的简单引理.

引理 当 $u > v \geqslant 0$ 及 $m \geqslant 2$ 时，

$$(u^m - v^m)^2 \geqslant (u^2 - v^2)^m. \tag{6}$$

这引理等价于，当 $1 > x > 0$ 时，

$$(1 - x^m)^2 \geqslant (1 - x^2)^m.$$

证明 由于 $x^m > x^{m+1}$，所以，若原式成立，应有

$$(1 - x^{m+1})^2 > (1 - x^m)^2 > (1 - x^2)^m (1 - x^2) = (1 - x^2)^{m+1}.$$

原式在 $m = 2$ 时显然成立. 因此，由数学归纳法可以证明 (6) 式.

把这引理用到 (4) 式，当 n 是奇数时，

$$P \geqslant u^{2n} + v^{2n} - 2u^n v^n = (u^n - v^n)^2 \geqslant (u^2 - v^2)^n.$$

由(3)及(2)可知

$$(u^2 - v^2)^2 = p^2 - q^2 = \frac{1}{4}(A+C)^2 - B^2 - \frac{1}{4}(A-C)^2 = AC - B^2,$$

即得(1)式.

当 n 是偶数时,由(5)式

$$P \geqslant (u^n + v^n - 2u^{\frac{n}{2}} v^{\frac{n}{2}})^2 = (u^{\frac{n}{2}} - v^{\frac{n}{2}})^4$$
$$\geqslant (u^2 - v^2)^n = (AC - B^2)^{\frac{n}{2}},$$

也得(1)式.

附记 1 当 $m > 2$ 时,引理中的不等式,当且仅当 $v = 0$ 时取等号,而 $v = 0$ 等价于

$$q = B^2 + \frac{1}{4}(C - A)^2 = 0,$$

即当且仅当 $B = 0, A = C$ 时,(1)式取等号. 但须注意 $n = 4$ 的情况必须除外(因为 $m = 2$ 了),这时取等号的情形应当是 $\cos 2\eta = -1$,即 $\eta = 90°$,及 $A = C$.

回到原来的问题,当 $n \neq 4$ 时,

$$a^2 + c^2 = b^2 + d^2, \quad ab + cd = 0, \tag{7}$$

即第十一节(6)式成立,而且仅当(7)式成立时取等号.

附记 2 当 $n = 4$ 时,第十一节(5)式是

$$(ad - bc)^2 \leqslant \frac{1}{4}[(a+b)^2 + (c+d)^2][(a-b)^2 + (c-d)^2],$$

当且仅当 $a^2 + c^2 = b^2 + d^2$ 时取等号. 换符号

$$\alpha = a + b, \beta = a - b, \gamma = c + d, \delta = c - d,$$

则得 $(\alpha\delta - \beta\gamma)^2 \leqslant (\alpha^2 + \gamma^2)(\beta^2 + \delta^2)$,

当且仅当 $a^2 + c^2 - b^2 - d^2 = \alpha\beta + \gamma\delta = 0$ 时取等号. 这就是 Hadamard 不等式.

这样的推广实际上可以说"退了一步"的推广. 我们原来所讨论的问题是三维的, 而我们退成二维, 然后看看二维中有哪些推广的可能性. 这是一般的研究方法: 先足够地退到我们所最容易看清楚问题的地方, 认透了钻深了, 然后再上去.

我们再看另外一个例子, 在这例子中我们希望把三角形、四面体……推广到 n 维空间的 $(n+1)$ 面体的问题.

在 n 维空间取 $n+1$ 点, 这 $n+1$ 点中的任意 n 点决定一平面, 共有 $n+1$ 个面, 这些面包有的体的容积是 V. 过 $n+1$ 点中的任意两点可以作一线段, 共有 $\frac{1}{2}n(n+1)$ 条线段. 我们的问题是 V 给定了, 求这 $\frac{1}{2}n(n+1)$ 条线段乘积的最小值.

读者不要小看这问题, 自己试试"四面体"便知其分量了.

十四 极 限

把第十一节的(6)式推到 $n \to \infty$ 的情形. 由积分的定义

$$|ad - bc|^{\frac{1}{2}} \leqslant \lim_{n \to \infty} \frac{1}{n} \sum_{l=1}^{n} \left[(a^2 + c^2) \sin^2 \frac{\pi(2l-1)}{n} - \right.$$

$$2(ab + cd) \sin \frac{\pi(2l-1)}{n} \cos \frac{\pi(2l-1)}{n} +$$

$$\left. (b^2 + d^2) \cos^2 \frac{\pi(2l-1)}{n} \right]^{\frac{1}{2}}$$

$$= \frac{1}{2\pi} \int_0^{2\pi} \left[(a \sin \theta - b \sin \theta)^2 + (c \sin \theta - d \cos \theta)^2 \right]^{\frac{1}{2}} d\theta,$$

换符号 $a^2 + c^2 = A$, $B = -ab - cd$, $C = b^2 + d^2$, 则得

$$(AC-B^2)^{\frac{1}{4}} \leqslant \frac{1}{2\pi}\int_0^{2\pi}(A\sin^2\theta+2B\sin\theta\cos\theta+C\cos^2\theta)^{\frac{1}{2}}\mathrm{d}\theta. \qquad(1)$$

从第十一节(5)式可以得出更精密的不等式

$$\frac{1}{2}\log(AC-B^2) \leqslant \frac{1}{2\pi}\int_0^{2\pi}\log(A\sin^2\theta+2B\sin\theta\cos\theta+C\cos^2\theta)\mathrm{d}\theta. \qquad(2)$$

我们能不能直接证明这些不等式？能！读过微积分的读者自己想想看.

十五 抽 象

在平面上给出一块样板 N(图 32)，变换

$$(T)\begin{cases}\xi=ax+by+p,\\ \eta=cx+dy+q.\end{cases} \quad (ad-bc\neq 0)$$

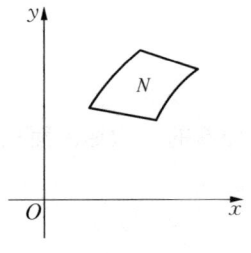

图 32

把 N 变成为 (ξ,η) 平面上的 $N(T)$. $N(T)$ 的面积及周界长度各命之为 $A(T)$ 与 $L(T)$，求

$$\frac{(A(T))^{\frac{1}{2}}}{L(T)}$$

的最大值.

取单位圆内接正 n 角形为样板，它的周长和面积各为 $2n\sin\dfrac{\pi}{n}$ 与 $\dfrac{n}{2}\sin\dfrac{2\pi}{n}$. 不妨假定正 n 边形的顶点就是

$$\left(\cos\frac{2\pi l}{n},\ \sin\frac{2\pi l}{l}\right),\ l=0,\ 1,\ 2,\ \cdots,\ n-1.$$

经变换 (T) 后，这 n 点各变为

$$\begin{cases}\xi_l=a\cos\dfrac{2\pi l}{n}+b\sin\dfrac{2\pi l}{n}+p,\\ \eta_l=c\cos\dfrac{2\pi l}{n}+d\sin\dfrac{2\pi l}{n}+q.\end{cases}$$

第 l 边的长度是

$$\sqrt{(\xi_l-\xi_{l-1})^2+(\eta_l-\eta_{l-1})^2}$$
$$=2\sin\frac{\pi}{n}\left\{\left[-a\sin\frac{\pi(2l-1)}{n}+b\cos\frac{\pi(2l-1)}{n}\right]^2+\right.$$
$$\left.\left[-c\sin\frac{\pi(2l-1)}{n}+d\cos\frac{\pi(2l-1)}{n}\right]^2\right\}^{\frac{1}{2}},$$

因此总长度是

$$L(T)=2\sin\frac{\pi}{n}\sum_{l=1}^{n}\left\{\left[-a\sin\frac{\pi(2l-1)}{n}+b\cos\frac{\pi(2l-1)}{n}\right]^2+\right.$$
$$\left.\left[-c\sin\frac{\pi(2l-1)}{n}+d\cos\frac{\pi(2l-1)}{n}\right]^2\right\}^{\frac{1}{2}};$$

而新的 n 边形的面积不难算出是

$$A(T)=|ad-bc|\frac{n}{2}\sin\frac{2\pi}{n}.$$

因此本节开始提出的问题的解答已由第十一节公式(6)给出：

$$\frac{(A(T))^{\frac{1}{2}}}{L(T)}\leqslant\frac{\left(\frac{n}{2}\sin\frac{2\pi}{n}\right)^{\frac{1}{2}}}{2n\sin\frac{\pi}{n}}.$$

当 $n\to\infty$ 时，n 边形趋于圆，$A(T)$ 与 $L(T)$ 各趋于该圆经 (T) 变换而变成的椭圆的面积 A 与周长 L，而且有不等式

$$A\leqslant\frac{1}{4\pi}L^2.$$

这式是有名的等边长问题的特例. 但(5)式比(6)式更精确，其极限已如上节所述，因而改进了等边界问题的不等式. 必须指出，适合原不等式的函数类是很宽的，对改进了的不等式来说范围狭窄了很多.

我们这儿只不过就平面问题作了一个简单的开端.所联系到的与格子论、群论、不等式论、变分法等有关的问题还不少呢！但写得太多是篇幅所不允许的,并且可能有人会说有些牵强附会了.实质上,千丝万缕的关系看来若断若续,而这正是由此及彼、由表及里的线索呢！总之,想,联想,看,多看,问题只会愈来愈多的.至于运用之妙,那只好存乎其人了！但习惯于思考联想的人一定会走得深些远些；没有思考联想的人,虽然读破万卷书,依然看不到书外的问题.

1963 年除夕初稿
1964 年 1 月 12 日完稿于铁狮子坟

（据北京出版社 1979 年版排印）

三分角问题

一 引 言

这一年来我答复了二三十封关于三分角的信,这使我觉得有总结一下的必要,因为此项研究的发展,会使聪明才智白白地浪费了!同时这类信件还继续接到,我相信有些人现在还在研究这个问题.所以我做一简单的报告来总结一下.在我所收到的信中仔细分析一下,可以看出以下几种情况:

1. 受了对这个问题有不正确了解的人的思想的影响;

2. 未了解在何种情况之下三分角是"不可能"的,与不能分辨"不可能"和"未解决"的不同;

3. 未学习或不肯学习别人已得的结果;

4. 当然除掉以上三种基本的误解,还有数学技术性的错误.

我现在先把何谓三分角问题叙述清楚:

"已与一角,其度数是 A,我们能否用圆规及直尺经过有限步骤作出 $\frac{1}{3}A$ 角度的角."

当然有时是可能的,如 $A=90°$ 就是可能的.但若 $A=60°$ 就不可能.如果不用圆规及直尺,而用其他高次曲线,则并非不可能.

二 "不可能"和"未解决"

在数学中"不可能"和"未解决"有它们一定的意义,先让我来打一个譬喻.

"上月亮去"是一个"未解决"的问题[1]. 但"步行上月亮去"是一个"不可能"的问题.

有许多来信常说:"从前认为不可能的事,现在有些是可能了!所以不可能的说法仅仅是阻碍进步,我们不可为不可能三字而限制了我们的前进,限制了我们的发明."有些朋友,更进一步地说:"在蒋介石政权下很多不可能的事,今天都可能了. 所以用圆规及直尺三分角的问题,也并不是绝对不可能的."此说前一半是对的,如取消"用圆规及直尺"六字则后一半也对. 因为这六个字和"在蒋政权下"是相当的:即在某种条件下是不可能的.

切实说:用圆规及直尺三分任意角就如步行上月亮一样是不可能的,而不是未解决的.

三 一个不公平的讼案

在很多来信上,自以为解决了三分角问题的朋友进一步要求,请指出错误来,诚然,我所经手的,我都做了这一工作. 但这是一件十分无聊和繁杂的工作,为了说清楚我的观点,请发明人站在公正的立场上,判断下列的事实,我们来共同处理这一件纠纷.

甲造说:"用圆规及直尺三分任意角是不可能的,世界上的大数学家,都可以替我作证."

乙造说:"我发明了用圆规及直尺三分任意角的方法,我本人就是证人. 如果你说我不对,请指出我的错误来!"但他却不肯自己屈尊降贵去阅读甲造的文件,去指出甲造的错误来. 这是一件不公平事情,为什么甲造已经根本地总括一切地解决了乙造的问题,而乙造可以不读甲造文件,反要甲造去指出乙造个别的特殊的但没有超出甲造所指的范围以外的错误呢?同时这也是不负责任的态度,要知道"不入虎穴,焉得虎子",如果能把甲造的错误看出来,那我们就可以在思想上廓清"不可能"三字的障碍,这也才是乙造学说成立的第一步. 假使乙造读了而认为甲造说法不错的话,就请乙造放弃自己的意见.

---

[1] 本文发表于1953年,当时人类还未登月成功. ——编者注

更有些朋友连基本的实践都忘记了！他并不画个图试一试，就贸然地提出来．我建议乙造：请照自己的方法，用大纸细笔精绘三分六十度，用量角器量一下，看看是否有些像．不然干脆不必提出来．

当然也有一些作三分角问题的人，受条件限制，他完全不知道甲造意见，而不是自己不虚心，这种情形是可以原谅的．

一般地讲，做这问题的人往往是受了不正确思想的影响，受书本上或口头上影响，只知道三分角问题是古代没有解决的三大著名问题之一，而不知道这个问题到现在早已解决了（这解决的答案，就是本文所要介绍的）．我建议传授几何问题的人，如要谈到三分角问题，就必须把它交代清楚（即使不能严格证明），以免引人走入歧路．

四　为什么用圆规及直尺三分任意角不可能？

在说明这理由之前，先让我来叙述一个原则（了解这一段需要解析几何的知识，同时这不是严正的证明，而仅是大致的说明）．圆和直线的交点的坐标一定是二次方程式的根，如果所求的线段不是由已知线段用若干次加减乘除开平方得出来的，一定不能用圆规及直尺作出来．反之，是可能由圆规及直尺作出来的．我们现在详细说明这一事实．

1. 如果某一线段的长（某一点的坐标）是由已知的线段的长（或已知点的坐标）经有限次的加减乘除及开平方（指开正数的平方）后得出来的，则此线段（或此点）一定可以用圆规及直尺作出来．

证明　二线段的和及差毋待讨论，乘除开方可由下列三图知之：

图 1　　　　　图 2　　　　　图 3

例如：单位圆内接正五边形的边长 $\frac{5}{8}\sqrt{10+2\sqrt{5}}$ 是可以用圆规及直尺作出的. 换言之, 用圆规及直尺作圆内接正五边形是可能的.

2. 如果一线段(或一点)可以用圆规及直尺作出来, 则此线段的长度(或此点的坐标)必可由已知线段的长度(或已知点的坐标)的有限次加减乘除和开平方表出来.

因为如果一线段可以用圆规及直尺作出来, 则此线段(或点)是从原来所予的点或线段为基础而以之作直线或圆, 并经过线与线、线与圆及圆与圆的相交之交点而定出来. 因为坐标可以随意选择, 可以假定作图时所用的直线都不平行于 y 轴, 于是所有的直线的方程式都是如下形式.

$$y = mx + b. \tag{1}$$

$y = mx + b$ 与 $y = m'x + b'$ 之交点是 (x_1, y_1),

$$x_1 = \frac{b'-b}{m-m'}, \quad y_1 = \frac{mb'-m'b}{m-m'},$$

是该两条直线的系数的有理函数.

假定(1)与圆 $(x-c)^2 + (y-d)^2 = r^2$ 相交, 其交点的横坐标 x 由方程式

$$(x-c)^2 + (mx-d+b)^2 = r^2$$

决定, 这方程式的系数是 m, b, c, d, r 的有理函数, 故 x 可由 m, b, c, d, r 经有限次加减乘除与开平方得之.

至于两圆相交, 则可由其一圆及两圆之公弦相交算出其交点, 这与以上所说的相同.

3. 利用这些结果, 可以证明: 若一有理系数的三次方程式 $x^3 + \alpha x^2 + \beta x + \gamma = 0$ (α, β, γ 都是有理数)的一个根 x, 可用圆规及直尺作出, 则此三次方程式一定有一有理根.

证明 先介绍一个名词, 如 $\sqrt{10-2\sqrt{5}}$ 这种式子是经过两层开方的手续得来

的,我们就称它为二层根式.这样三层根式、四层根式和 n 层根式的意义都是很明显的.

如果 x_1 本身是一个有理数就没有可说的了,要不然 x_1 一定可以写成一些根式的有理函数,如

$$(a\sqrt{\alpha}+b\sqrt{\alpha+c\sqrt{\gamma}}) \div \sqrt{c+\sqrt{d+e\sqrt{\beta}}},$$

其中 a,b,c,d,e 都是有理数.我们可以假定在 x_1 中出现的每个根式都不能写成 x_1 中其余层数和它相等或比它低的根式的带有理系数的有理函数.现在假定在 x_1 中出现的一个最高层根式 $\sqrt{K}$: $x_1 = \dfrac{a+b\sqrt{K}}{c+d\sqrt{K}}$,$a,b,c,d$ 都不包含 $\sqrt{K}$.则将分子分母乘以 $c-d\sqrt{K}$ 后,x_1 可写成 $x_1 = e+f\sqrt{K}$,其中 e,f 都不含 $\sqrt{K}$.

以 $x_1 = e+f\sqrt{K}$ 代入 $x^3+ax^2+\beta x+\gamma$ 中,得

$$(e+f\sqrt{K})^3 + a(e+f\sqrt{K})^2 + \beta(e+f\sqrt{K}) + \gamma = A + B\sqrt{K} = 0;$$

若 $B \neq 0$,则 $\sqrt{K} = -\dfrac{A}{B}$,与假设矛盾,

故 $$B=0, A=0.$$

因此 $e-f\sqrt{K}$ 也是方程式的一个根(因以 $e-f\sqrt{K}$ 代入 $x^3+ax^2+\beta x+\gamma$ 的结果是 $A-B\sqrt{K}$).

故 $x_3 = -a-(e+f\sqrt{K})-(e-f\sqrt{K}) = -a-2e$ 也是方程式的一个根.

如果 e 是一个有理数,则定理就证明了,现在证明 e 不可能是一个无理数.要不然,假设 $\sqrt{S}$ 是出现在 e 中的一个最高层根式.则

$$e = e' + f'\sqrt{S}, \; e', f' \text{不包含} \sqrt{S},$$
$$x_3 = g + h\sqrt{S}, \text{且} h \neq 0.$$

由上面同样的推理知道 $g-h\sqrt{S}$ 也是方程式的一个根,并且不可能等于 x_3,

所以 $g-h\sqrt{S}=\pm f\sqrt{K}+e$. 但出现在 g 和 h 中的根式都出现在 e 中,所以 $\pm\sqrt{K}=(-e+g-h\sqrt{S})/f$ 可表成出现在 e 和 f 中的根式的带有理系数的有理函数,这是不可能的.

4. 现在可以看一看三分角的问题了.

由 $\cos A = 4\cos^3\dfrac{A}{3} - 3\cos\dfrac{A}{3}$,得

$$\left(2\cos\frac{A}{3}\right)^3 - 3\left(2\cos\frac{A}{3}\right) - 2\cos A = 0.$$

故三分角的问题一变而为求 $x^3-3x-2\cos A=0$ 的根问题.

取 $A=120°$,方程式便变为

$$x^3-3x+1=0.$$

这个方程式没有有理根,所以 $\cos 40°$ 不能用圆规和直尺作出. 因之,$40°$ 角不能用圆规和直尺作出,也就是说,$120°$ 不能用圆规和直尺三等分.

我们可以附带地解决另一个出名的初等几何作图问题,就是要作一个立方体,使它的体积等于已知立方体的体积的二倍. 读者可以用同样方法解决.

另外一个问题就是要作一个正方形,使它的面积等于一个已知圆的面积. 这也可以证明圆规和直尺是办不到的,不过需要用到一点别的知识,不在这儿多谈了.

五 三分角的另一面

只用圆规和直尺去三等分一个角是不可能的,可是用别的作图器械和别的曲线去三等分一个角却是可能的.

例1 设所要三等分的角为 $\angle AOB$(图 4),以 O 为圆心、OA 为半径作一半圆 $\overset{\frown}{BAC}$,自 BC 上取一点 D,使 AD 交 $\overset{\frown}{BAC}$ 于 E,且 $DE=EO$,于是

$$\angle D = \frac{1}{3}\angle AOB.$$

现在的问题就是 D 这个点怎样求.

图 4

图 5

用圆规和直尺是作不出来的. 但我们可以根据这个原理来作一个三分角器(图 5). 至于怎样使用这个三分角器,读者可以看图 5 自明.

例 2 用双曲线法.

作离心率等于 2 的双曲线,中心是 C,顶点是 A 及 A',延长 CA' 至 S,使 A'S=CA'. 于 AS 上作包含等于需要三等分的角的圆弧,命 AS 的垂直二等分线与此圆弧的交点为 O,以 O 为圆心、OA(=OS) 为半径作圆,交以 A' 为顶点的双曲线的一支于 P. 则 $\angle SOP = \frac{1}{3}\angle SOA$(图 6).

图 6

因离心率等于 2,故 S 为双曲线的焦点,AS 的垂直二等分线为准线,而自 P 至此垂直二等分线的距离 PM 的二倍等于 PS. 以 PM 的延长线与圆弧 APS 的交点为 Q,则 PQ 为 PM 的二倍,同时 AQ 等于 SP.

故 $$SP = PQ = QA,$$
$$\angle SOP = \angle POQ = \angle QOA.$$

例 3 用蚌线法(图 7).

以角 BAC 为需要三等分的任意角,作矩形 ABCD,以 A 为定点,以 BC 为定线,并从 A 作诸射线,与 BC 相交于 P'. 令 PP' 等于 AC 的两倍. 则 P 点的轨迹为

一蚌线. 延长 DC 与此蚌线相交于 F. 连 AF. 则

$$\angle AFC = \angle BAG = \frac{1}{3} \angle BAC.$$

因连 C 及 GF 的中点 E. 则

$$FE = EC = AC.$$

故 $$\angle BAG = \angle AFC = \frac{1}{2} \angle AEC = \frac{1}{2} \angle FAC,$$

因此证明以上结果.

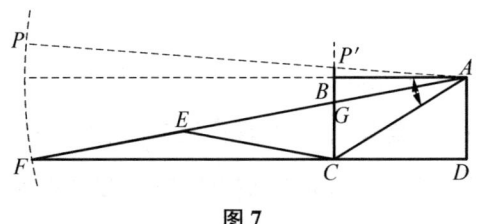

图 7

参 考 书

1. 克莱因. 几何三大问题. 余介石, 译. 北京: 商务印书馆, 1930.
2. 林鹤一. 初等几何学作图不能问题. 任诚, 陈怀书, 赵仁寿, 译. 北京: 商务印书馆, 1935.
3. 狄克逊. 初级方程式论. 黄新铎, 译. 北京: 商务印书馆, 1948.

以上各书的任意一种都可.

（原载于第二卷第六期《科学通报》）

有限与无穷,离散与连续[1]

——为纪念中国科学技术大学建校五周年而作

一

这是我们教低年级数学基础课的一些体会,似乎是看出了些问题,但由于作者的水平限制,对数学的了解是片面的,并且更没有哲学修养能从若干感性知识中概括出理性论断来,所以写这样一篇提供素材的文章,希望聚沙成塔,集腋成裘,以备沙里淘金者的参考.

数学中有两大类的问题:一类是离散性质的,一类是连续性质的. 在我们一生学习的过程中,开始于数数——一、二、三、四、五……这完全是离散性质的东西. 算术、代数都是处理离散性质问题的学科. 整个中学阶段所学的数学可以说都不是突出利用"连续性"与"无穷性"的学科. 直线上的点显示出连续性质,但突出地重用"连续"与"无穷"却始于微积分. 在描绘一瞬间的速度,或一瞬间的量的变化,我们重用了"连续性". 这就是初等数学与高等数学的分界. 但如果从"初等""高等"这些字样,或我们学习的次序,就断定"连续性的数学"比"离散性的数学"更优越了或更能解决问题了,那就不尽然了. 本文的目的在于着重地谈谈离散性的重要. 但必须指出,我们不是说连续性次重要些,而是说必须两者妥善结合. 一切从实际出发,看需要而决定. 不能强调一面而忽略一面,但有一点似乎可以向初学者建议的,在学

---

[1] 本篇与王元同志合作. 感谢中国科学院裴丽生副院长的鼓励. 他建议我们把教学体会不要仅仅写在数学著作[1]或教材[2]中,把一些与其他兄弟学科可能有关的东西,写出来互相交流,因此才写了这样一篇内容芜杂的文章,敬求兄弟学科及本学科同志们的指教.

连续性数学之前,先打好所对应的离散性数学的基础.因为绝大部分连续性的结果往往以离散性的结果做背景,或者是离散性问题的极限.但并不是说,我们不应当把学习的时间或精力在连续性数学上多花一些.

先看看客观事实,如果本来就是离散的,那就不必人为地引进连续性(但并不排斥,虽然离散,但多到无法处理的时候,也势所必至地用连续方法来处理的可能性,如沙的流动).在资本主义国家里有些经济学者用微分方程来处理经济学上的问题,我们对经济学一窍不通,不能有所批判,但有一点可以肯定,他们所根据的数据是离散——或者实质上不可能连续化.如:农业生产量不能分为每瞬间几何,它是季度性生产,连分月份都不可能,枉论其他.用连续方法来处理离散问题,对否?但他们有这样的答辩:用上了微分方程就有定性理论,利用它易于看出发展趋势.岂其然哉!实质上,利用差分方程或矩阵乘方的性质照样可以看到趋势,并且还容易些,还浅显些.但是在大学课程中没有包括进去而已,或原则上有之,但未像微分方程那样多方强调而已.在第三节中还将指出连续化的不可能性,硬用较深的数学殊无谓也.深入浅出是功夫,浅入深出是浪费.

我们有这样的不成熟的看法,先学些矩阵知识、差分方程,再学微分方程,则既可以学得处理"离散"问题的方法,取其极限,往往又可以得出微分方程的结果.

以上所讲就是说:离散问题用离散方法来处理为妥的论点、现在进一步说明:连续问题中的离散处理方法.

首先的问题是数据取得的问题.能不能取得无穷精密的数据?不能,即使准到小数点后十位百位,用十位百位小数表达出来的数据所成的集体仍然是离散的,而不是连续的(并且有时过分的精密度是完全不必要的).再则取数据的次数也必然是有限的、离散的.

其次看计算工具,近代的数字电子计算机本质上是离散的.它的特点是根据有限位数据进行有限次运算,算出有限个有限位的解答来.一切有限,仍然是离散的.

最后所能拿出来的结果(或客观的要求也是如此)当然也是离散的.这是一个从离散到离散的过程.数学家们通常的想法是从离散数据用插入法或回归法得函数,得微分方程,微分方程直接解不出来,再将微分方程差分化变为代数方程(离散),然后得出离散性的解答来.其过程中,经过插入法有误差,经过差分法又有误差,变成代数问题以后的求解误差就不提了.因而提出了以下的课题:能不能从离散直接到离散.这样避免了经过函数逼近的误差,避免了经过微分方程差分求解的误差.如果可能,那么方法初等化了!而结果反而可能更精密了!我们水平限制不敢多所论列,但主观上谬认为这是一个值得尝试的方向.再申明一下,重视离散性方法的同时,我们决不能忽视连续性方法.解析数论就是一门用连续性方法处理离散问题而获得重要成果的分支.连续性的考虑往往会看到一些离散性所不易看到的问题.

以下罗列一些例子,这些例子是从教基础课得来的.选择的标准当然也就是基础课或略高一些的水平.并且都是选取了与其他学科的科学工作者有共同兴趣的问题.各节之间的关系也是不太大的.例如:常用富利哀(Fourier)级数的同志不妨看看第四节.

再重复一句,这是抛砖引玉性质的文章.多举出些具体的感性材料,有可能为将来的教学改革或理论认识创造条件.虚心求教,敬请指正.

二 对象是连续的,但我们只能了解到其有限个数据——算体积,算面积

在学了微积分之后,我们常常有这样的喜悦:任何曲线的长度,任何曲面的面积及任何物体的体积都可以用积分方法来处理了.这种喜悦是应当有的,也是可以理解.但是以为这就已经可以解决问题了,那就错了.深入一想,我们所学过的方法都有一个共同的要求,就是要求有表示曲线、曲面的公式.也就是在实际中,有没有这样的表达公式?例如说,在估计矿藏储量时,有没有一个表示这矿体周界的解析公式?又如在估计山坡面积时,有没有一个 $z=f(x,y)$ 表示这曲面的公式?在实际情况中是没有的.一来由于我们不可能对每一点都进行实测,二来由于即使对矿体测了很多点,但也是不能够求出曲面的表达式来的,即使拼拼凑凑找出个公式,但在求积分的时候,依然是积不出来(找原函数)的时候多,而能够积成初等函

数的时候少——少得很. 因而矿体和山坡虽然是连续分布的,但是我们还是必须用离散的方法才能(近似)估出体积及面积.

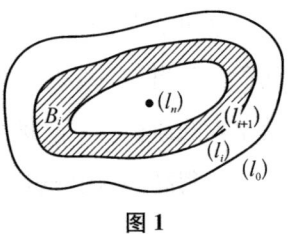

图 1

但这并不是说微积分里求面积、体积的公式没有用了,这儿是说,必须看看怎样才能用得上,并且将发现理论是有用的,它能给我们提供具体的线索,并帮我们判断各种方法的优劣性及进一步改善这些方法.

还是举一个例子吧:在估计山坡面积时,有两套方法:一套是地理学上的方法,称为 Волков 法,另一套是矿藏几何学上的方法,称为 Бауман 法. 以下我们把它们介绍一下,再比优劣.

如图 1,假定地图上以 Δh 为高程差画出等高线,并假定有一制高点及等高线成圈(其他情况很容易由此被推导出来). 假定由制高点(l_n)向外一圈一圈地画等高线(l_{n-1}),(l_{n-2}),$\cdots$,(l_0). 取(l_0)的高度为 0,(l_n)的高度为 h,(l_i) 与 (l_{i+1}) 之间的面积用 B_i 表示(即投影的面积).

1. Бауман 方法.

a. $C_i = \frac{1}{2}(l_i + l_{i+1})\Delta h$(中间直立隔板的面积)[①];

b. $\sum_{i=0}^{n-1} \sqrt{B_i^2 + C_i^2}$ 就是所求的斜面积的近似值.

2. Волков 方法.

a. $l = \sum_{i=0}^{n-1} l_i$ 为等高线的总长度. $B = \sum_{i=0}^{n-1} B_i$ 为总投影面积. 由

$$\tan \alpha = \frac{\Delta h \cdot l}{B}$$

得出平均倾角 α;

b. $B \sec \alpha = \sqrt{B^2 + (\Delta h \cdot l)^2}$ 就是所求的斜面积的近似值.

---

① 等高线(l_i)的长度用 l_i 表示.

这两个方法哪一个更好一些？这些方法所给出的结果在怎样的程度上迫近斜面积？又当等高线的分布趋向无限精密时，这些方法所给出的结果是什么？是否就是真的面积？下面我们将回答这些问题。

以制高点为中心引进极坐标。命高度是 z 的等高线方程是

$$\rho = \rho(z, \theta), \quad 0 \leqslant \theta \leqslant 2\pi$$

(假定 $\rho(z, \theta)$ 适当地光滑). 命 $z_i = \dfrac{h}{n} i$, $\Delta h = \dfrac{h}{n}$. 则 (l_i) 所围绕的面积等于

$$\frac{1}{2} \int_0^{2\pi} \rho^2(z_i, \theta) d\theta.$$

(l_i) 的长度等于

$$l_i = \int_0^{2\pi} \sqrt{\rho^2(z_i, \theta) + \left(\frac{\partial \rho(z_i, \theta)}{\partial \theta}\right)^2} d\theta.$$

于是由中值公式得

$$B_i = -\int_0^{2\pi} \rho(z_i', \theta) \frac{\partial \rho(z_i', \theta)}{\partial z_j'} d\theta \Delta h$$

及

$$C_i = \int_0^{2\pi} \sqrt{\rho^2(z_i'', \theta) + \left(\frac{2\rho(z_i'', \theta)}{\partial \theta}\right)^2} d\theta \Delta h,$$

其中 $z_i \leqslant z_i'$, $z_i'' \leqslant z_{i+1}$. 因此当 $\Delta h \to 0$ 时，$\sum_{i=0}^{n-1} \sqrt{B_i^2 + C_i^2}$ 趋近于

$$Б_a = \int_0^h \sqrt{\left(\int_0^{2\pi} \rho \frac{\partial \rho}{\partial z} d\theta\right)^2 + \left(\int_0^{2\pi} \sqrt{\rho^2 + \left(\frac{\partial \rho}{\partial \theta}\right)^2} d\theta\right)^2} dz.$$

这便是当 $\Delta h \to 0$ 时，用 Бауман 方法算出的斜面积所趋近的值。而 $\sqrt{\left(\sum_{i=0}^{n-1} B_i\right)^2 + \left(\Delta h \sum_{i=0}^{n-1} l_i\right)^2}$ 的极限

$$Б_o = \sqrt{\left(\int_0^{2\pi} d\theta \int_0^h \rho \frac{\partial \rho}{\partial z} dz\right)^2 + \left(\int_0^h dz \int_0^{2\pi} \sqrt{\rho^2 + \left(\frac{\partial \rho}{\partial \theta}\right)^2} d\theta\right)^2}$$

便是 Волков 方法算出的斜面积所趋近的值.

习知曲面的面积 S 为

$$S = \int_0^h \int_0^{2\pi} \sqrt{\rho^2 + \left(\frac{\partial \rho}{\partial \theta}\right)^2 + \left(\rho \frac{\partial \rho}{\partial z}\right)^2} \, d\theta dz.$$

引入一个复值函数

$$f(z, \theta) = -\rho \frac{\partial \rho}{\partial z} + i\sqrt{\rho^2 + \left(\frac{\partial \rho}{\partial \theta}\right)^2},$$

则

$$S = \int_0^h \int_0^{2\pi} |f(z, \theta)| \, d\theta dz,$$

$$Ба = \int_0^h \left| \int_0^{2\pi} f(z, \theta) d\theta \right| dz,$$

$$Бо = \left| \int_0^h \int_0^{2\pi} f(z, \theta) d\theta dz \right|.$$

由此可见: $\qquad Бо \leqslant Ба \leqslant S.$

结论 (1) Бауман 方法比 Волков 方法精密些;(2) 所求出的结果比真正的结果常常偏低一些.

除此而外,不难讨论 $Бо = S$ 及 $Ба = S$ 的情况. 我们还可以给出由这些方法所产生的误差的估计,并指出产生误差的原因及避免误差的方法. 关于这些请参看文献 [1][2].

附记 1 本节所用的积分是可以避免的.

三 无法连续化——非负方阵

如产量,如能量,如概率,都不能是负数. 在宇宙线的簇射过程中,在运筹学及概率论的若干问题中,往往出现非负元素的方阵,即某些物态的多寡经过某段时间之后的变化情况可以用非负方阵表达之. 更具体些说,例如有甲、乙、丙三种物件各

a, b, c 个单位. 但是经过一段时间 t 之后, 甲类物质变为 ap_{11}, ap_{12}, ap_{13} 个单位的甲、乙、丙三类物质, 而乙类物质变为 bp_{21}, bp_{22}, bp_{23} 个单位的甲、乙、丙三类物质; 丙类物质变为 cp_{31}, cp_{32}, cp_{33} 个单位的甲、乙、丙三类物质. 即经过时间 t 后, 甲、乙、丙物质的数量各为

$$ap_{11}+bp_{21}+cp_{31},$$
$$ap_{12}+bp_{22}+cp_{32},$$
$$ap_{13}+bp_{23}+cp_{33}$$

个单位. 由于物质不能变负, 所以 $p_{ij} \geqslant 0$. 这方阵

$$P = \begin{pmatrix} p_{11} & p_{12} & p_{13} \\ p_{21} & p_{22} & p_{23} \\ p_{31} & p_{32} & p_{33} \end{pmatrix}$$

称为变化方阵. 如果原始物质的数量用矢量 $v=(a, b, c)$ 表之, 那么经过时间 t 后, 其数量将为

$$vP.$$

如果仍然照这样的关系变化, 那么经过 $2t$ 时间将得

$$vP^2.$$

经过 nt 时间则为

$$vP^n.$$

当 n 增加时, 我们可以看出发展趋势.

为了易于了解起见, 我们回到单一的情况. 设原来的数量是 c, 经过单位时间后变为 cq, 经过 n 个单位时间得 cq^n, 经过半个单位时间可以设想, 它的数量是 $cq^{1/2}$ (注意问题就在这儿了!), 一般地讲, 可以设想在时间 t 的时候, 它的数量是 $f(t)=cq^t$, 它的微分表达式是

$$\frac{\mathrm{d}f}{\mathrm{d}t} = (\log q)f, \quad f(0) = c.$$

也就是说 $f(t) = cq^t$ 是微分方程唯一的解.

对于单一的现象,这方法虽有在理论上不妥当的地方,即在时间 1/2 时是不是 $q^{1/2}$ 倍. 但是在应用的时候并不出现困难,其主要原因是一个正数可以任意开方,也就是

$$\lim_{\varepsilon \to 0} \frac{q^{\varepsilon} - 1}{\varepsilon} = \log q$$

是实的存在的. 这个规律可以描述为量的增加率与时间成比例. 因此可能事实上虽然 $q^{1/2}$ 不定义,但我们理想地设想它存在,并不会发生什么矛盾.

如果有人希望把这一规律推广到多个现象的时候,那就势所必然地要求,求方阵 P 的平方根;求方阵 P 的任意方根. 是否有非负方阵的平方等于 P?如果没有,那么用微分处理是不可能的. 举个例子,没有非负方阵的平方等于

$$\begin{pmatrix} 0 & 1 \\ 1 & 0 \end{pmatrix}.$$

其理由是极简单的,如果

$$\begin{pmatrix} a & b \\ c & d \end{pmatrix}^2 = \begin{pmatrix} 0 & 1 \\ 1 & 0 \end{pmatrix},$$

那么 $a^2 + bc = 0$,由 a, b, c 的非负性得 $a = 0$ 及 b 或 $c = 0$. 这是不可能的. 换言之,如果方阵 P 不是"无穷可分的",也就是没有实方阵 Q 使 $P = e^Q$,则不可用微分方法来处理. 在研究线性弹性系微振动的颤动性质的时候,所对应的方阵的特征根全是正的,而且是不同的,因而 Q 是存在的. 但在经济现象中,有波浪式前进、螺旋式上升的现象,这说明它所对应的方阵不可能全部是正根,而可能有负根或复根存在,如果出现负根即就无法保证"无穷可分"性. 因而用微分方程的理论来笼统地处理经济现象是欲巧反拙的.

在物理现象及概率现象中,当运用微分方程来处理这种现象的时候,既要考虑能不能,又要考虑要不要.如果并不能证明"无穷可分"时,用差分方程保险些.在证明了"无穷可分"时,也可能用差分方程更简单些.不一定要用微分方程.

这儿再说些题外之言,完成演变所需要的时间是否有"单位"存在?即短于这个时间,能不能完成某种演变?在这样的情况下,"差分"法比"微分"法更能表达客观现象.在这种现象中,时间变为"离散".但基本单位是多长?如果多种不同单位现象的混合,情况又如何?在数学上反映出来更有可度约与不可度约的情况.因而类似数论中 Diophantine 逼近的现象出现了,但确是远更复杂的问题.

附记1 关于非负方阵的一些性质.

定理1 如果

$$\sum_{i=1}^{n} a_{ij} \leqslant q,\ a_{ij} \geqslant 0,\ j=1,2,\cdots,n, \tag{1}$$

那么方阵 $A=(a_{ij})$ 的特征根的绝对值都 $\leqslant q$.

这定理的证明是很简单的.由特征根 λ 的定义,有非全为零的 $x_1,\cdots,x_n$ 使

$$\sum_{j=1}^{n} a_{ij} x_j = \lambda x_i.$$

因此

$$|\lambda||x_i| \leqslant \sum_{j=1}^{n} a_{ij}|x_j|,$$

所以

$$|\lambda|\sum_{i=1}^{n}|x_i| \leqslant \sum_{j=1}^{n}\left(\sum_{i=1}^{n} a_{ij}\right)|x_j| \leqslant q\sum_{j=1}^{n}|x_j|,$$

即得所证.

这一性质在以后要用,所以给予证明,实质上,非负方阵的若干性质与特征,似乎都有它的经济学(或其他用得到它的学科)上的重要意义.例如,非负方阵有一个最大正特征根,这似乎可以用来作为一个经济体系的发展速度的标志,而对应于这特征根有一非负元素的特征矢量,这特征矢量似乎反映了各种产品之间,或产品与劳动之间的正确等价关系,如果有复虚数的特征根存在,那么反映了可能若干部门间会出现螺旋式上升、波浪式前进的情况.

不仅如此,还可以提供"应当改进哪些系数(如每吨钢的煤耗系数)可能使我们的经济系统增长最快"的线索.因而决定应当改进的关键性的环节.当然这样的建议只能作为参考,而更重要的是人的作用.

四 多算了反而吃亏——实用调和分析

在广泛的应用中,我们经常要把一个函数 $f(x)$ 展开成为 Fourier 级数,即

$$f(x) \sim \frac{a_0}{2} + \sum_{m=1}^{\infty} (a_m \cos mx + b_m \sin mx), \tag{1}$$

这儿

$$\begin{aligned} a_m &= \frac{1}{\pi} \int_0^{2\pi} f(x) \cos mx \, \mathrm{d}x, \\ b_m &= \frac{1}{\pi} \int_0^{2\pi} f(x) \sin mx \, \mathrm{d}x. \end{aligned} \tag{2}$$

有时用等价的复数形式的 Fourier 级数

$$\begin{aligned} f(x) &\sim \sum_{m=-\infty}^{\infty} C_m \mathrm{e}^{imx}, \\ C_m &= \frac{1}{2\pi} \int_0^{2\pi} f(x) \mathrm{e}^{-imx} \, \mathrm{d}x. \end{aligned} \tag{3}$$

如果 $f(x)$ 是由实验得来的,有时仅测得有限个数据,根据这有限个数据,怎样求出渐近的 Fourier 级数来呢? 有时 $f(x)$ 即使有解析表达式,但积分(2)(3)的原函数无法获得,因而必须进行数值积分.对于这两种情况,一般都用以下的方法来处理.

假定在 $[0, 2\pi]$ 中给了 $n(=2n'+1)$ 个点的函数值

$$y_l = f\left(\frac{2\pi l}{n}\right), 0 \leqslant l \leqslant n-1.$$

而用
$$a_m \sim a'_m = \frac{2}{n}\sum_{l=0}^{n-1} y_l \cos\frac{2\pi lm}{n},$$

及
$$b_m \sim b'_m = \frac{2}{n}\sum_{l=0}^{n-1} y_l \sin\frac{2\pi lm}{n}$$

来近似计算 a_m 与 b_m. 也许会出现这样的错觉,少取几个数据,利用现代计算工具多算几项 a'_m, b'_m,则

$$\frac{a_0}{2} + \sum_{m=1}^{N}(a'_m \cos mx + b'_m \sin mx) \tag{4}$$

会更精确地逼近于 $f(x)$. 这是不对的,如果仅给了 n 个数据,即用 n 个点的函数值来近似计算 a_m 与 b_m. 过多的计算不但不能增加精确度,反而会增大误差,甚至于变成荒谬的结论. 其理由是 $a'_m = a'_{n+m}$, $b'_m = b'_{n+m}$ ($m=1, 2, \cdots$),所以级数

$$\frac{a'_0}{2} + \sum_{m=1}^{\infty}(a'_m \cos mx + b'_m \sin mx) \tag{5}$$

是发散的. 因而一直算下去,所得出的结果将大大偏离于原来所给的函数 $f(x)$(特别当 $f(x)$ 是有一定光滑的函数,例如连续、可微商等). 我们可以证明最好是算到 n 项,多算则浪费精力,造成更大的误差,少算则没有充分利用数据.

用初等指数和的方法来处理这一问题,方法是离散性的,并且亦易于计算,先从复数形式的 Fourier 级数演起:假定在区间 $[-\pi, \pi]$ 中给了函数 $f(x)$ 的 $n(=2n'+1)$ 个数据

$$y_l = f\left(\frac{2\pi l}{n}\right), \quad l = 0, \pm 1, \cdots, \pm n'. \tag{6}$$

利用公式

$$\frac{1}{n}\sum_{l=-n'}^{n'} e^{2\pi ilm/n} = \begin{cases} 0, & \text{若 } n \nmid m, \\ 1, & \text{若 } n \mid m. \end{cases} \tag{7}$$

可以从

$$y_l = \sum_{m=-n'}^{n'} C'_m e^{2\pi i l m/n}, \quad |l| \leqslant n' \tag{8}$$

定出 C'_m 来. 定 C'_m 的方法是：以 $e^{-2\pi i l q/n}$ 乘(8)式,并对 l 求和,由(7)得出

$$\sum_{l=-n'}^{n'} y_l e^{-2\pi i l q/n} = \sum_{m=-n'}^{n'} C'_m \sum_{l=-n'}^{n'} e^{2\pi i (m-q)l/n} = n C'_q. \tag{9}$$

因此建议我们用

$$\begin{aligned} S_n(x) &= \sum_{m=-n'}^{n'} C'_m e^{imx}, \\ C'_m &= \frac{1}{n} \sum_{l=-n'}^{n'} y_l e^{-2\pi i l m/n} \end{aligned} \tag{10}$$

来逼近 $f(x)$. 我们现在来估计 $S_n(x)$ 与 $f(x)$ 的误差.

定理 1 假定 $f(x)$ 在 $[-\pi, \pi]$ 中有 $r(\geqslant 2)$ 阶连续微商,而且是以 2π 为周期的函数,并且假定

$$|f^{(r)}(x)| < C,$$

则

$$|f(x) - S_n(x)| < \frac{4C}{(r-1)n'^{r-1}}. \tag{11}$$

证明 已知

$$\begin{aligned} f(x) &= \sum_{m=-\infty}^{\infty} C_m e^{imx}, \\ C_m &= \frac{1}{2\pi} \int_{-\pi}^{\pi} f(x) e^{-imx} dx. \end{aligned} \tag{12}$$

分部积分 r 次得

$$C_m = \frac{1}{2\pi (im)^r} \int_{-\pi}^{\pi} f^{(r)}(x) e^{-imx} dx.$$

立刻推得
$$|C_m| \leqslant \frac{C}{|m|^r}.$$

因此
$$\left| f(x) - \sum_{m=-n'}^{n'} C_m e^{imx} \right| \leqslant 2 \sum_{m=n'+1}^{\infty} \frac{C}{|m|^r} \leqslant 2C \int_{n'}^{\infty} \frac{dx}{x^r}$$
$$= \frac{2C}{(r-1)n'^{r-1}}. \tag{13}$$

当 $|m| \leqslant n'$ 时,
$$C_m - C'_m = C_m - \frac{1}{n} \sum_{l=-n'}^{n'} y_l e^{-2\pi i l m/n}$$
$$= C_m - \frac{1}{n} \sum_{l=-n'}^{n'} e^{-2\pi i l m/n} \sum_{q=-\infty}^{\infty} C_q e^{2\pi i q l/n}$$
$$= C_m - \frac{1}{n} \sum_{q=-\infty}^{\infty} C_q \sum_{l=-n'}^{n'} e^{2\pi i (q-m)l/n}$$
$$= C_m - \sum_{\substack{q=-\infty \\ q \equiv m (\bmod n)}}^{\infty} C_q,$$

因此
$$|C_m - C'_m| \leqslant \sum_{t=-\infty}^{\infty}{}' |C_{m+nt}|,$$

这儿 $\sum'$ 表示和号中除去 $t=0$ 一项. 因此
$$\left| \sum_{m=-n'}^{n'} (C_m - C'_m) e^{imx} \right| \leqslant \sum_{m=-n'}^{n'} \sum_{t=-\infty}^{\infty}{}' |C_{m+nt}| \leqslant \sum_{m=-n'}^{n'} \sum_{t=-\infty}^{\infty}{}' \frac{C}{|m+nt|^r}$$
$$\leqslant 2C \sum_{l=n'+1}^{\infty} \frac{1}{l^r} \leqslant \frac{2C}{(r-1)n'^{r-1}}. \tag{14}$$

(任一整数 l 可以唯一地表成为 $nt + m (|m| \leqslant n')$ 的形式,但 $t \neq 0$,这表达除去 $|l| \leqslant n'$ 以外的所有整数,故得所云.)

因此由 (12) (13) (14) 得

$$|f(x)-S_n(x)|<\frac{4C}{(r-1)n'^{r-1}}.$$

在实际计算的时候,$S_n(x)$还可以表达得更简单些.

$$\begin{aligned}S_n(x)&=\sum_{m=-n'}^{n'}C'_m\mathrm{e}^{\mathrm{i}mx}=\frac{1}{n}\sum_{m=-n'}^{n'}\sum_{l=-n'}^{n'}y_l\mathrm{e}^{-2\mathrm{i}\pi lm/n}\mathrm{e}^{\mathrm{i}mx}\\ &=\frac{1}{n}\sum_{l=-n'}^{n'}y_l\sum_{m=-n'}^{n'}\mathrm{e}^{\mathrm{i}(x-2\pi l/n)m}\\ &=\frac{1}{n}\sum_{l=-n'}^{n'}y_l\frac{\sin\left(n'+\frac{1}{2}\right)(x-2\pi l/n)}{\sin\frac{1}{2}(x-2\pi l/n)}\\ &=\frac{1}{n}\sum_{l=-n'}^{n'}y_l\frac{\sin\left(\frac{1}{2}nx-\pi l\right)}{\sin\frac{1}{2}(x-2\pi l/n)}\\ &=\frac{\sin\frac{1}{2}nx}{n}\sum_{l=-n'}^{n'}\frac{(-1)^l y_l}{\sin\frac{1}{2}(x-2\pi l/n)}.\end{aligned} \quad (15)$$

附记 1 如果分点

$$0\leqslant x_1<\cdots<x_n<2\pi$$

不是均匀的,那么可以由联立方程

$$\begin{cases}\dfrac{a'_0}{2}+\sum_{m=1}^{n'}(a'_m\cos mx_i+b'_m\sin mx_i)=y_i,\\ \dfrac{a'_0}{2}+\sum_{m=1}^{n'}(a'_m\cos mx+b'_m\sin mx)=y.\end{cases}\quad(1\leqslant i\leqslant n)$$

消去 a'_0, a'_m, b'_m 而得出 y 与 $y_1,\cdots,y_n$ 的关系.

五 差分方法——连续与离散间一座常用的桥梁

在微分方程的求解中,我们常用差分方法,这是一个应用十分广泛的方法.简言之,这一方法是将微分方程的求解问题化为代数方程(即所谓差分方程)的求解问题.为了简单起见,作为例子,我们现在扼要地介绍一下用这一方法来处理拉普拉斯(Laplace)方程的狄利克雷(Dirichlet)问题的过程.在求解差分方程时,我们将要谈到代数方法与蒙特卡罗(Monte Carlo)方法,并作一些分析比较.

问题:命 G 是一个有光滑周界的有界的平面单联通区域.在它的边界 Γ 上给了一个连续函数 $f(x,y)$,求连续函数 $u(x,y)$ 适合于

(Ⅰ) 在 G 内满足 Laplace 方程

$$\frac{\partial^2 u}{\partial x^2}+\frac{\partial^2 u}{\partial y^2}=0. \tag{1}$$

(Ⅱ) 在 Γ 上取已给函数 f 的值.

关于 u 的近似求法的步骤如次:

1. 网格化. 在平面上作与坐标轴平行的两簇曲线

$$x=mh,\ y=nh,$$

这儿 h 是某一正数,而 m,n 过所有的整数值.这样的区域 G 当然为一些以 h 为边长的正方形所覆盖(图 2).正方形的顶点称为整点.与 G 有公共点的正方形所成的区域以 G^* 表之.G^* 是一多边形.命 Q 是 G^* 的边界上的整点,假定 Γ 与 Q 的最近点是 P(如果有许多点有相同的距离,那么可取其中的任意一点),我们定义 $f(Q)=f(P)$. 这样在 G^* 的边界 Γ^* 的整点上都有了函数值 $f(Q)$.

2. 差分化. 用

$$\frac{u(x+h,y)-2u(x,y)+u(x-h,y)}{h^2}$$

及
$$\frac{u(x, y+h) - 2u(x, y) + u(x, y-h)}{h^2}$$

图 2

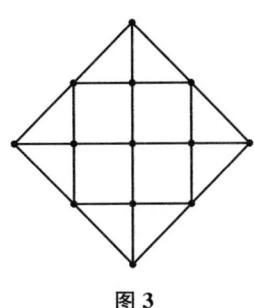

图 3

各代替二阶偏微商 $\frac{\partial^2 u}{\partial x^2}$ 及 $\frac{\partial^2 u}{\partial y^2}$，则 Laplace 方程可以改写为

$$u(x, y) = \frac{1}{4}[u(x+h, y) + u(x-h, y) + u(x, y+h) + u(x, y-h)]. \tag{2}$$

也就是在非边界整点 (x, y)，函数 $u(x, y)$ 的数值等于其东、南、西、北四邻近整点的函数值的平均（图 3）。

3. 问题一变而为已知多边形边界整点的函数值而求内部整点的函数值的问题了，即问题化为求解线性方程组 (2)。

但是由此得到的是否会是矛盾方程组？是否仅有唯一的解？都是必须解答的问题。我们现在先举一个简单的例子，然后就直觉地看出一般的理论了。

不妨取 $h=1$，给了八点的函数值 $u(2, 0)$，$u(1, 1)$，$u(0, 2)$，$u(-1, 1)$，$u(-2, 0)$，$u(-1, -1)$，$u(0, -2)$，$u(1, -1)$，求 $u(0, 0)$，$u(1, 0)$，$u(0, 1)$，$u(-1, 0)$，$u(0, -1)$ 五值[①]。

---

① 不难看出，对于这个例子，图 3 与 图形是等价的。

将方程式全部列出：

$$\left.\begin{aligned}
u(0,0) &= \frac{1}{4}(u(1,0)+u(0,1)+u(-1,0)+u(0,-1)), \\
u(1,0) &= \frac{1}{4}(u(2,0)+u(1,1)+u(0,0)+u(1,-1)), \\
u(0,1) &= \frac{1}{4}(u(1,1)+u(0,2)+u(-1,1)+u(0,0)), \\
u(-1,0) &= \frac{1}{4}(u(0,0)+u(-1,1)+u(-2,0)+u(-1,-1)), \\
u(0,-1) &= \frac{1}{4}(u(1,-1)+u(0,0)+u(-1,-1)+u(0,-2)).
\end{aligned}\right\} \quad (3)$$

由消去法得出

$$u(0,0) = \frac{1}{12}(u(2,0)+u(0,2)+u(-2,0)+u(0,-2)) +$$

$$\frac{1}{6}((u(1,1)+u(-1,1)+u(-1,-1)+u(1,-1)), \quad (4)$$

$$u(1,0) = \frac{13}{48}u(2,0) + \frac{7}{24}(u(1,1)+u(1,-1)) +$$

$$\frac{1}{24}(u(-1,1)+u(-1,-1)) +$$

$$\frac{1}{48}(u(0,2)+u(-2,0)+u(0,-2)), \quad (5)$$

等等.

这些系数 $\frac{1}{6}, \frac{1}{12}, \frac{13}{48}, \cdots$ 的意义是什么？我们以后再交代. 先作以下的代数处理,把这十三个点的函数值作为一个列矢量的元素,则(3)式可以写成

$$\begin{bmatrix} u(0,0) \\ u(1,0) \\ u(0,1) \\ u(-1,0) \\ u(0,-1) \\ u(1,1) \\ u(-1,1) \\ u(-1,-1) \\ u(1,-1) \\ u(2,0) \\ u(0,2) \\ u(-2,0) \\ u(0,-2) \end{bmatrix} = \begin{bmatrix} 0 & \frac{1}{4} & \frac{1}{4} & \frac{1}{4} & \frac{1}{4} & 0 & 0 & 0 & 0 & 0 & 0 & 0 & 0 \\ \frac{1}{4} & & & & & \frac{1}{4} & 0 & 0 & \frac{1}{4} & \frac{1}{4} & 0 & 0 & 0 \\ \frac{1}{4} & & \mathbf{0} & & & \frac{1}{4} & \frac{1}{4} & 0 & 0 & 0 & \frac{1}{4} & 0 & 0 \\ \frac{1}{4} & & & & & 0 & \frac{1}{4} & \frac{1}{4} & 0 & 0 & 0 & \frac{1}{4} & 0 \\ \frac{1}{4} & & & & & 0 & 0 & \frac{1}{4} & \frac{1}{4} & 0 & 0 & 0 & \frac{1}{4} \\ \hline & & & & & 1 & & & & & & & \\ & & & & & & 1 & & & & & & \\ & & & & & & & 1 & & & \mathbf{0} & & \\ & & & \mathbf{0} & & & & & 1 & & & & \\ & & & & & & & & & 1 & & & \\ & & & & & \mathbf{0} & & & 1 & & & & \\ & & & & & & & & & & & 1 & \\ & & & & & & & & & & & & 1 \end{bmatrix} \begin{bmatrix} u(0,0) \\ u(1,0) \\ u(0,1) \\ u(-1,0) \\ u(0,-1) \\ u(1,1) \\ u(-1,1) \\ u(-1,-1) \\ u(1,-1) \\ u(2,0) \\ u(0,2) \\ u(-2,0) \\ u(0,-2) \end{bmatrix}.$$

(6)

可以抽象得
$$\begin{pmatrix} u \\ v \end{pmatrix} = \begin{pmatrix} P & Q \\ O & I \end{pmatrix} \begin{pmatrix} u \\ v \end{pmatrix}. \tag{7}$$

这儿 v 是边界整点的函数值所成的列矢量,而 u 是"内部整点"的函数值所成的列矢量. 这种表达法对一般的问题都对. 它实质上表达了两件事:(I)内部整点的函数值可以表为其东、南、西、北四邻近整点的函数值的平均. (II)边界点仍然是边界点.

因为一个整点只能是不超过四个整点的邻近点,所以方阵 P 的每列元素之和皆 $\leqslant 1$. 现在来证明 P^2 的每列元素之和皆 <1. 盖若不然,由于 P 的元素只能取 0 与 $1/4$ 二值,故 P 必包有子方阵

$$\begin{bmatrix} \frac{1}{4} & \frac{1}{4} & \frac{1}{4} & \frac{1}{4} \\ \frac{1}{4} & \frac{1}{4} & \frac{1}{4} & \frac{1}{4} \\ \frac{1}{4} & \frac{1}{4} & \frac{1}{4} & \frac{1}{4} \\ \frac{1}{4} & \frac{1}{4} & \frac{1}{4} & \frac{1}{4} \end{bmatrix}.$$

但是因为不能有两个不同的整点具有同样的东、南、西、北四邻近整点,所以这是不可能的. 因此 P^2 的每列元素之和皆 <1. 因此由第三节可知 P^2 的特征根的绝对值皆 <1,从而

$$\lim_{n\to\infty} P^n = 0.$$

而且
$$Q + PQ + P^2Q + \cdots$$
收敛(收敛于 $(I-P)^{-1}Q$). 将(7)式连续迭代 n 次得

$$\begin{pmatrix} u \\ v \end{pmatrix} = \begin{pmatrix} P & Q \\ O & I \end{pmatrix}^n \begin{pmatrix} u \\ v \end{pmatrix} = \begin{pmatrix} P^nQ + PQ + P^2Q + \cdots + P^{n-1}Q \\ O & I \end{pmatrix} \begin{pmatrix} u \\ v \end{pmatrix}.$$

命 $n \to \infty$,则得

$$\begin{pmatrix} u \\ v \end{pmatrix} = \begin{pmatrix} OQ + PQ + P^2Q + \cdots \\ O & I \end{pmatrix} \begin{pmatrix} u \\ v \end{pmatrix}.$$

因此 $\qquad u = (Q + PQ + P^2Q + \cdots)v = (I + P + P^2 + \cdots)Qv.$ \hfill (8)

这就是问题的解答. 也就是当给了边界整点的函数值 v,可以由(8)算出内部整点的函数值 u 来,这建议了以下的算法.

(A) 代数法. 把 u 写成列矢量 $(u_1, \cdots, u_l)'$,v 写成 $(v_1, \cdots, v_k)'$,如果内部整点[①]u_i 与边界整点 v_j 相邻,则在 Q 的 (i, j) 位置记上 $1/4$,否则记上 0. 如果内部整点 u_i 与 u_j 相邻,则在 P 的 (i, j) 位置记上 $1/4$,否则记上 0. 这样得出 P 与 Q,用以下的格式算出(8)来.

---

① 内部整点与边界整点亦分别记之为 $u_1, \cdots, u_l$ 与 $v_1, \cdots, v_k$,请勿混淆.

	Qv	
P	PQv	$R_1 = Qv + PQv$
P^2	$P^2 R_1$	$R_2 = R_1 + P^2 R_1$
P^4	$P^4 R_2$	$R_3 = R_2 + P^4 R_2$
P^8	$P^8 R_3$	$R_4 = R_3 + P^8 R_3$
...	...	...

用到我们的例子上,由于

$$P^3 = \frac{1}{4} P,$$

所以

$$Q + PQ + P^2 Q + \cdots$$
$$= \left[I + (P + P^2) \left(1 + \frac{1}{4} + \frac{1}{4^2} + \cdots \right) \right] Q$$
$$= \left[I + \frac{4}{3} (P + P^2) \right] Q$$
$$= \begin{bmatrix} \frac{1}{6} & \frac{1}{6} & \frac{1}{6} & \frac{1}{6} & \frac{1}{12} & \frac{1}{12} & \frac{1}{12} & \frac{1}{12} \\ \frac{7}{24} & \frac{1}{24} & \frac{1}{24} & \frac{7}{24} & \frac{13}{48} & \frac{1}{48} & \frac{1}{48} & \frac{1}{48} \\ \frac{7}{24} & \frac{7}{24} & \frac{1}{24} & \frac{1}{24} & \frac{1}{24} & \frac{13}{48} & \frac{1}{48} & \frac{1}{48} \\ \frac{1}{24} & \frac{7}{24} & \frac{7}{24} & \frac{1}{24} & \frac{1}{48} & \frac{1}{48} & \frac{13}{48} & \frac{1}{48} \\ \frac{1}{24} & \frac{1}{24} & \frac{7}{24} & \frac{7}{24} & \frac{1}{48} & \frac{1}{48} & \frac{1}{48} & \frac{13}{48} \end{bmatrix}.$$

必须指出,这儿所介绍的计算程序比解方程组的普通程序更快速些.

现在再来看看(4)(5)中系数的几何意义,看一下(4)式中的 $\frac{1}{6}$ 及 $\frac{1}{12}$ 可能会想到:由(0,0)出发到(0,2)有一条直路,到(1,1)有两条路"⌐"与"⌙",一共有12条路,因而到(0,2)的可能性是 $\frac{1}{12}$,而到(1,1)的可能性是 $\frac{2}{12}=\frac{1}{6}$ 等等.

这种讲法是有道理的,但不易推广. 请看下面的说法:从(0,0)到其东、南、西、北各邻近点的可能性各占 $\frac{1}{4}$. 但这四点均非边界整点,因而由(0,0)一步到达边界的可能性是零.

任何一内点到其四邻点的可能性都是 $\frac{1}{4}$. 因此从(0,0)走两步,共16种可能性,其中到一顶点的各有一种(共四种),到一边点的各有二种(共八种). 进一步退一步仍在原点的四种. 因此任意走两步达到每一顶点的可能性是 $\frac{1}{16}$,达到每一边点的可能性是 $\frac{2}{16}=\frac{1}{8}$,仍回原地的可能是 $\frac{1}{4}$.

走三步不可能由(0,0)到达边界点.

再看走四步的情况,走两步已达边界的情况不谈了. 后两步依然从(0,0)出发,但现在到边界点的可能性要乘上 $\frac{1}{4}$ 了. 即由(0,0)走四步达到每一顶点的可能性是 $\frac{1}{4}\times\frac{1}{16}$,达到每一边点的可能性是 $\frac{1}{4}\times\frac{1}{8}$. 而返回原地的可能性是 $\frac{1}{4}\times\frac{1}{4}$.

五步不能,而六步的可能性各为

$$\frac{1}{4^2}\times\frac{1}{16},\ \frac{1}{4^2}\times\frac{1}{8},\ \frac{1}{4^2}\times\frac{1}{4},$$

等等. 由(0,0)出发走奇数步达到边界点的可能性是没有的. 走 $2l$ 步达到每一顶点的可能是

$$\frac{1}{4^{l-1}} \times \frac{1}{16}.$$

达到每一边点的可能性是

$$\frac{1}{4^{l-1}} \times \frac{1}{8}.$$

而返回原地的可能性是

$$\frac{1}{4^l}.$$

因此,达到每一顶点的可能性是

$$\frac{1}{16} + \frac{1}{4} \times \frac{1}{16} + \frac{1}{4^2} \times \frac{1}{16} + \cdots$$

$$= \frac{1}{16} \times \left(1 + \frac{1}{4} + \frac{1}{4^2} + \cdots\right) = \frac{1}{16} \times \left(1 - \frac{1}{4}\right)^{-1} = \frac{1}{12}.$$

而达到每一边点的可能性是

$$\frac{1}{8} \times \left(1 + \frac{1}{4} + \frac{1}{4^2} + \cdots\right) = \frac{1}{6}.$$

返回原地的可能性是

$$\lim_{l \to \infty} \frac{1}{4^l} = 0.$$

这就是概率论中的随机游动.

再看(5)式中 $\frac{13}{48}$ 的意义:由 $(1,0)$ 一步可能到达 $(2,0)$,可能性是 $\frac{1}{4}$. 由 $(1,0)$ 走一步不到边界点只可能到 $(0,0)$,可能性是 $\frac{1}{4}$. 以后的情况与从 $(0,0)$ 出发相同. 因此走一步以上达到 $(2,0)$ 的可能性是 $\frac{1}{4} \times \frac{1}{12}$. 总的可能性是

有限与无穷,离散与连续

$$\frac{1}{4}+\frac{1}{4}\times\frac{1}{12}=\frac{13}{48}.$$

同样到$(1,1)$(或$(1,-1)$)的可能性是

$$\frac{1}{4}+\frac{1}{4}\times\frac{1}{6}=\frac{7}{24}.$$

到其他的边界点必经$(0,0)$,因此就是$(0,0)$到达这些点的可能性乘以$\frac{1}{4}$,即得

$$\frac{1}{4}\times\frac{1}{12}=\frac{1}{48} \text{ 与 } \frac{1}{4}\times\frac{1}{6}=\frac{1}{24}.$$

从这一简单的例子,不难直觉地看出一般的理论. 这也建议我们用概率方法来解决"Laplace方程的边界值问题". 实质上,解决"差分化后的代数方程组".

(B) Monte Carlo 法(或概率法). 我们先一般地定义二维随机游动如下:设有一质点从G^*的某一整点出发,以等概率 1/4 向其东、南、西、北四相邻整点移动一步,然后再以同样的方式,从新的位置向其相邻的四整点处移动一步,如此继续下去,直到达到某一边界整点,游动便告终止. 如图 4,设随机游动的一条路线是

$$\gamma_A: A \to A_1 \to \cdots \to A_{l-1} \to Q \in \Gamma^*,$$

则定义随机变量的值为

$$\xi=\xi(\gamma_A)=f(Q),$$

此处$f(Q)$为边界整点Q的函数值. 若Q为边界整点,则定义

$$\xi=\xi(\gamma_Q)=f(Q).$$

图 4

随机变量ξ的数学期望$E(\xi)$即方程组(2)的解. 换言之

$$E(\xi(\gamma_A))=\frac{1}{4}\sum_{i=1}^{A}E(\xi(\gamma_{A1i})), \text{ 若 } A \in G^*, \tag{9}$$

及

$$E(\xi(\gamma_Q)) = f(Q), \text{ 若 } Q \in \Gamma^*, \tag{10}$$

此处 $A_{11}, A_{12}, A_{13}, A_{14}$ 分别为 A 的东、南、西、北四邻点.

命 $P(\gamma_A)$ 表示循路线 γ_A 游动的概率,则

$$P(\gamma_A) = \frac{1}{4^l},$$

因此
$$E(\xi(\gamma_A)) = \sum_{\gamma_A} \xi(\gamma_A) P(\gamma_A),$$

此处右端为对一切从 A 出发的游动路线求和. 由 A 出发,第一步必然是走到其东、南、西、北四邻点 $A_{11}, A_{12}, A_{13}, A_{14}$ 中的一个,然后再继续游动. 因此

$$E(\xi(\gamma_A)) = \sum_{i=1}^{A} \sum_{\gamma_{A_{1i}}} \xi(\gamma_{A_{1i}}) P(A \to A_{1i}) P(\gamma_{A_{1i}}).$$

由于 $P(A \to A_{1i}) = \dfrac{1}{4}$,所以

$$E(\xi(\gamma_A)) = \frac{1}{4} \sum_{i=1}^{A} \sum_{\gamma_{A_{1i}}} \xi(\gamma_{A_{1i}}) P(\gamma_{A_{1i}}) = \frac{1}{4} \sum_{i=1}^{A} E(\xi(\gamma_{A_{1i}})).$$

此即(9)式. 其次当 $Q \in \Gamma^*$ 时,只有一条游动路线,即停止不动. 因此

$$E(\xi(\gamma_Q)) = \sum_{\gamma_Q} \xi(\gamma_Q) P(\gamma_Q) = \xi(\gamma_Q) = f(Q).$$

故得(10)式.

设对 ξ 进行了 N 次观察得到

$$\xi_1, \cdots, \xi_N.$$

则根据大数定律可知,对于任意 $\varepsilon > 0$ 皆有

$$\lim_{N \to \infty} P\left(\left| E(\xi) - \frac{1}{N} \sum_{i=1}^{N} \xi_i \right| \leqslant \varepsilon \right) = 1.$$

因此当 N 充分大时

$$\frac{1}{N}\sum_{i=1}^{N}\xi_i$$

就可以作为 $E(\xi)$（即解答）的近似值.

随机游动一般是用物理方法或者用数学方法产生的随机数来实现的. 在此不详谈了. 这里说一个通俗的办法：用粉笔将 G^* 画在围棋盘上. 如果要求某点的函数值，可以先在此做一记号，再放上一个棋子，用标有东、南、西、北的正四面体骰子（见图 5）投掷，如果落地的一面是东（或南、西、北），则向东（或南、西、北）走一步，再掷再走，一直到达边界为止. 这样便得到一条随机游动，边界点的函数值即游动的随机变量的值 ξ. 进行充分多次的游动（设为 N 次），记下 ξ 对这 N 次游动的值

图 5

$$\xi_1, \cdots, \xi_N.$$

其算术平均就是所欲求点的函数值的近似值.

结论 差分方法的误差由三部分构成：（Ⅰ）网格化时，移动边界值所产生的误差.（Ⅱ）差分化时，把微商换成差分的误差.（Ⅲ）解差分方程时，代数法产生的是普通的误差，而 Monte Carlo 法产生的是概率的误差.

因此，Monte Carlo 法的误差比代数法的误差更大些，亦更不可靠些. 但另一方面，Monte Carlo 方法的计算程序特别简单，而且如果我们只需要求得某些整点的函数值，而不是全部整点的函数值，用这一方法就更加经济了.

六 解析表达式——有时会引入迷途

有些解析公式看来不错，似乎是很解决问题的，甚至于彻底解决问题. 但如果不加思索地加以运用却会引入迷途. 如果较全面地理解"连续"与"离散"间的关系，这些失误是完全可以避免的！并且与此相反，反而有相辅相成之妙，也就是解析表达式可以启示新计算方法的苗头，而不仅仅是理论上的重要性而已. 我们仍旧以

Laplace 方程的 Dirichlet 问题为例子,并且取区域为单位圆. Laplace 方程的极坐标形式是

$$\frac{1}{\rho}\frac{\partial}{\partial \rho}\left(\rho\frac{\partial u}{\partial \rho}\right)+\frac{1}{\rho^2}\frac{\partial^2 u}{\partial \theta^2}=0. \tag{1}$$

问题 求连续函数 $u(\rho,\theta)$,它在单位圆内适合(1),而在圆周 Γ 上与已给的连续函数相符合,即

$$u(\rho,\theta)\mid_{\rho=1}=\varphi(\theta). \tag{2}$$

今后常假定 $\varphi(\theta)$ 为 $[0,2\pi]$ 中有 $r(\geqslant 2)$ 阶连续微商,而且是以 2π 为周期的函数,并且假定 $|\varphi^{(r)}(\theta)|<C$. 将 $\varphi(\theta)$ 展开成 Fourier 级数

$$\varphi(\theta)=\frac{a_0}{2}+\sum_{m=1}^{\infty}(a_m\cos m\theta+b_n\sin m\theta), \tag{3}$$

此处

$$a_m=\frac{1}{\pi}\int_0^{2\pi}\varphi(\theta)\cos m\theta\,\mathrm{d}\theta,$$

$$b_m=\frac{1}{\pi}\int_0^{2\pi}\varphi(\theta)\sin m\theta\,\mathrm{d}\theta. \tag{4}$$

容易看出

$$\rho^m\cos m\theta,\quad \rho^m\sin m\theta\quad (m=0,1,2,\cdots) \tag{5}$$

都是(1)的解,而且分别以 $\cos m\theta$ 与 $\sin m\theta$ 为边界值. 因此可以希望

$$u(\rho,\theta)=\frac{a_0}{2}+\sum_{m=1}^{\infty}(a_m\cos m\theta+b_m\sin m\theta)\rho^m \tag{6}$$

为(1)适合(2)及(3)的解. 由于

$$a_m=O\left(\frac{1}{m^r}\right),\ b_m=O\left(\frac{1}{m^r}\right),$$

所以易见(6)的确是(1)适合(2)及(3)的解. 因为

$$\frac{1}{2}+\sum_{m=1}^{\infty}\rho^m\cos m\theta = R\left(\frac{1}{1-e^{i\theta}}\right)-\frac{1}{2}=\frac{1-\rho\cos\theta}{1-2\rho\cos\theta+\rho^2}-\frac{1}{2}$$

$$=\frac{1-\rho^2}{2(1-2\rho\cos\theta+\rho^2)},$$

所以由(4)(6)得

$$u(\rho,\theta)$$
$$=\frac{1}{\pi}\int_0^{2\pi}\varphi(\psi)\left[\frac{1}{2}+\sum_{m=1}^{\infty}(\cos m\theta\cos m\psi+\sin m\theta\sin m\psi)\rho^m\right]d\psi$$
$$=\frac{1}{\pi}\int_0^{2\pi}\varphi(\psi)\left[\frac{1}{2}+\sum_{m=1}^{\infty}\rho^m\cos m(\theta-\psi)\right]d\psi$$
$$=\frac{1}{2\pi}\int_0^{2\pi}\varphi(\psi)\frac{1-\rho^2}{1-2\rho\cos(\theta-\psi)+\rho^2}d\psi. \tag{7}$$

这称为泊松(Poisson)公式.

这是解答 $u(\rho,\theta)$ 的解析公式. 这公式的确很不错. 似乎都把问题彻底解决了. 但是仔细想一下, 是否真的解决问题了呢? 如果 $\varphi(\psi)$ 给了之后, 能够算出积分(7)(即找到原函数), 则问题的确圆满解决了. 但如果算不出积分(7)(这种情形比能算出的情形多得多), 或者当边界值仅仅由实验给出了若干数据时, 就产生了如何近似求解 $u(\rho,\theta)$ 的问题了. 很自然地会想到用数值积分的方法来近似计算(7). 我们将在下面指出这样做会导出很荒谬的结论来.

（Ⅰ）由矩形公式, 我们用

$$T_n(\rho,\theta)=\frac{1}{n}\sum_{l=0}^{n-1}\varphi\left(\frac{2\pi l}{n}\right)\frac{1-\rho^2}{1-2\rho\cos\left(\theta-\frac{2\pi l}{n}\right)+\rho^2} \tag{8}$$

来逼近 $u(\rho,\theta)$, 现在来看看当 $\rho\to 1-0$ 时的情况:

$$\lim_{\rho \to 1-0} T_n(\rho, \theta) = \begin{cases} 0, & \text{当 } \theta \neq \dfrac{2\pi l}{n}, \text{ 或 } \theta = \dfrac{2\pi l}{n} \text{ 而 } \varphi\left(\dfrac{2\pi l}{n}\right) = 0 \quad (0 \leqslant l < n), \\ \infty, & \text{当 } \theta = \dfrac{2\pi l}{n}, \varphi\left(\dfrac{2\pi l}{n}\right) \neq 0 \quad (0 \leqslant l < n). \end{cases}$$

(9)

因此用 $T_n(\rho, \theta)$ 来逼近 $u(\rho, \theta)$ 是十分荒谬的.

（Ⅱ）我们在 Poisson 积分中,用阶梯函数

$$\varphi^*(\theta) = \varphi\left(\frac{2\pi l}{n}\right),$$

其中

$$\frac{2\pi l}{n} \leqslant \theta < \frac{2\pi(l+1)}{n} \quad (0 \leqslant l < n) \tag{10}$$

来代替 $\varphi(\theta)$. 换言之,用

$$R_n(\rho, \theta) = \frac{1}{2\pi} \int_0^{2\pi} \frac{\varphi^*(\psi)(1-\rho^2)}{1 - 2\rho\cos(\psi - \theta) + \rho^2} d\psi \tag{11}$$

来逼近 $u(\rho, \theta)$. 由于

$$\log(1 - \rho e^{i\theta}) = -\sum_{m=1}^{\infty} \frac{(\rho e^{i\theta})^m}{m},$$

取虚部即得

$$\sum_{m=1}^{\infty} \rho^m \frac{\sin m\theta}{m} = \tan^{-1} \frac{\rho \sin \theta}{1 - \rho \cos \theta}.$$

因此

$$R_n(\rho, \theta)$$

$$= \sum_{l=0}^{n-1} \frac{\varphi\left(\dfrac{2\pi l}{n}\right)}{2\pi} \int_{\frac{2\pi l}{n}}^{\frac{2\pi(l+1)}{n}} \frac{1-\rho^2}{1 - 2\rho\cos(\theta - \psi) + \rho^2} d\psi$$

$$= \frac{1}{n} \sum_{l=0}^{n-1} \varphi\left(\frac{2\pi l}{n}\right) +$$

$$\frac{1}{\pi} \sum_{l=0}^{n-1} \varphi\left(\frac{2\pi l}{n}\right) \sum_{m=1}^{\infty} \left[\sin m\left(\frac{2\pi(l+1)}{n} - \theta\right) - \sin m\left(\frac{2\pi l}{n} - \theta\right)\right] \frac{\rho^m}{m}$$

$$= \frac{1}{n} \sum_{l=0}^{n-1} \varphi\left(\frac{2\pi l}{n}\right) +$$

$$\frac{1}{\pi} \sum_{l=0}^{n-1} \left[\varphi\left(\frac{2\pi(l+1)}{n}\right) - \varphi\left(\frac{2\pi l}{n}\right)\right] \tan^{-1} \frac{\rho \sin\left(\frac{2\pi l}{n} - \theta\right)}{1 - \rho \cos\left(\frac{2\pi l}{n} - \theta\right)}. \tag{12}$$

取 $\theta = C(1-\rho)^\alpha$ $\left(\alpha > \frac{1}{2}\right)$. 则

$$\lim_{\rho \to 1-0} \tan^{-1} \frac{\rho \sin \theta}{1 - \rho \cos \theta} = \lim_{\rho \to 1-0} \tan^{-1} C(1-\rho)^{\alpha-1}.$$

换言之,当 $\rho \to 1-0, \theta \to 0$ 时, $\tan^{-1} \dfrac{\rho \sin \theta}{1 - \rho \cos \theta}$ 可以趋近于 $\left[-\dfrac{\pi}{2}, \dfrac{\pi}{2}\right]$ 中的任意值. 因此若 $\theta_0 = \dfrac{2\pi}{n}$,而且 $\varphi\left(\dfrac{2\pi(l-1)}{n}\right) \neq \varphi\left(\dfrac{2\pi l}{n}\right) (0 \leqslant l < n)$,则当 $\rho \to 1-0$, $\theta \to \theta_0$ 时, $R_n(\rho, \theta)$ 的极限是不存在的. 所以必须给趋限的方法以限制. 例如规定趋限是沿着向径的方向等. 而且可以证明,虽然如此,用 $R_n(\rho, \theta)$ 来逼近 $u(\rho, \theta)$,精密度仍然是不高的. 在此就不作详细讨论了.

以上这两个从解析公式出发的近似计算方法都没有下面这个初等方法更为精密些.

设给了 $n(= 2n'+1)$ 个点的函数值

$$y_l = \varphi\left(\frac{2\pi l}{n}\right) \quad (|l| \leqslant n').$$

则如第四节所示,命

$$S_n(\theta) = \sum_{m=-n'}^{n'} C'_m e^{im\theta},$$

$$C'_m = \frac{1}{n} \sum_{l=-n'}^{n'} y_l e^{-2\pi i l m/n}. \quad \text{①} \tag{13}$$

如果 $\varphi(\theta)$ 在 $[-\pi, \pi]$ 中有 $r(\geqslant 2)$ 阶连续微商,而且是周期为 2π 的函数,并且有 $|\varphi^{(r)}(\theta)| < C$,则

$$|\varphi(\theta) - S_n(\theta)| < \frac{4C}{(r-1)n'^{r-1}}. \tag{14}$$

命

$$S_n(\rho, \theta) = \sum_{m=-n'}^{n'} C'_m e^{im\theta} \rho^{|m|}. \tag{15}$$

则 $\quad u(\rho, \theta) - S_n(\rho, \theta) = \dfrac{1}{2\pi} \displaystyle\int_{-\pi}^{\pi} \dfrac{(\varphi(\psi) - S_n(\psi))(1-\rho^2)}{1 - 2\rho\cos(\theta-\psi) + \rho^2} d\psi.$

所以

$$|u(\rho, \theta) - S_n(\rho, \theta)| \leqslant \frac{1}{2\pi} \int_{-\pi}^{\pi} \frac{|\varphi(\psi) - S_n(\psi)|(1-\rho^2)}{1 - 2\rho\cos(\theta-\psi) + \rho^2} d\psi$$

$$< \frac{4C}{(r-1)n'^{r-1}} \cdot \frac{1}{2\pi} \int_{-\pi}^{\pi} \frac{1-\rho^2}{1 - 2\rho\cos(\theta-\psi) + \rho^2} d\psi$$

$$= \frac{4C}{(r-1)n'^{r-1}}. \tag{16}$$

在实际计算时,因为

$$\sum_{m=-l}^{l} e^{imx} \rho^{|m|} = \sum_{m=0}^{l} (e^{ix}\rho)^m + \sum_{m=0}^{l} (e^{-ix}\rho)^m - 1$$

$$= \frac{1 - e^{i(l+1)x}\rho^{l+1}}{1 - \rho e^{ix}} + \frac{1 - e^{-i(l+1)x}\rho^{l+1}}{1 - \rho e^{-ix}} - 1$$

---

① 为简单起见,我们用复形式的 Fourier 级数. 复形式与实形式的 Fourier 级数的关系为

$$C_m = \frac{1}{2}(a_m - ib_m),$$

$$C_{-m} = \frac{1}{2}(a_m + ib_m) \quad (m = 1, 2, \cdots).$$

有限与无穷,离散与连续

$$= \frac{2 - 2\rho^{l+1}\cos(l+1)x - 2\rho\cos x + 2\rho^{l+2}\cos lx}{1 - 2\rho\cos x + \rho^2} - 1$$

$$= \frac{1 - \rho^2 - 2\rho^{l+1}\cos(l+1)x + 2\rho^{l+2}\cos lx}{1 - 2\rho\cos x + \rho^2},$$

所以

$$S_n(\rho, \theta) = \sum_{m=-n'}^{n'} \frac{1}{n} \sum_{l=-n'}^{n'} y_l e^{-2\pi i lm/n} e^{im\theta} \rho^{|m|}$$

$$= \frac{1}{n} \sum_{l=-n'}^{n'} y_l \sum_{m=-n'}^{n'} e^{i\left(\theta - \frac{2\pi l}{n}\right)m} \rho^{|m|}$$

$$= \frac{1}{n} \sum_{l=-n'}^{n'} y_l \frac{\left\{\begin{array}{l} 1 - \rho^2 - 2\rho^{n'+1}\cos(n'+1)\left(\theta - \frac{2\pi l}{n}\right) + \\ 2\rho^{n'+2}\cos n'\left(\theta - \frac{2\pi l}{n}\right) \end{array}\right\}}{1 - 2\rho\cos\left(\theta - \frac{2\pi l}{n}\right) + \rho^2}. \quad (17)$$

总之, 我们得到:

定理 命 $u(\rho, \theta)$ 为方程(1)满足(2)的解, 此处 $\varphi(\theta)$ 为有 $r(\geqslant 2)$ 阶连续微商, 而且是有周期 2π 的函数, 并且假定 $|\varphi^{(r)}(\theta)| < C$. 则

$$\left| u(\rho, \theta) - \frac{1}{n} \sum_{l=-n'}^{n'} \varphi\left(\frac{2\pi l}{n}\right) \left[\frac{1 - \rho^2 - 2\rho^{n'+1}\cos(n'+1)\left(\theta - \frac{2\pi l}{n}\right)}{1 - 2\rho\cos\left(\theta - \frac{2\pi l}{n}\right) + \rho^2} + \frac{2\rho^{n'+2}\cos n'\left(\theta - \frac{2\pi l}{n}\right)}{1 - 2\rho\cos\left(\theta - \frac{2\pi l}{n}\right) + \rho^2} \right] \right| < \frac{4C}{(r-1)n'^{r-1}}. \quad (18)$$

七 一致分布——数论方法与 Monte Carlo 方法

要计算函数 $f(x)$ 在 $[0, 1]$ 上的积分, 我们可以把 $[0, 1]$ 分成 n 等份, 取分点的

函数值的算术平均,用来作为 $f(x)$ 的积分的近似值(矩形公式),这就是化连续为离散的方法.实际上,不仅等分点有这样的性质,凡是适合所谓"一致分布"条件的点列都有这个性质.粗略地说,一致分布的意义是说点列落在[0,1]中任何一点附近的可能性都是相等的.严格地,可以定义如下:

命 $x_i(i=1,2,\cdots)$ 是[0,1]间的一个点列,a 为适合 $0 \leqslant a \leqslant 1$ 的任意实数,n 个点 $x_1,\cdots,x_n$ 落在分区间[0,a]中的个数用 $N_n(a)$ 表它.如果常有

$$\lim_{n\to\infty}\frac{N_n(a)}{n}=a, \tag{1}$$

那么称点列 $x_i(i=1,2,\cdots)$ 在[0,1]中一致分布.

关于一致分布有如下的判别条件.

定理 1 点列

$$x_1,\cdots,x_m,\cdots,0\leqslant x_m\leqslant 1 \tag{2}$$

是一致分布的必要且充分的条件是对任一在[0,1]上可黎曼(Riemann)求积的函数 $f(x)$ 常有

$$\lim_{n\to\infty}\frac{f(x_1)+\cdots+f(x_n)}{n}=\int_0^1 f(x)\mathrm{d}x. \tag{3}$$

证明 先证明,如果 $\{x_i\}$ 是一致分布,那么(3)式成立.

(Ⅰ) 取 $f(x)$ 是如下的函数

$$f(x)=\begin{cases}C, & \text{若 } 0\leqslant x\leqslant a,\\ 0, & \text{不然}.\end{cases}$$

如此则

$$\lim_{n\to\infty}\frac{f(x_1)+\cdots+f(x_n)}{n}=C\lim_{n\to\infty}\frac{N_n(a)}{n}=Ca=\int_0^1 f(x)\mathrm{d}x.$$

所以,对于这样的函数 $f(x)$,定理真实.

（Ⅱ）如果(3)式对于 $f_1,\cdots,f_s$ 成立,则对 $c_1f_1+\cdots+c_sf_s$ 也成立,因此(3)式对所有的阶梯函数也真实.

（Ⅲ）习知,如果 f 是一 Riemann 可积函数,那么任给 $\varepsilon>0$,皆有二阶梯函数 $\varphi_\varepsilon(x)$ 及 $\Phi_\varepsilon(x)$ 使

$$\varphi_\varepsilon(x)\leqslant f(x)\leqslant \Phi_\varepsilon(x), 0\leqslant x\leqslant 1, \tag{4}$$

且使

$$\int_0^1(\Phi_\varepsilon(x)-\varphi_\varepsilon(x))\mathrm{d}x<\varepsilon. \tag{5}$$

由 2)已知本定理对 $\Phi_\varepsilon(x)$ 及 $\varphi_\varepsilon(x)$ 真实,所以

$$\int_0^1\varphi_\varepsilon(x)\mathrm{d}x=\lim_{n\to\infty}\frac{1}{n}[\varphi_\varepsilon(x_1)+\cdots+\varphi_\varepsilon(x_n)]$$

$$\leqslant\lim_{n\to\infty}\frac{1}{n}[f(x_1)+\cdots+f(x_n)]$$

$$\leqslant\lim_{n\to\infty}\frac{1}{n}[\Phi_\varepsilon(x_1)+\cdots+\Phi_\varepsilon(x_n)]$$

$$=\int_0^1\Phi_\varepsilon(x)\mathrm{d}x.$$

故得

$$\left|\lim_{n\to\infty}\frac{f(x_1)+\cdots+f(x_n)}{n}-\int_0^1f(x)\mathrm{d}x\right|<\varepsilon.$$

这证明了定理的必要部分.

定理的充分部分的证明极为容易,仅取

$$f(x)=\begin{cases}1, & \text{若 }0\leqslant x\leqslant a,\\ 0, & \text{不然},\end{cases}$$

(3)式就变为

$$\lim_{n\to\infty}\frac{N_n(a)}{n}=a.$$

定理证完.

显然,一致分布的定义与它的判别条件可以很容易地推广至多个变数(高维单位立方体)的情况. 由定理 1 可见,数值积分方法实依赖于一致分布点列的选取. 怎样选取最好的一致分布点列就是数值积分的中心问题. 习知,对于计算 $[0, 1]$ 中的积分,用等分点是能够导出最精密的误差的(指误差的阶). 但在多变数的情况,如果用等分点来进行计算,误差依赖于积分的重数,详细言之,固定分点的个数,则当积分的重数增加时,误差亦随之而迅速增加. 或者可以说,当要求有一定的精密度时,则必需分点的数目随着积分重数的增加而迅速增加. 因此用这一方法来处理高维空间的数值积分,计算量十分巨大,而难于实现. 具体地说,对于 s 重积分,欲误差的精密度达到 $O(1/n)$,则分点的个数需要 $O(n^s)$.

近年来发展起来的 Monte Carlo 方法,是常用的高维空间的数值积分方法. 即随机地取 n 个点 $(x_1^{(k)}, \cdots, x_s^{(k)})(k=1, 2, \cdots, n)$,然后以这 n 个点的函数值的算术平均来逼近积分,所谓"随机"的意思是指取每一点的概率都是相等的. 这样,当 n 充分大时,就可能达到一定的精密度. 随机取点的方法一般都是在计算机上用数学方法来实现的. 而这些数学方法多为数论方法,特别是同余式的方法. Monte Carlo 方法的优点在于在机器上运算的手续简便,收敛速度虽然比矩形公式快些,但是由这一方法得到的只能是概率的误差而不是真正的误差.

所谓数论方法,即按照事先选定的最佳分布的点列上的函数值所构成的单和来逼近多重积分. 因而得到的误差不再是概率的,而是肯定的,不仅如此,这些肯定的误差竟比概率误差还要好些,而且可以证明,对于某些函数类来说,这种逼近的误差的主阶已经臻于至善了. 具体地说,误差的主阶与单重积分是一样的.

例 假定 $f(x_1, \cdots, x_5)$ 为各变数皆有二阶连续微商的函数. 且各阶微商皆为各变数有周期 1 的函数,且

$$\left| \frac{\partial^r f}{\partial x_1^{i_1} \cdots \partial x_5^{i_5}} \right| < C(2\pi)^r \quad (i_1 + \cdots + i_5 = r,\ 0 \leqslant r \leqslant 10,\ 2 \geqslant i_j \geqslant 0).$$

则

$$\left| \int_0^1 \cdots \int_0^1 f(x_1, \cdots, x_5) \mathrm{d}x_1 \cdots \mathrm{d}x_5 - \frac{1}{15019} \sum_{k=1}^{15019} f\left(\frac{k}{15019}, \frac{10641k}{15019}, \frac{2640k}{15019}, \frac{6710k}{15019}, \frac{781k}{15019}\right) \right|$$
$$< 0.0032 \left(\frac{\pi^2}{6}\right)^5 C.$$

必须指出,数论方法不仅在数值积分方面有用,而且可以用于函数逼近论及积分方程的渐近求解等方面. 例如,我们可以证明,适合某些光滑条件的各变数皆有周期为 1 的函数,都可以用一个三角多项式来逼近,而逼近的主阶不依赖于函数的变数的个数. 关于这些方面,请参看[1].

[1] 华罗庚,王元. 数值积分及其应用. 北京:科学出版社,1963.
[2] 华罗庚. 高等数学引论. 北京:科学出版社,1963.

(原载于 1963 年 1 月《科学通报》)

《全国中学数学竞赛题解》[1]前言

经国务院批准,教育部和全国科协联合举办的全国八省、市中学数学竞赛已经告一段落.在这期间,各地老师们为了培养下一代,为了向四个现代化进军,十分辛劳地出了不少试题.各方面要求把这些试题汇总出版.

这样的事,只有在党中央粉碎"四人帮"后才会出现,其影响遍及全国,其意义之深远是难以估计的.我参与其事的体会是说不尽的,在这儿只谈些我和同学们一同参加考试后的一些体会,和我所知道的部分试题背景.很可能挂一漏万,不能道出出题老师们的全部心意.但抛砖引玉总比藏而不露易于受教益,因此把一些认识写在下面,敬待指教.

一 从量地看阶级剥削

全国试题第二试第4题,是一个量地问题.一块四边形的土地要丈量它的面积,从前北方地主是用两组对边中点连线长度的乘积作为面积,而南方地主是用两组对边边长平均值的乘积作为面积.实际上,四边形真正的面积≤两组对边中点连线长度的乘积≤两组对边边长平均值的乘积.这也就是说,北方地主和南方地主的量法都是把土地量大了.面积量大了农民就得多交租,地主得到好处.农民由于缺乏文化,对这种剥削比对大斗小秤更难于发觉.

我们证明这个题目的方法是这样的:

把四边形沿对边中点连线划成四块(图1),把四块搬到图2的位置,得到一个

---

[1] 科学普及出版社,1978年.

平行四边形. 它的两边就是原四边形对边中点连线(这里利用了对边中点连线互相平分的性质, 请同学们想一想, 这点能如何简单地证明), 一个平行四边形的面积总是≤两边边长乘积, 因而我们证明了第一个不等式. 在原四边形的右边拼上同样的四块得到图3. 利用三角形两边之和大于第三边, 就得到对边边长的平均值大于另一组对边中点连线, 这样就证明了第二个不等式.

图1　　　　　　图2　　　　　　图3

二　物理模型与数学方法

北京试题第二试第1题, 其实际背景是从光行最速原理推出入射角等于反射角, 在数学上涉及了对称原理, 这是一道好题目.

图4

如图4, 光线从 A 经 B 到 C, A' 是 A 的对称点, 利用三角形两边之和大于第三边, 可见, 只有当入射角等于反射角时, $AB+BC$ 取最小值.

这次出全国试题时, 本来想出从光行最速原理推出关于折射角的问题. 虽然用微积分的方法这是很容易的, 但由于我们没有想到适合于当前中学生的解法, 所以没有采用.

三　射影几何的基本定理

全国试题第二试第1题, 包含了仿射几何的基本原理. 苏步青教授在来信中也建议出同样性质但另一形式的题目: 已知与一直线 l 平行的一条线段 AC, 今要求只用直尺不用圆规平分线段 AC. 图5就把作图方法告诉了我们, M 点即平分 AC. 射影几何是仿射几何进一步的发展. 在图5中去掉 AC 平行于 l 这一条件, 就得到

另一图形(图 6). 在图 6 中求证

$$\frac{KF}{LF} = \frac{KG}{LG}.$$

这里就包含了射影几何的基本原理. 将 G 点趋于无穷,图 6 就变为图 5.

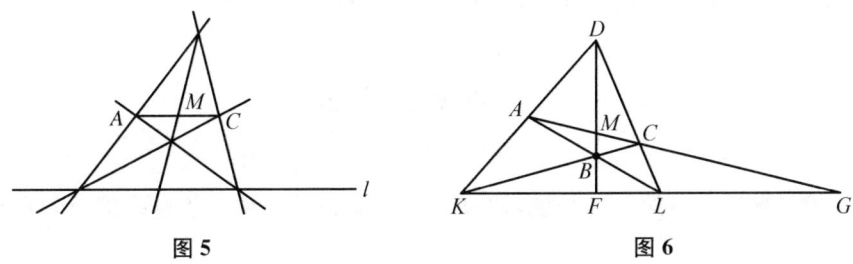

图 5　　　　　　　　　　图 6

我们来证明这个题目. 设 $\triangle KFD$ 中 KF 边上的高为 h,利用

$$2\triangle KFD \text{ 面积} = KF \cdot h = KD \cdot DF \cdot \sin \angle KDF,$$

得到

$$KF = \frac{1}{h} \cdot KD \cdot DF \cdot \sin \angle KDF,$$

同理,再求出 LF、LG 与 KG 的类似的表达式. 因而

$$\frac{KF}{LF} \cdot \frac{LG}{KG} = \frac{KD \cdot DF \cdot \sin \angle KDF}{LD \cdot DF \cdot \sin \angle LDF} \cdot \frac{LD \cdot DG \cdot \sin \angle LDG}{KD \cdot DG \cdot \sin \angle KDG}$$

$$= \frac{\sin \angle KDF}{\sin \angle LDF} \cdot \frac{\sin \angle LDG}{\sin \angle KDG},$$

同样可得到

$$\frac{AM}{CM} \cdot \frac{CG}{AG} = \frac{\sin \angle ADM}{\sin \angle CDM} \cdot \frac{\sin \angle CDG}{\sin \angle ADG},$$

所以

$$\frac{KF}{LF} \cdot \frac{LG}{KG} = \frac{AM}{CM} \cdot \frac{CG}{AG}.$$

类似地可以证明

$$\frac{LF}{KF} \cdot \frac{KG}{LG} = \frac{\sin \angle LBF}{\sin \angle KBF} \cdot \frac{\sin \angle KBG}{\sin \angle LBG}$$

$$= \frac{\sin \angle ABM}{\sin \angle CBM} \cdot \frac{\sin \angle CBG}{\sin \angle ABG} = \frac{AM}{CM} \cdot \frac{CG}{AG}.$$

由此可见
$$\left(\frac{KF}{LF}\cdot\frac{LG}{KG}\right)^2=1.$$
即证得结论.

图 6 也告诉我们,在已知 K、F、L 三点时,可以只用直尺不用圆规作图找到第四点 G,使 F"内分"KL 的比例等于 G"外分"KL 的比例.

四　凸体分割问题

安徽试题第二试第 3 题是说,通过三角形重心的任意一条直线把三角形切成的两块,其面积之比总是在 $\frac{4}{5}$ 与 $\frac{5}{4}$ 之间. 这里我们可以想到这样一个问题,在三角形内应该选择怎样的点,使得过这点沿任意直线把三角形所切得的两块,其面积之比的变化范围最小. 同学们可以证明,这点是选在三角形的重心最好. 不只是三角形,平面上任意一个凸的图形,过它的重心沿任一直线把图形切成两块,其面积之比也总是在 $\frac{4}{5}$ 与 $\frac{5}{4}$ 之间. 更进一步,我们也知道三维空间任意一个凸体,过它的重心沿任意一个平面把凸体切成两块,其体积之比总是在 $\frac{27}{37}$ 与 $\frac{37}{27}$ 之间. 要证明这些结论,可能就出乎中学数学的范围了.

五　规划论的一个基本原则

图 7

全国试题第二试第 3 题,可以一般地化为下列的问题:当点 (x,y) 在平面上一个区域 $\varGamma$(包括边界)上变动时,求一次函数 $ax+by$ 的最大值和最小值.

$ax+by=p$,当 p 变动时就得到一组互相平行的直线族,与 $\varGamma$ 有公共点的最边缘的两条直线 l_1 和 l_2,就决定了 $ax+by$ 在 $\varGamma$ 上的最小值和最大值. 可见一次函数的极值

总是在 Γ 的边界上达到. 当区域 Γ 是一个三角形时,就一定在顶点上达到极值. 如果 Γ 有一条边与直线族 $ax+by=p$ 平行,则在这条边上 $ax+by$ 的值都相等,且是最大值或最小值.

六　分圆多项式不可分解问题

全国试题第二试第 2(1) 题,分解多项式

$$F(x)=x^{12}+x^9+x^6+x^3+1.$$

在复数范围内可分解为

$$F(x)=\prod_{\substack{k=1\\k\neq 5,10}}^{14}(x-e^{\frac{2\pi i}{15}k});$$

在实数范围内可分解为

$$F(x)=\prod_{\substack{k=1\\k\neq 5}}^{7}\left(x^2-2\cos\frac{2k\pi}{15}x+1\right);$$

在整数范围内可分解为

$$F(x)=\frac{x^{15}-1}{x^3-1}=\frac{(x^5-1)(x^{10}+x^5+1)}{x^3-1}$$
$$=(x^4+x^3+x^2+x+1)(x^8-x^7+x^5-x^4+x^3-x+1).$$

在整数范围内分解 $F(x)$,这是出题人的原意. 在整数范围内,上面两个因子能不能继续分解? 这两个多项式都是所谓"分圆多项式",在高等数学中可以一般地证明,分圆多项式在整数范围内不可分解. 我们现在用初等的方法来证明:

$$f_1(x)=x^4+x^3+x^2+x+1$$

和 $$f_2(x)=x^8-x^7+x^5-x^4+x^3-x+1$$

在整数范围内不可分解.

$f_1(x)$ 和 $f_2(x)$ 都是 $x^{15}-1$ 的因子，$x^{15}-1$ 除了 1 之外没有其他实数根，而 1 不是 $f_1(x)$ 和 $f_2(x)$ 的根，所以 $f_1(x)$ 和 $f_2(x)$ 没有实数根．于是它们不可能有奇数次因子．如果 $f_1(x)$ 和 $f_2(x)$ 有二次因子，一定形如 $x^2-2\cos\frac{2k\pi}{15}x+1$ ($1\leqslant k\leqslant 7, k\neq 5$)，而这时 $\cos\frac{2k\pi}{15}\neq 0$、$\pm\frac{1}{2}$、$\pm 1$，所以 $2\cos\frac{2k\pi}{15}$ 不是整数，因此 $f_1(x)$ 和 $f_2(x)$ 不可能有二次因子，这样我们就证明了 $f_1(x)$ 不可分解．而 $f_2(x)$ 如果能分解，只能是

$$f_2(x)=(x^4+ax^3+bx^2+ax+1)(x^4+cx^3+dx^2+cx+1),$$

（两个二次式 $x^2-2\cos\frac{2k\pi}{15}x+1$ 相乘得到的四次因子一定是上述形式．）

比较等式两边的系数，可得

$$a+c=-1,$$
$$d+ac+b=0,$$
$$c+ad+bc+a=1,$$
$$2+2ac+bd=-1.$$

第二式乘 2 减去第四式，得

$$(d-2)(b-2)=1,$$

因而
$$b=d=2\pm 1.$$

由第三式得出
$$b=-2,$$

矛盾，所以 $f_2(x)$ 不可分解．

七　证明素数定理的一个工具

全国试题第二试第 2(2) 题，来自下列一般问题：求整数 $a_0, a_1, \cdots, a_n$，使三

角多项式

$$a_0 + a_1\cos\varphi + \cdots + a_n\cos n\varphi \geqslant 0 \quad (\text{对一切 } \varphi)$$

且适合 $\quad 0 < a_0 < a_1, a_2 \geqslant 0, \cdots, a_n \geqslant 0,$

使 $a = \dfrac{a_1 + a_2 + \cdots + a_n}{2(\sqrt{a_1} - \sqrt{a_0})^2}$ 最小,并求这最小值.

这个问题太难,现在给出下列诸例.

例 1 $n = 2$.

$$3 + 4\cos\varphi + \cos 2\varphi = 3 + 4\cos\varphi + 2\cos^2\varphi - 1$$
$$= 2(1 + \cos\varphi)^2 \geqslant 0,$$

$$a = \frac{4+1}{2(2-\sqrt{3})^2} = \frac{35}{2} + 10\sqrt{3} \approx 34.82.$$

例 2 $n = 3$.

$$5 + 8\cos\varphi + 4\cos 2\varphi + \cos 3\varphi$$
$$= 5 + 8\cos\varphi + 4(2\cos^2\varphi - 1) + 4\cos^3\varphi - 3\cos\varphi$$
$$= 4\cos^3\varphi + 8\cos^2\varphi + 5\cos\varphi + 1$$
$$= (\cos\varphi + 1)(2\cos\varphi + 1)^2 \geqslant 0,$$

$$a = \frac{8 + 4 + 1}{2(\sqrt{8} - \sqrt{5})^2} = \frac{169}{18} + \frac{26}{9}\sqrt{10} \approx 18.52.$$

例 3 $n = 4$.

$$18 + 30\cos\varphi + 17\cos 2\varphi + 6\cos 3\varphi + \cos 4\varphi$$
$$= 18 + 30\cos\varphi + 17(2\cos^2\varphi - 1) + 6(4\cos^3\varphi - 3\cos\varphi) +$$
$$\quad (8\cos^4\varphi - 8\cos^2\varphi + 1)$$
$$= 8\cos^4\varphi + 24\cos^3\varphi + 26\cos^2\varphi + 12\cos\varphi + 2$$
$$= 2[(4\cos^4\varphi + 4\cos^3\varphi + \cos^2\varphi) + (8\cos^3\varphi + 8\cos^2\varphi + 2\cos\varphi) +$$
$$\quad (4\cos^2\varphi + 4\cos\varphi + 1)]$$
$$= 2(\cos\varphi + 1)^2(2\cos\varphi + 1)^2 \geqslant 0,$$

$$a = \frac{30+17+6+1}{2(\sqrt{30}-\sqrt{18})^2} = 9 + \frac{27}{12}\sqrt{15} \approx 17.71.$$

例1、例2被用于素数定理的证明,例3被用于某些素数函数的上界估计中.

八 排 序 问 题

全国试题第二试第 5 题,排队提水的问题,在其他一些场合也是会遇到的.例如,有一台机床要加工 n 个工件,每个工件需要的加工时间不一样,问应该按照什么次序加工,使总的等待时间最短.同样,如果有两台同样的机床加工 n 个工件,应该怎样安排加工顺序呢? 在这个题目的解法中利用了一条简单而重要的引理.

引理 (a) 表示非负数 $a_1, a_2, \cdots, a_n$;

(b) 表示非负数 $b_1, b_2, \cdots, b_n$.

问题 (a)与(b)一对一对相乘后相加,何时最大,何时最小?

答案:同序时最大,倒序时最小.

将(a)由小到大排为 $\overline{a}_1 \leqslant \overline{a}_2 \leqslant \cdots \leqslant \overline{a}_n$,

将(b)由小到大排为 $\overline{b}_1 \leqslant \overline{b}_2 \leqslant \cdots \leqslant \overline{b}_n$,

也就是说 $\overline{a}_1\overline{b}_1 + \overline{a}_2\overline{b}_2 + \cdots + \overline{a}_n\overline{b}_n$ 最大,

$\overline{a}_1\overline{b}_n + \overline{a}_2\overline{b}_{n-1} + \cdots + \overline{a}_n\overline{b}_1$ 最小.

证明 若 $a_i < a_j, b_i < b_j$,则

$$a_i b_i + a_j b_j - (a_i b_j + a_j b_i) = (a_i - a_j)(b_i - b_j) > 0.$$

可见,在 i 和 j 两个位置上,将同序改为倒序时,和值将减少,由此即可证得引理.

(Ⅰ)一个水龙头的情况. 若按某一顺序放水时间依次为 $a_1, a_2, \cdots, a_n$,则总的等待时间为:

$$a_1 + (a_1 + a_2) + (a_1 + a_2 + a_3) + \cdots + (a_1 + a_2 + \cdots + a_n)$$
$$= na_1 + (n-1)a_2 + \cdots + 2a_{n-1} + a_n.$$

在引理中取(b)为 $n, n-1, \cdots, 2, 1$,可见依 a_i 由小到大的次序放水等待时间最少.

（Ⅱ）两个水龙头的情况.首先考虑两个水龙头上人数相等的情况.若一个水龙头上按某一顺序放水时间依次为 $a_1, a_2, \cdots, a_n$,另一个水龙头上按某一顺序放水时间依次为 $a'_1, a'_2, \cdots, a'_n$,则总的等待时间为：
$$na_1+(n-1)a_2+\cdots+a_n+na'_1+(n-1)a'_2+\cdots+a'_n$$
$$=na_1+na'_1+(n-1)a_2+(n-1)a'_2+\cdots+a_n+a'_n.$$
在引理中取(b)为 $n, n, n-1, n-1, \cdots, 1, 1$,可见当
$$a_1 \leqslant a'_1 \leqslant a_2 \leqslant a'_2 \leqslant \cdots \leqslant a_n \leqslant a'_n$$
时,总的花费时间最少.当然使花费时间最少的排法可以不止一个.

若两个水龙头上人数不等,则在人数少的水龙头上添上一定个数放水时间为零的人,使人数相等,再利用上述引理.

（Ⅲ）类似地可以讨论 n 个人 r 个水龙头的情况.等待时间最少的排列,就是按照放水时间由小到大的次序,依次在 r 个水龙头上放水,哪个水龙头上的人打完了水,后面等待着的第一人就上去打水.

天才与锻炼[1]
——从沙昆塔拉快速计算所想到的

轰动听闻的消息

提问者写下一个 201 位的数:916,748,679,200,391,580,986,609,275,853,801,624,831,066,801,443,086,224,071,265,164,279,346,570,408,670,965,932,792,057,674,808,067,900,227,830,163,549,248,523,803,357,453,169,351,119,035,965,775,473,400,756,816,883,056,208,210,161,291,328,455,648,057,801,588,067,711.

解答者马上回答:这数的 23 次方根等于 9 位数 546,372,891.

《环球》杂志的一篇文章中是这样说的(请参阅《环球》1982 年第 3 期《胜过电子计算机的人》一文):印度有一位 37 岁的妇女沙昆塔拉在计算这道题时速度超过了一台最先进的电子计算机. 这台在美国得过奖的最现代化、最尖端的产品 Univac 1180 型电子计算机在算这道题时,要先馈入近 2 万个指令和数字单元,然后才能开始计算. 它整整用了一分钟时间才算出结果. 而当教授在黑板上用了 4 分钟写出这个 201 位数时,沙昆塔拉仅用 50 秒钟就算出了以上的答案. 美国报纸称她为数学魔术师,轰动一时! 文章末尾还神秘地说,在她快生孩子的一个星期,她的计算能力出了问题.

---

[1] 这次锻炼自始至终都有裴定一同志参加.

面对这样的问题怎么办?

看到上述消息,可能有以下几种态度:一是惊叹,望尘莫及,钦佩之至,钦佩之余也就罢了.二是不屑一顾,我是高等数学专家,岂能为这些区区计算而浪费精力.三是我掌握着快速电子计算机,软件有千千万,她一次胜了我算个啥!老实说,有上述这些思想是会妨碍进步的.第一种态度是没出息,不想和高手较量较量.第二种态度是自命不凡.实际上连计算也怕的人,能在高等数学上成为权威吗?即使能成,也是"下笔虽有千言,胸中实无一策",瞧不起应用,又对应用一无所能的人.第三种是故步自封,不想做机器的主人.动脑筋是推进科学发展的动力之一,而勤奋、有机会就锻炼是增长我们能耐的好方法.人寿几何!我并不是说碰到所有的问题都想,而是说要经常动脑筋,来考验自己.

在我们见到这问题的时候,首先发现文章中答数的倒数第二位错了,其次我们用普通的计算器(Sharp 506)可以在 20 秒内给出答数.那位教授在黑板上写下那个 201 位数用了 4 分钟,实际上在他写出 8 个数字后,我们就可算出答数了.所以说,沙昆塔拉以 50″对 1′胜了 Univac 1180,而我们用普通的计算器以 $-3'40''$ 胜了沙昆塔拉的 50″.但我们所靠的不是天才,而是普通人都能学会的方法.让我从头说起吧!

从开立方说起

文章中提到,沙昆塔拉在计算开方时,经常能纠正人们提出的问题,指出题目出错了,可见他们是共同约定开方是开得尽的.现在我们也做这样的约定,即开方的答数都是整数.

我国有一位少年,能在一分钟内开 6 位数的立方.少年能想得出这个方法是值得称道的,但美中不足之处在于他没有把方法讲出来,因而搞得神秘化了.当然也考问了人们,为什么少年能想得出的方法,一些成年人就想不出来,反而推波助澜造成过分的宣扬?

这问题对我是一个偶遇：在飞机上我的一位助手借了邻座一位香港同胞的杂志看，我从旁看到一个数 59,319，希望求这数的立方根。我脱口而出答数是 39. 他问为什么，我说，前二位不是说明答数的首位是 3 吗？尾数是 9 不是说明答数的末位应当是 9 吗？因此答数不该是 39 吗？

然后，我告诉他，我的完整想法是：把六位数开立方，从前三位决定答数的第一位，答数的第二位根据原数的末位而定：2,8 互换，3,7 互换，其他照旧（这是因为 1,2,3,4,5,6,7,8,9 立方的末位分别为 1,8,7,4,5,6,3,2,9）. 例如 314,432 的立方根是 68，前三位决定 6，末位是 2，它决定答数的末位是 8.

沙昆塔拉可以脱口而出地回答 188,132,517 的立方根是 573. 当然 188 决定了首位 5，末位 7 决定了 3，但读者试想一下，中间的 7 怎样算？

归纳起来可以看出有两个方法：一个由头到尾，一个由尾到头.

习题：求 90,224,199 的五次方根.

我们怎样看出答数倒数第二位是错的

这一点比较难些，要运用一个结果：即 a^{23} 的最后两位数和 a^3 的最后两位数是完全相同的.

91^3 的最后两位数是 71 而不是 11，而 71^3 的最后两位数才是 11，因此答数中的 9 应当改为 7. 先不管出现这个差错的原因是什么，我们这里已经做了一个很好的习题. 想不到竟是 Univac 1180 把题目出错了，这事我们后面再讲它.

附记 我们来证明 a^{23} 的最后两位数和 a^3 的最后两位数相同. 当 $a=2$ 或 5 时，容易直接验算. 今假定 a 不能被 2 和 5 除尽，我们只要证明 a^{20} 的末两位是 01 就够了. 首先因 a 是奇数，a^2-1 总能被 8 除尽，所以 $a^{20}-1$ 当然也能被 8 除尽. 其次，因为

$$a^4-1=(a-1)(a+1)[(a-2)(a+2)+5],$$

a 不是 5 的倍数，所以 $a-2, a-1, a+1, a+2$ 中肯定有一个是 5 的倍数，即 $b=$

a^4-1 是 5 的倍数. 而

$$a^{20}-1=(b+1)^5-1=b^5+5b^4+10b^3+10b^2+5b.$$

因而 $a^{20}-1$ 是 25 的倍数. 从而 $a^{20}-1$ 是 100 的倍数. 具备些数论知识的人也可从费尔马定理推出来.

我 们 怎 样 算

我们用的原则是: 如果解答是 L 位整数, 我们只要用前 L 位(有时只要 $L-1$ 位)或后 L 位就够了. 用后 L 位的方法见附录二, 先说前一方法. 以前面提到的 $188,132,517$ 开立方为例, 在计算器上算出

$$\sqrt[3]{188}=5.72865,$$

就可以看出答案是 573.

当那位教授说要开 201 位数的 23 方时, 以 23 除 201 余 17, 就能预测答数是 9 位数. 当教授写到第六、七位时, 我们就在计算器上按这六位和七位数, 乘以 10^{16}, 然后按开方钮算出

$$(9.16748\times 10^{16})^{1/23}=5.46372873,$$
$$(9.167486\times 10^{16})^{1/23}=5.46372892,$$

这样我们定出了答数的前七位: $5,463,728$, 后二位已由上节的方法决定了, 因此答数应该是 $546,372,871$. 其实, 更进一步考虑, 只需利用这个 201 位数的前八位数字就能在计算器上得到它的 23 次方根(证明见下面的附记):

$$(9.1674867\times 10^{16})^{1/23}=5.46372891.$$

但不幸的是, 把这个数乘 23 次方, 结果与原来给的数不相符(见附录一). 与原题比较, 发现原题不但尾巴错了, 而且在第八和第九位之间少了一个 6. 竟想不到 Univao 1180 把题目出错了, 也许是出题的人故意这样做的. 为什么沙昆塔拉这次没能发现这个错误? 看来她可能也是根据前八位算出了结果, 而没对解答进行

验算.

我们的习题没有白做,答数错了我们发现了,连题目出错了我们也纠正了.

结论是:在教授写到 91,674,867 时,我们在计算器上按上这八个数字,再乘 10^{16},然后按钮开 23 方就可算出答案,总共约用 $20''$ 就够了,也就是比那个教授写完这个数还要快 3 分 40 秒,比沙昆塔拉快了 4 分半钟.

既然已经知道答数是九位数,或者说在要求答数有九位有效数字时,我们就只需把前八位或九位数字输入计算机就够了,而无需把 201 位数全部输入机器,进行一些多余的计算.

附记 以 a 表示那个 201 位数,b 也表示一个 201 位数,它的前 L 位与 a 相同,后面各位都是零.由中值公式,可知存在一个 $\xi (b < \xi < a)$ 使

$$a^{1/23} - b^{1/23} = \frac{\xi^{1/23}(a-b)}{23\xi} < \frac{10^9 \times 10^{201-L}}{23 \times 9 \times 10^{200}} = \frac{10^{10-L}}{207},$$

当取 $L = 8$ 时,上式小于 $1/2$,由 $b^{1/23}$ 的前九位(第十位四舍五入)就可给出 $a^{1/23}$.

虚　构

下面讲一个虚构的故事:在沙昆塔拉计算表演后,有一天教授要给学生们出一道计算题.一位助手取来了题目,是一个 871 位数开 97 方,要求答案有 9 位有效数字.教授开始在黑板上抄这个数:456,378,192,765,431,892,634,578,932,246,653,811,594,667,891,992,354,467,768,892,……当抄到二百多位后,教授的手已经发酸了."唉!"他叹了一口气,把举着的手放下甩了一下.这时一位学生噗嗤一声笑了起来,对教授说:"当您写出八位数字后,我已把答案算出来了,它是 588,415,036."那位助手也跟着笑了,他说:"本来后面这些数字是随便写的,它们并不影响答数."这时教授恍然大悟:"哈哈,我常给你们讲有效数字,现在我却把这个概念忘了."

多余的话

我不否认沙昆塔拉这样的计算才能. 对我来说, 不要说运算了, 就是记忆一个六七位数都记不住. 但我总觉得多讲科学化比多讲神秘化好些, 科学化的东西学得会, 神秘化的东西学不会, 故意神秘化就更不好了. 有时传播神秘化的东西比传播科学更容易些. 在科学落后的地方, 一些简单的问题就能迷惑人. 在科学进步的地方, 一些较复杂的问题也能迷惑人. 看看沙昆塔拉能在一个科学发达的国家引起轰动, 就知道我们该多么警惕了, 该多么珍视在实践中考验过的科学成果了, 该多么慎重地对待一些未到实践中去过而夸夸其谈的科学能人了.

同时也可以看到, 手中拿了最先进的科学工具, 由于疏忽或漫不经心而造成的教训. 现代计算工具能计算得很快很准, 但也有一个缺点, 一旦算错了, 不容易检查出来. 对于计算像 201 位数字开 23 次方这类的问题——多少属于数学游戏性质的问题, 算错了无所谓, 而对在实际运用中的问题算错了就不是玩的. "二万条指令"出错的可能性多了, 而在演算过程中想法少用或不用计算机演算, 检查起来就不那么难了. 这说明人应该是机器的主人, 而不是机器的奴隶. 至于大算一阵吓唬人的情况就更不值一提了. 这里我们还可以看到基本功训练的重要性. 如果基本功较差, 那么就是使用大型计算机来演算 201 位数开 23 次方也要 1 分多钟才能算完. 而有了很好的基本功, 就是用小计算器也能花比 1 分钟少的时间算出来.

这是一篇可写可不写的文章, 我之所以写出的原因, 在于我从沙昆塔拉这件事中得到了启发, 受到教育, 我想, 这些也许对旁人也会是有用的.

附 录 一

在 Z-80 机上算出了以下的结果:

$(546,372,871)^{23} = 916,747,905,095,103,243,210,363,347,917,$
$308,524,556,537,205,538,180,828,807,503,334,722,200,665,051,$

265, 286, 313, 329, 220, 237, 313, 414, 233, 501, 871, 395, 746, 758, 737, 633, 830, 048, 229, 594, 813, 874, 760, 835, 314, 592, 050, 718, 076, 701, 329, 501, 518, 902, 758, 929, 761, 623, 441, 772, 974, 711.

$(546, 372, 891)^{23} =$ 916, 748, 676, 920, 039, 158, 098, 660, 927, 585, 380, 162, 483, 106, 680, 144, 308, 622, 407, 126, 516, 427, 934, 657, 040, 867, 096, 593, 279, 205, 767, 480, 806, 790, 022, 783, 016, 354, 924, 852, 380, 335, 745, 316, 935, 111, 903, 596, 577, 547, 340, 075, 681, 688, 305, 620, 821, 016, 129, 132, 845, 564, 805, 780, 158, 806, 771.

附 录 二

怎样从尾部的九位数字算出解答,即要找一个九位数 x,使它适合

$$x^{23} \equiv 588{,}067{,}711 \quad (\mathrm{mod}\ 10^9). \tag{1}$$

对任意与 10 互素的整数 a 都有 $a^5 \equiv 1(\mathrm{mod}\ 10)$,所以

$$x^{23} \equiv x^3 \equiv 1 \quad (\mathrm{mod}\ 10).$$

因而 x 的个位是 1. 又由于对任意与 10 互素的整数 a 有 $a^{20} \equiv 1(\mathrm{mod}\ 10^2)$,设 $x = 10b + 1$,则

$$x^{23} \equiv x^3 = (10b+1)^3 \equiv 1 + 30b \equiv 11 \quad (\mathrm{mod}\ 10^2).$$

因而 x 的十位(即 b 的个位)是 7. 再假定 $x = 10^2 c + 71$,则

$$(10^2 c + 71)^{23} \equiv 71^{23} + 71^{22} \times 2300 c \equiv 7711 \quad (\mathrm{mod}\ 10^4). \tag{2}$$

依次取平方算出

$$71^2 \equiv 5041,\ 71^4 \equiv 1681$$
$$71^8 \equiv 5761,\ 71^{16} \equiv 9121 \quad (\mathrm{mod}\ 10^4).$$

所以
$$71^{22} \equiv 71^2 \times 71^4 \times 71^{16} \equiv 3441 \pmod{10^4},$$
$$71^{23} \equiv 71^{22} \times 71 \equiv 4311 \pmod{10^4}.$$

代入(2)式得到 $43c \equiv 34 \pmod{10^2}$，所以 $c \equiv 38 \pmod{10^2}$，最后设 $x = 10^4 d + 3871$，代入(1)得到

$$(10^4 d + 3871)^{23}$$
$$\equiv 3871^{23} + 3871^{22} \times 23 \times 10^4 d + \frac{23 \cdot 22}{2} \times 3871^{21} \times 10^8 d^2$$
$$\equiv 588,067,711 \pmod{10^9}.$$

重复上面类似的计算可得到

$$d \equiv 10742 \pmod{10^5}.$$

所以根据尾部九位数字算出的答案是 $107,423,871$.

还可以采用以下方法直接解同余式(1). 由于对任意与 10 互素的 a 都有

$$a^{10^8} \equiv 1 \pmod{10^9}.$$

而
$$23 \times 47826087 \equiv 1 \pmod{10^8},$$

所以
$$x \equiv x^{23 \times 47826087} \equiv (588,067,711)^{47826087} \pmod{10^9}.$$

以上是根据有错误的尾部算出的结果. 如果从附录一中所给出的正确的尾部 $158,806,771$ 出发, 利用上面的算法, 就可以得到正确的结果 $546,372,891$.

（原载于 1982 年 1 月《环球》，登载时附录一、二未刊出）

第二部分

论学

有人说,基础、基础,何时是了? 天天打基础,何时是够? 据我看来,要真正打好基础,有两个必经的过程,即"由薄到厚"和"由厚到薄"的过程. "由薄到厚"是学习、接受的过程,"由厚到薄"是消化、提炼的过程.

数学是我国人民所擅长的学科

从前帝国主义者不但在经济上剥削我们,在政治上奴役我们,使我国变成半殖民地半封建的国家;同时,又从文化上——透过他们所办的教会、学校、医院和所谓慈善机关——来打击我们民族的自尊和自信.政治侵略是看得见的,是要流血的;经济侵略是觉得着的,有切肤之痛的.唯有文化侵略,开始是甜蜜蜜的外衣,结果使你忘却了自己的祖先而认贼作父.这种侵略伎俩的妙处在不知不觉之中,有意无意之间,潜移默化地使得我们自认为事事落后,凡事不如人.无疑地,这种毒素将使我们忘魂失魄,失却斗志,因而陷入万劫不复的境地.

实际上我们祖国伟大人民在人类史上,有过无比睿智的成就,即以若干妄自菲薄的人认为"非我所长"的科学而论,也不如他们所设想的那么空虚,那么贫乏.如果详细地一一列举,当非一篇短文所能尽,也不在笔者的知识范围之内.现在仅就我所略知的数学,提出若干例证.请读者用客观的态度,公正的立场,自己判断,自己分析,看看我们是否如帝国主义者所说的"劣等民族",是否如若干有自卑感的或中毒已深的人所说的"科学乃我之所短".

在未进入讨论之前,我得先声明一下,我不是中国数学史家,我的学识也不容许我做深刻的研讨.本文的目的仅在向国人提示:数学乃我之擅长.至于发明时间的肯定,举例是否依照全面性的范畴,都未顾及.同时我也并非夸耀我民族的优点,而认为高人一筹的.我个人认为优越感和自卑感同是偏差.只有帝国主义者才区别人种的优劣,而作为人剥削人、人压迫人的理论基础.有发见的,发见得早的,固然是光荣;但没有早日发明的民族,并不足以证明他们的低劣.因为文化是经济及政治的反映.所以如果拿发明的迟早来衡量民族的智慧,那也是不公平的偏颇之论.

一　勾股各自乘,并之为弦实,开方除之,即弦也

有人异想天开地提出:如果其他星球上也有高度智慧的生物,而我们要和他们通消息,用什么方法可以使他们了解? 很明显的,文字和语言都不是有效的工具. 就是图画也失却效用,因为那儿的生物形象也许和我们不同,我们的"人形",也许是他那儿的"怪状". 同时习俗也许不同,我们的"举手礼"也许是他们那儿的"开打姿势". 因此有人建议,把本页的数学图形用来作媒介. 以上所说当然是一笑话,不过这说明了这图形是一普遍真理的反映. 而这图形正是我先民所创造的,见诸记载的就有两千年以上的历史了! 当然这也是劳动人民的产物,用来定直角、算面积、测高深的. 其创造当远在记录于书籍之前. 我们古书所载还不仅此一特例,还更进一步地有:"勾股各自乘,并之为弦实,开方除之,即弦也."换成近代语:"直角三角形夹直角两边的长的平方和,等于对直角的边长的平方."这就是西洋所羡称的毕达哥拉氏定理,而我国对这定理的叙述,却较毕氏为早.

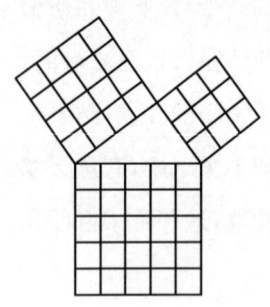

二　圆周率

谈到圆周率,我们也有光荣的历史,径一周三的记载是极古的. 汉朝刘徽的割圆术(约在263年),不但奠定了计算圆周率的基础,同时也阐明了积分学上算长度、算面积的基础. 他用折线逐步地接近曲线,用多边形逐渐地接近曲线所包围的图形. 他由圆内接六边形、十二边形、二十四边形等,逐步平分圆,来计算圆周率. 他算出的圆周率是 3.1416. 南朝祖冲之(429—500年)算得更精密,并且预示着渐近值论的萌芽,例如他证明圆周率在 3.1415926 与 3.1415927 之间. 并且用 $\frac{22}{7}$ 及 $\frac{355}{113}$ 做疏率和密率. 在近代渐近分数的研讨之下,这两个分数,正是现代所说

的"最佳渐近分数"的前二项(下一项异常繁复).祖冲之的密率较德国人奥托早了一千多年(奥托的记录是1573年).

三 大衍求一术

"大衍求一术",又名"物不数""鬼谷算""隔墙算""秦王暗点兵""物不知总""剪管术""韩信点兵",等等,欧美学者称之为"中国剩余定理".

问题叙述:"今有物不知其数,三三数之剩二,五五数之剩三,七七数之剩二,问物几何."

算法歌诀:

三人同行七十稀,

五树梅花廿一枝,

七子团圆月正半,

除百零五便得知.

算法:以三三数之的余数乘七十,五五数之的余数乘二十一,七七数之的余数乘十五,总加之,减去一百零五的倍数即得所求.例如,前设之题:二乘七十,加三乘二十一,再加二乘十五,总数是二百三十三,减去二百一十,得二十三.

这问题不但在历史上有着崇高的地位,就是到了今天,如果和外国的数论书籍上的方法相比较,不难发现,我们的方法还是有它的优越性.它是多么地具体!简单!且容易算出结果来!

这方法肇源于《孙子算经》(汉时书籍),较希腊丢番都氏为早;光大于秦九韶之《数书九章》(1247年),较欧洲大师欧拉(Euler;1707—1783年)、拉格朗日(Lagrange;1736—1813年)、高斯(Gauss;1777—1855年)约早五百年.同时秦九韶也发明了辗转相除法(欧几里得算法).

四 杨辉开方作法本源

这种三角形之构造法则,两腰都是一.其中每数为其两肩二数之和.此三角形

```
                1
              1   1
            1   2   1
          1   3   3   1
        1   4   6   4   1
      1   5  10  10   5   1
    1   6  15  20  15   6   1
```

是二项式定理的基本算法.这就是西方学者所称的巴斯加(Pascal,1654年)三角形.但根据西洋数学史家考证,最先发明者是阿批纳斯(Apianus),时在1527年.而我国的杨辉(1261年)、朱世杰(1303年)及吴信民(1450年)都在阿氏之前,早发现了二百余年.

五 秦九韶的方程论

大代数上的和涅(Horner)氏法是解数值方程式的基本方法.是和涅氏在1819年所发明的.但如果查考一下我们的数学史,不难发现在《议古根源》(约1080年)早已知道这方法的原理.中间经过刘益、贾宪的发展,到了秦九韶(1247年)已有了完整的方法,比和涅早了五百七十二年,续用此法的李冶(1248年)、朱世杰(1299年),都比和涅早了五百多年.

(在古代天文和数学是不能分开的,我们在天文学上也有光荣的史实,如郭守敬的岁差等,但不在本文范围之内.)

当然如果我们继续发掘,我们还会发现更多更好更宝贵的材料.但也不必讳言,在元代末季之后,我们的数学曾经停滞过,甚至退步了些.停滞的原因,并不是因为人民的智力衰退,而是因为环境的改变,元代崇尚武力,明代八股取士,等等.同时生产情况也一直留滞在封建社会阶段,而欧洲却继文艺复兴之后,转入了资本主义社会,因之他们的数学突飞猛进了,造成了目前的显著的差别!

但这差别是暂时的!而不是基本性质的!

注释这几句话是并不困难的.在古代时候,我们进入文明阶段较早(指恩格斯所说的文明阶段),所以我们的数学发展开始得比欧洲为早.在欧洲蒙昧时期,我们已有显著的贡献. 我们不妨为我们先民的伟大成就而感到光荣和鼓舞, 但我们不可引以自满, 而产生唯我独尊的优越感. 后来欧洲资本主义的崛兴(当时这种制度也有它的进步性), 催促了数学进一步的发展, 而我们反而暂时显得落后. 我们也不必为了这落后现象而自馁地认为凡事不如人, 而产生自卑感. 今日如果把资本主义社会来和新民主主义社会、社会主义社会及共产主义社会相比较, 则优劣之间又差了一个时代. 所以我敢断言: 在不久的将来, 在毛主席所预示的文化高潮到来的一天, 我们的数学——实则整个的科学, 整个的文化, 都将突飞猛进, 在世界上占一特别重要的地位.

(原载于 1951 年 2 月 10 日《人民日报》)

谈谈同学们学科学的几个问题

我们的祖国正以高速度前进.凡是热爱祖国的人,没有一个不感觉到无限兴奋的.在这种情况下,青年们正以革命的精神,饥渴般地吸取科学成果,奋勇地去夺取科学堡垒,来完成建设我们祖国的光辉任务,以缩短社会主义、共产主义到来的时间.在这里,我准备谈一谈我所最不敢谈的问题——怎么才能学好科学.希望能多少有助于正向自然科学进军的青年同学们.

学科学需要热诚,更需要持久的热诚

不经过黑暗的人,不知道光明的可贵;不经过严冬酷寒的人,不知道春日的可亲.旧社会的过来人羡慕新社会中成长的青年.在旧社会里,政权操控在剥削阶级的手里,要想做一个于人民有利的科学家是不易的,但在今天的新社会里,人民做了主人的新社会里,就完全不同了.我们对科学的致力,也就是对人民的贡献;科学上的发明和发现,也就是人民的瑰宝.所以,在今天我们已经有了条件可以放心大胆地全心全意地搞科学了.

在这样光辉的时代里,每个青年当然都会有学习科学的无比热诚.但我还要提醒大家一句,仅仅有一时的热诚还是不够的,还须要有连续的持久的热诚.所谓持久,也不是指十天半个月,一年两年;也不是说中学六年,大学四年;也不是说大学毕业之后再干三年五载,而是说无限期的持久.

如果说科学是有止境的,到达了之后可以休息,那是无稽之谈.科学是精益求精,日新月异,永远前进的.科学成就是由一点一滴积累起来的.唯有长时期的积聚才能由点滴汇成大海.科学本身在经常不断地考验自己,在经常的考验中把人类的经验积累起来,这样,才会解决更大的问题,才会更完整地解决问题.

"一曝十寒"固然要不得,就是"一曝一寒"也要不得.我们需要不断地锻炼,不断地提高;我们需要经常地紧张工作;我们需要有持久的热诚.经验告诉我们,在科学领域里,成功的科学家几乎没有一个不是辛劳的耕耘者.不少例证说明,科学上的重要发现,是在科学家脑海中反复深思达二三十年之久方始成熟的.因而要想顺手拣来伟大的科学发明是不可想象的;唯有由于持久热诚所支持着的不断努力,才是能有所成就的唯一的可靠保证.

学科学要有雄心,但不能越级而进,更不能钻牛角尖

每一个毛泽东时代的青年都有远大的前程,当然也都有为人民为祖国大显身手的雄心,这是我们每一个青年所应当具备的.但如何可以达到这一目的呢?这不是仅仅具有雄心便可以了的.我以为:必须依照毛主席所常提示的"实事求是"的精神,来制定步步可行的精密计划.古语说得好,"登高必自卑,行远必自迩."如果我们不从头做起,按部就班,那我们是不可能提到应有的高度的.

科学是累积性的东西,如果第一步不了解,第二步就会发生困难,而第三步更跟不上去,也许原来的目的想跳过一步,求快,但结果呢?反而搞成了不能前进.我曾见过好高骛远的人的失败的情况:对初级课程自以为念过了,懂得了,而高深的却钻不进去,很窘.我以为学科学的要点在于一步不懂,不要轻易地去跨第二步;并要有坚持性,一天不懂再研习一天.只有这样,科学的宝塔才会逐渐建筑得又高又大,不然犹如沙上建塔,必塌无疑.

我想告诉青年们一件非常遗憾的事.近二三年来,我收到成百封关于研究用圆规及直尺三分任意角的信件,同时我也听说有人收到成百封关于发明了永动机的信件.这两个问题戕害了不少青年,因为这是已经解决了的"不可能"问题,搞这问题的青年大部分都是成绩优异的青年,但他们把宝贵的时光花在这毫无出路的研究工作上.他们中的一部分是受了无知者的影响,而另一部分则是为他自己的"雄心"所害.因为想一举成名,他们不肯脚踏实地地去深入研究这些问题之所以不可能的论证,企图乱撞瞎碰,偶然得到成功,但实际上这样是根本不会成功的.同样的时间,同样的精力,如果脚踏实地做去,有可能把自己提到更高的水准.越级而进和钻牛角尖,只会把自己送进不可自拔的泥坑.

唯有按部就班地前进,唯有步步踏实地钻研,才可化雄心为现实.在这样基础上生长的雄心,才不是幻想,才不是白昼梦.

学科学要能创造,但也要善于接受已有的成果

研究科学最宝贵的精神之一,是创造的精神,是独立开辟荒原的精神,科学之所以得有今日,多半是得力于这样的精神,在"山穷水尽疑无路"的时候,卓越的科学家往往另辟蹊径,创造出"柳暗花明又一村"的境界.所以独立开创能力的培养,是每一个优秀科学家所必须具备的优良品质之一(注意:独立不是孤立).独立开创与拒不接受他人的经验并无丝毫相同之处.科学的工作如接力赛跑,人愈多,路程也便会跑得愈远.我所理解的"开创",应当是基本上了解了前人成果之后的开创工作.因为在愈高的基础上努力,所得的结果也更高.如上节所说的三分角、永动机的研究者,如果肯吸收前人的经验,就不会白白浪费精力与时间.因为这两个问题的结论,正是建筑在若干世纪以来科学家们的无数次失败的经验之上的,我们又何苦、更何必再走回头路呢?

但学习前人的经验,并不是说要拘泥于前人的经验,我们可以也应当怀疑与批评前人的成果.但怀疑和批评必须从事实出发,必须从了解旁人出发,如此才可以把新的结论建筑在更结实的基础上面.

一个人的生命是有限的、短促的,如果我们要把短短的生命过程使用得更有效力,我们最好是把自己的生命看成是前人生命的延续,是现在共同生命中的一部分,同时也是后人生命的开端.如此地继续下去——整体般地继续下去,科学就会一天比一天更光明灿烂,社会也就会一天比一天更美好繁荣.总之,我们要善于总结及利用前人的经验,再在已有的经验上进一步地提高——发展性或创造性地提高,更为后人开辟道路.

学科学须注意原则,但也不要任意忽视小点滴

学科学必须要掌握原则,这几乎是人所共知的重要法则.但仅仅是了解了原则还是不够的,而必须要会灵活运用.如何才能达到这样的目的?唯有经常地在实践中锻炼,反复地锻炼.因为原则不是凭空而来的,是从具体的点滴的客观事物积累抽象而成的,原则之所以有用,也正是由于它在具体事物中存有普遍性的作用.空谈原则,那是根本无法对科学有真正的认识的,因为这样的态度根本不是科学的态度;并且有时小点滴正是供给人们修改原则的资料,或是发现新原理的可能性的重要根据.

自然科学的领域里,在原则与实际的问题之间,还有一中间环节,这中间环节谓之技巧.不通过技巧,有时原则性的理论也不容易运用到具体问题上去.例如,虽然我们知道了、熟读了几何上的公理,但在实际证题时依然有时有技术上的困难.关于技巧的获得,必须经过苦练;不但如此,在获得了技巧之后,还必须经常温习,俗语说的"拳不离手,曲不离口",就是这样的情况.所以学科学的人必须经常地不轻易放松训练自己的机会.因为唯有如此,才会"熟能生巧""推陈出新".切不可以为我懂了大道理了,我懂了较高深的部分了,而对较浅的、较易的部分产生了"不值一顾"的看法.这种态度将会使我们生疏了已获得的技术,因而难以再进一步.

(原载于1953年3月3日《中国青年报》)

谈革命干部学习科学知识问题

斯大林说过:"要建设,就必须有知识,就必须掌握科学.而要有知识,就必须学习.顽强地、耐心地学习."诚然,如果我们能照着斯大林同志说的去做,那么,我相信,在三五年之内,无论是哪一个革命干部,都是完全有把握掌握我们工作上所需要的科学知识的.

一 自修是能达到学习的目的的,毅力和耐心是成功的保证

自修是学习方法之一.我们可以肯定地说:任何一个人如果养成了自修的习惯,都是终身受用不尽的.但如果因为强调自修而放弃参加集体学习的机会,也是不正确的态度.曾经有些青年干部说:在学校里要学的科目太多,进度很慢,还是在家里自修好一些.这种看法当然是不妥当的.自修只能看作是在正规学习进行中的辅助办法,在无法参加正规学习时候的代替办法.必须知道,在学校里(或参加任何学习班)学习有很多优点:第一,是能够得到系统的、全面发展的为现代公民所需要的常识;第二,是水平高于我们的教师会较快地带我们上路,并且能够及时指出容易被我们忽略的要点和关键所在,又能够帮助我们解释疑难,减少暗中摸索的时间;第三,有检查有考核,易于暴露和及时纠正我们学习中的缺点;第四,和同学在一起,可以互相帮助,互相鼓励.所有这些,都不是用自修的方法能够得到的.但同时也应当培养自修的习惯,这样,一来可以补助学习的不足,二来准备在不能参加学习的时候,能掌握"自修"这一重要的学习方法.

自修是一种比较艰苦的学习方法,但它的优点是无论何人、何时、何地都可以采用.只要我们能按部就班,不懈不怠,继之年月,它是可以帮助我们达到科学的光

辉的顶点的.凡是具备了普通语文修养的人,就可以运用自修来扩大自己的知识范围.就我所熟悉的数学而言,只要我们肯于自修,便能够使我们进入数学的堂奥.

但是由于没有督促检查,没有领导指引,自修往往自流,以致有始无终.我个人就有过一些痛苦的经验:由于急躁,想一蹴而成,我常常逾规前进,在最初一个时期看来似乎很有成绩,但一旦运用时却发现运用不灵,而是一锅夹生饭.这时,前进不行,回头又不甘心,这种情况几乎使我丧失信心,中途而止.夹生饭重新回锅是件极不愉快的事.我想,一定有不少苦心自修的人有过同样苦痛的经验.因此,无论自修哪一门功课,最重要的是避免焦躁,循序前进,才是上策.如果不幸和我有相同的经验,唯一补救办法就是重新从头做起.自修时的另一缺点是往往自以为通,自以为懂,书上的习题会做,书上的定理会背,但若干年后回顾一下,以往所谓的通和懂不过是浮面的、形式上的了解,一遇到原则性的变化就堕入五里雾中,摸不着头脑了.这一缺点,虽然可能是学习过程中极难避免的,但如果自修时能够认真思考,仍可能减轻它的严重性.另一方面也有一些人,对原理、原则谈来似乎了解了,但在具体应用时百无一能.此外,虎头蛇尾、有始无终、"一曝十寒"等毛病就不在话下了.

总之,我觉得,自修能有成绩的关键在于毅力和耐心.应当正确地认识为了什么自修,也应当正确地认识"自修"较"参加正规学习"更为艰苦,所需要的时间更多,图快贪多是自修成功的敌人,必须用"涓涓不息,而成江河"的态度,持之有恒,行之有素,才能够完成自修所要达到的目的.

二 爬山是艰苦的,但开始的一段还是大道

科学家们经常爱引用马克思在《资本论》法文译本的序与跋里所说的话:"在科学上没有平坦的大道,只有不畏劳苦沿着陡峭山路攀登的人,才有希望达到光辉的顶点."这是颠扑不破的真理.每一个科学工作者都应当牢记并深刻认识这句话的意义.但如果用来对学习中学程度的科学知识的人来说,却过早了些.可能因此产生畏难情绪.科学是座大山,愈接近顶点,道路就愈崎岖难行,甚且有很多人迹所没有到过的地区,全靠科学家披荆斩棘地发现道路.但在山脚下,由于多少年来行人

的践踏,已经踏成了大道,或者已经修成了拾级可登的阶梯,只要我们不倦地努力,就可以稳步前进.数学中的算术、代数、几何、三角等在几百年前都是科学上的崎岖小路,而今天已经成为平坦大道了.十四五岁的少年都能在短时期内掌握它.所以,有了丰富的生活经验和斗争经验的革命干部,在他们成熟的思考能力的帮助下,迅速地掌握这些科目也是毫无问题的,是有绝对的把握.但成果的丰富与否还要看我们付出代价的多少而定.

山愈高愈难爬,但由于经过了一段的锻炼,又在这个基础上逐渐丰富了自己的经验,我们是有可能并且一定能够逐步地攀登到高峰的.

对经验丰富的干部来说:攻克科学堡垒并不比攻克军事堡垒难.科学堡垒是不变的目标,进了一步就进了一步,今天攻不下,还有明天,到了明天,客观形势只会对我们更有利.只要我们一步一步地努力,总是越来越接近胜利.

三 没有什么秘密的学习方法

学习科学不能取巧,也没有什么捷径或秘密的快速学习方法.我们决不能在短短的几个月内把六年中学的课程融会贯通,必须认识科学知识学习的长期性和艰苦性.一分努力一分成就,唯有勤恳的耕耘,才能有丰富的收获.但另一方面,如果指导学习的人能够把握住革命干部具有成熟的思考能力这一特点,周密地考虑筹划,那便有可能适当地缩短学习的期限.但决不能缩得太短.所以学习的人务必要首先认识学习的长期性和艰苦性,调匀步伐尽快地前进.如果逞一时之勇,冲锋般地奋勇向前,将来必然会觉得难以为继.学习科学虽然没有取巧的方法,但确也有一些应当注意的事项,了解了这些,可以少走弯路.

首先应当提出的是不急不躁,细嚼慢咽,一步不懂不轻易走下一步.每一方法都力求运用熟练.读十本八本,不甚了解,反不如把一本书从头到尾读得精通烂熟.所谓烂熟不只是会背会算,而是能掌握基本精神、基本原理,能够灵活运用.并且必须注意它的连贯性,依照深浅,一本一本地学习下去.例如,在学数学的时候,不要在算术的基本运算还未掌握的时候,就去搞搞代数,摸摸几何.这样做法会陷于一事无成的. 学到新的、高一级知识的时候,必须一有机会就联系起旧有的、低一级的知识来. 换言之,如果学了代数忘了算术,学了几何忘了代数,这样不但会忘了前面的,而后面的也学不好. 一言以蔽之,我们必须认识科学知识的积累性. 学习科学知识有如筑塔,级级上升,每一级都建筑在以下诸级之上,因之,一级不稳,就筑不上去.

其次,必须经常地检查自己,不要放弃任何可能复习的机会. 如果参加有组织的学习,最好经过每一个考试,向辅导人员争取严格的训练. 在国家的社会主义工业化的过程中,活的例子会经常遇见的. 百分比当然是家常饭,遇见了它不妨算算. 比如政府发表的公报中常有许多数字,如果我们把它们用作复习资料,既可以熟练计算,又可以增加对祖国的具体的感性认识.

第三是学习的顽强性. 学习科学时,必须紧紧掌握"知难而进"的原则,一般说来,难易决定于主观(指学习,不指研究),决定于已有的训练. 曾经克服过不少困难,则"难"将变为"易". 望而生畏,"易"也变"难". 譬如学下棋,刚学的时候,不知从何下手,下了三五十盘之后,也就能看出一步两步了. 训练有素的老棋手,却能看上十步八步. 在中学知识阶段学习科学知识,如果能够看上一步两步,一般讲来,就能够完成我们的学习任务! 难的是在我们初学以后,碰到需要能看上一步两步的问题,就会感到束手无策,无路可通. 但是,只要我们能坚持地顽强地努力一下,就会豁然开朗的. 那时节心怀喜悦,信心大增,学习的兴趣也就更大了!

第四,培养对所学科目的兴趣. 上节已经谈到学习兴趣的来源之一,如果有人辅导就更容易了. 辅导员可以在生活中、在业务中选些生动的、具体的例子,来帮助大家,那就更可以大大地提高学习的热情. 学习的人能够如第二点所提出的方法找习题演算,当然也是提高兴趣之一法. 而最可靠的是第三点中所提出的方法,克服困难后的乐趣,那是信心和胜利的交响曲. 有了兴趣就会乐此不疲,好之不倦,因之也就会挤时间来学习了.

最后应当谈的是时间问题. 学习的敌人是"一曝十寒",所以我们必须要有经常的可靠的时间. 我们每天如果能有一小时,或每周五小时的保证,就易于把学习搞好. 厂矿企业机关能为干部们在提高科学知识水平上花一些时间,是对人民事业的极有意义的投资. 所以如果领导干部能够在时间方面适当地给予保证，那是可以促使学习者有成绩的. 但另一方面，每一个干部自己也应当认识学习的重要性和迫切性，尽可能地掌握好自己的时间来完成学习任务. 把握时间的方法之一，是利用间隙，特别是间隙中短暂时间的利用. 举例说，在公共汽车站上经常有人在看书，这就是抓紧利用时间的方法之一. 不要轻看这样的时间，每天如果抓住了三次二十分钟，日积月累，可以学得不少东西. 把学习的材料经常带在手头，一有空便翻开来看，据个人的经验，这对于一个工作繁忙的人，是很好的学习方法.

四 干部学习科学知识是建设祖国的保证之一

当然，在职干部的文化科学知识学习成功，主要是依靠自己. 但另一方面，与教材的合理编制，学习班的妥善组织，时间的可靠保证，也有着密切的关系. 仅就教材的合理编制一点来说，首先必须认识教授思想成熟的人是异于中小学生的，编教材的人和负责教学的人便应当注意利用成人的成熟的思考能力这一特点，既不应当机械地搬用普通学校的一套，也不适宜运用"速而不成"的突击方式，更应当把握每一产业部门的特殊性来计划教材，例如找一些和业务有关的习题，来增加学习者的兴趣，使他们感到特别亲切，格外有用. 这样，既可坚定学习者的信心，又可提高学习者的热情. 但也须谨防大刀阔斧滥删教材的作风，如果真正需要删掉一节，也必须多方考虑，不然将来运用起来捉襟见肘，是会使学习者沮丧，乃至丧失信心的.

由于工农干部科学知识水平的提高是和我国工业建设有着极密切的直接关联的，因此，无论是行政领导、科学工作者或是家庭妇女都应当担负起襄助的责任，使他们能专心一致地、迅速地走上学习轨道，学好科学知识.

最后，请让我从访苏笔记上摘录一段话来说明，工农干部科学水平的提高不但是必要的，而且是一定可以成功的事实.

"1920 年列宁工业学校接受了一批工农出身的新学生. 有些教授不愿意来教这批'没有文化'的人，因为其中有些人既不会算术，又不会代数. 但是事实证明，他们中间有好些人有着比城市'文化人'好得多的优点. 他们有伟大的愿望，有高度的求知欲,并且有组织性和纪律性.最后证明了,他们的学习成绩并不低于城市里的'文化人'.毕业后他们做工程师,担当很重要的工作,在工作中更显示出他们为人民服务的效率.这纠正了认为工农出身的人不能培养成为'人才'的错误看法."

看了这一段话,我们不应当再有丝毫怀疑了! 这些怀疑曾经使教授者苦恼,学习者信心不坚定.科学是人类社会经验积累的产物.因之,也是每一个人可以经过学习而掌握的,显然由于各人的差异,费劲的多少有些不同,但如果我们用了一年的时间收效还不大,继之以三年五载,随着社会主义工业化的逐步实现,我们的水平总会水涨船高地逐步上升,将来会对祖国建设起更大的作用的.

(原载于1954年4月6日《人民日报》)

和同学们谈谈学习数学

数学是一门非常有用的科学. 我想同学们一定都知道. 我们要建设祖国,保卫祖国,必须有数学知识. 而数学是一切科学有力的助手,我们掌握了数学,才能进入科学的大门. 在日常生活里,我们也到处要用到数学. 你们现在学的算术、代数、几何,都是数学里极基本的一部分,应当学好它.

数学的用处还不只这些. 加里宁曾经说过,数学是锻炼思想的"体操". 体操能使你身体健康,动作敏捷. 数学能使你的思想正确、敏捷. 有了正确、敏捷的思想,你们才有可能爬上科学的大山. 所以,不论将来做什么工作,数学都能给你们很大的帮助.

有的同学说,"数学的重要我知道,可是太难了. 我看见数学就头痛,对它实在没有兴趣."

数学真的很难吗?我看不是. 数学既然是思想的"体操",那也就和普通的体操一样,只要经常锻炼,任何人都可以达到一定的标准. 拿跳高来说,任何人只要经过适当地锻炼,都能跳过一米二. 数学也一样,只要经常锻炼,经常练习,就能达到一定标准,并不需要任何天才.

以我自己来说. 我在小学里,数学勉强及格. 初中一年级的时候,也不见得好. 到了初中二年级才有了根本上的改变. 因为我那时认识了这一点:学习就是艰苦的劳动,只要刻苦钻研,不怕困难,没有解决不了的问题. 旁的同学用一小时能解决的问题,我就准备用两小时解决. 是不是别人一小时的工作,我一定要用两小时呢?那也不见得. 由于我不断地刻苦练习,后来别人要花一小时才能解决的问题,我往往只要用半小时,甚至更短的时间就解决了.

不怕困难,刻苦练习,是我学好数学最主要的经验. 我就是这样学完了基础的数学.这一宝贵的经验,直到今天,对我还有很大的用处.我和其他数学家研究问题的时候,当时虽然都懂了,回来我还要仔细地思考研究一遍.我不轻视容易的问题,今天熟练了容易的,明天碰到较难的也就容易了.我也不害怕难的问题,我时刻准备着在必要时把一个问题算到底.我相信,只要辛勤劳动,没有克服不了的困难,没有攻不破的堡垒.

还有些同学说:"数学就是太枯燥,又是数目字,又是公式,一点没有趣味."数学是不是很枯燥,很没有趣味呢?我想:你们既然知道祖国建设需要数学,怎么还会感觉数学没有趣味呢?其实,数学本身也有无穷的美妙.认为数学枯燥无味,没有艺术性,这看法是不正确的.就像站在花园外面,说花园里枯燥乏味一样.只要你们踏进了大门,你们随时随地都会发现数学上也有许许多多趣味的东西.我现在举个极简单的例子:"我家有九个人,每人每天吃半两油,一个月(以三十天算)共吃几斤几两?"[①]这个问题,我想你们都会算,算式是:$\frac{1}{2} \times 9 \times 30 \div 16$. 但是如果你们动一动脑筋:每人每天半两,每人每月不是一斤差一两吗?九人每月吃油就是九斤差九两,即八斤七两.算起来岂不又快又方便?你们还可以把一个月当三十一天,用上面两个方法算一算,比较一下,就知道数学是个怎样有趣、怎样活泼的一门科学了.

同学们,在长知识的时候,数学是你学习其他科学有力的助手,我希望你们把数学学好!只要不怕困难,刻苦练习,一定学得好.

(原载于 1955 年 1 月《中学生》)

---

① 当时使用的是一斤十六两制.

我从事科学研究工作的体会

在写这篇文章之前,我想到很多.第一,我知道我对科学研究还是一个小学生,既少成绩,也还缺乏经验.第二,即使有一些经验,也是极片面的;因为我所熟悉的仅仅是科学中的一部分——数学中的极小部分,其中的经验对于其他部分能否应用,是大可怀疑的.且第三,我仍是一个年轻的科学工作者,工作虽有一些成就,但就整个的一生来说,还仅仅是开始,新经验还不断地在被发现,旧办法也不断地在修正和否定;所以,很可能我今天所说的,在将来看来是极肤浅甚至于是错误的,当然更不要谈到它的完整性了.但我终于写了这篇文章,最主要的是由于我觉得:哪怕就是些点滴的体会,对那些比我更年轻的科学工作者来说,也许还有些参考作用.

科学研究要有坚实的基础

什么叫作坚实的基础?会背会默,滚透烂熟,是否就算已获得坚实的基础了呢?我认为不算的,并且,我认为这不是建立坚实基础的一种最好的途径.因为真正懂得前人的成果或书本上的知识的人,不一定要会逐字逐句地背诵;甚至完全相反,会逐字逐句背诵的人不一定就是真懂的人.

所谓"真懂",其中当然包括搞懂书本上的逻辑推理,但更重要的还要包括以下一些内容:必须设身处地地想,在没有这定律(或定理)之前,如果我要发现这一条定律(或定理)是否可能.如果可能,那是经过怎样的实践和思维过程获得它的.不消说,在研究证明的时候,更重要的是了解其中的中心环节.因为对中心环节的了解,有时可以把这证明或这定理显示得又直觉又简单.同时真正了解一本书或一章书的中心环节,对了解全部内容也往往是带有决定性的作用的.不但如此,它还可以帮助记忆,因为由了解而被记忆的东西比逐字逐句的记忆更深刻,更不易忘掉;而逐字逐句的记忆法,如果忘掉一字一句就有极大的可能使全局皆非.

学完一本书(或一篇文章)之后,还必须做些解剖工作.对其中特别重要的结论,必须分析它所依赖的是这本书上的哪些知识.很可能一条定律是写在第二百五十页上的,但实际上所需要的仅仅是其前的散见各处的二三十页.这种分析工作做得愈透彻,在做研究工作时就运用得愈方便.在研究中可能遇到同第二百五十页相仿的问题,如果没有做过解剖工作的人在解决这样问题时,就会牵涉到二百五十页的考虑,而做过解剖工作的人,他只需考虑二三十页就可以了.

解剖固然重要,但不要忘掉解剖后的综合.换言之,中心环节之间的关系不可不注意,就是能认识到它们之间毫无关联也好.因为这样的结论可以帮助我们作一个初步结论.如果在较高阶段又发现了它们之间是有关联的,那可以帮助我们体会到我们的认识又提高了一步.这比囫囵吞其始、囫囵吞其终好得多.读完了一本书,还有必要把这本书的内容和已往所读的联系起来,例如:在大学数学系学代数中的二次型的时候,就必须和中学里所学的几何的圆锥曲线联系起来看.在学习积分方程对称核的时候,又必须和代数的二次型联系起来看.

也许有人说,以上所说的很多是大学教师授课时所应当注意之点.是的.大学教师应当把中心环节的指点说明提高到逐字逐句讲解之上,要把内容全面讲解清楚,而不要在枝节上兜圈子.应当把本门学科和其他相邻学科的关键讲解清楚.但最主要的还是要依靠自己,因为教师能指点的总是十分有限的,而我们可以自己了解的及需要我们自己去了解的,却是无穷无尽的.

讲到基础,凡是作过科学研究工作或即将从事科学研究工作的人总会发问:要多么大的基础?如果我们笼统地回答说,基础愈大愈好,是不解决问题的.因为很有可能搞了一生的基础,而基础还未打好.所以我们必须有一个具体标准,而又必须给它以充分发展的可能性.关于基础的具体标准,我认为在今天比较容易圆满答复:就是以大学毕业生的专业知识要求自己.但是切不要局限住自己,应当在专业研究的时候逐步扩大眼界,逐步扩大基础,以备在更大的基础上建立起更高的宝塔.局限自己的方法有时是不自觉的.例如:有些大学生看到了《数学通报》的问题解答栏中的问题，就认为这是中学水准的问题，因而不加顾盼. 新中国成立前有些学习几何的同学对代数就丝毫不留意，更不必说学数学的对力学不留意了. 这种思想方法是会引导人进入牛角尖而不自觉的. 当然重点是必不可少的，专业是不可不固定的（至少在某一阶段相当长的一个时期内不要任意转移）；但是也不要放弃任何可以扩大眼界、扩大研究领域的机会.

独立思考能力和导师

在从形式主义的了解中解放出来之后，独立思考能力就成为搞好研究工作的中心环节. 独立思考能力是科学研究和创造发明的一项必备才能. 在历史上任何一个较重要的科学上的创造和发明，都是和创造发明者独立地深入地看问题的方法分不开的. 因为唯有如此，才能超越成规，不为前人的结论所局囿，深入事物本质，独辟蹊径，作出新的结论. 由于一切事物都在不断地发展着，昨天已经获得的成果，固然一方面变成了我们知识上的财富，但另一方面，也随之带来了一些偏僻之见. 如果把已往的方法一成不变地用来研究今天的事物，便不一定能够解决问题，获得成果. 在发现某些问题不能用已往的方法来解决的时候，我们就必须创造新方法，如此，便必须依赖于突破前人成规的独立思考能力.

由于科学的本质和它在历史上发展的过程，我们可以体会到科学乃是逐步深入，乃至无限深入的. 由于科学是千变万化的，因之往往每去掉一层障碍就发现一些真理. 在突破这层层障碍的时候，往往要用和已往迥然不同的新的独创的方法，才能获得成功；所以科学上的不断进展，是必须依靠独创精神的. 也许如此说并不是过分的，独立思考是取得正确认识的必要方法，也是科学中克服困难的不二法门. 很多例子可以说明：有些大学生在学校中功课学得很好，在教师指导下也是优等学生，但一旦离开教师参加工作，就停滞不前，遇到困难便束手无策. 这种现象就是由于只跟教师学得了若干知识，而并没有获得独立思考的本领之故.

独立思考和不接受前人的成就是毫无共同之点的. 如果有人认为研究工作是独创性的，只要独立深思，不需要多读书、多接受前人的经验，也不需要依靠群众，这看法也是错误的. 这样的看法会把人引入前人已走过的失败的道路, 因而白费精力. 以数学上的"三分角"为例吧. 由于无知, 有些人还硬想用圆规和直尺来三分任意角, 这便是精力浪费. 因为三分任意角是中世纪的著名难题. 但今天已经完全解决了(即已证明用圆规、直尺三分任意角是不可能的). 如果我们不肯接受前人成果, 仍把自己的知识停滞在中世纪的水准上, 盲目地来进行这种无益的研究, 当然就无怪乎要和中世纪的"三分角家"一样地浪费精力了!

独立思考和不需要导师也是并不相容的. 优良的导师有无数成功的和失败的经验, 特别是后者, 往往是在书本上不易找到的——因为书本上仅仅记录了成功的创作, 而很少记录下在发明之前无数次失败和无数次逐步推进的艰苦思索过程. 而优良的导师正如航行的领航者一样, 他可以告诉你哪儿有礁石, 哪儿是航道. 但是有一点必须指出, 不独立思考, 一味依赖导师也是要不得的. 因为导师也有主观或思索不到之处. 另一方面, 没有导师也不必自馁. 照我个人的经验, 由于自修的关系, 我对中学、大学程度的知识都进行了研究, 当然花费了不少的时间和精力, 但我并不后悔, 因为在今天, 在我的研究工作中所以能够自如地运用任何初等数学部分, 都不能不归功于我早年的关于初等数学的研究功夫. 同时, 每一个初走上研究道路的同志还必须看到, 由于我国科学工作的幼稚, 能胜任的导师是不多的. 所以, 我们必须坚强地树立起: 有优良导师我们跟着他较快地爬过一段山路, 再独立前进; 如果没有, 我们便应当随时随刻地准备着披荆斩棘奋勇前进!

进行研究工作前的思想准备

最先应当提出的一点: 就是不要轻视容易解决的问题和忽视点滴工作. 科学之所以得有今日, 并不是由于极少数的天才一步登天般地创造出来的, 而是由于积累, 长期的一点一滴地积累而得来的; 所以, 尽管是一点一滴, 也不应该忽视. 因为江河之形成正是由于点滴的聚汇. 且任何一个成功的科学工作, 如果分析一下, 都是由不少步骤所组成的. 由第一步看第二步, 是容易的, 较直觉的; 由前一步看后一步, 也莫不如此. 但是, 一连若干步贯穿起来, 便成为一件繁难而深入的工作了. 所以如果任何人轻视在科学实践中的点滴工作,也便一定不会有较大的创造发明.

轻视点滴工作的现象是相当普遍的,我自己也有过这样的痛苦教训.在了解容易了解的内容时,如果漫不经心,在应用时就不能得心应手.当然,我并不是鼓励人们停滞在搞容易解决的问题的阶段.我的着眼点是从容易入手,而主要是逐步深入,一丝不苟地进入科学内核之中.

不轻视点滴工作,才能不畏惧困难.而不畏惧困难,才能开始研究工作.轻视困难和畏惧困难是孪生兄弟,往往出现在同一个人的身上.我看见过不少青年,眼高手低,浅尝辄止,忽忽十年,一无成就,这便是由于这一缺点.必须知道,只有不畏困难、辛勤劳动的科学家,才有可能攀登上旁人没有登上过的峰顶,才有可能获得值得称道的成果.所谓天才是不足恃的,必须认识,辛勤劳动才是科学研究成功的唯一的有力保证.天才的光荣称号是绝不会属于懒汉的!

在刚进入科学领域的时候,还必须在思想上准备遭受可能的挫折和失败.受了挫折和失败之后,不要悲观失望,而应当再接再厉,勇敢前进.哪一个科学家没有经历过失败的苦痛呢?甚至,如果总结起来,每一个科学家都不能不有这样的感觉:他所走过的失败的道路比他所走过的成功的道路并不少些.但科学文献仅刊载了成功的记录,因而显不出科学家的"胜败乃兵家之常"的情况.但我们必须注意一点,就是从失败中取得经验教训.如果我们向一个困难问题进攻,而遭到失败,那我们必须弄清楚究竟是什么招致我们失败的.

雄心是要有的,但更重要的是步步可行的计划,不要一开始就抱着"一鸣惊人"的思想.必须认识,在科学中出类拔萃的工作固然重要,但大量的平凡的工作也是推进科学进展的重要部分.

为了不使篇幅加长,我这儿不再涉及学习哲学这个重要环节了.但是我简单地提一句:毛主席的《实践论》是对科学研究工作最有用的文章.任何刚从事科学研究工作的人都必须精读此文,这不但目前,并且将来,在科学研究的一生中都会得益匪浅的.

(原载于 1955 年 3 月 1 日《人民日报》)

写给向科学堡垒进攻的青年们

亲爱的青年同志们：

我爱你们胜过我自己，因为我知道你们是从我们手里接过火炬向科学挺进的新生力量. 特别是在祖国正在进入社会主义社会的今天，当我们想到我们今天科学工作远不足以应付祖国需要的情况的时候，我恨不得把所有的知识——虽然很不多的知识——在一夕间都传授给你们，我也恨不能把所有的经验——如果有一些的话——都倾吐般地介绍给你们. 现在，我就来谈谈我所领导的数学研究所里一些新生力量崭露头角的情况，以供从事于和将要从事于科学研究工作的青年们参考.

我们所里有一位年轻同志被分配在一个较薄弱的门类中工作. 那里没有强有力的导师，但是经过四五年的努力，去年他写出论文了，质量还很不坏.

又有一位青年没有导师，在独立工作着. 他偶尔和有经验的科学家讨论问题，后者告诉他一些感性知识及应有的结论. 结果这位年轻科学家完成了一篇概括性极强的研究论文.

更不止一位青年，在能力较强的导师领导下，或者写了很多论文，在结果方面有丰富的收获，或者出现了突破难关性的数学论文. 这种论文大大地超过了新中国成立前"洋博士"的水平.

这些青年在大学里并不都是最优秀的学生(遗憾地说：有些高等教育部门并没有把他们最好的学生给我们)，但是他们有一个共同的优点，就是他们到数学研究所后，就忘我地劳动着. 在这三年到五年的时间里，他们都写出了接近或达到了世界先进水平的科学论文. 他们的年龄都在二十四五岁左右，但他们都已经开花结实了.

关于他们艰苦学习的情况我可以再说一点：有一位青年花了两年的时间才学

习了一个方法(虽然这个方法现在他可以在一小时内给大学生们介绍清楚).经过这样的辛勤锻炼,他终于在老科学家的帮助下突破了一个难关.诚如大家所知道的,难关一破,收获滚滚而来.

另一个青年,草稿纸废了几百张,算来算去花了半年多的时间,终于得出了好结果.在这个过程中,他多次摔倒,不止一次向老科学家说:行不通了,攻不破了!但老科学家给他信心,并具体地给他些帮助,最后终于获得了战果.

这些青年或者从"描红""临摹"入手,做些依样画葫芦的工作,或从整理资料文献入手,总结前人成就.但不管用哪一种方法,他们搞出了具体贡献.

从这些经验中可以分析出一个要点,就是只要不怕辛勤和艰苦,终会成功的!是的,科学高峰上的道路是崎岖难行的,并且有时还无路可循,必须独辟蹊径.但是对不畏攀登的青年来说,他们是一定爬得上光辉顶点的.

另一方面,我很高兴地告诉你们,我国的老一辈科学家们十分迫切地盼望把自己的专长早日交给青年们.他们把教好青年人作为他们对社会主义的具体贡献.很多的科学家已经准备好计划,来迎接新生力量的培养工作.就以我个人来说,已经做了以下准备工作,写出了一本入门书,使大学毕业的青年,借这本书了解这一专业的一般情况,以及这一专业和其他部门的关联.我为他们准备了若干专题资料,看完了这些资料中的一个,就可以从事研究工作.我还为青年们准备了不少专题.据我知道,很多科学家,都为青年们做了不少准备工作.

亲爱的青年们,现在请允许我攻攻你们的缺点吧!我今天要提两点:

有些青年对循序渐进了解得不够深入,他认为在中学里他是好学生,在大学里也名列前茅.如此可算得循序渐进了吧!是的,形式上是的.但是,如果要从事研究工作,希望有所创造发明的话,要求还要高些.我们要求不只考得好,还能融会贯通.就像对小学生不光要求他识字,还要求字搬了家也能认识.我们要求能够说得出书上的最主要的关键是什么,主要的定理、定律、方法和证明是如何获得的.科学中的每一发明都不是仅靠一时"灵感"或"启发"得来的,而是靠丰富的感性知识,并靠从这些知识中反复归纳和研究而得出的,其经过往往是一步一步地逼近,或者是推翻了不少推测和假设而得来的.

第二点，独立思考能力也是大学生所亟须培养的。一切从事科学研究工作的青年都必须具备这个能力。科学研究工作必须有开创的本领。而开创的本领往往不是旁人所能帮助的。今天有导师可能帮助一些，但一旦赶上或超过了导师的水平，就没人能帮助你了。就现在中国科学和社会的发展情况来看，超过导师的情况是完全可能的，并且是一定会超过的。因为今天的青年有党和政府的关怀，有马克思列宁主义的武装，不会或很少会走弯路。何况，在我国今天很多科学门类中存在着很多空白点，都亟待我们摸索前进。

青年们！不要害怕，缺点总是有的，但是也总是可以克服的，这些缺点我们也负有责任帮助你们来克服！

你们是毛泽东时代的青年，你们是在党和政府关怀之下成长的！老实说：我是十分羡慕你们的。就在你们这一代，我国的科学将赶上世界先进水平。并且在你们之中一定会出现不少在世界科学舞台上突出的大科学家，会给祖国带来很多很高的荣誉，会给人民带来更多更丰富的科学成果。再过若干年，你们会发现在你们中间有成批的世界上著名的科学家。

亲爱的同志们，让我们在一起为了祖国，为了社会主义事业共同前进吧！祝你们
三好！

你们前进中的伙伴　华罗庚

（原载于 1956 年 1 月 20 日《中国青年报》）

聪明在于学习，天才由于积累

最近，党向我们提出了向科学大进军的庄严号召，要我们在十二年内在主要科学方面接近世界的先进水平. 这个号召使广大青年科学工作者感到巨大的鼓舞，许多青年人并且订了几年进修计划. 这是一个十分可喜的现象. 这里我想提出几点意见，供大家参考.

聪明在于学习，天才由于积累

必须认识攻打科学堡垒的长期性与艰巨性. 应该像军队打仗，要拿下一个火力顽强的堡垒一样，不仅依靠猛冲猛打，还要懂得战略战术. 向科学进军不但要求有大胆的想象力，永不满足于现有的成就，而且要踏踏实实从眼前的细小的工作做起，付出长期的艰苦劳动. 听说许多大学毕业的青年同志正在订计划，要在若干年内争取副博士. 但我要奉劝大家，不要认为考上副博士就万事大吉，也不要认为将来再努一把力考上个博士就不再需要搞研究了. 不，科学研究工作是我们一辈子的事业. 我们的任务是建设共产主义的幸福社会，是要探索宇宙的一切奥秘，使大自然为人类服务，而这个事业是永无尽止的. 若单靠冲几个月或者两三年，就歇手不干，那是很难指望有什么良好成绩的；即或能作出一些成绩，也绝不可能达到科学的高峰，即使偶有成功也是很有限、极微小的. 新中国成立前我们看见不少的科学工作者，他们一生事业的道路是：由大学毕业而留洋、由留洋而博士、由博士而教授，也许他们在大学时有过一颗爬上科学高峰的雄心，留洋时也曾经学到一点有用的知识，博士论文中也有过一点有价值或有创造性的工作，但一旦考上了博士当上了教授，也就适可而止了；把科学研究工作抛之九霄云外，几十年也拿不出一篇论文来了.这实在是一件很惋惜的事.当然那主要是旧社会的罪恶环境造成的.今天我们的环境不同了,新中国的社会主义制度为科学事业开辟了无限广阔的道路.现在我们可以安心地在自己的岗位上去大力从事科学活动,努力钻研创造.我们的科学事业已成为整个社会主义的不可分割的组成部分,因此就不应该再抱着拿科学当"敲门砖"的思想,而应该为自己树立一个最高的标准和目标,刻苦坚持下去,为人民创造的东西越多、越精深才越好.

有些同志之所以缺乏坚持性和顽强性,是因为他们在工作中碰了钉子,走了弯路,于是就怀疑自己是否有研究科学的才能.其实,我可以告诉大家,许多有名的科学家和作家,都是经过很多次失败,走过很多弯路才成功的.大家平常看见一个作家写出一本好小说,或者看见一个科学家发表几篇有分量的论文,便都仰慕不已,很想自己能够信手拈来,便成妙谛;一觉醒来,誉满天下.其实,成功的论文和作品只不过是作者们整个创作和研究中的极小部分,甚至这些作品在数量上还不及失败的作品的十分之一.大家看到的只是他成功的作品,而失败的作品是不会公开发表出来的.要知道,一个科学家在他攻克科学堡垒的长征中,失败的次数和经验,远比成功的经验要丰富深刻得多.失败虽然不是什么令人快乐的事情,但也决不应该气馁.在进行研究工作时,某个同志的研究方向不正确,走了些岔路,白费了许多精力,这也是常有的事.但不要紧,你可以再调换一个正确的方向来进行研究;更重要的是要善于吸取失败的教训,总结已有的经验,再继续前进.

根据我自己的体会,所谓天才就是靠坚持不断地努力.有些同志也许觉得我在数学方面有什么天才,其实从我身上是找不到这种天才的痕迹的.我读小学时,因为成绩不好就没有拿到毕业证书,只能拿到一张修业证书.在初中一年级时,我的数学也是经过补考才及格的.但是说来奇怪,从初中二年级以后,就发生了一个根本转变,这就是因为我认识到既然我的资质差些,就应该多用点时间来学习.别人只学一个小时,我就学两个小时,这样我的数学成绩就不断得到提高.一直到现在我也贯彻这个原则:别人看一篇东西要三小时,我就花三个半小时,经过长时期的劳动积累,就多少可以看出成绩来.并且在基本技巧烂熟之后,往往能够一个钟头就看完一篇人家看十天半月也解不透的文章.所以,前一段时间的加倍努力,在后一段时间内却收得预想不到的效果. 是的, 聪明在于学习, 天才由于积累.

脚踏实地与加快速度

正因为科学工作是一个长期的艰苦的事业, 所以不仅要有顽强性和坚持性, 而且必须注意科学的方法和步骤, 脚踏实地地循序渐进. 正像我国要实现社会主义的美好前途一样, 不能指望在一个早晨便达到, 必须经过过渡时期才行. 向科学进军好比爬梯子, 也要一步一步地往上爬, 既稳当又快. 如果企图一脚跨上四五步, 平地登天, 那就必然会摔跤, 碰得焦头烂额. 我这样说是不是保守思想呢? 是否违反了"又多又快又好又省"的原则呢? 我觉得, 循序渐进是和加快速度不矛盾的, 正因为循序渐进, 基础打得好, 所以进军才能保证顺利完成. 过去有些中学生, 自命为天才, 一年跳几级, 初中未读完就不耐烦了, 跳班去读高中, 这是很危险的事, 虽然暂时勉强跟得上, 但因为基础打得不扎实, 将来进一步研究的时候就会有很大的困难. 有些青年不但怕难, 而且很轻视容易, 初中算术还没学好就想跳一跳去学代数. 他大概认为算术太简单, 没有必要多学, 结果到了学代数的时候, 却发现有许多东西弄不懂, 造成很大的困难. 其实我们通常的所谓困难, 往往就是我们过于轻视了容易的事情而造成的. 我自己从前就有过这样的痛苦经验. 看一本厚书的时候, 头一、二章总觉得十分容易, 一学就会, 马虎过去, 结果看到第三、四章就感到有些吃力, 到第五、六章便啃不下去, 如果不愿半途而废, 就只好又回过头来再仔细温习前面的. 当然, 我所谓要循序渐进, 打好基础, 并不是叫大家老在原地方踱步打圈子, 把同一类型的书翻来覆去看上很多遍. 譬如过去有些人研究数学, 把同样程度的几本微积分都收集起来, 每本都从头到尾看, 甚至把书上的习题都重复地做几遍, 这是一种书呆子的读书方法, 毫无实际意义, 这样做当然就会违反了"快"的原则. 我个人的看法是: 打基础知识的时候, 同一类型的科学, 只要在教师的指导下选一本好书认真念完它就可以了(在这种基础上再看同一类型的书时只不过吸收其中不同的资料, 而不是从头到尾精读); 然后再进一步看高深的书籍. 循序渐进绝不意味着在原来水平上兜圈子, 而是要一步一步前进, 而且要尽快地一步一步前进.

谈到补基础知识的问题,目前在大学里有这样两种看法:一种看法是一面工作,一面研究,一面补基础;另一种看法是打好基础再研究.这两种做法当然都可以达到循序渐进的目的.但究竟哪一种方法最好,则必须结合自己的具体环境和条件来决定,不能机械硬搬.我以为在有良好导师进行具体辅导的情况下,不妨一面补基础一面搞研究工作,这样不致于走弯路,而且可以很快前进.若没有导师指导,那就必须先打好基础,因为基础不好,又没有人指导,将来在进行研究专题时,发现自己基础知识不够,就往往会弄得半途而废或事倍功半.但即使没有导师,打基础的时间也不会花得太久.听说有些大学毕业的学生,担任教师两三年,在制定个人计划时还准备用十年时间来打基础,争取副博士水平,这实在是完全不必要的.依我个人的看法,一个大学三年级肄业调出来工作的同志,拿两三年时间补基础就够了.当然指的是辛勤努力的两三年,而不是一曝十寒的两三年.

独立思考和争取严格训练

搞好科学研究的一个重要关键问题,便是充分发挥独立思考能力.同志们都知道科学工作是一种创造性的劳动,我们从事科学研究的目的,就是要通过自己的劳动,去竭力发掘前人所未发现的东西;如果别人什么都已发现了,给我们讲得清清楚楚,那就用不着我们去搞科学研究了.所以在科学研究上光凭搬用别人的经验是不行的;而且客观事物不断地在发生变化,科学事业也在时时刻刻向前发展,只是套用别人的经验就往往会发生格格不入的毛病,甚至每个人自己也不能靠老经验去尝试新问题,而应该不断地推陈出新,大胆创造.我总觉得,我国青年在这方面还有着较大的缺点.比如我访问民主德国的时候,我们在德国的留学生就告诉我,由于国内的大学里没有很好培养独立思考的能力,所以现在在学习上造成了很大的困难.他们和德国同学在一起读书听课都不差,但做起"习明纳尔"(课堂讨论)来就不知道从何下手.甚至于自己不会找参考材料,就是找到了参考资料,上去演讲的时候,往往人云亦云,不能有所添益,或创造.的确我接触到过不少大学生,他们从来也没有想到过要和书上有不同的看法.这样,他们实际上变成了一个简单的知识的传声筒. 我们有些大学里过去实行过所谓包教包懂的制度. 一次不懂便去问老师；两次不懂再问；三次不懂又再问，一直到全懂为止. 这虽然是个省力的办法，但可惜任何学问都是包不下来的. 如果老师连你怎样做研究工作全都包下来了，那他就不需要你再做这个研究工作了. 导师的作用在于给你指点一些方向和道路，免得去瞎摸，但在这条路上具体有几个坑，几个窟窿，那还得你自己去体验. 何况我国目前科学上空白点很多. 谁也没有去研究过的项目，你到底依靠谁呢？唯一的办法就是要依靠你自己在现有的知识基础上去创造，去深思熟虑.

但请大家切不要误解，以为我是要你们在科学上去瞎摸瞎闯，自以为是，一点也不向别人请教. 不是的，独立思考和不接受前人的经验与老辈的指教是毫无共同之点的. 假如有一个人没有应有的科学知识，便宣布"我要独立思考"，成天关在屋子里沉思冥想，纵然他凭他的天才能够想出一些东西来，我敢说他想出的东西很可能别人在几十年以前就已经想到了，很可能还停留在几百年以前或几十年以前的水平上面. 这种情况说明他的劳动是白白的浪费，当然更谈不到赶上世界先进水平了. 所以学习前人的经验，吸取世界已有的科学成果是非常必要的. 而为了做到这一点，主动地争取老教师的帮助和严格的训练，又是值得青年同志们注意的.

熟 能 生 巧

最后，我想顺便和大家谈谈两个方法问题. 我以为，方法中最主要的一个问题，就是"熟能生巧". 搞任何东西都要熟，熟了才能有所发明和发现. 但是我这里所说的熟，并不是要大家死背定律和公式，或死记人家现成的结论. 不，熟的不一定会背，背不一定就熟. 如果有人拿过去读过的书来念十遍、二十遍，却不能深刻地理解和运用，那我说这不叫熟，这是念经. 熟就是要掌握你所研究的学科的主要环节，要懂得前人是怎样思考和发明这些东西的. 譬如搞一个实验，需要经过五个步骤，那你就要了解为什么非要这五个步骤不可，少一个行不行，前人是怎样想出这五个步骤来的. 这样的思考非常重要，因为科学研究的目的在于发明或发现一些东西. 如果人家发明一样东西摆在你前面，你连别人的发明过程都不能了解，那你又怎样能够进一步创造出新东西呢？好比瓷器，别人怎样烧出来的，我们都不理解，那我们怎能去发明新瓷器呢？在资本主义国家里，流行着对科学家发明的神秘化宣传，说什么牛顿发明万有引力定律，是由于偶然看见树上一个苹果落地，灵机一动的结果，这真是胡说八道．苹果落地的事实，自有人类以来便已有了，为什么许多人看见，没有发现而只有牛顿才发现万有引力呢？其实牛顿不是光看苹果落地，而是抓住了开普勒的天体运行规律和伽利略的物体落地定律，经过长期的深思熟虑，一旦碰到自然界的现象，便很容易透视出它的本质了．所以对关键性的定理的获得过程，必须要有透彻的了解及熟练的掌握，才能指望科学上有所进展．再申明一下，这里谈的关键并不是指各种问题的关键，而是你所研究的工作中的主要关键。

其次，关于资料问题．搞研究工作既然要广泛吸取前人的经验，那就必须占有充分资料．如果是搞一个空白的科学部门，这门科学中国过去还没有或很少有人研究过，那查资料就会发生很大的困难．在这里我想与其谈一些空洞的原则让大家去摸索，不如讲得具体些，但是愈具体错的可能性就愈大，希望大家斟酌着办，不要为我这建议所误．我觉得，如果有导师指导的话，那他就可以告诉你这门科学过去有谁搞过，大致有些什么资料或著作（具体材料他也不可能知道），然后你可按这线索去寻找，这样做当然还比较好办．如果没有导师，只派你一个人去建立这个新部门，那应该怎么办呢？我想首先要了解这门科学在世界上最有权威的是哪些人或哪些学派，然后拿这些人近年来发表的文章来看．起初很可能看不懂，原因大致有两种：第一，他所引证的教科书，过去我们没有念过．这很好，从这里知道我们还有哪些基础未打好，需要补课；第二，他引证了许多旁人的著作．这些著作我们不一定全部要看，但可以从这位科学家提供的线索开始，按他引证的书一步步扩大，从他研究的基础一步步前进．这样时间也不致花得太长，有的花一二年，有的三五年就可以知道个轮廓了。

（原载于1956年第7期《中国青年》）

学·思·锲而不舍[①]

最近以来,青年同学都响应党的号召,加强了学习,学校的读书氛围较前更加浓厚了.这是很可喜的现象.现在我想在这里就同学们的学习问题,提出几点粗浅的意见,和大家共同讨论.

要 学 会 自 学

青年同学们从小学而中学而大学,读书都读了十多年了,而我现在还是首先提出"要学会读书",这岂不奇怪? 其实,并不奇怪.学会读书,并不简单.而我个人在这方面也还是处于不断摸索不断改进的过程之中.切不要以为"会背会默,滚瓜烂熟",便是读懂书了.如果不逐步提高,不深入领会,那又与和尚念经有何差异呢! 我认为,同学们在校学习期间,学会读书与学得必要的专业知识是同等重要的.学会读书不但保证我们在校学习好,而且保证我们将来能够永远不断地提高.我们的一生从事工作的时间总是比在校学习时间长些,而且长得多.一个青年即使他没有大学毕业或中学毕业,但如果他有了自学的习惯,他将来在工作上的成就就不会比大学毕业的人差.与此相反,如果一个青年即使读到了大学毕业,甚至出过洋,拜过名师,得过博士,如果他没有学会自己学习,自己钻研,则一定还是在老师所划定的圈子里团团转,知识领域不能扩大,更不要说科学研究上有所创造发明了.

应该怎样学会读书呢? 我觉得,在学习书本上的每一个问题、每一章节的时候,首先应该不只看到书面上,而且还要看到书背后的东西.这就是说,对书本的某

[①] 本文是根据作者在中国科技大学开学典礼上的讲话,经补充修改而成的.

些原理、定律、公式,我们在学习的时候,不仅应该记住它的结论,懂得它的道理,而且还应该设想一下人家是怎样想出来的,经过多少曲折,攻破多少关键,才得出这个结论的. 而且还不妨进一步设想一下,如果书本上还没有作出结论,我自己设身处地,应该怎样去得出这个结论? 恩格斯曾经说过:"我们所需要的,与其说是赤裸裸的结果,不如说是研究;如果离开引向这个结果的发展来把握结果,那就等于没有结果."我们只有了解结论是怎样得来的,才能真正懂得结论. 只有不仅知其然,而且还知其所以然,才能够对问题有透彻的了解. 而要做到这点,就要求我们对书本中的每一个问题,一天没有学懂,就要再研习一天,一章没懂,就不要轻易去学第二章. 这样学虽然慢些,但却能收到实效. 我在年青时,看书就犯过急躁的毛病,手拿一本书几下就看完了. 最初看来似乎有成绩,而一旦应用时,却是一锅夹生饭,不能运用自如了. 好在我当时仅有很少的几本书,我接受了教训,又将原书不断深入地学习(注意,并不是"简单地重复"),才真正有所进益.

如果说前一步的工作可以叫作"支解"的工作,那么,第二步我们就需要做"综合"的工作. 这就是说,在对书中每一个问题都经过细嚼慢咽,真正懂得之后,就需要进一步把全书各部分内容串联起来理解,加以融会贯通,从而弄清楚什么是书中的主要问题,以及各个问题之间的关联. 这样我们就能抓住统率全书的基本线索,贯串全书的精神实质. 我常常把这种读书过程,叫作"从厚到薄"的过程. 大家也许都有过这样的感觉:一本书,当未读之前,你会感到,书是那么厚,在读的过程中,如果你对各章各节又作深入地探讨,在每页上加添注解,补充参考材料,那就会觉得更厚了. 但是,当我们对书的内容真正有了透彻地了解,抓住了全书的要点,掌握了全书的精神实质以后,就会感到书本变薄了. 愈是懂得透彻,就愈有薄的感觉. 这是每个科学家都要经历的过程. 这样,并不是学得的知识变少了,而是把知识消化了. 青年同学读书要学会消化. 我常见有些同学在考试前要求老师指出重点,这就反映了他们读书还没有抓住重点,还没有消化. 靠老师指出重点不是好办法,主要的应当是自己抓重点.

我们在读一本书时,还要把它和我们过去学到的知识去作比较,想一想这一本书给我添了些什么新的东西. 每当看一本新书时,对自己原来已懂的部分,就可以比较快地看过去；要紧的，是对重点的钻研；对自己来说是新的东西用的力量也应当更大些. 在看完一本书后，并不是说要把整本书都装进脑子里去，而仅仅是添上几点前所不知的新方法、新内容. 这样做印象反而深刻，记忆反而牢固. 并且，学得愈多，懂得的东西愈多，知识基础愈厚，读书进度也就可以大大加快.

要学会独立思考

前面所谈的关于读书的方法，实际上也就是在学习过程中培养独立思考的能力. 我们的事业总是在飞跃向前发展的，同学们毕业以后，无论从事哪一项工作，都必然要经常碰到许多新问题. 在我们一生中，碰到新问题，能够在书本上找出现成的答案，这种情况是比较少的. 更多的是需要我们充分发挥独立思考的能力，善于灵活运用书本知识去解决新的问题. 对于从事科学研究的人来说，从事科学研究的目的就是要去发掘前人未发现的东西. 历史上的任何一个较重要的科学发明创造，都是发明者独立地、深入地研究问题的结果. 因此青年同学们在学校里学习的时候，就应该注意培养独立思考的习惯.

要独立思考，就是说，一方面要继承前人的成就，而另一方面，又不要受前人的束缚. 一个人如果不接受前人的成就，就自以为是地去瞎摸乱撞，是一定会走弯路的. 很可能自己辛辛苦苦地研究了很长的时间，以为有了什么新的发现，但这所谓新的发现，却是在几十年前别人就早已发现的了，结果白费了力气. 不接受前人成就，有时甚至还会使我们钻进牛角尖出不来. 比如有的人今天还企图在数学方面，用圆规、直尺经过有限步骤三等分任意角，在物理方面搞永动机等，就是这方面的例子. 这些设想都早已证明是违反科学的. 历来的最善于创造的伟大科学家们，也都是最善于吸取他们前人的成就的. 牛顿就说过：他之所以在科学上有重大成就，就是因为他是站在巨人的肩上，在前人科学成就的基础上进行创造. 在我们的生活中也常可以看到，那些善于虚心学习的青年，他们在学习上的进展也往往会比别人快得多. 接受前人成就，一般说来，又很容易给自己思想上带来一些束缚，只有在接受前人成就的基础上，而又能独立思考，才不会被前人牵着鼻子走，能够提出并解决一些前人未考虑的问题,对于前人的结论,包括一些研究过问题的方法,也才能加以发展和补充甚至于抛弃. 其实不仅想超过前人,需要我们独立思考,今天我们在科学研究上要赶上并超过一些先进国家,如果没有独创精神,不去探索更新的道路,只是跟着别人的脚印走路,也总会落后别人一步;要想赶过别人,非有独创精神不可.

独立思考必须是敢想敢干和实事求是的精神相结合. 搞科学研究工作的人,应该敢于破除迷信,解放思想,海阔天空地想. 不敢想怎么能有新的发明和创造呢? 但是科学上的美丽设想,都必须和研究工作中的实事求是的精神相结合,才有可能成为现实. 就以飞向宇宙的事情而论,在很早中国一些小说、诗歌与传说里,就有过许多关于这种浪漫主义的幻想. 但是只有在距今百多年以前,俄国科学家齐奥可夫斯基才想到用火箭的办法"上天",而在以后人们又经过了许多辛勤的研究,才解决了火箭上天的动力等一系列问题,上天的美丽幻想才终于成了现实. 在科学研究工作中,可贵的不仅在于敢于设想,而且还在于能够脚踏实地地把设想逐步变成现实.

培养独立思考能力,需要我们经常自觉地进行锻炼. 要肯于动脑筋,碰到问题都要想一想. 比如报上刊载了苏联要向太平洋发射火箭的消息,我们学数学的人,就不妨根据苏联所公布的发射区域的四个点,来计算一下火箭发射处在什么地方,射程多少,精确程度如何,等等. 这样常想问题,有些问题想了,当时可能没有什么大用,但却有助于我们养成思考问题的良好习惯. 科学上的发现都是日积月累长期辛勤思考的结果,都是每一步看来不难,但却是步步积累的结果. 我们在平时是否经常思考问题,在解决科学研究的重大问题时,是会明显地见出高低的. 解决任何一个科学上的重大问题,都必须突破重重困难,而对于一个平常注意思考问题的人来说,由于有些问题他早已想过,很可能只剩下少数几个大关口需要突破. 这样的人搞起研究来,就可以比别人少用时间,而且他也有可能比别人看得更远,想得更深更透.

妨碍我们经常思考问题的原因,不外有二:一是怕难,二是把许多问题都看得很容易. 怕难的人,碰见问题还没有动脑子想,就先觉得困难重重,这样自然就不会去想了. 把问题看得很容易的人,许多问题他都觉得不值得去想,也就杜绝了深入研究问题与发现新问题的可能性. 实际上, 许多问题从表面粗看起来, 似乎是很简单, 很容易, 但深究一下, 往往并非如此. 即使说, 问题很简单很容易吧, 我们肯用脑子想一想, 有时也会有新的发现. 我可以举一个日常生活中最普通的例子: 比如说, 一家九口人, 每人每天吃半两油, 全家一个月共吃多少油呢? 这样的问题很简单, 连小学生也会算. 而且一般人的算法很可能是 $(9 \times 0.5 \times 30) \div 16 = 8$ 斤 7 两. 但如果再想一想, 就会发现还有另一种更好的计算方法: 30 天每天半两就是一斤少一两, 九个人即九斤少九两. 这样算, 岂不是简便多了? 可见, 我们对问题的筛子眼不要太大了, 不然, 就会漏掉许多有价值的东西.

要有锲而不舍的精神

我们所以需要这种精神, 首先是因为科学研究中任何重大的成就, 都是需要经过几十次、几百次, 甚至上千次、上万次的失败, 才能取得的. 对一个科学家来说, 失败和成功比较起来, 失败是经常的, 而成功只是少量的. 在他们的经验中, 失败的经验是要比成功的经验丰富得多. 有些青年看见一些有名望的科学家发表了有价值的学术论文, 以为他们一定是什么天才, 不必费什么大力气就写出了那些重要的论文. 这些青年同志哪里知道, 他们在报告上所看到的往往只是科学家研究成功的那一部分. 而科学家在成功后面的大量的失败的经过, 他们并不知道. 科学研究的过程, 是曲折上升的过程. 在这中间, 经常会出现这样的情况, 就是眼看要成功了, 但又失败了. 眼看已经失败, 但经过一番深思苦想以后, 又是"柳暗花明又一村", 呈现了希望. 诚如马克思所说: "在科学上没有平坦的大道, 只有不畏劳苦沿着陡峭山路攀登的人, 才有希望达到光辉的顶点."

近代科学发展的特点: 一是科学的分工越来越细, 二是边缘科学发展很快, 即各门科学之间的关系越来越密切. 近代科学的这种复杂性, 只有用长期的研究来克服. 一曝十寒是不可能有成就的. 有些青年在科学上想捡容易的事情做, 其实, 许多比较简单容易的问题, 绝大部分前人都早已考虑过了. 我们今天所面临的任务比过去的更复杂. 当然也要看到因为前人的辛勤研究, 解决了许多问题, 我们今天以前人的科学成果作为基础,进行科学研究工作,就有了更多的有利条件.但是正因为如此,我们就应该对自己提出更高的要求.

在科学研究工作中,切忌图侥幸.任何科学研究成果都不是偶然出现的.有的青年认为牛顿发现万有引力定律就是由于偶然看见树上一个苹果落地,灵机一动所得来.其实牛顿发现万有引力,不光是因为看到苹果落地,因为苹果落地的事实自从有人类就可以觉察到了.而是由于他早就研究了开普勒的天体运行规律和伽利略的物体落地定律,长期地在思考这个问题,一旦看到苹果落地的现象,才能悟出万有引力的道理.科学的灵感,绝不是坐待可以等来的.如果说,科学上的发现有什么偶然的机遇的话,那么这种"偶然的机遇"只能给那些学有素养的人,给那些善于独立思考的人,给那些具有锲而不舍的精神的人,而不会给懒汉.

雄心壮志与周密计划

现在,我们的祖国正在开展着伟大的社会主义建设.青年们是建设社会主义的生力军,是老一辈革命者的接班人,在科学研究上一定要树立攀登科学高峰的雄心壮志.没有雄心壮志的人,他们的生活缺乏伟大的动力,自然不能盼望他们会有杰出的成就.而在有了雄心壮志之后,就必须要有实现这个雄心壮志的周密计划.要切实安排好实现雄心壮志的步骤,使我们的努力能够一步一步地接近目标.不要目标在东,而我们却走到东南方向,结果浪费了精力,而事与愿违.在前进的道路中,必然要突破许多关口.这些关口,越到后来越不容易突破,要有计划地有步骤地一个一个去突破.第一关还没有突破,就不要企图去破第二关.不要企图一步登天.在科学研究上,急于求成的人,往往是比什么人都走得慢.我们要走得又快又稳.

青年同学们,你们生活在幸福的毛泽东时代,国家给你们创造了很好的学习条件,能不能学好,就看自己是否勤奋学习.为了使我们学习得好,党和毛主席已经有了许多全面的指示,我这里只不过是把个人的点滴体会写出来,供同学们参考而已.

(原载于1961年第21期《中国青年》)

取法务上,仅得乎中

同样一件事,反映各不同. 努力向上者,取其积极面,自暴自弃者,取其消极面. 宋朝有一位苏洵——苏老泉,到二十七岁的时候才发愤读书,终于成为一位大文学家.

这故事告诉我们:刻苦学习,不要怕晚嫌迟,不要说我年纪一把,还学出个啥名堂来. 更不是告诉我们:我年纪还轻呢! 今年不过二十岁,用什么功来! 再过五年才发愤,岂不比苏老泉还早二年吗?

发愤早为好,苟晚休嫌迟,最忌不努力,一生都无知.

* * *

想到一穷二白的祖国期待着我们建设,想到社会主义、共产主义社会建设的艰巨性和复杂性,想到毛主席和党的期望,我们恨不得立刻学好本领. 放松不得,蹉跎不得,立志务宜早,发愤休迟疑.

* * *

元朝有位王冕——王元章,他是一位大画家. 他从小贫穷,不能从师学画,买了纸笔和颜料,在放牛的时候,看着荷花临摹起来,经过刻苦锻炼,终于自学成为一位大画家.

这故事告诉我们:如果没有老师,不要怕,只要刻苦自励,自学也是可以有所成就的. 但是并不是说:我何必在校学习呢? 自学不也很好吗? 不也可以成为王冕吗?

自学的习惯是要养成的,而且是终身受用不尽的好习惯,但不要身在福中不知福! 有老师的帮助而不知道这帮助的可贵. 不明不白处,老师讲解;不深不透处,老师追查. 更重要的是,从老师处可以学得深钻苦研的、失败的和成功的经验,学习了他成功的经验,长知识,可以在这基础上更深入地下去;学得了他失败的经验,长阅历,可以知道天才出于勤奋的道理,知道成功从失败中来的道理.

* * *

独创精神不可少,这是我们建设前人所未有的事业的时代青年必有的本领,但接受前人的成就也是十分必要的. 不走或少走前人已走过的弯路是加快速度的好方法,老师尽他的力量向上带,带到他能带到的最高处. 我们在他们的肩膀上更上一层,一代胜似一代.

* * *

五代有位韦庄——韦端已填了一首词:

街鼓动,禁城开,天上探人回,凤衔金榜出云来,平地一声雷.

莺已迁,龙已化,一夜满城车马,家家楼上簇神仙,争看鹤冲天.

这首词可能是韦庄用来形容科举制度下高科得中的情况的,但是其中却包括词人的浪漫主义的幻想——十分丰富的想象力.

但幻想毕竟是幻想,真正要探天归来,真正要带了科学资料"出云来",还得经过千百年来科学家的辛勤劳动.

* * *

雄心壮志不可无,浪漫主义的幻想也要有,但不畏艰苦,逐级攀登的踏实功夫更不可少. 老老实实,实事求是,不要轻视平淡的一步,前进一步近一步,登高必自卑,行远必自迩. 看了韦庄的词,有所启发,而想一步登天,一下子就发明个星槎(槎,音 chá. 星槎,是古代神话中往来天上的木船.——编者注),遨游六合(六合,指天地四方.——编者注),岂不快哉? 但那是妄想,只有一步一步地先在理论上想出可能,算出数据,再按要求一一分析,步步落实,才有今日. 计时已百年,智慧耗无数,对整个历史来说我们的工作可能是极渺小的,对整个时代来说可能是微不足道的. 正是小环节小贡献,积小成大,由近至远,大发明大创造才有可能. 点点滴滴,汇成江河,眼光看得远,步伐走得稳,不要眼高手低,不要志大才疏. 老老实实干,痛下苦功夫;夸夸其谈者,荆棘满前途.

(原载于 1962 年 6 月 16 日《中国青年报》)

和青年谈学习

青年同学们常常希望我和大家谈谈学习问题,我虽然比一般年轻人大一些,可是至今仍然在摸索中学习,在不断失败中取得教训来进行学习. 对于学习,我还没有一套成熟的经验,没有一套好办法,但有一个愿望,准备一辈子学,一辈子不灰心地学,绝不因为一时的挫折而降低学习的热诚和决心.

科学是老老实实的学问,半点虚假不得. 因此,我老老实实地先交代一下,才转入正题. 下面谈的,也希望大家思考一下,看看哪些是对的,哪些是不对的,哪些是可以吸收加工的,哪些是应该扬弃的. 这样,也许可以吸收到人家一点有益的东西,避免犯同样的错误.

要有雄心壮志

现在我们面临着一个伟大的时代,我们要把一穷二白的祖国建设成为具有现代化工业、现代化农业、现代化科学文化的新中国. 担负着这样的任务,每个青年应当树立起雄心壮志,以蓬蓬勃勃的朝气,敢于斗争,敢于胜利,敢于学习,敢于创造,敢于继往开来,敢于做些史无前例的大事业.

但这并不是说,搞尖端的科学研究,搞创造发明才需要雄心壮志,搞一般工作就不需要雄心壮志. 任何工作都可以精益求精,所谓"行行出状元",没有雄心壮志的人,是不可能主动地把工作搞得很出色的. 有些人以为参加农业劳动就不要雄心壮志了,其实不然. 如果某人的努力,能增加农业产量百分之一,这就是一件了不起的事情. 而要做到这样,就得树立雄心壮志. 也有人以为,教中小学不需要雄心壮志,这也是不对的. 培养下一代是国家建设中一项最基本的工作. 认为当中小学教师不必去艰苦钻研学问,这是一种泄气的看法,不是一种力争上游的看法.北京市一个小学教师说过:"小学生要的可能是一杯水,但是我们得准备满满一壶水,才能充分满足他们的需要."这话很有道理,当一个名副其实的、优秀的、社会主义的教师,就需要多多积累知识,使饥渴的青年能得到满足.我个人的经验也是如此,我有时担任大学一年级的数学课程的授课教师,比高三仅仅高了一年,但在我的教学过程中,深深感到我的知识不是够了、多了,而是大大地不足.我经常发现新的、更好的材料或讲授方法,我经常觉得我的教学大有改进的余地,写好了的讲稿,讲了之后就发现许多不足之处.古人说的教学相长,的确大有道理.我想,做任何工作都绝不可得过且过,平平庸庸,应付门面,而是应该精益求精,不断改进.

要飞上天,还得从地上起程

与雄心壮志相伴而来的,应是老老实实、循序渐进的学习方法.雄心壮志并不是好高骛远、急躁速成,它和空想不同之处在于:有周密的计划——踏踏实实地安排好实现计划的具体步骤.使我们通过努力,能一步步地接近目标.例如上天,谁不想上天?嫦娥、孙行者式的上天,只是幻想、神话而已.要飞上天,还得从地上起程.五代词人韦庄有两阕《喜迁莺》:"人汹汹,鼓冬冬,襟袖五更风.大罗天上月朦胧,骑马上虚空.香满衣,云满路,鸾凤绕身飞舞.霓旌绛节一群群,引见玉华君.""街鼓动,禁城开,天上探人回.凤衔金榜出云来,平地一声雷.莺已迁,龙已化,一夜满城车马.家家楼上簇神仙,争看鹤冲天."这是词人的幻想,幻想虽然美丽,但真正要做到天上归来,带着科学资料出云来,还是要依靠多少年来无数人的踏踏实实的努力.

有人在中学里就要自学量子力学,算不算雄心壮志?这可能太早了一些.不了解力学,不了解微积分,而自以为可以读懂量子力学,这是不可想象的事.我们要扩大眼界,但是先不要忘记自己的知识水平.学习必须踏实,不能踏空一步.踏空一步,就要付出重补的代价;踏空多步,补不胜补,就会使人上不去,就会完全泄气.不过,一旦发现自己在学习上有踏空现象的时候也不要怕,回头是岸,赶紧找机会来补,不要不好意思. 不补永远是个洞,补了就好了,就纠正了一个缺点,走起来就更踏实、更稳更快了.

对"懂"的要求

做学问功夫,基础越厚越牢固,对今后的学习就越有利,越容易登高峰、攻尖端,得心应手地广泛用. 有人说,基础宽些好,但到底多宽才好? 有人为此而杂览群书. 我的看法,打好基础的第一要求是:对于一些基本的东西,要学深学透,不要急于看力所不能及的书籍. 什么叫学深学透? 这就是要经过"由薄到厚""由厚到薄"的过程.

首先是"由薄到厚". 比如学一本书,每个生字都查过字典,每个不懂的句子都进行过分析,不懂的环节加上了注解,经过这一番功夫之后,觉得懂多了,同时觉得书已经变得更厚了. 有人认为这样就算完全读懂了. 其实不然. 每一章每一节、每一字每一句都懂了,这还不是懂的最后形式. 最后还有一个"由厚到薄"的过程,必须把已经学过的东西咀嚼、消化,组织整理,反复推敲,融会贯通,提炼出关键性的问题来,看出了来龙去脉,抓住了要点,再和以往学过的比较,弄清楚究竟添了些什么新内容、新方法. 这样以后,就会发现,书似乎"由厚变薄"了. 经过这样消化后的东西,就容易记忆,就能够得心应手地运用.

例如学数学,单靠记公式就不是办法,主要是经过消化,搞懂内容. "三角学"的公式很多,但主要的并没几个,其他公式都是由这些推出来的. 其中主要的一个 $\sin^2\theta + \cos^2\theta = 1$,也不是新的,而是"几何学"上讲过的商高定理.

越学越快

也许有人觉得,这样书是读"深"了,但"广"不起来;也许有人觉得,这样学习可能进度慢了. 其实不然,这样会愈学愈快. 基础好了,以后只不过是添些什么新东西的问题,而不是再把整本书塞进脑子里去的问题. 这样学,就把"广"化为"添",添些本质上所不知道的东西,而不是把"广"化为"堆",把同样的货物一捆一捆地往上堆. 这样消化着学,是深广结合的学法,是较有效率的学法. 学了之后,巩固难忘,那就不必说了.

打好基础的另一办法是经常练,一有机会就练,苦练活练,不要放过任何一个机会. 比如说,学数学,最好不仅以会做自己学校里的试题为满足,旁的学校的试题也拿来做做,数学竞赛的试题也拿来做做;读报纸了,看到五年计划要求某种产品增加一倍,也不妨算算每年平均增加的百分比是多少. 又如,弹道导弹的发射区的四点知道了,学数学的人,不妨想想从中能推出些什么,等等.

老师没有讲过的

在打基础的同时,还必须注意培养独立思考的能力. 一切事物都在不断向前发展着,我们用老方法来处理新问题,必然有时不适合,或者不可能. 针对新的问题,我们就必须独辟蹊径,创造新的办法来处理. 老师没有讲的,书上查不到的,前人未遇到的问题,就要靠我们独立思考来解决.

培养独立思考的第一步,还是打好基础,多做习题,肯动脑筋,深透地了解定理、定律、公式的来龙去脉,但最好再想一下,那些结论别人是怎样想出来的,如果能看得出人家是怎样想出来的,那么自己也就有可能想出新东西来了.

牛顿的发现是偶然的?

强调独立思考,并不是不需要前人的经验,而恰恰是建立在广泛接受前人成就的基础上. 在资本主义国家里,流行着对科学发明的神秘化宣传,说什么创造发明可以由于偶然机会碰出来的. 说什么牛顿发明万有引力定律,只是由于偶然看见树上一个苹果落地,灵机一动的结果. 这是胡说八道! 苹果落地的现象,自有人类以来便有不知多少人见过,为什么只有牛顿才发现万有引力呢? 其实牛顿不是光看苹果落地,而是经过长期学习,抓住了开普勒的天体运行规律和伽利略的物体落地定律,并且经过长期的深思熟虑,一旦碰到自然界的现象,便比较容易地得到启发,因而看出它的本质而已.科学是老老实实的学问,不可能靠碰运气来创造发明,对一个问题的本质不了解,就是碰上机会也是枉然.入宝山而空手回,原因在此.

我们要虚心学习别人的成功的经验,还应注意别人失败的教训,看别人碰到困难遭到挫折时如何对待,如何解决,这种教训往往更为宝贵.不要光看到学者专家出了书,在报纸杂志上发表了文章,他们丢在废纸篓里的稿纸,远比发表的文章多得多.我们应该知道前辈学者寻求知识所经历的艰巨过程,学习他们克服困难、解决问题的方法.

勤能补拙,熟能生巧

最后,我想谈一谈天才与学习的关系问题.有些人自己信心不足,认为学习好需要天才,而自己天才不够;又有一些人,自高自大,觉得自己有才能,稍稍学习就能够超过同辈.实质上,这两种看法都有问题.当然,我们不否认各人的才能不一样,有长于此的,有短于彼的,但有一样可以肯定:主动权是由我们自己掌握的,这就是努力.虽然我的资质比较差些,但如果用功些,就可能进步得快些,并且一般地讲,可以超过那些自以为有天才而干劲不足的人.

学问是长期积累的,我们不停地学,不停地进步,总会积累起不少的知识.我始终认为:天才是"努力"的充分发挥.唯有学习,不断地学习,才能使人聪明;唯有努力,不断地努力,才会出现才能.我想用一句老话来结束这篇文章:"勤能补拙,熟能生巧."

(原载于 1962 年 12 月 8 日《羊城晚报》)

学与识

有些在科学技术研究工作岗位上的青年,要我谈谈治学和科学研究方面的经验. 其实,我的理解也有片面性. 现在仅就自己的片面认识,谈一点关于治学态度和方法的意见.

"由薄到厚"和"由厚到薄"

科学是老老实实的学问,搞科学研究工作就要采取老老实实、实事求是的态度,不能有半点虚假浮夸. 不知就不知,不懂就不懂,不懂的不要装懂,而且还要追下去,不懂,不懂在什么地方;懂,懂在什么地方. 老老实实的态度,首先就是要扎扎实实地打好基础. 科学是踏实的学问,连贯性和系统性都很强,前面的东西没有学好,后面的东西就上不去;基础没有打好,搞尖端就比较困难. 我们在工作中经常遇到一些问题解决不了,其中不少是由于基础未打好所致. 一个人在科学研究和其他工作上进步的快慢,往往和他的基础有关. 关于基础的重要,过去已经有许多文章谈过了,我这里不必多讲. 我只谈谈在科学研究工作中发现自己的基础不好后怎么办. 当然,我们说最好是先打好基础. 但是,如果原来基础不好,是不是就一定上不去,搞不了尖端?是不是因此就丧失了搞科学研究的信心了呢?当然信心不能丧失,但不要存一个蒙混过关的侥幸心理. 主要的是在遇到问题时不马马虎虎地让它过去. 碰上了自己不会的东西有两种态度:一种态度是"算了,反正我不懂",马马虎虎地就过去了,或是失去了信心;另一种态度是把不懂的东西认真地补起来. 补也有两种方法:一种是从头念起;另一种方法,也是大家经常采用的,就是把当时需要用的部分尽快地熟悉起来,缺什么就补什么(慢慢补得大体完全),哪方面不行,就多练哪方面,并且做到经常练.在这一点上,我们科学界还比不上戏剧界、京剧界.京剧界的一位老前辈有一次说过:"一天不练功,只有我知道;三天不练功,同行也知道;一月不练功,观众全知道."这是说演戏,对科学研究也是如此,科学的积累性不在戏剧之下,也要经常练,不练就要吃亏.但是如果基础差得实在太多的,还是老老实实从头补,不要好高骛远,还是回头是岸的好,不然会出现高不成低不就的局面.

有人说,基础、基础,何时是了?天天打基础,何时是够?据我看来,要真正打好基础,有两个必经的过程,即"由薄到厚"和"由厚到薄"的过程."由薄到厚"是学习、接受的过程,"由厚到薄"是消化、提炼的过程.譬如我们读一本书,厚厚的一本,加上自己的注解,就愈读愈厚,我们所知道的东西也就"由薄到厚"了.但是,这个过程主要是个接受和记忆的过程,"学"并不到此为止,"懂"并不到此为透.要真正学会学懂还必须经过"由厚到薄"的过程,即把那些学到的东西,经过咀嚼、消化、融会贯通,提炼出关键性的问题来.我们常有这样的体会:当你读一本书或是看一叠资料的时候,如果对它们的内容和精神做到了深入钻研,透彻了解,掌握了要点和关键,你就会感到这本书和这叠资料变薄了.这时看起来你得到的东西似乎比以前少了,但实质上经过消化,变成精练的东西了.不仅仅在量中兜圈子,而有质的提高了.只有经过消化提炼的过程,基础才算是巩固了,那么,在这个基础上再练,那就不是普通的练功了;再念书,也就不是一本一本往脑里塞,而变成为在原有的基础上添上几点新内容和新方法.经过"由薄到厚"和"由厚到薄"的过程,对所学的东西做到懂,彻底懂,经过消化的懂,我们的基础就算是真正的打好了.有了这个基础,以后学习就可以大大加快.这个过程也体现了学习和科学研究上循序渐进的规律.

有人说,这样踏踏实实、循序渐进,与雄心壮志、力争上游的精神是否有矛盾呢?是不是要我们只搞基础不攻尖端呢?我们说,踏踏实实、循序渐进地打好基础,正是要实现雄心壮志,正是为了攻尖端,攀高峰.不踏踏实实打好基础能爬上尖端吗?有时从表面上看好像是爬上去了,但实际上底子是空的.雄心壮志只能建立在踏实的基础上,否则就不叫雄心壮志.雄心壮志需要有步骤,一步步地,踏踏实实地去实现,一步一个脚印,不让它有一步落空.

独立思考和继承创造

科学不是一成不变、一个规格到底的,而是不断创造、不断变化的. 搞科学研究工作需要有独立思考和独立工作的能力. 许多同志参加工作后,一定会碰到很多新问题. 这些问题是书上没有的,老师也没有讲过的. 碰到这种情况怎么办? 是不是因为过去没学过就不管了? 或是问问老科学家,问不出来就算了? 或是查了科学文献,查不出来就算了? 问不出来,查不出来,正需要我们独立思考,找出答案. 我认为独立思考能力最好是早一些培养,如果有条件,在中学时就可以开始培养. 因为我们这样大的一个国家,从事的是崭新的社会主义建设,一定会碰上许多问题是书本上没有的,老科学家们过去也没有碰到过的. 如黄河上的三门峡工程,未来的长江三峡工程,我们的老科学家在过去就没有搞过这样大的水坝. 我们的许多矿山和外国的也不一样,不能照抄外国的. 所以还是要靠自己去研究,创造出我们的道路.

培养独立思考、独立工作能力,并不是不需要接受前人的成就,而恰恰是要建立在广泛地接受前人成就的基础上. 我很欣赏我国南北朝时期有名的科学家祖冲之对自己的学习总结的几个字. 他说,他的学习方法是:搜炼古今. 搜是搜索,博采前人的成就,广泛地学习研究;炼是提炼,只搜来学习还不行,还要炼,把各式各样的主张拿来对比研究,经过消化,提炼. 他读过很多书,并且做过比较、研究、消化、提炼,最后创立了自己的学说. 他的圆周率是在博览和研究了古代有关圆周率的学说的基础上,继承了刘徽的成就而进一步发展的. 他所作的《大明历》则是继承了何承天的《元嘉历》. 许多科学技术上的发明创造都是继承了前人的成就和自己独立思考的结果.

独立思考和独立工作,并不是完全不要老师的指导和帮助,但是也不要依赖老师. 能依靠老师很快地跑到一定的高度当然很好. 但是,从一个人的一生来说,有老师的指导不是经常的,没有老师的指导而依靠自己的努力倒是经常的;有书可查,而且能够查到所需要的东西不是经常的,需要自己加工或者灵活运用书本上的知识,甚至创造出书本上所没有的方法和成果倒是比较经常的. 就是在老师的指导和帮助下,也还是要靠自己的努力和钻研,才能有所成就. 凡是经过自己思考,经过一番努力,学到的东西才是巩固的,遇到困难问题时,也才有勇气、有能力去解决. 科学研究上会不会产生怕的问题,也往往看你是否依靠自己努力,经受过各种考验. 能够这样,在碰到任何困难问题时就不会怕. 当然不怕也有两种情况:一种是我不懂,不努力,也不怕,这是糊里糊涂地不怕,有些像初生犊儿不怕虎,这种不怕是不坚定的,因为在工作中一定会碰到"虎"的,到那时就会怕起来了;另一种是在工作中经过刻苦钻研,流过汗,经受过各种困难,这种不怕则是坚定的,也是我们赞扬的. 青年一定要学会独立思考、独立工作,依靠自己的努力去打江山,一味依靠老师和老科学家把着手去做,当然很方便,但也有吃亏的一面. 因为不经过自己的艰苦锻炼,学到的东西不会巩固,需要独立解决问题时困难就会更大. 这样说也并不是否定了老科学家的作用,他们给青年的帮助是很大的. 我只是说,青年不要完全依靠老科学家,应该注意培养自己独立思考和独立工作的能力.

青年同志们如果有机会和老科学家一起工作,要虚心地向他们学习. 学什么呢? 老科学家有丰富的学识,有很多成功的经验,值得我们认真学习;更重要的是还要学习他们失败的经验,看他们碰到困难遭到挫折时如何对待,如何解决,这种经验最为宝贵. 不要认为科学研究是一帆风顺的,一搞就成功. 在科学研究的历史上,失败的工作比成功的工作要多得多. 一切发明创造都是经过许多失败的经历而后成功的. 科学家的成果在报纸杂志上发表了,出了书,写的自然大多是成功的经验,但这只是整个劳动的一部分,而在成功的背后,有过大量的失败的经过. 如果我们把那些失败的经验学到手,学好,我们就不会怕了. 否则就会怕,或者会觉得成功是很简单的事. 譬如一个中学生向数学老师问一道难题,第二天,数学老师就在黑板上写出了答案,看起来老师是完成了自己的任务,但是还差一点,就是老师没有把寻求这道难题答案的思索过程告诉学生,就像是只把做好了的饭拿出来,而没有做饭的过程. 老师为了解难题可能昨天夜里苦思苦想,查书本,找参考,甚至彻夜未眠. 学生只看到了黑板上的答案,而不知道老师为寻求这个答案所经历的艰苦过程,就会以为数学老师特别聪明. 只看到老科学家的成果,不了解获得这些成果的过程,也会觉得老科学家是天才,我们则不行.所以我们既要学习老科学家成功的经验,也要学习成功之前的各种失败经验.这样,才学到了科学研究的一个完整过程,否则只算学了一半,也许一半都没有.科学研究中,成功不是经常的,失败倒是经常的.有了完整的经验,我们就不会在困难面前打退堂鼓.

知识、学识、见识

人们认识事物有一个由感性认识到理性认识的过程,学习和从事科学研究,也有一个由"知"到"识"的过程.我们平常所说的"知识""学识""见识"这几个概念,其实都包含了两层的意思,反映了认识事物的两个阶段."知识"是先知而后识,"学识"是先学而后识,"见识"是先见而后识.知了,学了,见了,这还不够,还要有个提高过程,即识的过程.因为我们要认识事物的本质,达到灵活运用,变为自己的东西,就必须知而识之,学而识之,见而识之,不断提高.孔子说:"学而不思则罔,思而不学则殆."这两句话的意思是说,只学,不用心思考,结果是毫无所得;不学习,不在接受前人成果的基础上去思考,也是很危险的.学和思,两者缺一不可.我们不仅应该重视学,更要把所学的东西上升到识的高度.如果有人明明"无知",强以为"有识",或者只有一点知就自恃为有识了,这是自欺欺人的人.知、学、见是识的基础,而识则是知、学、见的更高阶段.由知、学、见到识,是毛主席所指出的"去粗取精、去伪存真、由此及彼、由表及里"的过程,非如此,不能进入认识的领域.一般说来,衡量知、学、见是用广度,好的评语是广,是博;衡量识是用深度,好的评语是深,是精.因而,我们对知识的要求是既要有广度,又要有深度,广博深精才是对知识丰富的完好评语.一个人所知、所学、所见的既广博,理解得又深刻,才算得上一个有知识、有学识、有见识的人.

古时候曾经有人用"一目十行,过目不忘"之语来称赞某人有学识,究其实质,它只说出这人学得快、记性好的特点罢了;如果不加其他赞词,这样的人,充其量不过是一个活的书库,活的辞典而已.见解若不甚高,比起"闻一知三""闻一知十"的人来,相去远矣.因为一个会推理,而一个不会.会推理的人有可能从"知"到"识",

会发明创造;而不会推理者只能在"知"的海洋里沉浮.淹没其中,冒不出头来,更谈不上高瞻远瞩了.现在也往往有人说:某学生优秀,大学一二年级就学完了大学三年级课程;或者某教师教得好,一年讲了人家一年半的内容,而且学生都听懂了.这样来说学生优秀、教师好是不够的,因为只要求了"知"的一面,而忽略了"识"的一面.其实,细心地读完了几本书,仅仅是起点,而真正消化了书本上的知识,才是我们教学的要求.搞科学研究更是如此.有"知"无"识"之人做不出高水平的工作来.并不是熟悉了世界上的文献,就成为某一部门的"知识里手"了,还早呢!这仅仅是从事研究工作的一个起点.也并不是在一个文献报告会上能不断地报告世界最新成就,便可以认为接近世界水平了,不!这也仅仅是起点,具有能分析这些文献能力的报告会,才是科学研究工作的真正开始,前者距真正做出高水平的工作来,还相差一个质的飞跃阶段.我们在工作中多学多知多见,注意求知是好的,但不能以此为满足.有些同志已经工作好几年了,再不能只以"知"的水平来要求自己,而要严格检查自己是否把所学所知所见的东西提高到识的水平了.对于新参加工作的同志,也不能只要求他们看书,看资料,还要帮助他们了解、分析、提炼书和资料中的关键性问题,帮助他们了解由"知"到"识"的重要性.

从"知""学""见"到"识",并不是一次了事的过程,而是不断提高的过程.今天认为有些认识了的东西,明天可能发现自己并未了解,也许竟把更内在更实质的东西漏了.同时在知、学、见不断扩充的过程中,只要我们有"求识欲",我们的认识就会不断提高,而"识"的提高又会加深对知、学、见的接受能力,两者相辅相成,如钱塘怒潮,一浪推着一浪地前进,后浪还比前浪高.

以上所讲的只是我自己心有所感,在工作中经常为自己的知不广、识不高所困恼,因而提出来供青年同志们作参考,说不上什么经验,更不能说有什么成熟的看法.

(原载于 1962 年第 12 期《中国青年》)

学习和研究数学的一些体会[①]

人贵有自知之明. 我知道, 我对科学研究的了解是不全面的. 也知道, 搞科学极重要的是独立思考, 各人应依照各人自己的特点找出最适合的道路. 听了别人的学习、研究方法, 就以为我也会学习研究了, 这个就无异于吃颗金丹就会成仙, 而无需经过勤修苦练了.

今天把我五十年来的经验教训, 所见所闻和所体会的向你们介绍, 目的在于尽可能把我的经验作为你们的借鉴, 具体问题具体分析, 具体的个人应当想出最适合自己的有效方法来.

一 我第一点准备和同志们谈的问题是速度, 是效率

速度是实现社会主义现代化的保证. 例如说像我这样又老又拐的人, 我在前头走你们赶我不费劲, 一赶就赶上, 而我要赶你们, 除非你们躺下来睡大觉, 否则我无论如何是赶不上的. 现在世界上科学发展很快, 我们如果没有超过美国的速度和效率就不可能赶上美国. 我们没有超过日本的速度和效率, 我们就不可能赶上日本. 如果我们的速度仅仅和美、日等国一样, 那么也只能是等时差地赶, 超就是一句空话. 所以说, 我们应当首先在速度和效率上超过他们.

但要我们的速度和效率超过他们有没有可能呢? 这似乎是一个大问题, 其实不然, 我在美国待过, 在英国待过, 也在苏联待过. 我看到他们的速度不是神话般地快不可及. 我们是赶得上、超得过的! 我们许多美籍华人, 如果他们的速度不能超

[①] 本文是对中国科技大学研究生们的讲话.

过一般的美国人的话,也就不会成为现代著名的科学家了. 所以事实证明,只要我们努力下功夫,赶超是完全可以的. 就以我自己来说,我是 1936 年到英国的,在那里待了两年,回国后在昆明乡下住了两年,1940 年就完成了堆垒素数论的工作. 1950 年回国后,在 1958 年之前,我们的数论、代数、多复变函数论等等都达到了世界上的良好的水平. 所以经验告诉我们,纯数学的一门学科有四五年就能在世界上见头角了. 你们现在时代更好了,中央粉碎了"四人帮",带来了科学的春天. 在这样的条件下,我敢断言,只要肯下功夫,努力钻研,只要不浪费一分一秒的时间,我们是能够赶上世界先进水平的. 特别是我们数学,前有熊庆来、陈建功、苏步青等老前辈的榜样,现在又有许多后起之秀,更多的后起之秀也一定会接踵而来.

二 消 化

抢速度不是越级乱跳,不是一本书没有消化好就又看一本,一个专业没有爬到高处就又另爬一个山峰. 我们学习必须先从踏踏实实地读书讲起. 古时候总说这个人"博闻强记""学富五车". 实际上古人的这许多话到现在已是不足为训了,五车的书,从前是那种大字的书,我想一个指甲大小的集成电路就可以装它五本十本,学富五车,也不过十几块几十块集成电路而已. 现在也有相似的看法,说某人念了多少多少书,某人对世界上的文献记得多熟多熟,当然这不是不必要的,而这只能说走了开始的第一步,如果不经过消化,实际抵不上一个图书馆,抵不上一个电子计算机的记忆系统. 人之所以可贵就在于会创造,在于善于吸收过去的文献的精华,能够经过消化创造出前人所没有的东西. 不然人云亦云世界就没有发展了,懒汉思想是科学的敌人,当然也是社会发展的敌人.

什么叫消化?检验消化的最好的方法就是"用". 会用不会用,不是说空话,而是在实际中考验. 碰到这个问题束手无策,碰到那个问题又是一筹莫展,即使他能写几篇模仿性的文章,写几本抄抄译译著作,这同社会的发展又有什么关系呢?当然我不排斥初学的人写几篇模仿性的文章,但绝不能局限于此,须发皆白还是如此.

消化，只有消化后，我们才会灵活运用. 如果社会主义建设需要我们，我们就会为社会主义建设服务，解决问题，贡献力量. 客观的问题上面不会贴上标签的，告诉你这需要用数论，那个是要用泛函，而社会主义建设所提出来的问题是各种各样无穷无尽的，想用一个方法套上所有的实际问题，那就是形而上学的做法. 只有经过独立思考和认真消化的学者，才能因时因地根据不同的问题，运用不同的方法真正解决问题.

当然，刚才说消化不消化只有在实际中进行检验. 但是同学们不一定就有那么多的实践机会，在校学习的时候有没有检查我们消化了没有的方法呢？我以前讲过，学习有一个由薄到厚，再由厚到薄的过程. 你初学一本书，加上许多注解，又看了许多参考书，于是书就由薄变厚了. 自己以为这就是懂了，那是自欺欺人，实际上这还不能算懂. 而真正懂，还有一个由厚到薄的过程. 也就是全书经过分析，扬弃枝节，抓住要点，甚至于来龙去脉都一目了然了，这样才能说是开始懂了. 想一想在没有这条定理前，人家是怎样想出来的，这也是一个检验自己是否消化了的方法. 当然，这个方法不如前面那种更踏实. 总的一句话，检验我们消化没有，弄通没有的最后的标准是实践，是能否灵活运用解决问题. 也许有人会说这样念书太慢了. 我的体会不是慢了，而是快了. 因为我们消化了我们以前念过的书，再看另一本书时，我们脑子里的记忆系统就会排除那些过去弄懂了的东西. 而只注意新书中自己还没有碰到过的新东西. 所以说，这样脚踏实地地上去，不是慢了而是快了. 不然的话囫囵吞枣地学了一阵，忘掉一阵，再学再忘，白费时光是小，使自己"于国于家无望"事大. 更可怕的是好高骛远. 例如中学数学没学懂，他已读到大学三四年级的课程，遇到困难，但又不屑于回去复习，再去弄通中学的东西，这样前进，就愈进愈糊涂，陷入泥坑，难于自拔. 有时候阅读同一水平的书，如果我们以往的书弄懂了，消化了，那么在同一水平书里找找以往书上没有的东西就可以过去了. 找不到很快送上书架，找到一点两点就只要把这一两点弄通就得了，这样读书就快了，不是慢了.

读书得法了，然后看文献，实际上看文献和看书没有什么不同，也是要消化. 不过书上是比较成熟的东西，去粗取精，则精多粗少. 而文献是刚出来的，往往精少而粗多. 当然也不排除有些文章，一出来就变成经典著作的情况，但这毕竟是少数的少数. 不过多数文章通过不多时间就被人们遗忘了. 有了吸取文献的基础, 就可以搞研究工作.

这里我还要强调一下独立思考. 独立思考是搞科学研究的根本. 在历史上, 重大的发明没有一个是不通过独立思考就能搞出来的. 当然, 这并不等于说不接受前人的成就而"独立""思考". 例如有许多人搞哥德巴赫猜想, 对前人的工作一无所知, 这样搞, 成功的可能性是很小的. 独立思考也并不是说不要攻书, 不要看文献, 不要听老师的讲述了. 书本、文献、老师都是要的, 但如果拘泥于这些, 就会失去创造力, 使学生变成教师的一部分, 这样就会愈缩愈小, 数学上出了收敛的现象. 只有独立思考才能够跳出这个框框, 创造出新的方法, 创造出新的领域, 推动科学的进步. 独立思考不是说一个人独自在那里冥思苦想, 不和他人交流. 独立思考也要借助别人的结果, 也要依靠群众和集体的智慧. 独立思考也可以补救我们现在导师的不足. 导师经验较差, 导师太忙顾不过来, 这都需独立思考来补救. 甚至于像我们过去在昆明被封锁的时候, 外国杂志没处来, 我们还是独立思考, 想出新的东西来, 而想出来的东西和外国人并没重复. 即使有, 也别怕. 例如说, 我青年时在家里发表过几篇文章, 而退稿的很多, 原因是别人说你的这篇文章哪本书里已有此定理了, 哪篇文章在某书里也已有证明了, 等等. 而对这种情况是继续干呢, 还是就泄气呢? 觉得上不起学, 老是白费时间搞前人所搞过的东西? 当时, 我并没有这样想. 在收到退稿时反而高兴, 这使我明白, 原来某大科学家搞过的东西, 我在小店里也能搞出来. 因此我还是加倍继续坚持搞下去了. 我这里并不是说过去的文献不要看, 而是说即使重复了人家的工作也不要泄气. 要对比一下自己搞出来的同已有的有什么区别, 是不是他们的比我们的好, 这样就学习了人家的长处, 就有进步, 如果相比之下我们还有长处就增强了信心.

我们有了独立思考, 没有导师或文献不全, 就都不会成为我们的阻力. 相反, 有导师我们也还要考虑考虑讲的话对不对, 文献是否完整了……总之, 科学事业是善于独立思考的人所创造出来的, 而不是像我前面所说的等于几块集成电路的那种人创造出来的, 因为这种人没有创造性. 毛主席指出, 研究问题, 要去粗取精, 去伪存真, 由此及彼, 由表及里. 做到这四点, 就非靠独立思考不可, 不独立思考就只能得其表,取其粗,只能够伪善杂存,无法明辨是非.

三 搞研究工作的几种境界

1. 照葫芦画瓢地模仿. 模仿性的工作,实际上就等于做一个习题. 当然,做习题是必要的,但是一辈子做习题而无创新又有什么意思呢?

2. 利用成法解决几个新问题. 这个比前面就进了一步,但是我们在这个问题上也应区别一下. 直接利用成法也和做习题差不多,而利用成法,又通过一些修改,这就走上搞科学研究的道路了.

3. 创造方法,解决问题,这就更进了一步. 创造方法是一个重要的转折,是自己能力提高的重要表现.

4. 开辟方向,这就更高了. 开辟了一个方向,可以让后人做上几十年,成百年. 这对科学的发展来讲就是有贡献. 我是粗略地分为以上这四种,实际上数学还有许多特殊性的问题. 像著名问题,你怎样改进它,怎样解决它,这在数学方面一般也是受到称赞的. 在 20 世纪初希尔伯特(Hilbert)提出了二十三个问题. 这许多问题,有些是会对数学的本质产生巨大的影响. 费尔马(Fermat)问题,我想这是大家都知道的. 这个问题如用初等数论方法解决了,那没有发展前途,当然,这样他可以获得"十万马克". 但对数学的发展是没有多大意义的. 而库麦尔虽没有解决费尔马问题,但他为研究费尔马却创造了理想数,开辟了方向. 现在无论在代数、几何、分析等方面,都用上了这个概念,所以它的贡献远比解决一个费尔马问题大. 所以我觉得,这种贡献就超过了解决个别难题.

我对同志们提一个建议,取法乎上得其中,取法乎中得其下. 研究工作还有一条值得注意的,要攻得进去,还要打得出来. 攻进去需要理论,真正深入到所搞专题的核心需要理论,这是人所共知的. 可是要打得出来,并不比钻进去容易. 世界上有不少数学家攻是攻进去了,但是进了死胡同就出不来了,这种情况往往使其局限在一个小问题里,而失去了整个时间. 这种研究也许可以自娱,而对科学的发展和社会主义的建设是不会有作用的.

四　我还想跟同学们讲一个字，"漫"字

我们从一个分支转到另一个分支，是把原来所搞分支丢掉跳到另一分支吗？如果这样就会丢掉原来的. 而"漫"就是在你搞熟弄通的分支附近，扩大眼界，在这个过程中逐渐转到另一分支. 这样，原来的知识在新的领域就能有用，选择的范围就会越来越大. 我赞成有些同志钻一个问题钻许多年搞出成果，我也赞成取得成果后用"漫"的方法逐步转到其他领域.

鉴别一个学问家或个人，一定要同广、同深联系起来看. 单是深，固然能成为一个不坏的专家，但对推动整个科学的发展所起的作用是微不足道的. 单是广，这儿懂一点，那儿懂一点，这只能欺欺外行，表现表现他自己博学多才，而对人民不可能做出实质性的成果来.

数学各个分支之间，数学与其他学科之间实际上没有不可逾越的鸿沟. 以往我们看到过细分割、各搞一行的现象，结果呢？哪行也没搞好. 所以在钻研一科的同时，浏览与自己学科或分支相近的书和文献，也是大有好处的.

五　我再讲一个"严"字

不单是搞科学研究需要严，就是练兵也都要从难，从严. 至于说相互之间说好听的话，听了谁都高兴. 在三国的时候就有两个人，一个叫孔融，一个叫祢衡. 祢衡捧孔融是仲尼复生，孔融捧祢衡是颜回再世. 他们虽然相互捧得上了九霄云外，而实际上却是两个"饭桶"，其下场都是被曹操直接或间接地杀死了. 当然，听好话很高兴，而说好话的人也有他的理论，说我是在鼓励年青人. 但是这样的鼓励，有的时候不仅不能把年青人鼓励上去，反而会使年青人自高自大，不再上进. 特别是若干年来，我知道有许多对学生要求从严的教师受到冲击. 而一些分数给得宽，所谓关系搞得好的，结果反而得到一些学生的欢迎. 这种风气只会拉社会主义的后腿. 以至现在我们要一个老师对我们要求严格些，而老师都不敢真正对大家严格要求. 所

以我希望同学们主动要求老师严格,对不肯严格要求的老师,我们要给他们做一些思想工作,解除他们的顾虑. 同样一张嘴,说几句好听的话同说几句严格要求的话,实在是一样的,而且说说好听话大家都欢迎,这有何不好呢? 并且还有许多人认为这样是团结的表现. 若一听到批评,就认为不团结了,需要给他们做思想工作了等等. 实际上这是多余的,师生之间的严格要求,只会加强团结,即使有一时想不开的地方,在长远的学习、研究过程中,学生是会感到严师的好处的. 同时对自己的要求也要严格. 大庆"三老四严"的作风,我们应随时随地、人前人后地执行.

我上面谈到过的消化,就是严字的体现,就是自我严格要求的体现. 一本书马马虎虎地念,这在学校里还可以对付,但是就这样毕了业,将来在工作中间要用起来就不行了. 我对严还有一个教训. 在 1964 年,我刚走向实践想搞一点东西的时候,在"乌蒙磅礴走泥丸"的地方,有一位工程师,出于珍惜国家财产的心情,就对我说:雷管现在成品率很低,你能不能降低一些标准,使多一些的雷管验收下来. 我当时认为这个事情好办. 我只要略略降低一些标准,验收率就上去了. 但后来在梅花山受到了十分深刻的教训. 使我认识到,降低标准 1%,实际就等于要牺牲我们四位可爱的战士的生命. 这是我们后来搞优选法的起点. 因为已经造成了的产品,质量不好,我们把住关,把废品卡住,但并不能消除由于废品多而造成的损失. 如果产品质量提高了,废品少了,那么给国家造成的损失也就自然而然地小了. 我这并不是说质量评估不重要,我在 1969 年就提倡,不过我们搞优选法的重点就在预防. 这就和治病、防病一样,以防为主. 搞优选法就是防止次品出现. 而治就是出了废品进行返工,但这往往无法返工,成为不治之症. 老实说,以往我对学生的要求是习题上数据错一点没有管,但是自从那次血的教训,使我得到深刻的教育. 我们在办公室里错一个 1%,好像不要紧,可是拿到生产、建设的实践中去,就会造成极大的损失. 所以总的一句话,包括我在内,对严格要求我们的人,应该是感谢不尽的. 对给我们戴高帽子的人,我也感谢他,不过他这个帽子我还是退还回去,请他自己戴上. 同学们,求学如逆水行舟,不进则退. 只要哪一天不严格要求自己,就会出问题. 当然,数学工作者,从来没有不算错过题的. 我可以这样说一句,天下只有哑巴没有说过错话;天下只有白痴没想错过问题;天下没有数学家没算错过题的. 错误是难免要发生的,但不能因此而降低我们的要求,我们要求是没有错误,但既然出现了错误,就应该引以为教训.不负责任的吹嘘,虽然可能会使你高兴,但我们要善于分析,对这种好说恭维话的人要敬而远之,自古以来有一句话,就是:什么事情都可以穿帮,只有戴高帽子不会穿帮.不负责任地恭维人,是旧社会遗留下来的恶习,我们要尽快地把它洗刷掉.当然,别人说我们好话,我们不能顶回去,但我们的头脑要冷静、要清醒,要认识到这是顶一文钱不值的高帽子,对我的进步毫无益处.

实事求是是科学的根本,如果搞科学的人不实事求是,那就搞不了科学,或就不适于搞科学.党一再提倡实事求是的作风,不实事求是地说话、办事的人,就背离了党的要求.科学是来不得半点虚假的.我们要正确估价好的东西,就是一时得不到表扬,也不要灰心,因为实践会证明是好的.而不太好的东西,就是一时得到大吹大擂,不多久也就会烟消云散了.我们要有毅力,要善于坚持,但是在发现是死胡同的时候,我们也得善于转移.不过,发现死胡同是不容易的,不下功夫是不会发现的.就是退出死胡同时,也得搞清楚它死在何处,经过若干年后,发现难点解决了,死处复活了,我就又可以打进去.失败是经常的事,成功是偶然的.所有发表出的成果,都是成功的经验,同志们都看到了,而同志们哪里知道,这是总结了无数失败的经验教训才换来的.跟老师学习就有这样一个好处,好老师可以指导我们减少失败的机会,更快吸收成功的经验,在这个基础上又创造出更好的东西.还可以看到他的失败的经验,和山重水复疑无路,柳暗花明又一村,怎样从失败又转到成功的经验,切不可有不愿下苦功侥幸成功的想法.天才,实际上在他很漂亮解决问题之前是有一个无数次失败的艰难过程.所以同学们千万别怕失败,千万别以为我写了一百张纸了,但还是失败了;我搞一个问题已两年了,而还没有结果等就丧失信心,我们应总结经验,发现我们失败的原因,不再重复我们失败的道路.总的一句话,失败是成功之母.

似懂非懂、不懂装懂比不懂还坏.这种人在科学研究上是无前途的,在科学管理上是瞎指挥的.如果自己真的知道和承认不懂,则容易听取群众的意见,分析群众的意见,尊重专家的意见,然后和大家一起做出决定来……特别对你们年青人,没有经过战火的考验(战火的考验是最好的考验,错误的判断就打败仗,甚至于被敌人消灭),也没有深入钻研的经验,就不知道旁人的甘苦.如果没有组织群众性的搞科学研究的锻炼和能力,就必然陷入瞎指挥的陷阱.虽然他(或她)有雄心想办好科学,实际上会造成拆台的后果.所以我要求你们年轻人有两条:(1)有对科学钻深钻懂一行两行的锻炼.(2)能有搞科学实验运动,组织群众,发动群众,把科学知识普及给群众的本领.不然,对四个现代化来说就会起拉后腿的作用.对个人来说一事无成,而两鬓已斑.

当前在两条不可兼得的时候,择其一也可,总之没有农民不下田就有大丰收的事情,没有不在机器边而能生产出产品的工人.脑力劳动也是如此,养得肠肥脑满、清清闲闲、饱食终日、无所用心的科学家或科学工作组织者是没有的.

单凭天才的科学家也是没有的,只有勤奋,才能补拙,才能把天才真正发挥出来.天资差的,通过勤奋努力就可以赶上和超过有天才而不努力的人.古人说,人一能之己十之,人十能之己百之,这是大有参考价值的名言.

六　要善于暴露自己

不懂装懂好不好?不好!因为不懂装懂就永远不会懂.要敢于把自己的缺点和不懂的地方暴露出来,不要怕难为情.暴露出来顶多受老师的几句责备,说你"连这个也不懂",但是受了责备后不就懂了吗?可是不想受责备,不懂装懂,这就一辈子也不懂.科学是实事求是的学问,越是有学问的人,就越是敢暴露自己,说自己这点不清楚,不清楚经过讨论就清楚了.在大的方面,百家争鸣也就是如此,每家都敢于暴露自己的想法,每家都敢批评别人的想法,每家都接受别人的优点和长处,科学就可以达到繁荣昌盛."四人帮"搞得大家对问题表态不好,不表态也不好,明知不对也不敢暴露,这样就自然产生僵化,僵化是科学的死敌,科学就不能发展.不怕低,就怕不知底.能暴露出来,让老师知道你的底在那里,就可以因材施教.同时,懂也不要装着不懂.老师知道你懂了很多东西,就可以更快地带着你前进.也就是一句话,懂就说懂,不懂就说不懂,会就说会,不会就说不会,这是科学的态度.

好表现,这似乎是一个坏事,实际也该分析一下.如果自己不了解,或半知半解而就卖弄渊博,这是真正的好表现,这不好.而把自己懂的东西交流给旁人,使别人以更短的时间来掌握我们的长处,这种表现是我们欢迎的,这不是好(hǎo)表现,这是好(hǎo)表现.科学有赖于相互接触,互相交流彼此的长处,这样我们就可以兴旺发达.

我上面所讲的有片面性,更重要的是为人民服务的问题.大家政治理论学习比我好,同时我们这里也没有时间了,就不在这里多讲了.我用一句话结束我的发言:

不为个人,而为人民服务.

当然我这篇讲话就是这个主题,但没能充分发挥,不过人贵有自知之明,我对这方面的认识更弱于我对数学的认识了,而政治干部比我搞业务的人就知道得更多了,我也就不想在这里超出我的范围多说了.

(原载于 1979 年第 1 期《数学通报》)

第三部分

为用

宇宙之大,粒子之微,火箭之速,化工之巧,地球之变,生物之谜,日用之繁,无处不用数学.

大哉数学之为用[1]

数 与 量

数(读作 shù)起源于数(读作 shǔ),如一、二、三、四、五……,一个、两个、三个……. 量(读作 liàng)起源于量(读作 liáng). 先取一个单位作标准,然后一个单位一个单位地量. 天下虽有各种不同的量(各种不同的量的单位如尺、斤、斗、秒、伏特、欧姆和卡路里等),但都必须通过数才能确切地把实际的情况表达出来. 所以"数"是各种各样不同量的共性,必须通过它才能比较量的多寡,才能说明量的变化.

"量"是贯穿到一切科学领域之内的,因此数学的用处也就渗透到一切科学领域之中. 凡是要研究量、量的关系、量的变化、量的关系的变化、量的变化的关系的时候,就少不了数学. 不仅如此,量的变化还有变化,而这种变化一般也是用量来刻画的. 例如,速度是用来表示物体的变化动态的,而加速度则是用来刻画速度的变化. 量与量之间有各种各样的关系,各种各样不同的关系之间还可能有关系. 为数众多的关系还有主从之分——也就是说,可以从一些关系推导出另一些关系来. 所以数学还研究变化的变化,关系的关系,共性的共性,循环往复,逐步提高,以至无穷.

数学是一切科学得力的助手和工具. 它有时由于其他科学的促进而发展,有时

---

[1] 本文曾于 1959 年 5 月 28 日发表在《人民日报》上. 后曾以"数学的用场与发展"为题转载在《现代科学技术简介》(科学出版社,1978 年)上. 转载时,作者认为时代已有很大发展,内容要重新修改补充. 由于时间仓促,只能根据他的口述笔录对原稿加以整理发表. 他再三提出,希望听取各方面的宝贵意见,以便在适当时候对这篇文章加以补充修改.

也先走一步，领先发展，然后再获得应用．任何一门科学缺少了数学这一项工具便不能确切地刻画出客观事物变化的状态，更不能从已知数据推出未知的数据来，因而就减少了科学预见的可能性，或者减弱了科学预见的精确度．

恩格斯说："纯数学的对象是现实世界的空间形式和数量关系．"数学是从物理模型抽象出来的，它包括数与形两方面的内容．以上只提要地讲了数量关系，现在我们结合宇宙之大来说明空间形式．

宇 宙 之 大

宇宙之大，宇宙的形态，也只有通过数学才能说得明白．天圆地方之说，就是古代人民用几何形态来描绘客观宇宙的尝试．这种"苍天如圆盖，陆地如棋局"的宇宙形态的模型，后来被航海家用事实给否定了．但是，我国从理论上对这一模型提出的怀疑要早得多，并且也同样地有力．论点是："混沌初开，乾坤始奠，气之轻清上浮者为天，气之重浊下凝者为地．"但不知轻清之外，又有何物？也就是圆盖之外，又有何物？三十三天之上又是何处？要想解决这样的问题，就必须借助于数学的空间形式的研究．

四维空间听来好像有些神秘，其实早已有之，即以"宇宙"二字来说，"往古来今谓之宙，四方上下谓之宇"（《淮南子·齐俗训》）就是宇是东西、南北、上下三维扩展的空间，而宙是一维的时间．牛顿时代对宇宙的认识也就是如此．宇宙是一个无边无际的三维空间，而一切的日月星辰都安排在这框架中运动．找出这些星体的运动规律是牛顿的一大发明，也是物理模型促进数学方法，而数学方法用来说明物理现象的一个好典范．由于物体的运动不是等加速度，要描绘不是等加速度，就不得不考虑速度时时在变化的情况，于是乎微商出现了．这是刻画加速度的好工具．由牛顿当年一身而二任焉，既创造了新工具——微积分，又发现了万有引力定律．有了这些，宇宙间一切星辰的运动初步统一地被解释了．行星凭什么以椭圆轨道绕日而行的，何时以怎样的速度达到何处等，都可以算出来了．

有人说西方文明之飞速发展是由于欧几里得几何的推理方法和进行系统实验

的方法.牛顿的工作也是逻辑推理的一个典型.他用简单的几条定律推出整个的力学系统,大至解释天体的运行,小到造房、修桥、杠杆、称物都行.但是人们在认识自然界时建立的理论总是不会一劳永逸完美无缺的,牛顿力学不能解释的问题还是有的.用它解释了行星绕日公转,但行星自转又如何解释呢？地球自转一天24小时有昼有夜,水星自转周期和公转一样,半面永远白天,半面永远黑夜.一个有名的问题：水星进动每百年42″,是牛顿力学无法解释的.

爱因斯坦不再把"宇""宙"分开来看,也就是时间也在进行着.每一瞬间三维空间中的物质在占有它一定的位置.他根据麦克斯韦-洛伦兹的光速不变假定,并继承了牛顿的相对性原理而提出了狭义相对论.狭义相对论中的洛伦兹变换把时空联系在一起,当然并不是消灭了时空特点.如向东走三里,再向西走三里,就回到原处,但时间则不然,共用了走六里的时间.时间是一去不复返地流逝着.值得指出的是有人推算出狭义相对论不但不能解释水星进动问题,而且算出的结果是"退动".这是误解.我们能算出进动28″,即客观数的三分之二.另外,有了深刻的分析,反而能够浅出,连微积分都不要用,并且在较少的假定下,就可以推出爱因斯坦狭义相对论的全部结果.

爱因斯坦进一步把时、空、物质联系在一起,提出了广义相对论,用它可以算出水星进动是43″,这是支持广义相对论的一个有力证据,由于证据还不多,因此对广义相对论还有不少看法,但它的建立有赖于数学上的先行一步.如先有了黎曼几何.另一方面它也给数学提出了好些到现在还没有解决的问题.对宇宙的认识还将有多么大的进展,我不知道,但可以说,每一步都是离不开数学这个工具的.

粒 子 之 微

佛经上有所谓"金粟世界",也就是一粒粟米也可以看作一个世界.这当然是佛家的幻想.但是我们今天所研究的原子却远远地小于一粒粟米,而其中的复杂性却不亚于一个太阳系.

即使研究这样小的原子核的结构也还是少不了数学.描述原子核内各种基本

粒子的运动更是少不了数学.能不能用处理普遍世界的方法来处理核子内部的问题呢？情况不同了！在这里,牛顿的力学,爱因斯坦的相对论都遇到了困难.在目前人们应用了另一套数学工具,如算子论、群表示论、广义函数论等.这些工具都是近代的产物.即使如此,也还是不能完整地说明它.

在物质结构上不管分子论、原子论也好,或近代的核子结构、基本粒子的互变也好,物理科学上虽然经过了多次的概念革新,但自始至终都和数学分不开.不但今天,就是将来,也有一点是可以肯定的,就是一定还要用数学.

是否有一个统一的处理方法,把宏观世界和微观世界统一在一个理论之中,把四种作用力统一在一个理论之中,这是物理学家当前的重大问题之一.不管将来他们怎样解决这个问题,但是处理这些问题的数学方法必须统一.必须有一套既可以解释宏观世界又可以解释微观世界的数学工具.数学一定和物理学刚开始的时候一样,是物理科学的助手和工具.在这样的大问题的解决过程中,也可能如牛顿同时发展天体力学和发明微积分那样,促进数学的新分支的创造和形成.

火 箭 之 速

在今天用"一日千里"来形容慢则可,用来形容快则不可了！人类可创造的物体的速度远远地超过了"一日千里".飞机虽快到日行万里不夜,但和宇宙速度比较,也显得缓慢得很.古代所幻想的朝昆仑而暮苍梧,在今天已不足为奇.

不妨回忆一下,在星际航行的开端——由诗一般的幻想进入科学现实的第一步,就是和数学分不开的.早在牛顿时代就算出了每秒钟近八公里的第一宇宙速度,这给科学技术工作者指出了奋斗目标.如果能够达到这一速度,就可以发射地球卫星.1970年我国发射了第一颗人造卫星.数学工作者自始至终都参与这一工作(当然,其中不少工作者不是以数学工作者见称,而是运用数学工具者).作为人造行星环绕太阳运行所必须具有的速度是11.2公里/秒,称为第二宇宙速度；脱离太阳系飞向恒星际空间所必须具有的速度是16.7公里/秒,称为第三宇宙速度.这样的目标,也将会逐步去实现.

顺便提一下，如果我们宇宙航船到了一个星球上，那儿也有如我们人类一样高级的生物存在．我们用什么东西作为我们之间的媒介？带幅画去吧，那边风景殊，不了解．带一段录音去吧，也不能沟通．我看最好带两个图形去，一个"数"(图 1)，一个"数形关系"(勾股定理)(图 2)．

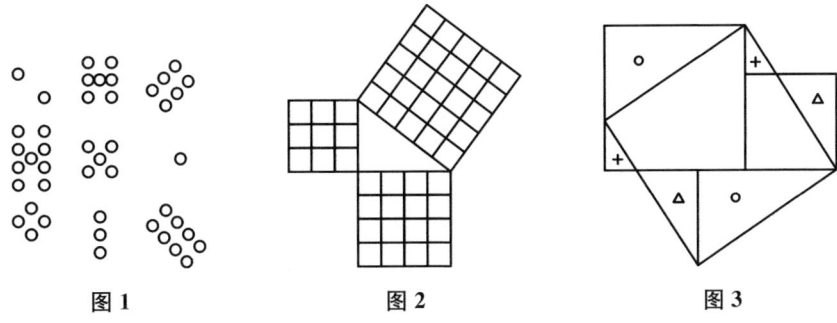

图 1　　　　　　图 2　　　　　　图 3

为了使那里较高级的生物知道我们会几何证明，还可送去上面的图形，即"青出朱入图"(图 3)．这些都是我国古代数学史上的成就．

化 工 之 巧

化学工业制造出的千千万万种新产品，使人类的物质生活更加丰富多彩，真是"巧夺天工"，"巧夺造化之工"．在制造过程中，它的化合与分解方式是用化学方程来描述的，但它是在变化的，因此，伟大革命导师恩格斯明确指出："表示物体的分子组合的一切化学方程式，就形式来说是微分方程式．但是这些方程式实际上已经由于其中所表示的原子量而积分起来了．化学所计算的正是量的相互关系为已知的微分．"

为了形象化地说明，例如，某种物质中含有硫，用苯提取硫．苯吸取硫有一定的饱含量，在这个过程中，苯含硫越多越难再吸取硫，剩下的硫越少越难被苯吸取．这个过程时刻都在变化，吸收过程速度在不断减慢着．实验本身便是这个过程的积分过程，它的数学表达形式就是微分方程式及其求解．简单易做的过程我们可以用实验去解决，但对于复杂、难做的过程，则常常需要用数学手段来加以解决．特别是选取最优过程的工艺,数学手段更成为必不可少的手段. 特别是量子化学的发展,使得化学研究提高到量子力学的阶段,数学手段——微分方程及矩阵、图论更是必需的数学工具.

应用了数学方法还可使化学理论问题得到极大的简化. 例如,对于共轭分子的能级计算,在共轭分子增大时十分困难. 应用了分子轨道的图形理论,由图形来简化计算,取得了十分直观和易行的效果,便是一例,其主要根据是如果一个行列式中的元素多为 0,那就可以用图论来简化计算.

地 球 之 变

我们所生活的地球处于多变的状态之中,从高层的大气,到中层的海洋,下到地壳,深入地心,都在剧烈地运动着,而这些运动规律的研究也都用到数学.

大气环流,风云雨雪,天天需要研究和预报,使得农民可以安排田间农活,空中交通运输可以安排航程. 飓风等灾害性天气的预报,使得海军、渔民和沿海地区能够及早预防,减少损害. 而所有这些预报都离不了数学.

"风乍起,吹皱一池春水."风和水的关系自古便有记述,"无风不起浪". 但是风和浪的具体关系的研究,则是近代才逐步弄清的,而且用到了数学的工具,例如偏微分方程的间断解的问题.

大地每年有上百万次的地震,小的人感觉不到,大的如果发生在人烟稀少的地区,也不成大灾. 但是每年也有几次在人口众多的地区的大震,形成大灾. 对地壳运动的研究,对地震的预报,以及将来进一步对地震的控制都离不开数学工具.

生 物 之 谜

生物学中有许许多多的数学问题. 蜜蜂的蜂房为什么要像如下的形式(图 4),一面看是正六角形,另一面也是如此. 但蜂房并不是六棱柱,它的底部是由三个菱形所拼成的. 图 5 是蜂房的立体图. 这个图比较清楚,更具体些,拿一支六棱柱的铅,笔未削之前铅笔一端形状是正六角形 ABCDEF(图 6). 通过 AC,一刀切下一角,把三角形 ABC 搬置 AOC 处. 过 AE, CE 也如此同样切三刀,所堆成的形状就是图 7,而蜂巢就是两排这样的蜂房底部和底部相接而成.

图 4

图 5

图 6

图 7

关于这个问题有一段趣史：巴黎科学院院士数学家克尼格,从理论上计算,为使消耗材料最少,菱形的两个角度应该是 $109°26'$ 和 $70°34'$. 与实际蜜蜂所做出的仅相差 2 分. 后来苏格兰数学家马克劳林重新计算,发现错了的不是小小的蜜蜂,而是巴黎科学院的院士,因克尼格用的对数表上刚好错了一个字. 这个 18 世纪的难题,1964 年我用它来考过高中生,不少高中生提出了各种各样的证明.

这一问题,我写得篇幅略长些,目的在于引出生物之谜中的数学,另一方面也希望生物学家给我们多提些形态的问题,蜂房与结晶学联系起来,这是"透视石"的晶体.

再回到化工之巧,有多少种晶体可以无穷无尽、无空无隙地填满空间,这又要用到数学.数学上已证明,只有 230 种.

还有如胰岛素的研究中,由于复杂的立体模型也用了复杂的数学计算.生物遗传学中的密码问题是研究遗传与变异这一根本问题的,它的最终解决必然要考虑到数学问题.生物的反应用数学加以描述成为工程控制论中"反馈"的泉源.神经作用的数学研究为控制论和信息论提供了现实的原型.

日 用 之 繁

日用之繁,的确繁,从何谈起真为难!但也有容易处.日用之繁与亿万人民都有关,只要到群众中去,急工农之所急,急生产和国防之所急,不但可以知道哪些该搞,而且知道轻重缓急.群众是真正的英雄,遇事和群众商量,不但政治上有提高,业务上也可以学到书本上所读不到的东西.像我这样自学专攻数学的,也在各行各业师傅的教育下,学到了不少学科的知识,这是一个大学一个专业中所学不到的.

我在日用之繁中搞些工作始于 1958 年,但真正开始是 1964 年接受毛主席的亲笔指示后.并且使我永远不会忘记的是在我刚迈出一步写了《统筹方法平话》下到基层试点时,毛主席又为我指出"不为个人,而为人民服务,十分欢迎"的奋斗目标.后来在周总理关怀下又搞了"优选法".由于各省、市、自治区的领导的关怀,我曾有机会到过二十个省市,下过数以千计的工矿农村,拜得百万工农老师,形成了有工人、技术人员和数学工作者参加的普及、推广数学方法的小分队.通过群众性的科学实验活动证明,数学确实大有用场,数学方法用于革新挖潜,能为国家创造巨大的财富.回顾以往,真有"抱着金饭碗讨饭吃"之感.

由于我们社会主义制度的优越性,在这一方面可能有我们自己的特点,不妨结合我下去后的体会多谈一些.

统筹方法不仅可用于一台机床的维修,一所房屋的修建,一组设备的安装,一项水利工程的施工,更可用于整个企业管理和大型重点工程的施工会战.大庆新油田开发,万人千台机的统筹,黑龙江省林业战线采、运、用、育的统筹,山西省大同市口泉车站运煤统筹,太原铁路局、太钢和几个工矿的联合统筹,还有一些省市公社和大队的农业生产统筹,等等,都取得了良好效果.看来统筹方法宜小更宜大.大范围的过细统筹效果更好,油水更大.特别是把方法交给广大群众,结合具体实际,大家动手搞起来,由小到大、由简到繁,在普及的基础上进一步提高,收效甚大.初步设想可以概括成十二个字:大统筹、理数据、建系统、策发展,使之发展成一门学科——统筹学,以适应我国具体情况,体现我们社会主义社会特点.统筹的范围越大,得到和用到的数据也越多.我们不是仅仅消极地统计这些数据,而是还要从这些数据中取出尽可能多的信息来作为指导.因此数据处理提到了日程上来.数据纷繁就要依靠电子计算机.新系统的建立和旧系统的改建和扩充,都必须在最优状态下运行.更进一步就是"策发展",根据今年的情况明年如何发展才更积极又可靠,使国民经济的发展达到最大可能的高速度.

优选法是采用尽可能少的试验次数找到最好方案的方法.优选学作为这类方法的数学理论基础,已有初步的系统研究.实践中,优选法的基本方法已在大范围内得到推广.目前,我国化工、电子、冶金、机械、轻工、纺织、交通、建材等方面都有较广泛的应用.在各级党委的领导下,大搞推广应用优选法的群众活动,各行各业搞,道道工序搞,短期内就可以应用优选法开展数以万计项目的试验.使原有的工艺水平普遍提高一步.在不添人、不增设备、不加或少加投资的情况下,就可收到优质、高产、低耗的效果.例如,小型化铁炉,优选炉形尺寸和操作条件,可使焦铁比一般达 $1:18$.机械加工优选刀具的几何参数和切削用量,工效可成倍提高.烧油锅炉,优选喷枪参数,可以达到节油不冒黑烟.小化肥工厂搞优选,既节煤又增产.在大型化工设备上搞优选,提高收率潜力更大.解放牌汽车优选了化油器的合理尺寸,一辆汽车一年可节油一吨左右,全国现有民用汽车都来推广,一年就可节油六十余万吨.粮米加工优选加工工艺,一般可提高出米率百分之一至百分之三,提高出粉率百分之一.若按全国人数的口粮加工总数计算,一年就等于增产几亿斤粮食.

最好的生产工艺是客观存在的,优选法不过是提供了认识它、尽量少做试验、快速达到目的的一种数学方法.

物资的合理调配,农作物的合理分布,水库的合理排灌,电网的合理安排,工业的合理布局,都要用到数学才能完满解决,求得合理的方案.总之一句话,在具有各种互相制约、互相影响的因素的统一体中,寻求一个最合理(依某一目的,如最经济,最省人力)的解答便是一个数学问题,这就是"多、快、好、省"原则的具体体现.所用到的数学方法很多,其中确属适用者我们也准备了一些,但由于林彪、"四人帮"一伙的干扰破坏,没有力量进行深入的工作.今天,在开创社会主义建设事业新局面的同时,数学研究和应用也必将出现一个崭新的局面.

数 学 之 发 展

宇宙之大,粒子之微,火箭之速,化工之巧,地球之变,生物之谜,日用之繁,无处不用数学.其他如爱因斯坦用了数学工具所获得的公式指出了寻找新能源的方向,并且还预示出原子核破裂发生的能量的大小.连较抽象的纤维丛也应用到了物理当中.在天文学上,也是先从计算上指出海王星的存在,而后发现了海王星.又如高速飞行中,由次音速到超音速时出现了突变,而数学上出现了混合型偏微分方程的研究.还有无线电电子学与计算技术同信息论的关系,自动化与控制技术同常微分方程的关系,神经系统同控制论的关系,形态发生学与结构稳定性的关系等,不胜枚举.

数学是一门富有概括性的学问.抽象是它的特色.同是一个方程,弹性力学上是描写振动的,流体力学上却描写了流体动态,声学家不妨称它是声学方程,电学家也不妨称它为电报方程,而数学家所研究的对象正是这些现象的共性的一面——双曲型偏微分方程.这个偏微分方程的解答的性质就是这些不同对象的共同性质,数值的解答也将是它所联系各学科中所要求的数据.

不但如此,这样的共性一方面可以促成不同分支产生统一理论的可能性,另一方面也可以促成不同现象间的相互模拟性.例如:声学家可以用相似的电路来研究声学现象,这大大地简化了声学实验的繁重性.这种模拟性的最普遍的应用便是模拟电子计算机的产生. 根据神经细胞有兴奋与抑制两态, 电学中有带电与不带电两态, 数学中二进位数的 0 与 1, 逻辑的"是"与"否", 因而有用电子数字计算机来模拟神经系统的尝试, 及模拟逻辑思维的初步成果.

我们作如上的说明, 并不意味着数学家可以自我陶醉于共性的研究之中. 一方面我们得承认, 要求数学家深入到研究对象所联系的一切方面是十分困难的, 但是这并不排斥数学家应当深入到他所联系到的为数众多的科学之一或其中的一部分. 这样的深入是完全必要的. 这样做不但可以对国民经济建设做出应有的贡献, 而且就是对数学本身的发展也有莫大好处.

客观事物的出现一般讲来有两大类现象：一类是必然的现象——或称因果律; 一类是大数现象——或称机遇律. 表示必然现象的数学工具一般是方程式, 它可以从已知数据推出未知数据来, 从已知现象的性质推出未知现象的性质来. 通常出现的有代数方程、微分方程、积分方程、差分方程（特别是微分方程）等. 处理大数现象的数学工具是概率论与数理统计. 通过这样的分析便可以看出大势所趋, 各种情况出现的比例规律.

数学的其他分支当然也可以直接与实际问题相联系. 例如：数理逻辑与计算机自动化的设计, 复变函数论与流体力学, 泛函分析与群表示论之与量子力学, 黎曼几何之与相对论, 等等. 在计算机设计中也用到数论. 一般说来, 数学本身是一个互相联系的有机整体, 而上面所提到的两方面是与其他科学接触最多、最广泛的.

计算数学是一门与数学的开始而俱生的学问, 不过今天由于快速大型计算机的出现特别显示出它的重要性. 因为对象日繁, 牵涉日广（一个问题的计算工作量大到了前所未有的程度）. 解一个一百个未知数的联立方程是今天科学中常见的（如水坝应力, 大地测量, 设计吊桥, 大型建筑, 等等), 仅靠笔算就很困难. 算一个天气方程, 希望从今天的天气数据推出明天的天气数据, 单凭笔算要花成年累月的时间. 这样算法与明天的天气何干？一个讽刺而已！电子计算机的发明就满足了这种要求. 高速度大存储量的计算机的发展改变了科学研究的面貌, 但是近代的电子计算机的出现丝毫没有减弱数学的重要性, 相反地更发挥数学的威力, 对数学的要求提得更高. 繁重的计算劳动减轻了或解除了, 而创造性的劳动更多了. 计算数学是一个桥梁,它把数学的创造同实际结合起来.同时它本身也是一个创造性的学科.例如推动了一个新学科计算物理学的发展.

除掉上面所特别强调的分支以外,并不是说数学的其余部分就不重要了.只有这些重点部门与其他部分环环扣紧,把纯数学和应用数学都分工合作地发展起来,才能既符合我国当前的需要,又符合长远需要.

从历史上数学的发展的情况来看,社会愈进步,应用数学的范围也就会愈大,所应用的数学也就愈精密,应用数学的人也就愈多.在日出而作、日入而息的古代社会里,会数数就可以满足客观的需要了.后来由于要定四时,测田亩,于是需要窥天测地的几何学.商业发展,计算日繁,便出现了代数学.要描绘动态,研究关系的变化,变化的关系,因而出现了解析几何学、微积分等.

数学的用处在物理科学上已经经过历史考验而证明.它在生物科学和社会科学上的作用也已经露出苗头,存在着十分宽广的前途.

最后,我得声明一句,我并不是说其他科学不重要或次重要.应当强调的是,数学之所以重要正是因为其他科学的重要而重要的,不通过其他学科,数学的力量无法显示,更无重要之可言了.

需要指出的是,"四人帮"为了复辟资本主义,疯狂地破坏生产,破坏科学技术的发展,他们既破坏理论研究工作,更疯狂地打击从事应用数学的工作者.他们的遗毒需要彻底清除,不可低估.为了实现"四个现代化",把我国建成强大的社会主义国家这一伟大目标,发展数学的重要性是无可置辩的.

数学的用场(五则)

一 怎样计算叶面积

稻子、麦子和其他一切农作物的生长,都依赖于光合作用.叶子是植物进行光合作用的重要部分.因此,在研究植物生长情况的时候,少不了要考虑到它的叶子的面积.特别在研究丰产经验的时候,常要算一下叶面积是多少.

叶面的形状是以曲线为周界的.当然可以用求面积仪或者用微积分来计算出它的面积来,但在求大量叶面积的时候,不很切合实用,更不要说仪器不凑手或者微积分没学过等问题了.

植物生理学家经常用一个简捷公式来算:"叶面积等于长乘宽除以1.2."

这是一个好公式,但是和一般的经验公式一样,是有它的局限性的,我们将明确地给出一个直观方法,使人们一看便知怎样的叶子可以用这个公式,怎样的不行.

先考虑图1中所绘的图形:两个以 d 为宽,以 l 为长的长方形,再加上一个以 d 为底,以 l 为高的等腰三角形,这样图形的面积等于

图1

$$2ld + \frac{1}{2}ld = \frac{5}{2}ld.$$

如果把它设想成为叶子,叶子长是 $3l$,宽是 d,长乘宽是 $3ld$,是原面积的 $3 \div \frac{5}{2} = 1.2$ 倍.

这说明了什么？如果叶子大致在 $\frac{2}{3}$ 的地方"收尖"，这个公式是可以用来估计叶面积的，否则就要重新考虑。如果稻叶的尖部长了，这公式就应当作必要的修改.

这方法不仅可以用来计算叶面积，也可以用来估计羊皮面积，就是求经验公式的方法：先量一批羊皮的面积，把每张羊皮的面积除以它的脊长腰围的积，得出一批比值. 求这些比值的平均数，命 c 是这个平均值，如此，便可得经验公式：羊皮的面积等于脊长乘腰围乘上常数 c.

举一而反三，当然不限于算羊皮而已，也不仅限于求面积而已. 只注意面积是两个自由度，所以用长宽及一比例系数求得它. 同样，体积是三个自由度，可以用长宽高及一比例系数的乘积求得它.

（原载于 1960 年 2 月 26 日《人民日报》）

二　怎样开木料做成横梁

树，去掉枝叶，剥掉树皮，锯掉两头剩下树干，成为木料，一般可以作为一个圆柱体. 怎样把它切成横梁才最受得起压力？不经计算也许会以为切成正方形的方柱就行了，实际不然，根据材料力学的考虑，以下的方法最好，最经得住压力.

图 2

把树干的直径 AB 三等分，在分点之一 C 作 AB 的垂线，交圆周于 D（图 2），以 AD 与 BD 为边的长方形为横截面的横梁，最受得起压力，也就是把这样的横梁以短边水平向，长边垂直向地安放，最受得起压力.

理论根据是什么？材料力学证明，一个底长为 b，高长为 h 的长方形为横截面的横梁的强度与乘积 bh^2 成正比，于是我们的问题一变而为取多么长的 $x(=BC)$ 能使 bh^2 最大（现在 $b=BD$，$h=AD$，用 d 表示直径 AB）.

由于三角形 BDC 与 BAD 相似，所以得 $b^2=dx$，同样理由 $h^2=d(d-x)$，因

此我们的问题一变而为求 x,使

$$(bh^2)^2 = dx[d(d-x)]^2 = d^3x(d-x)^2$$

最大,这儿 x 的变化范围是 0 到 d.

由于

$$x(d-x)^2 = x^3 - 2dx^2 + d^2x$$
$$= \left(x - \frac{d}{3}\right)^2 \left(x - \frac{4}{3}d\right) + \frac{4d^3}{27} \leqslant \frac{4d^3}{27},$$

且仅当 $x = \dfrac{d}{3}$ 时,等号才能出现,因此得

$$(bh^2)^2 = d^3 x(d-x)^2 \leqslant \frac{4d^6}{27}, \; bh^2 \leqslant \frac{2d^3}{3\sqrt{3}}$$

且仅当 $x = \dfrac{d}{3}$ 时,左边才可能等于右边,其他的情况,左边一定小于右边,这便是我们的理论根据.

当 $x = \dfrac{d}{3}$ 时,$h = \sqrt{\dfrac{2}{3}}d$,$b = \sqrt{\dfrac{1}{3}}d$,所以

$$d : h : b = \sqrt{3} : \sqrt{2} : 1,$$

所以这样横梁的高与底的比,是 $\sqrt{2} = 1.4\cdots$,差不多是 $\dfrac{7}{5}$,所以也可以用高底之比是 7 比 5 来要求.

如果切成方柱,则 $b = h = \dfrac{1}{\sqrt{2}}d$,其强度与 $bh^2 = \dfrac{1}{\sqrt{8}}d^3$ 成比例. 这儿所介绍的切法的强度与方柱的强度之比是

$$\frac{1}{\sqrt{3}} \times \frac{2}{3} : \frac{1}{\sqrt{8}},$$

约增强了 9%,但用材料的比是

$$\sqrt{\frac{2}{3}} \times \sqrt{\frac{1}{3}} : \left(\frac{1}{\sqrt{2}}\right)^2 = \frac{\sqrt{2}}{3} : \frac{1}{2} = 0.94,$$

即节约用材 6%,因此,这样的切法,强度加强了 9%,而材料节约了 6%。

(原载于 1960 年 3 月 27 日《人民日报》)

三 算 水 库 容 积

咱们必须要心中有个底,咱们的公社究竟掌握了多少水! 如果要水就放,把水库放枯了,到了秋旱时节就不好办. 同样,在夏天使农作物干渴了,而秋天水库存水太多,那也大可不必,如果再遇上个阴雨绵绵的秋天,地上有水,库里又不能再蓄水,怎么办? 因此一个水库的合理泄放和它附近农田的合理排灌,就是一个极有意义的问题. 这样的问题当然也要用到数学来帮助解决,虽然其他因素很多,我们必须根据具体情况,进行计算,进行安排,但不管怎样安排,有一点是肯定要知道的,就是水库里有多少水. 从一水位到另一水位有多少水,只有准确地掌握了水量,才有可能合理使用. 我们准备分两次来介绍水库容量的计算方法. 这次介绍有地形图的大水库的容积估算法,下次将介绍小水库或池塘的容积估算法.

图 3

假定没有修水库前有一幅画了等高线的地形图(图 3),高程差是 h,地图上所表示的一圈,实际上便是水库中一定高程的水面,我们来估算两个这样平面之间的体积,这两平面之间的距离便是高程差 h,我们以 A,B 各代表下面和上面两个等高线圈所包有的面积,所求的体积显然不大于下圈面积乘以高程差,即 Ah,也显然不小于上圈面积乘以高程差,即 Bh,也就是面积在 Ah 与 Bh 之间,我们用它们的平均值 $\frac{A+B}{2}h$ 来代表这两个高程间的一片体积,这也可以讲成为平均截面积乘上高就等于两高程间的体积,一片一片地算出来,便可以知道从哪一个高程和哪一个高程之间有多少水,加起来便得总存水量.

这个方法,一般说来可以符合客观需要,但估计出来的蓄水量可能偏高了一些,我们现在再介绍一个矿藏量估算上常用的方法(这个方法叫作巴乌曼法,是采矿学家巴乌曼估算顿巴斯煤矿矿藏量时所发现的),这方法比以上的方法更精密些,公式是

$$\left[\frac{1}{2}(A+B)-\frac{1}{6}T\right]h.$$

而 T 是根据以下方法所画出的图形的面积:

从制高点 O 出发,作射线 OP,这射线在地图上 A,B 之间的长度是 l(图4),另作一图,取一点 O',并与 OP 同方向取 $O'P'=l$,当 P 沿着 A 走一圈时,P' 所走路线也得一图形(图5),这图形的面积就是 T. 这个面积我们也用 T

图 4   图 5

(A,B)来表示它,因为依赖于二截面 A 与 B(这个方法的推导要用较长的篇幅,或要用微积分,因此从略).

用连续三个截面考虑,第一法还可以改进,如果知道三个截面的面积分别是 A,B,C,我们可以把 $\frac{1}{3}(A+B+C)$ 看成为平均面积,但由于 B 面居中,也可以把 B 面看为平均面积,这两个数目不一定相等,我们再平均一下,即以

$$\frac{1}{2}\left(\frac{1}{3}(A+B+C)+B\right)=\frac{1}{6}(A+4B+C)$$

为平均面积乘上高度 $2h$,如此得两片在一起的体积 $\frac{1}{3}(A+4B+C)h$,这方法叫作索波列夫斯基法,或辛普生法. 巴乌曼法及索波列夫斯基法不好比较,有时这个精密些,有时那个精密些,但以下的公式比这两个方法都精密些:

$$h\left[\frac{1}{3}(A+4B+C)-\frac{2}{15}(T(A,B)+T(B,C))+\frac{1}{15}T(A,C)\right].$$

算水库的方法不仅可以用来算水库,当然还可以用来估矿藏、算土石方等. 感谢从事于估计矿藏量的工作者向我们介绍了巴乌曼法,现在我们以第四法来回报他们的好意,供他们试用和参考.

(原载于 1960 年 4 月 10 日《人民日报》)

这是 4 月 10 日发表的《算水库容积》一文的补充,补充分为两个部分:(一)说明一下平面图形的面积的算法,这回答一位读者所提出的问题——不用求面积仪怎样计算面积;同时关于面积的计算也是前文所需要的.(二)介绍一个没有地形图的水库容积的计算方法.

(一)求平面积

图 6

(1) 平行线法 作一批等距离的平行线,假定距离是 d,这一批平行线被图形所截取的长度是 $l_1, l_2, \cdots$. (图 6)这些长度的总和乘以 d 就可以差不多用来作为这图形的面积(一条的面积可以用 $\frac{1}{2}(l_1+l_2)d$ 来计算).

当然还可以用 $\frac{1}{3}(l_1+4l_2+l_3)d$ 来代表连续两条的面积.

(2) 打方格法 打以 d 为边长的方格(图 7),格子点落在图内的点数乘以 d^2,就可以用来作为面积的近似值. 我们当然也可以在图形上按等距离摆上一批棋子,然后计算棋子数便可以得出面积.

图 7

减少误差法 把平行线或方格按几种不同方向摆好算出结果,再把这些结果求平均,这样便能减少误差.

（二）求体积

在水库水面上打方格，在每一格点，测出深度，深度总和乘以一个方格的面积，便是水库容积的近似值.

另法，可以先求深度的平均数，再乘上水平面的面积. 这些方法与上次的方法比较是简易的，当然精密度有时要差一些.

（原载于 1960 年 4 月 14 日《人民日报》）

四　斜坡面积怎样算

无论从理论上讲或者在实际计算中运用，计算一个不规则的立体的表面积总是一件比较难的事，所谓比较难是指比算平面面积和算立体体积而言. 但是地理学家和采矿学家都有他们自己的适合于实用的好方法，这些方法虽然不能给出确切的表面积，但在坡度不太悬殊的地形下，这些方法都可以给出合乎要求的粗估数值. 有时还可以用分块算（依坡度相近分块），再合计的办法来改进精密度.

在介绍这些方法之前，我们先说明一些简单的事实，就是根据这些事实，以及"平面估曲面"的方法，可以得出公式来.

一条斜线，其长度是 AB，在水平面上的投影的长度是 $A'B'$（图 8），其间有关系 $AB\cos\alpha = A'B'$，这儿 α 是斜线与水平面的夹角（也称水平角），勾股弦定理（商高定理）告诉我们

$$AB^2 = A'B'^2 + BP^2 (= A'B'^2(1+\tan^2\alpha)),$$

图 8

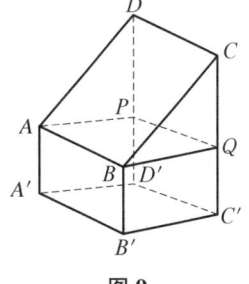

图 9

这儿 BP 是 A，B 两点的高程差. 把这原则引申到面积上，假定有一平行四边形 $ABCD$，AB，CD 两边都平行于水平面，$ABCD$ 在水平面上的投影是 $A'B'C'D'$（图 9），则面积间有次之关系

$$ABCD\cos\alpha = A'B'C'D',$$

这儿 α 是平面 $ABCD$ 的水平角，$ABCD$，$A'B'C'D'$ 表示相

应的面积. 同样也有

$$(ABCD)^2 = (A'B'C'D')^2 + (CDPQ)^2.$$

这儿 $CDPQ$ 是一个长方形, 它的高是高程差 h（AB 与 CD 的高程差）, 它的底长是 $AB(=PQ)$, 所以 $CDPQ$ 的面积等于 $h \cdot AB$, 即

$$ABCD = \sqrt{(A'B'C'D')^2 + (h \cdot AB)^2}.$$

图 10

根据这些原则, 我们介绍斜坡面积的计算方法, 如果有一张画有等高线的地图（图 10）, 它的高程差是 h, 在要计算的范围内, 由低到高等高线是 $l_0, l_1, \cdots, l_{n-1}, l_n$, 我们也用这些符号来表达这些等高线的长度, 我们先在地图上量 l_0 与 l_1 之间的面积, 命之为 B_0, 则 l_0 与 l_1 之间的斜面积等于 $\sqrt{B_0^2 + (l_0 h)^2}$. 就这样一条一条地算出, 总加起来便是斜坡面积的近似值.

这基本上是采矿学家巴乌曼的方法, 但也作了一些必要的简化和改进.

在计算的时候, 这个方法需要开方多次, 比较麻烦, 地理学工作者常用一个易算, 但欠精密些的伏尔可夫方法.

先从地图上算出要测地区的面积 B, 然后再求平均倾斜角 α：

$$\tan \alpha = h \cdot l / B$$

这儿 l 是等高线的总长度 $l_0 + l_1 + \cdots + l_{n-1}$, 于是斜面积可以用以下的公式来估算：$B/\cos \alpha = B \sec \alpha$, 由于 $\sec^2 \alpha = 1 + \tan^2 \alpha$, 所以

$$B \sec \alpha = B\sqrt{1 + \tan^2 \alpha} = \sqrt{B^2 + (h \cdot l)^2}.$$

在理论上, 这些方法所估算出来的面积一般都小于实际的面积, 讲得更切实些, 只有一些十分特殊的地形, 这些方法所给的结果, 才能无限逼近真正的斜面积. 伏尔可夫的方法, 仅当天坛顶、金字塔、蒙古包式的图形才有可能. 而巴乌曼法的范围稍宽一些, 但也仅当白塔（北海）、葫芦式的图形才有可能.

这就建议在估矿的时候, 如果要求不太精密, 不妨用地理学家的方法来节省劳力. 同时, 反过来, 在要求稍精密的时候, 我们又不妨采用采矿学家的方法. 详细的比较及误差的估算, 我们这里不谈了, 但再赘一句, 按"坡度接近"来分块, 分算合

计,可以增加精密度.

(原载于 1960 年 5 月 15 日《人民日报》)

五　怎样预估产量

大片庄稼即将开镰收割,我们希望预先知道每亩产量大约多少,以便检阅我们一年来的生产成绩,更好地在粮食战线上做到增产节约.为了比较迅速和比较准确地预估产量,这里有一个简便的方法.当然,要更精确地核实产量,就不能用"估算",而必须采用更细致的方法了.估算的方法分为以下六步:

1. 分片　依照庄稼生长情况的不同,划分为若干片.例如:有地一百二十亩,其中密而苗壮的约占三十亩,密而有些倒伏的约占六十亩,稀疏的约占三十亩,这样,我们就分为三片(图 11).

图 11

2. 选方　按片的面积比例,各选若干平方米.在上例中,密壮部分选一平方米,密的部分选两平方米,疏的部分选一平方米.

3. 计粒　即估计每一方中的粒数.先数有多少株,再拔若干株算出每株的平均粒数,两者相乘即得这一方的粒数(估值).

4. 平均　将这些方的粒数总加起来,再以方数除之,即得一方的平均粒数,上例即由四方平均.

5. 折算　由于一亩等于 666.7 平方米,例如一斤麦子大约是一万五千粒(注意,此数须依实际品种确定),可以由每平方米的粒数乘以 666.7,除以 15 000,即得每亩的斤数估值(在实际计算时,由于 $666.7/15\,000 \approx 4/90$,因此可用乘 4 除 90 得出每亩斤数).

6. 减耗　在收割及搬运时常有遗穗遗粒,打场时也有损失,所以必须核减耗损.由于收割的工具不同,工作的粗细不一,可以根据以往的经验定出减耗百分数.

不过我们应该尽量做到颗粒还家,不让粮食受到损失.

附记

1. 更大的面积可用空中照相法,依感光度不同而分片,再在地上取样,用同法估算.

2. 选方可用木框(或高粱秆框),三边固定,一边活动,便于套上.

3. 有人先求株数平均,再求粒数平均,然后相乘,作为每方平均粒数. 这是一个偏高的方法,没有这儿所介绍的方法好.

(原载于 1960 年 9 月 27 日《人民日报》)

关于在等高线图上计算矿藏储量与坡地面积的问题[①]

§1 引 言

感谢我国的地理、矿冶与地质工作者们,他们向我们介绍了不少计算矿藏储量与计算坡地面积的实用方法,使我们能学习到这些方法,从而进行了一些研究. 作者试图在本文中对这些方法进行比较,阐明它们相互之间的关系,与这些方法的偏差情况,并提出若干建议.

关于分层计算矿藏储量方面,在矿体几何学上(见[2]~[4])有 Бауман 公式、截锥公式与梯形公式. 设用它们算出来的矿藏体积分别为 v, v_1 与 v_2. 本文证明了它们满足不等式:

$$v \leqslant v_1 \leqslant v_2,$$

并且完全确定了取等号的情况. 关于这三个公式的比较问题,作者认为主要应从量纲来看,因此我们认为 Бауман 公式的局限性较少.

本文提供了一个双层核算矿藏储量的公式,这个公式的获得首先在于我们找到了 Бауман 公式的一个新证明. 这个证明既简单,而又易于进一步改进. 它的优点在于比 Бауман 公式麻烦得并不很多,但比 Бауман 公式多考虑了一些因素,同时也比 Соболевский 公式(即通常的双层核算矿藏储量的公式,见[2]~[4])多考虑了一些因素. 我们推荐它供我国矿藏储量计算工作者参考或试用.

---

① 与王元同志合作.

关于坡地面积的计算方面,在地理学上常用 Волков 方法(见[5]~[6]);在矿体几何学上,则常用 Бауман 方法(见[1]~[2]). 本文指出,Бауман 方法比 Волков 方法精密,但用这两个方法算出的结果常比真正的结果偏低. 本文完全定出了能够用这两个方法来无限精密地计算其面积的曲面及指出这两个方法的偏差情况. 详言之,偏差依赖于曲面上点的倾角的变化. 只有当整个曲面上各点的倾角都相差不大时, Волков 方法才能得到精确结果,而只有当曲面在相邻两等高线间的点的倾角的变化不大时, Бауман 方法才能给出精密的结果,然而在其他情况下,用这两个方法的误差就可能比较大了,因此我们建议在等高线图上通过制高点引进若干条放射线,当曲面与直纹面相近时,可以分别求出相邻两条放射线间的表面积,然后总加起来. 如果相邻两条等高线间与相邻两条放射线间,曲面的倾角的变化都比较大时,可以分别算出由放射线及等高线所织成的每一小块的表面积,然后总加起来. 这样算出的结果,偏差就比较小了.

§2 矿藏储量计算

1. Бауман 方法

假定有一张矿藏的等高线图,高程差是 h,地图上所表示的一圈,实际上便是一定高程的矿体的截面积. 我们来估计两张这样的平面之间的矿藏的体积. 这两张平面之间的距离便是高程差 h. 我们以 A, B 各表示下、上两个等高线圈所包围的截面(见图1,它们的面积亦记为 A, B). Бауман 建议用

图 1

$$v = \left[\frac{1}{2}(A+B) - \frac{T(A, B)}{6}\right]h \qquad (1)$$

来估算这两个高程间的一片的体积 v,此处 $T(A, B)$ 是用以下方法所画出的图形的面积,称它为 Бауман 改正数.

如图 2 中,从制高点 O 出发,作放射线 OP,这放射线在地图上 A, B 之间的

长度是 l. 另作图 3,取一点 O',与 OP 同方向取 $O'P'=l$. 当 P 沿着 A 的周界走一圈时,P' 也随之得一图形,这图形的面积就称为 Бауман 改正数. 因为它依赖于两截面 A 与 B,所以我们用 $T(A,B)$ 来表示它.

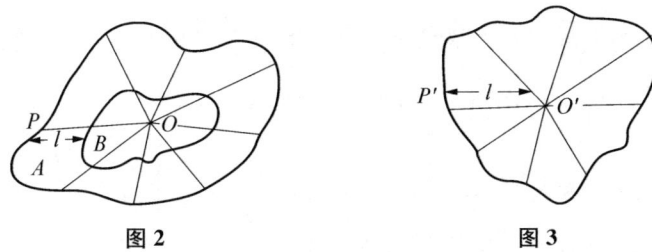

图 2　　　　　　　　图 3

把算出来的矿体体积一片一片地加起来,就得到矿藏的体积 V. 换言之,设矿体的等高线图的 $n+1$ 条等高线所围成的面积依次为 $S_0, S_1, \cdots, S_n$,则矿体的体积 V 由下式来近似计算:

$$V=\left(\frac{S_0+S_n}{2}+\sum_{m=1}^{n-1}S_m\right)h-\frac{h}{6}\sum_{m=0}^{n-1}T(S_m,S_{m+1}), \tag{2}$$

此处 h 为高程差(图 4).

定理 (Бауман) 已知物体的下底 A 与上底 B(其面积亦记为 A, B)均为平面,且 A 平行于 B,h 为它们之间的高,O 为 B 上一点,若用任意通过 O 而垂直于 B 的平面来截物体,所得的截面都是四边形,则物体的体积 v 恰如(1)式所示.

图 4　　　　　　　　图 5

证明 以 O 为中心,引进极坐标(见图 5). 命高度为 z 的等高线的极坐标方

程为

$$\rho = \rho(z, \theta) \quad (0 \leqslant \theta \leqslant 2\pi),$$

其中,$\rho(z, 0) = \rho(z, 2\pi)$. 今后我们常假定 $\rho(z, \theta)$ ($0 \leqslant \theta \leqslant 2\pi, 0 \leqslant z \leqslant h$) 是连续的,我们不妨假定 A, B 的高程各为 0 及 h. 并且记

$$\rho_1(\theta) = \rho(0, \theta), \quad \rho_2(\theta) = \rho(h, \theta).$$

由假定可知

$$\rho(z, \theta) = \frac{z}{h}\rho_2(\theta) + \frac{h-z}{h}\rho_1(\theta) \quad (0 \leqslant z \leqslant h).$$

因此物体的体积为

$$\frac{1}{2}\int_0^h\int_0^{2\pi} \rho^2(z, \theta)\,\mathrm{d}\theta\,\mathrm{d}z$$

$$= \frac{1}{2}\int_0^{2\pi}\int_0^h \left(\frac{z}{h}\rho_2(\theta) + \frac{h-z}{h}\rho_1(\theta)\right)^2 \mathrm{d}z\,\mathrm{d}\theta$$

$$= \frac{h}{2}\int_0^{2\pi}\left(\frac{\rho_1^2(\theta)}{3} + \frac{\rho_2^2(\theta)}{3} + \frac{\rho_1(\theta)\rho_2(\theta)}{3}\right)\mathrm{d}\theta$$

$$= \frac{h}{2}\left[\frac{1}{2}\int_0^{2\pi}\rho_1^2(\theta)\mathrm{d}\theta + \frac{1}{2}\int_0^{2\pi}\rho_2^2(\theta)\mathrm{d}\theta\right] - \frac{h}{6}\left[\frac{1}{2}\int_0^{2\pi}(\rho_1(\theta) - \rho_2(\theta))^2\mathrm{d}\theta\right]$$

$$= \frac{h}{2}(A+B) - \frac{h}{6}T(A, B).$$

定理证完.

2. Бауман 公式,截锥公式与梯形公式的关系

假定物体的下底 A 与上底 B 均为平面,且 A 平行于 B,h 为它们之间的高,O 为 B 上一点,除 Бауман 公式外,常用下面两公式来近似计算物体的体积:

截锥公式: $\quad v_1 = \dfrac{h}{3}(A + B + \sqrt{AB})$, (3)

梯形公式: $$v_2 = \frac{h}{2}(A+B), \tag{4}$$

通常当 $\frac{A-B}{A} > 40\%$ 时,用公式(3),而当 $\frac{A-B}{A} < 40\%$ 时,用公式(4).

定理 1 不等式

$$v \leqslant v_1 \leqslant v_2 \tag{5}$$

恒成立,当且仅当物体为截锥,且此锥体的顶点至底面 A 的垂线通过点 O 时,$v = v_1$,当且仅当 $A = B$ 时,$v_1 = v_2$.

证明 如 Бауман 定理中的假定. 由 Бауман 公式及 Буняковский-Schwarz 不等式可知

$$v = \frac{h}{6}\int_0^{2\pi}(\rho_1^2(\theta) + \rho_2^2(\theta) + \rho_1(\theta)\rho_2(\theta))d\theta$$
$$\leqslant \frac{h}{3}\left[\frac{1}{2}\int_0^{2\pi}\rho_1^2(\theta)d\theta + \frac{1}{2}\int_0^{2\pi}\rho_2^2(\theta)d\theta + \frac{1}{2}\sqrt{\int_0^{2\pi}\rho_1^2(\theta)d\theta\int_0^{2\pi}\rho_2^2(\theta)d\theta}\right]$$
$$= \frac{h}{3}(A + B + \sqrt{AB}) = v_1,$$

当且仅当 $\rho_1(\theta) = c\rho_2(\theta)$ ($0 \leqslant \theta \leqslant 2\pi$, c 为常数) 时,即当这物体为一截头锥体,而此锥体的顶点至底面 A 的垂线通过点 O 时,才会取等号(图6).

又由于

$$v_2 - v_1 = \frac{h}{2}(A+B) - \frac{h}{3}(A+B+\sqrt{AB})$$
$$= \frac{h}{6}(\sqrt{A} - \sqrt{B})^2 \geqslant 0,$$

所以 $$v_1 \leqslant v_2,$$

当且仅当 $A = B$ 时取等值,定理证完.

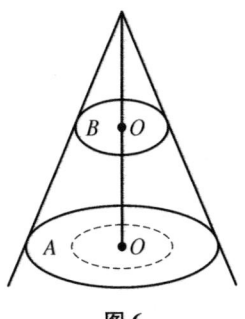

图 6

关于这三个公式的比较问题，我们认为主要应该从量纲来看，面的量纲为2. 所以把面的量纲考虑为1所得出的公式，局限性往往是比较大的.

梯形公式是把中间截面看成上底与下底的算术平均而得到的，所以把面的量纲当作1.

Бауман 公式则是将中间截面作为量纲2来考虑的. 详言之，它假定了 $\rho(z,\theta)$ 为 $\rho(0,\theta)$ 与 $\rho(h,\theta)$ 关于 z 的线性关系而得到的.

截锥公式亦是将中间截面的量纲考虑为2. 但比 Бауман 公式还多假定了
$$\rho(0,\theta) = c\rho(h,\theta)(0 \leqslant \theta \leqslant 2\pi),$$
此处 c 为一常数.

图 7

因此我们认为 Бауман 公式更具有普遍性，所以用它来近似计算物体的体积，一般说来，应该比较精确，但这并不排斥对于某些个别物体，用其他两个公式更恰当些的可能性. 例如有一梯形，其上底与下底的宽度相等(图 7). 用梯形公式反而能获得它的真正体积，而用 Бауман 公式与截锥公式来计算，结果就偏低了. 不过，我们注意此时这梯形的截面的量纲为1(由于沿 y 轴未变).

相对于 Бауман 公式，我们还可以估计用梯形公式与截锥公式的相对偏差. 例如当 $\dfrac{A-B}{A} < 40\%\left(\text{即 } B > \dfrac{3}{5}A\right)$ 时，用梯形公式算出的结果相对于 Бауман 公式算出的结果的相对偏差为

$$\Delta = \frac{v_2 - v}{v} = \frac{\frac{1}{2}(A+B)h - \frac{1}{2}(A+B)h + \frac{h}{6}T(A,B)}{\frac{1}{2}(A+B)h - \frac{h}{6}T(A,B)}$$

$$= \frac{T(A,B)}{3(A+B) - T(A,B)}.$$

因为 $T(A,B) \leqslant A - B$ (即

$$\frac{1}{2}\int_0^{2\pi}(\rho_1(\theta)-\rho_2(\theta))^2\mathrm{d}\theta \leqslant \frac{1}{2}\int_0^{2\pi}\rho_1^2(\theta)\mathrm{d}\theta - \frac{1}{2}\int_0^{2\pi}\rho_2^2(\theta)\mathrm{d}\theta,$$

此不等式显然成立),所以

$$\Delta \leqslant \frac{A-B}{2A+4B}.$$

再以条件 $B > \dfrac{3}{5}A$ 代入,得

$$\Delta \leqslant \frac{A-\dfrac{3}{5}A}{2A+\dfrac{12}{5}A} = \frac{1}{11} < 10\%.$$

3. 建议一个计算矿藏储量的公式

Бауман 公式是假定 $\rho(z,\theta)$ 为 $\rho(0,\theta)$ 与 $\rho(h,\theta)$ 关于 z 的线性关系而得到的. 如果我们将两相邻分层放在一起估计,即已知相邻三等高线 $\rho(0,\theta)$,$\rho(h,\theta)$ 与 $\rho(2h,\theta)$. 我们用通过 $\rho(0,\theta)$,$\rho(h,\theta)$ 与 $\rho(2h,\theta)$ 的抛物线所形成的曲面 $\rho=\rho(z,\theta)$ 来逼近矿体这两分层的表面,因此我们建议用如下的计算方法.

命 A,B,C 分别表示连续三等高线所围成的截面(面积亦记为 A,B,C),A 与 B 及 B 与 C 之间的距离都是 h,则这两片在一起的体积可用以下公式来近似计算

$$v_3 = \frac{h}{3}(A+4B+C) - \frac{h}{15}(2T(A,B)+2T(B,C)-T(A,C)). \quad (6)$$

如果不计(6)式中的第二项,就是熟知的Соболевский 公式. 把两片两片的体积总加起来,就得到矿藏的总体积 V 的近似公式. 换言之,设矿藏的等高线图的 $2n+1$ 条等高线所围成的面积依次为 $S_0,S_1,\cdots,S_{2n}$,而高程差为 h,则矿藏的体积 V 由下式来近似计算:

$$V = \frac{h}{3}\Big[S_0+S_{2n}+4\sum_{i=0}^{n-1}S_{2i+1}+2\sum_{i=1}^{n-1}S_{2i}\Big] -$$
$$\frac{h}{15}\Big[2\sum_{i=0}^{n-1}T(S_{2i},S_{2i+1})+2\sum_{i=0}^{n-1}T(S_{2i+1},S_{2i+2})-\sum_{i=0}^{n-1}T(S_{2i},S_{2i+2})\Big]. \quad (7)$$

注意：如果等高线图含有偶数条等高线，则最上面一片可以单独估计，其余的用公式(7)．

定理 2 已知物体的上底 C 与下底 A 均为平面，B 为中间截面(面积亦分别记为 C，A，B)，且 A，C 都与 B 平行，A 与 B 之间及 B 与 C 之间的距离都是 h，O 为 C 上一点(图 8)．若用任意通过 O 而垂直于 C 的平面截物体，所得的截面的周界均由两条直线及两条抛物线所构成，则物体的体积 v_3 恰如(6)式所示．

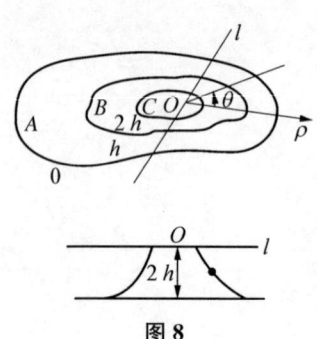

图 8

证明 以 O 为中心，引进极坐标，命高度为 z 的等高线的极坐标方程为

$$\rho = \rho(z, \theta) \quad (0 \leqslant \theta \leqslant 2\pi, \rho(z, 0) = \rho(z, 2\pi)).$$

不妨假定 A，B，C 的高程分别为 0，h，$2h$，并且记

$$\rho_1(\theta) = \rho(0, \theta), \rho_2(\theta) = \rho(h, \theta), \rho_3(\theta) = \rho(2h, \theta).$$

由假定可知

$$\rho(z, \theta) = \frac{(z-h)(z-2h)}{2h^2}\rho_1(\theta) - \frac{z(z-2h)}{h^2}\rho_2(\theta) + \frac{z(z-h)}{2h^2}\rho_3(\theta); \tag{8}$$

因此物体的体积 v_3 为

$$\frac{1}{2}\int_0^{2h}\int_0^{2\pi} \rho^2(z, \theta)\,d\theta\,dz$$

$$= \frac{1}{2}\int_0^{2\pi} d\theta \int_0^{2h} \left[\frac{(z-h)(z-2h)}{2h^2}\rho_1(\theta) - \frac{z(z-2h)}{h^2}\rho_2(\theta) + \frac{z(z-h)}{2h^2}\rho_3(\theta)\right]^2 dz$$

$$= \frac{h}{2}\int_0^{2\pi}\left[\frac{4}{15}\rho_1^2(\theta) + \frac{16}{15}\rho_2^2(\theta) + \frac{4}{15}\rho_3^2(\theta) + \frac{4}{15}\rho_1(\theta)\rho_2(\theta) + \right.$$

$$\frac{4}{15}\rho_2(\theta)\rho_3(\theta) - \frac{2}{15}\rho_1(\theta)\rho_2(\theta) \bigg] d\theta$$

$$= \frac{h}{2}\int_0^{2\pi} \bigg[\frac{\rho_1^2(\theta)}{3} + \frac{4\rho_2^2(\theta)}{3} + \frac{\rho_3^2(\theta)}{3} - \frac{2}{15}[\rho_1(\theta) - \rho_2(\theta)]^2 -$$

$$\frac{2}{15}[\rho_2(\theta) - \rho_3(\theta)]^2 + \frac{1}{15}[\rho_1(\theta) - \rho_2(\theta)]^2 \bigg] d\theta$$

$$= \frac{h}{3}(A + 4B + C) - \frac{h}{15}(2T(A,B) + 2T(B,C) - T(A,C)).$$

定理证完.

§3 坡地面积计算

4. Бауман 方法及 Волков 方法

现在先介绍矿学家及地理学家所常用的方法,假定地图上以 Δh 为高程差画出等高线,今后我们常假定有一制高点及等高线成圈的情况来讨论(其他情况也可以十分容易地被推出来). 我们假定由制高点出发,向外一圈一圈地画出等高线 (l_{n-1}), (l_{n-2}), $\cdots$, (l_0) (图 9). 记 (l_0) 的高度为 0,而制高点用 (l_n) 表之,它的高度是 h,(l_i) 与 (l_{i+1}) 之间的面积用 B_i 表示(即阴影的面积).

图 9

Ⅰ. 矿体几何学上常用的方法的步骤如下:

a. $C_i = \dfrac{1}{2}(l_i + l_{i+1})\Delta h$ (中间直立隔板的面积);

b. $\sum\limits_{i=0}^{n-1} \sqrt{B_i^2 + C_i^2}$ 就是所求的斜面积的渐近值(Бауман 方法).

Ⅱ. 地理学上常用的方法的步骤如下:

a. $l = \sum\limits_{i=0}^{n-1} l_i$ (等高线的总长度),$B = \sum\limits_{j} B_j$ (总阴影面积),$\tan\alpha = \dfrac{\Delta h \cdot l}{B}$

(平均倾角);

b. $B\sec\alpha = \sqrt{B^2 + (\Delta h \cdot l)^2}$ 就是所求的斜面积的渐近式(Болков 方法).

附记 $\sqrt{a^2+b^2}$ 可以借商高定理,用图解法很快求出.

这两个方法哪一个更好一些? 这些方法给出的结果在怎样的程度上迫近斜面积? 换句话说,当等高线的分布趋向无限精密时(也就是 $\Delta h \to 0$ 时),这些方法所给出的结果是什么? 是否就是真正的斜面积呢? 一般说来,答案是否定的,仅仅是一些十分特殊的曲面,答案才是肯定的. 我们将在下面定出这些曲面,并将给出这些方法和实际结果的相差比例,同时指出避免较大偏差的计算步骤.

5. $Б_a$, B_0 与 S 的关系

以制高点(l_n)为中心 O,引进极坐标. 命高度为 z 的等高线方程为

$$\rho = \rho(z, \theta) \quad (0 \leqslant \theta \leqslant 2\pi),$$

其中 $\rho(z, \theta) = \rho(z, 2\pi)$. 我们在今后常假定 $\dfrac{\partial \rho(z, \theta)}{\partial \theta}$ 与 $\dfrac{\partial \rho(z, \theta)}{\partial z}$ $(0 \leqslant \theta \leqslant 2\pi, 0 \leqslant z \leqslant h)$ 都是连续的. 命 $z_i = \dfrac{h}{n} i$,则 l_i 所包围的面积等于

$$\frac{1}{2} \int_0^{2\pi} \rho^2(z_i, \theta) d\theta,$$

所以由中值公式可知

$$B_i = \frac{1}{2} \int_0^{2\pi} [\rho^2(z_i, \theta) - \rho^2(z_{i+1}, \theta)] d\theta = -\int_0^{2\pi} \rho(z_i', \theta) \frac{\partial \rho(z_i', \theta)}{\partial z_i'} d\theta \Delta h,$$

此处 $z_i' \in [z_i, z_{i+1}]$,而 $\Delta h = \dfrac{h}{n}$. 另一方面,(l_i) 的长度等于

$$l_i = \int_{(l_i)} ds = \int_0^{2\pi} \sqrt{\rho^2(z_i, \theta) + \left(\frac{\partial \rho(z_i, \theta)}{\partial \theta}\right)^2} d\theta.$$

由 Бауман 方法所得出的结果是

$$C_i = \int_0^{2\pi} \sqrt{\rho^2(z_i'', \theta) + \left(\frac{\partial \rho(z_i'', \theta)}{\partial \theta}\right)^2} \, d\theta \, \Delta h,$$

这里用了中值公式，$z_i'' \in [z_i, z_{i+1}]$，因此当 $\Delta h \to 0$ 时，

$$\sum_{i=0}^{n-1} \sqrt{B_i^2 + C_i^2}$$

趋近于

$$Ба = \int_0^h \sqrt{\left(\int_0^{2\pi} \rho \frac{\partial \rho}{\partial z} d\theta\right)^2 + \left(\int_0^{2\pi} \sqrt{\rho^2 + \left(\frac{\partial \rho}{\partial \theta}\right)^2} d\theta\right)^2} \, dz. \tag{9}$$

这便是用 Бауман 方法算出的斜面积，当 $\Delta h \to 0$ 时所趋向的数值.

又易见 $\quad B = \frac{1}{2} \int_0^{2\pi} \rho^2(0, \theta) d\theta = \int_0^{2\pi} d\theta \int_0^h -\rho \frac{\partial \rho}{\partial z} dz$

(注意：$\rho(h, \theta) = 0$)，及 $\Delta h l$ 的极限应当等于

$$\lim_{n\to\infty}\sum_{i=0}^{n-1} \frac{h}{n} \int_0^{2\pi} \sqrt{\rho^2(z_i, \theta) + \left(\frac{\partial \rho(z_i, \theta)}{\partial \theta}\right)^2} \, d\theta = \int_0^h dz \int_0^{2\pi} \sqrt{\rho^2 + \left(\frac{\partial \rho}{\partial \theta}\right)^2} \, d\theta,$$

因此用 Волков 方法算出的斜面积，当 $\Delta h \to 0$ 时，所趋向的数值为

$$B_0 = \sqrt{\left(\int_0^{2\pi} d\theta \int_0^h -\rho \frac{\partial \rho}{\partial z} dz\right)^2 + \left(\int_0^{2\pi} d\theta \int_0^h \sqrt{\rho^2 + \left(\frac{\partial \rho}{\partial \theta}\right)^2} dz\right)^2}. \tag{10}$$

由于

$$ds^2 = \left[\left(\frac{\partial \rho}{\partial \theta}\right)^2 + \rho^2\right] d\theta^2 + 2 \frac{\partial \rho}{\partial \theta} \frac{\partial \rho}{\partial z} d\theta \, dz + \left[1 + \left(\frac{\partial \rho}{\partial z}\right)^2\right] dz^2,$$

所以斜面的面积 S 为

$$S = \int_0^{2\pi} d\theta \int_0^h \sqrt{\rho^2 + \left(\frac{\partial \rho}{\partial \theta}\right)^2 + \left(-\rho \frac{\partial \rho}{\partial z}\right)^2} \, d\theta. \tag{11}$$

为了比较 Ба, B₀ 与 S, 我们引进一个复值函数

$$f(z, \theta) = \rho \frac{\partial \rho}{\partial z} + i\sqrt{\rho^2 + \left(\frac{\partial \rho}{\partial \theta}\right)^2}, \tag{12}$$

则得

$$Ба = \int_0^h \left| \int_0^{2\pi} f(z, \theta) d\theta \right| dz, \tag{13}$$

$$B_0 = \left| \int_0^h \int_0^{2\pi} f(z, \theta) d\theta dz \right|, \tag{14}$$

及

$$S = \int_0^h \int_0^{2\pi} |f(z, \theta)| d\theta dz. \tag{15}$$

因此显然有不等式

$$B_0 \leqslant Ба \leqslant S. \tag{16}$$

由此可见：(ⅰ) Бауман 方法比 Волков 方法精密；(ⅱ) 所求出的结果比真正的结果偏低一些；(ⅲ) Бауман 方法既然偏低，因此可以作如下的修改，即取 $C_i = l_i \Delta h$. 这样既简化了算法而又增大了数值.

现在来考虑 $B_0 = S$ 及 $Ба = S$ 的曲面，先讲下面的引理：

引理 若 $f(x)$ 为区间 $[a, b]$ 中的复值函数，此处 a, b 均为实数，则等式

$$\left| \int_a^b f(x) dx \right| = \int_a^b |f(x)| dx \tag{17}$$

成立的必要且充分的条件是 $f(x)$ 的虚实部分之比为常数.

证明 命 $f(x) = \rho(x) e^{i\theta(x)}$, $\rho(x) \geqslant 0$, 而 $\theta(x)$ 是实函数. 显然如果 $\theta(x)$ 为与 x 无关的常数，则(17)成立. 反之，由于

$$\left(\left| \int_a^b f(x) dx \right| \right)^2 = \int_a^b \int_a^b f(x) \overline{f(y)} dx dy$$

$$= \int_a^b \int_a^b \rho(x) \rho(y) e^{i(\theta(x) - \theta(y))} dx dy$$

$$= 2 \iint_{a \leqslant x < y \leqslant b} \rho(x)\rho(y)\cos[\theta(x)-\theta(y)] \mathrm{d}x\,\mathrm{d}y,$$

$$\left(\int_a^b |f(x)|\,\mathrm{d}x\right)^2 = 2\iint_{a \leqslant x < y \leqslant b} \rho(x)\rho(y)\mathrm{d}x\,\mathrm{d}y,$$

因而若(17)成立,则必

$$\cos[\theta(x)-\theta(y)] \equiv 1,$$

即 $\theta(x) \equiv \theta(y)$. 此即引理所需.

易知对于多重积分,引理依然成立.

由引理可知

$$B_0 = \left|\int_0^{2\pi}\int_0^h f(z,\theta)\mathrm{d}z\,\mathrm{d}\theta\right| = \int_0^{2\pi}\int_0^h |f(z,\theta)|\,\mathrm{d}z\,\mathrm{d}\theta = S$$

成立的必要且充分的条件为 $f(z,\theta)$ 的虚实部分之比是常数 c,则得偏微分方程

$$\rho^2 + \left(\frac{\partial \rho}{\partial \theta}\right)^2 = c^2 \left(\rho\,\frac{\partial \rho}{\partial z}\right)^2. \tag{18}$$

换言之,仅有适合这偏微分方程的函数 $\rho = \rho(z,\theta)$,Волков 方法才能给出正确答案. 这当然要适合以下的条件:$\rho(h,\theta)=0$(这是制高点)及 $\rho(0,\theta)=\rho_0(\theta)$(这是曲面的底盘方程).

我们并不解这偏微分方程,而是从它的几何意义入手,把 θ 与 z 看成参变数,即

$$x = \rho\cos\theta,\ y = \rho\sin\theta,\ z = z,$$

而 ρ 是 θ 与 z 的函数,由

$$\frac{\partial x}{\partial \theta} = \frac{\partial \rho}{\partial \theta}\cos\theta - \rho\sin\theta,\ \frac{\partial y}{\partial \theta} = \frac{\partial \rho}{\partial \theta}\sin\theta + \rho\cos\theta,\ \frac{\partial z}{\partial \theta} = 0,$$

$$\frac{\partial x}{\partial z} = \frac{\partial \rho}{\partial z}\cos\theta,\ \frac{\partial y}{\partial z} = \frac{\partial \rho}{\partial z}\sin\theta,\ \frac{\partial z}{\partial z} = 1,$$

得知在曲面上的点 (θ, z) 的法线方向是

$$\left(\frac{\partial \rho}{\partial \theta}\sin\theta + \rho\cos\theta, \ -\frac{\partial \rho}{\partial \theta}\cos\theta + \rho\sin\theta, \ -\rho\frac{\partial \rho}{\partial z}\right).$$

由(18)可知它与 z 轴的交角 α (即点 (θ, z) 的倾角)的余弦

$$\cos\alpha = \frac{-\rho\dfrac{\partial \rho}{\partial z}}{\sqrt{\left(\rho\dfrac{\partial \rho}{\partial z}\right)^2 + \left(\dfrac{\partial \rho}{\partial \theta}\right)^2 + \rho^2}} = \frac{1}{\sqrt{1+c^2}}$$

是一常数. 也就是说,这曲面的切平面与地平面(即 xy 平面)成一固定角度 α. 我们来说明这样的曲面的几何性质.

从制高点向 xy 平面作任一垂直平面,这平面与该曲面的交线有次之性质. 这曲线上每一点的切线与 xy 平面的交角为 α. 因此,它是一条直线.

从任一平面封闭曲线 (l_0) 作底盘,以任一投影在盘内的点 (l_n) 作制高点. 通过制高点与底盘垂直的直线称为轴. 通过 (l_0) 上任一点 A 作一直线,它在 A 与轴所成的平面上,与底盘的交角是 α. 这样直线所成的图形便是适合 $B_0 = S$ 的图形.

所以,如果有最高峰,而且向下看没有陡峭的角度,则仅有以下的曲面才能 $B_0 = S$. 底盘是圆或圆的若干切线形成的多角形或一些圆弧及一些切线所形成的图形,轴的尖端在通过圆心而垂直于底盘的直线上(图10).

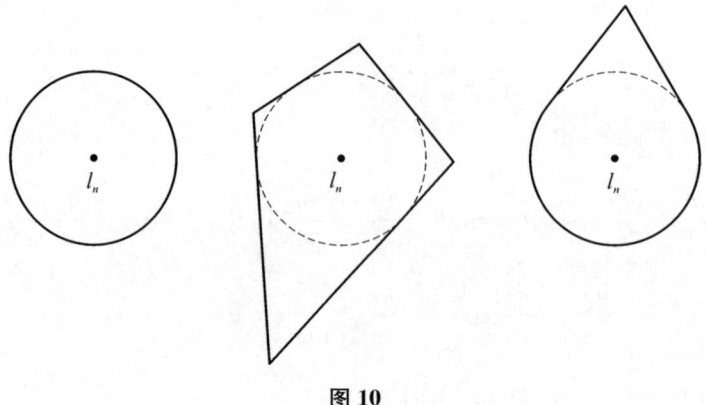

图10

通俗些说，只有蒙古包、金字塔和一些由此复合出来的图形，才能由 Волков 方法来无限逼近.

但什么时候 Ба=S 呢？当 B_0=S 的时候 Ба=S 除掉上面所求的曲面，还有其他曲面否？等等. 有！证明如下，从

$$Ба=\int_0^h \left|\int_0^{2\pi} f(z,\theta)d\theta\right|dz = \int_0^h \int_0^{2\pi} |f(z,\theta)|d\theta dz = S,$$

可得
$$\int_0^h \left(\int_0^{2\pi} |f(z,\theta)|d\theta - \left|\int_0^{2\pi} f(z,\theta)d\theta\right|\right)dz = 0.$$

因为积分号下的函数是非负的，所以对任一 z 常有

$$\int_0^{2\pi} |f(z,\theta)|d\theta = \left|\int_0^{2\pi} f(z,\theta)d\theta\right|.$$

因此当固定 z 时，$f(z,\theta)$ 的虚实部分之比是常数，即方程(18)中的 c 是仅为 z 的函数. 所以仅有下面的曲面才能 Ба=S. 高程相同之处，曲面有相同的倾角. 用通俗的话说，只有葫芦、白塔（北海），才能由 Бауман 方法来无限逼近.

现在我们来估计一下这两个方法给出的结果的偏差情况. 假定曲面上点的倾角的余弦介于两正常数 ξ 与 η 之间，即

$$\xi \leqslant \cos\alpha \leqslant \eta,$$

即
$$\xi \leqslant \frac{-\rho\frac{\partial\rho}{\partial z}}{\sqrt{\left(\rho\frac{\partial\rho}{\partial z}\right)^2 + \left(\frac{\partial\rho}{\partial\theta}\right)^2 + \rho^2}} \leqslant \eta,$$

由此可得
$$\frac{\rho^2 + \left(\frac{\partial\rho}{\partial\theta}\right)^2}{\left(\rho\frac{\partial\rho}{\partial z}\right)^2 + \left(\frac{\partial\rho}{\partial\theta}\right)^2 + \rho^2} \geqslant 1-\eta^2,$$

因而
$$\int_0^{2\pi}\int_0^h \sqrt{\rho^2+\left(\frac{\partial\rho}{\partial\theta}\right)^2}\,dz\,d\theta \geqslant \sqrt{1-\eta^2}\int_0^{2\pi}d\theta\int_0^h \sqrt{\left(\rho\frac{\partial\rho}{\partial z}\right)^2+\left(\frac{\partial\rho}{\partial\theta}\right)^2+\rho^2}\,dz$$
$$=\sqrt{1-\eta^2}\,S.$$

$$\int_0^{2\pi}\int_0^h -\rho\,\frac{\partial\rho}{\partial z}\,\mathrm{d}z\,\mathrm{d}\theta \geq \xi S,$$

因此 $\quad B_0 \geq \sqrt{\xi^2 S^2 + (1-\eta^2)S} = \sqrt{1+\xi^2-\eta^2}\,S.$
又因为 $1 > \eta \geq \xi > 0$,所以

$$\frac{\xi}{\eta} \leq \sqrt{1+\xi^2-\eta^2}$$

(将两端平方,此式即 $(\eta^2-\xi^2)(1-\eta^2)\geq 0$),即得

$$B_0 \geq \frac{\xi}{\eta}S.$$

总而言之,我们证明了下面的定理.

定理 3 若曲面 $\rho=\rho(z,\theta)$ ($0\leq z\leq h$, $0\leq\theta\leq 2\pi$) 上任一点的倾角 α 的余弦都满足 $0<\xi\leq\cos\alpha\leq\eta$,则不等式

$$\frac{\xi}{\eta}S \leq B_0 \leq Ба \leq S \tag{19}$$

成立. $B_0=S$ 的充要条件是曲面的任意点都有相同的倾角,Ба$=S$ 的充要条件是曲面在高程相等处的点有相同的倾角.

6. 算法建议

由定理 3 可以看出只有当曲面上的点的倾角变化不大时,Волков 方法才能得到精确结果,而只有当曲面在相邻两高程间的点的倾角相差不大时,Бауман 方法才能给出精密的结果,然而在其他情况下,用这种方法的误差就可能比较大了.

图 11

因此我们建议如下的算法:在等高线图上(图 11),通过制高点 l_n 引进若干条放射线 $\theta_0, \theta_1, \cdots, \theta_{m-1}$,其中 θ_j 的幅角等于 $\frac{2\pi j}{m}$. 放射线 θ_j, θ_{j+1} 与等高线 l_i, l_{i+1} 所围成的面积记为 d_{ij};l_i 被 θ_j, θ_{j+1} 所截取的一段的长度记之为 l_{ij}.

方法 I. a. $D_j = \sum_{i=0}^{n-1} d_{ij}$（等高线图在放射线 θ_j 与 θ_{j+1} 之间的面积）；

b. $E_j = (\sum_{i=0}^{n-1} l_{ij}) \Delta h$（中间隔板在两直立墙壁之间的面积之和）；

c. $\sigma_1 = \sum_{j=0}^{m-1} \sqrt{D_j^2 + E_j^2}$ 就是所求曲面面积的渐近值.

方法 II. a. $e_{ij} = l_{ij} \Delta h$（中间隔板在两直立墙壁之间的面积）；

b. $\sigma_2 = \sum_{i=0}^{n-1} \sum_{j=0}^{m-1} \sqrt{d_{ij}^2 + e_{ij}^2}$ 就是所求曲面面积的渐近值.

与上段相同的方法可知，

$$K = \int_0^{2\pi} \sqrt{\left(\int_0^h -\rho \frac{\partial \rho}{\partial z} dz\right)^2 + \left(\int_0^h \sqrt{\rho^2 + \left(\frac{\partial \rho}{\partial \theta}\right)^2} dz\right)^2} d\theta$$

$$= \int_0^{2\pi} \left| \int_0^h f(z, \theta) dz \right| d\theta \tag{20}$$

及

$$S = \int_0^{2\pi} \int_0^h \sqrt{\rho^2 + \left(\frac{\partial \rho}{\partial \theta}\right)^2 + \left(\rho \frac{\partial \rho}{\partial z}\right)^2} dz d\theta$$

$$= \int_0^{2\pi} \int_0^h | f(z, \theta) | dz d\theta \tag{21}$$

分别为当 $n \to \infty, m \to \infty$ 时，σ_1 与 σ_2 所趋近的数（关于 $f(z, \theta)$ 的定义请参看(12)式）.

显然 $B_0 \leqslant K \leqslant S$（见(10)），同上段的方法可知 $K = S$ 的充要条件为曲面为直纹面. 由于 σ_2 趋于真面积，所以方法 II 最为精密可靠.

参 考 文 献

[1] В. И. Бауман. К вопросу о подсчета запасов полезных ископаемых. Горный журнал. Декабрь. 1908.

[2] 乌沙阔夫(И. Н. Ушаков). 矿藏几何学. 北京矿业学院编译室, 译. 北京: 煤炭工业出版社, 1957.

[3] 雷诺夫(П. A. Рыжов). 矿体几何学. 杨善慈,朱晓岚,等译. 北京:地质出版社,1957.
[4] 依札克松(C. C. Изаксон). 矿产储量计算的验算和计算误差的确定. 北京:煤炭工业出版社,1958.
[5] 伏尔科夫(H. M. Волков). 量图原理和方法. 出版社不详,1950.
[6] 陆漱芬. 在等高线地图上计算地表面面积的问题. 测量制量学报,4卷1期,1960.

(原载于1961年第1期《数学学报》)

统筹方法平话及补充[1]

前　　言

统筹方法，是一种为生产建设服务的数学方法．它的实用范围极为广泛，在国防、在工业的生产管理中和关系复杂的科研项目的组织与管理中，皆可应用．但是，这种方法只有在社会主义制度下，才能更有效地发挥作用．毛主席指出："世间一切事物中，人是第一个可宝贵的．在共产党领导下，只要有了人，什么人间奇迹也可以造出来．"由于群众的主观能动性和创造性的发挥，顺利解决当前工作中的问题，那么，今天的主要矛盾，明天将会变为次要矛盾．因此，我们必须根据实际情况不断修改我们的流线图，及时地抓住主要矛盾，合理地指挥生产．

"平话"是平常讲话的意思．由于这是一本普及性和推广性的小册子，因此，主要的概念讲了，许多具体细致处不可能讲得太多．但是，为了满足部分读者的要求，在书中适当地补充了有关理论推导的章节．一般读者对这一部分可以略过不读．

在这本小册子里，讲的主要是有关时间方面的问题，但在具体生产实践中，还有其他方面的许多问题．这种方法虽然不一定能直接解决所有问题，但是，我们利用这种方法来考虑问题，也是不无裨益的．

这本册子虽小，但在编写过程中，由于很多同志的帮助，特别是最近和一些有实际经验的同志共同学习，发现了一些新东西，进行修改补充，易稿不下十次．因此，与其说这是个人所编写的，还不如说这是大家的创造和发展，由我来执笔的更

---

[1] 本文是作者在1965年6月6日《人民日报》发表的《统筹方法平话》一文的基础上，进一步修改而成的．

确切些. 为此,特向这些同志表示深深感谢.

由于我的水平限制,在这本小册子中一定有不少欠妥之处,请读者批评指正.

§1 引　子

想泡壶茶喝. 当时的情况是:开水没有. 开水壶要洗,茶壶茶杯要洗;火已生了,茶叶也有了,怎么办?

办法甲:洗好开水壶,灌上凉水,放在火上,在等待水开的时候,洗茶壶,洗茶杯,拿茶叶,等水开了,泡茶喝.

办法乙:先做好一些准备工作,洗开水壶,洗壶杯,拿茶叶,一切就绪,灌水烧水,坐待水开了泡茶喝.

办法丙:洗净开水壶,灌上凉水,放在火上,坐待水开,开了之后急急忙忙找茶叶,洗壶杯,泡茶喝.

哪一种办法省时间,谁都能一眼看出第一种办法好,因为后两种办法都"窝了工".

这是小事,但是引子,引出一项生产管理方面有用的方法来.

图 1

开水壶不洗,不能烧开水,因而洗开水壶是烧开水的先决问题. 没开水、没茶叶、不洗壶杯,我们不能泡茶. 因而这些又是泡茶的先决问题. 它们的相互关系,可以用图 1 的箭头图来表示. 箭杆上的数字表示这一行动所需要的时间,例如 $\xrightarrow{15}$ 表示从把水放在炉上到水开的时间是 15 分钟.

从这个图上可以一眼看出,办法甲总共要 16 分钟(而办法乙、丙需要 20 分钟). 如果要缩短工时、提高工作效率,主要抓的是烧开水这一环节,而不是拿茶叶这一环节. 同时,洗壶杯、拿茶叶总共不过 4 分钟,大可利用"等水开"的时间来做.

是的,这好像是废话,卑之无甚高论.有如,走路要用两条腿走,吃饭要一口一口吃,这些道理谁都懂得,但稍有变化,临事而迷的情况,确也有之.在近代工业的错综复杂的工艺过程中,往往就不能像泡茶喝这么简单了.任务多了,几百几千,甚至有好几万个任务;关系多了,错综复杂,千头万绪,往往出现万事俱备,只欠东风的情况,由于一两个零件没完成,耽误了一架复杂机器的出厂时间.也往往出现:抓得不是关键,连夜三班,急急忙忙,完成这一环节之后,还得等待旁的部件才能装配.

洗茶壶,洗茶杯,拿茶叶,没有什么先后关系,而且同是一个人的活,因而可以合并成为

图 2

用数字表示任务,上面的图形可以画成为

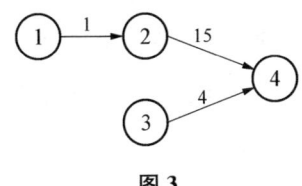

图 3

1—洗开水壶;2—烧开水;3—洗壶、杯,拿茶叶;4—泡茶

看来这是"小题大做",但在工作环节太多的时候,这样做就非常有必要了.

这样一个数字代表一个任务的方法称为单代号法,每一个数目字代表一个任务,写在箭尾上,箭杆上的数字代表完成这个任务所需要的时间.

另一个方法称为双代号法.我们把任务名称写在箭杆上,如图4.箭头与箭尾衔接的地方称为节点(或接点),把节点编上号码.图4成为图5.

单代号法与双代号法哪个好,实际上是各有优点.我们用双代号法开始讲,在讲的过程中穿插着讲单代号法.

图 4　　　　　　　　　　图 5

(1-2)—洗开水壶；(2-4)—烧开水；
(3-4)—洗壶、杯,拿茶叶；(4-5)—泡茶

一　肯　定　型

§2　工序流线图与主要矛盾线

一项工程(或一个规划)，总是包含多道工序的. 如果已经有了现成的计划,我们可以依照这个计划和各工序间的衔接关系,用箭头来表示其先后次序,画出一个各项任务相互关系的箭头图,注上时间,算出并标明主要矛盾线. 这个箭头图,我们称它为工序流线图. 把它交给群众,使群众了解自己在整个工作中所处的地位,有利于互赶互帮,共同促进. 把它交给领导,便于领导掌握重点,统筹安排,合理调整,提高工效.

好啦,现在有这样一项工作,一共有17道工序,我们把它画出箭头图(图6),图上每个工序我们把它叫作一项任务.

图 6

④→⑤→⑥表示任务(4-5)完成后,才能进行任务(5-6),又如任务(6-7)必

须在(2-6)(5-6)(9-6)三项任务都完成的基础上才能开始进行.

④ —3→ ⑤表示自任务(4-5)的开工之日起到完成之日(亦即下一任务可以开工之日)止,共需三周.任务(7-14)开工后18周才能把半成品送到任务(14-15),而最后任务(14-15)必须待任务(3-14)(7-14)(12-14)(13-14)都完成之后,再用5周的时间才能交出成品.

图画好之后,进行以下的分析:算出每条线路的总周数.例如线路

图 7

共需 3+11+23+18+5=60 周. 把所有的线路都加以计算,其中需要周数最多的线称为主要矛盾线. 这一工序流线图的主要矛盾线是:

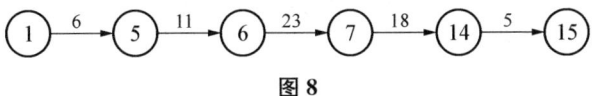

图 8

共 6+11+23+18+5=63 周.

用红色(或粗线)把主要矛盾线标出来(同时如有必要也可以用其他颜色标出一些次主要矛盾线).在工作进程中,主要矛盾线上延缓一周,最后完成的日期也必然延缓一周,提前完成也会使产品提前出厂.把这图交给群众,使群众一目了然,知道此时此地本工种所处的地位,有利于职工发挥主观能动性.经过若干时日,如果在主要矛盾线上进行得比预期迅速,或非主要矛盾环节有所延误,这时必须重新检查和修改流线图,并特别注意主要矛盾线是否已经转移.

这种图形的作用远不止此,还可以举出以下几方面好处.例如:

(1) 从图6可以看出,任务(4-5)可以比任务(1-5)缓开工三周而不影响进度,任务(13-14)更不必说可以缓开工38周,但不能再缓了(每一任务都可以算出最迟开工期限、最早开工期限及时差,为了简单起见这儿暂且不谈).

(2) 从图上看出可以从非主要矛盾线上抽调人员支援主要矛盾线,这样可以提高效率,即使抽去的人员工种不同,一个人只顶半个人用,有时也并不吃亏,但抽调后必须重新画图.

当然流线图还有不少其他的好处,这儿就不一一列举了.

我想在此也乘便提一下,主要矛盾线可能不止一条.一般讲来,安排得好的计划,往往出现有关零件同时完成,组成部件;有关部件同时完成,进行总体装配的情况.在这种情况下主要矛盾方面就不是用一条线表达了.愈是好的计划,红线愈多,多条红线还可以作为组织劳动竞赛的依据.

当然,终点也可能不止一个.例如,化学分析可以陆续地分析出若干种元素,获得每一种元素都可以作为终点.在这种情况下,我们可以将起始点至每一个终点所需要的时间进行比较,把需要时间最长的线路,定为主要矛盾线.但另一方面,也可以根据产品的主次,定出主要矛盾线来.换言之,即将起始点到主要产品的终点需要时间最长的线路,定为主要矛盾线.

§3 分细与合并

从图 6 看出任务(6-7)的完成需要 23 周,时间最长,这就启发我们考虑为了加快进度,可否把任务(6-7)重新组织一下,其方法之一是要细致地画⑥→⑦的工序流线图,标出主要矛盾线,研究缩短时间的可能性.例如,一个单向挖掘的隧道工程,我们采用两头开挖的方法,这样,一个任务变为两个任务,加快了进度(请读者设想一下,一个任务变为两个,箭头图怎样画).

为了容易看得清楚或计算方便起见,有时我们在图上也把一些任务合并考虑,如将图 1 合并为图 2.

又如图 6 可以将②③合并、⑥⑦合并、⑩⑪⑫合并得图 9.

图 9

并得多么粗,分得多么细,随客观需要与具体情况而定.具体负责的技术员、调度员为了便于掌握,应当把图画得更详尽些,更细致些,供领导和群众一般参考的可以画得粗些.密如蛛网,望而却步的工序流线图,不但不易获得群众的支持,而且难使领导看出重点,做到心中有数.但不细致,又不能发现关键所在.因此,在主要矛盾线上,每一环节都值得分细研究.这样可以找出缩短工时的可能性.

§4 零 的 运 用

在数学史上,零的出现是一件大事,在统筹方法中引进"虚"任务,用"0"时间,也是应当注意的一个重要方法.

例一:把一台机器拆开,拆开后分为两部分修理.称为甲修、乙修,最后再装在一起.这样的图怎样画?共有四个任务:

图 10

在"拆""装"之间有两个任务:

图 11

"②→③"将同时代表两个任务了,不好办.我们建议用 $\xrightarrow{0}$ 表示"虚"任务,这样就可以克服这一困难,把图画成为

图 12

也可以对称地画成为

图 13

当然，为了区别起见，可以把一个任务硬分为两段：

图 14

也可以画成为

图 15

这一"不标箭头的竖线"的方法，在用"时间坐标"时合适．

以下的图形，更显示出用 $\xrightarrow{0}$ 的必要性：

图 16

它表示工序 A、C 各必须在甲、乙完成的基础上进行,而工序 B 却需要在甲、乙两工序都完成的基础上进行.

在把一个任务拆成两个任务的时候(例如:决定一条水沟从两头开挖),也要引进"0"箭头($\xrightarrow{0}$). 例如要把

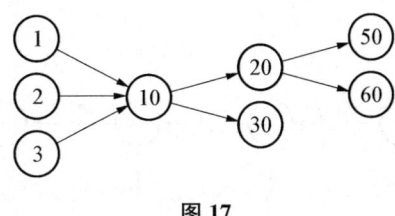

图 17

中任务 ⑩→⑳ 分拆为两个任务 ⑩→⑳ 和 ⑪→⑳ 时,也要使用 $\xrightarrow{0}$,即得下图:

图 18

本质上,这一问题与前例完全相同,当然也可以用"折断法""双$\xrightarrow{0}$法",或"无箭头竖线法". 用无箭头竖线法的画法如下图:

统筹方法平话及补充 363

图 19

例二：在一个较复杂些的工程施工中，我们把

图 20

四道工序（以下简称为挖、板、钢、浇），各分为二交错作业时，也要用 $\xrightarrow{0}$，画成为

图 21

当然，也可以画成为

图 22

这是指在四种工作都只有一套人进行施工的情况下而言的．即挖地基(1)的人也就是挖地基(2)的人（如果人多了，当然也可以进行平行作业）．

读者试分析以下几种画法,并指出其缺点.

图 23

("钢(1)"不必在"挖(2)"完成之后,其他类推)又

图 24

("钢(1)"不必在板(2)之前,其他类推)

更进一步,读者可以分析一下,三段交叉的作业,作如下画法对不对?

图 25

严格地讲,这样画是有问题的,因为 $\xrightarrow{挖(3)}$ 不必在 $\xrightarrow{板(1)}$ 之后;同样 $\xrightarrow{钢(1)}$ 和 $\xrightarrow{浇(1)}$ 也不一定分别在 $\xrightarrow{板(3)}$ 和 $\xrightarrow{钢(3)}$ 之前. 正确的画法应当是:

图 26

用一个零箭头"↑"。断绝了由 $\xrightarrow{板(1)}$ 转入 $\xrightarrow{挖(1)}$ 的道路.用这样的画法,三段以上的交叉作业,就不再有其他的困难了.

也有人用"同工种人力转移线"(—·—·—·→)来处理这一问题.画成:

图 27

"—·—·→"仅表示前后两同工种工序间的衔接关系,并不同时表达不同工种工序之间也有衔接关系.例如:③—·—·→⑤仅表示由"板(1)"出发,只准走向"板(2)",而不准走到非"板"的"挖(3)"上去.同样,⑦—·—·→⑨仅表示"钢(3)"以"钢(2)"的完工为前提,而并不依赖"浇(1)".这方法的缺点,在于多引进了一种符号"—·—·→".

例三:有一项工程如下图

图 28

它不能代表：一个任务做了两天后，任务(3-6)开始，做了三天后，任务(2-5)(4-6)开始. 代表这个情况的图，我们应当画成为

图 29

实际上，这个任务是分成两段① $\xrightarrow{2}$ ①′和①′ $\xrightarrow{1}$ ②进行的.

图 28 容易被误解为(1-2)(1-3)(1-4)是三个任务，因而把人力、工时、设备、原材料算重了.

有时我们还可以用一个"虚"开始点，把各个不同的开始点，联成为一个开始点. 如图 30，从起始点⓪可引出的四个任务(0-1)(0-4)(0-8)(0-13)，都是虚任务. 这样可以把任务(13-14)延缓开工的可能性都表达在图上了.

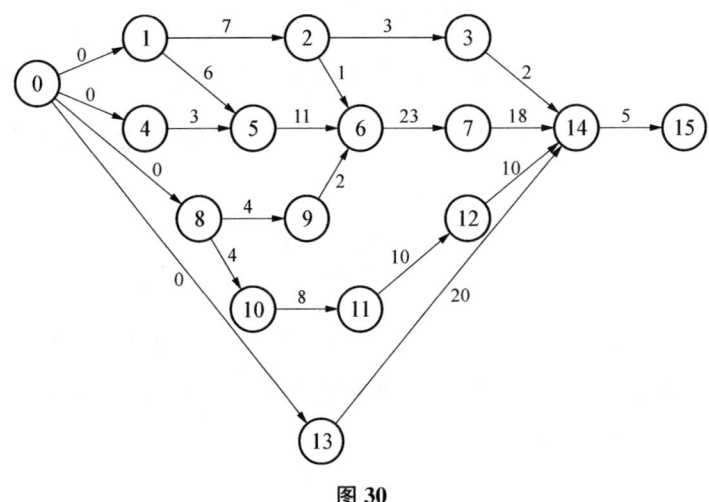

图 30

这儿特别指出一下:"$\xrightarrow{0}$"的运用在单代号法中更为重要. 如果一个任务Ⓐ完成后接着搞两个任务Ⓑ和Ⓒ. 与其画成为

图 31

不如画成为

图 32

同时,请大家注意,"休息"(不是假期性质的)也必须画上,这是没有工作但有时间的箭头. 例如,等待混凝土干燥. 又如一些工人调往其他处工作. 我们有时用虚线表示,如:

图 33

实际上的意义是洗完了茶杯后洗茶壶,然后再拿茶叶(不用虚线箭头也可).

§5 编　　号

在画图当中,箭杆的长短是不必注意的事,甚至于把箭杆画弯了也无关系(如果在图上加时间坐标,就另当别论,在此不拟多讲),箭杆有时也会交叉,为了清楚起见,可以画一"暗桥" ⤵ .

原则上讲编号可以任意,并无关系,但为了计算方便起见,我们最好采取由"小"到"大"的原则顺序编号,箭尾的号比箭头的小.同时考虑到将一个任务分成几个任务的可能性,还应当留有余号,在上节的图 11 变为图 12,我们就得重新编号;而图 17 因为留有余地,我们只要局部改动就得出图 19 了.

§6 算 时 差

在讲主要矛盾线的时候已经讲过,统筹方法可以找出主要矛盾线来,同时也可以看到非主要矛盾线上的项目是有潜力可挖的.潜力到底有多大? 这将是本节所要说明的问题.

图 34

从这个较简单的箭头图(图 34)来看,它的主要矛盾线是:

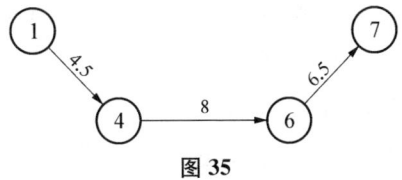

图 35

共需时间 $4.5+8+6.5=19$(周).

我们先算每一任务最早可能开工日期,用 □ 表示之. 它的算法如下:从起始点到某一任务,可能有许多条路线,每条路线有一个时间和,这些时间和中,必有一个最大值,这个最大值就是该任务的最早可能开工日期. 例如由①到⑥有两条路线 $2+7=9,4.5+8=12.5$. 因此⑥→⑦线下写 $\boxed{12.5}$. 把话讲得更确切些:如果一切按计划进行,在 12.5 周内,任务⑥→⑦的开工条件是不具备的,而最早可能开工时间是 12.5 周完结的时候.

再算出各任务的最迟必须开工日期,用△表之.也就是说如果这个任务在△形内所标时间之后开工,就要影响整个生产进度了.它的算法如下:从终止点逆箭头到某一任务,亦可能有许多条路线,这些路线的时间和中,也有一个最大值,由主要矛盾线上的时间总和减去这个最大值,再减去这一任务所需的时间,就是这一任务的最迟开工日期.例如,从终止点到③共有两条路线,各需 $8+0=8$ 周及 $7+6.5=13.5$ 周,其中 13.5 周较大,而主要矛盾线时间总和是 19 周,因此在任务①→③线下写上 △ ($3.5=19-13.5-2$).

把上面计算的结果都写在图上,就得图 36.

图 36

再赘一句,对任务(3-6)来说:由于它的上一任务还没完成,它不可能在两周内开工.但如果在 5.5 周后才开工,就必然耽误整个进度.在主要矛盾线上□△内的数目一定相等.□△内数值差额愈大的任务,愈有可以支援其他任务的潜力.

反向图:把图 34 的所有箭头都倒转过来,得下图.

图 37

试算出反向图上各最早可能开工时间及最迟必须开工时间,比较一下,看看它们之间有什么关系.不难看出顺向图的最早可能开工时间,加上反向图的最迟必须开工时间,再加上相应的工序时间等于 19;同时顺向图的最迟必须开工时间,加上反向图的最早可能开工时间,再加上相应的工序时间也等于 19.

这是指领导没有给我们特别指示的情况下,假设根据有关历史资料或对每项任务所需时间的经验估计,所作出的图.如果领导指示工程必须在 17 周内完成,我们对△内的数字就不能这样填,就必须以 17 周为基数来进行反算.于是①→④、④→⑥、⑥→⑦处的时差都变为 −2.因此,我们必须采取措施,来满足这一要求.与此相反,如果领导要求是 20 周完成,则△内的数字就依 20 周为基数,进行反算,于是时差都多了 1 周.遇见这种情况,我们就该机动地从节约角度来考虑问题,酌量地减少劳动力并使其均衡,或适当地减少设备.

注意 图 34 是作为练习提出的,试想一下,虚任务③$\xrightarrow{0}$⑤的意义,也就是图 34 的逻辑关系是否等价于图 38:

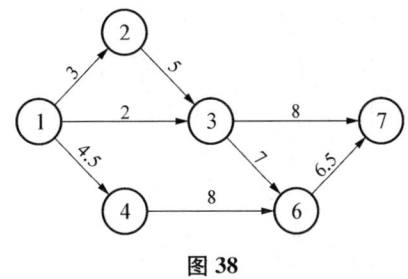

图 38

图 34 是双代号的,利用

(1-2)	(1-3)	(1-4)	(2-3)	(3-6)	(4-6)	(3-7)	(6-7)	(7-)
A	B	C	D	F	G	H	I	J

可以把它变成为以下的单代号表示图:

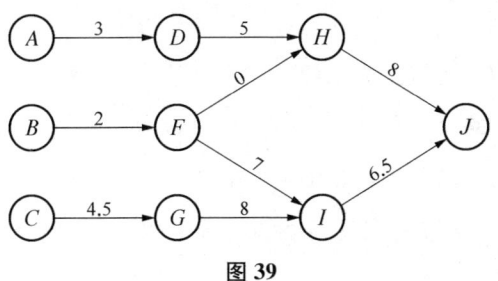

图 39

(图中Ⓐ Ⓑ Ⓒ三项任务同时开始进行)

§7 算　　法

对简单的情况说来,线路是一目了然的.但任务多了,线路纷杂,哪些已经算过了,哪些还没有算过,这就出现了既麻烦而又容易产生错误的情况.那么,怎样来避免错误,避免漏算呢?为此,一套计算表格就产生出来了(见表1).第一栏是工序代号,依第一字(箭尾号码)的顺序由小到大排列,如果第一字相同则依第二字(箭头号码)的顺序排列.其余几栏依次是,这一工序需要的时间 t_E、最早可能开工时间 T_E(也就是预计在这期间内不可能开工)、最迟必须开工时间 T_L(也就是按预计,在这期间内不开工将影响整个工程进度)及时差.

表1

工序编号		本工序时间 t_E	开工时间		时差 $T_L - T_E$
箭尾号	箭头号		最早 T_E	最迟 T_L	
1	2	3			
1	3	2			
1	4	4.5			
2	5	5			
3	5	0			
3	6	7			
4	6	8			
5	7	8			
6	7	6.5			
7					

以§6图34为例,我们可以列出表1的计算表格.

表1的第三栏 T_E 可以从表中由上而下地计算.工序(1-2)、(1-3)、(1-4)的 $T_E = 0$,工序(2-5)的 T_E 等于(1-2)的 T_E 加 $t_E (= 0 + 3 = 3)$.工序(3-5)及(3-6)的 T_E 等于(1-3)的 T_E 加 $t_E (= 0 + 2 = 2)$.工序(4-6)的 T_E 等于(1-4)的 T_E 加 $t_E (= 0 + 4.5 = 4.5)$.工序(5-7)的 T_E 等于(2-5)及(3-5)中的 T_E 加 t_E 的

较大者(即 $3+5=8, 0+2=2$ 中的较大者8). (6-7) 的 T_E 等于 (3-6), (4-6) 中的 T_E 加 t_E 的较大者 ($2+7=9, 4.5+8=12.5$, 较大者为12.5). 而7的 T_E 由 (5-7), (6-7) 得来 (=19). 总的一句话,本工序的 T_E 等于紧前工序的 T_E 加 t_E, 或紧前各工序的 T_E 加 t_E 中的较大者.

表1第四栏 T_L 的算法,是从下而上. 工序 (6-7) 的 T_L (=19) 等于7的 T_L 减去 (6-7) 的 t_E ($19-6.5=12.5$). 同样 (5-7) 的 T_L 等于7的 T_L 减去 (5-7) 的 t_E ($19-8=11$). (4-6) 的 T_L 等于 (6-7) 的 T_L 减去 (4-6) 的 t_E ($12.5-8=4.5$). (3-6) 的 T_L 等于 (5-7) T_L 减 (3-5) 的 t_E ($11-0=11$). 总的一句话,本工序的 T_L 等于紧后工序的 T_L 减去本工序 t_E, 或紧后各工序 T_L 中的最小者减去本工序的 t_E.

将以上计算结果填入表内,再在第五栏填入相应的 T_L 减 T_E 的值,即得表2.

表 2

工序编号		本工序时间 t_E	开工时间		时差 $T_L - T_E$
箭尾号	箭头号		最早 T_E	最迟 T_L	
1	2	3.0	0	3.0	3.0
1	3	2.0	0	3.5	3.5
1	4	4.5	0	0	0
2	5	5.0	3.0	6.0	3.0
3	5	0	2.0	11.0	9.0
3	6	7.0	2.0	5.5	3.5
4	6	8.0	4.5	4.5	0
5	7	8.0	8.0	11.0	3.0
6	7	6.5	12.5	12.5	0
7			19.0	19.0	0

在图上将时差为"0"的各工序,用红线(或粗线)连起来,即为主要矛盾线. 对熟练的人来说,不必用表格计算,只要逐步比较,就可以很快地找出主要矛盾线来.

例如:在图34中,首先将①→④→⑥与①→③→⑥比较,①→④→⑥的时间长,就可把③→⑥甩掉,再比①→③→⑤与①→②→⑤,可甩掉①→③→⑤,这样,只剩下两条线①→④→⑥→⑦、①→②→⑤→⑦,两者比较,立刻可以找出①→④→⑥→⑦为主要矛盾线.

例题:试用对比法找出下图的主要矛盾线.

图 40

先比⑥→⑧→⑨、⑥→⑦→⑨,甩掉前者,再甩②→⑥→⑦,再甩④→⑦、⑤→⑦→⑨,再甩③→④,最后甩①→③→⑤,因此,得出主要矛盾线①→②→④→⑤→⑨.

§8 原材料、人力、设备与投资

在作出流线图并定出主要矛盾线之后,就必须根据各项任务所需要的原材料、人力、设备与资金作出日程上的安排.例如:任务(4-6)所需要的原材料必须在第4.5周送到,各种人员也必须及时到达工作岗位.委托其他单位代加工的半成品,在订合同时也必须以此为根据.如果知道不能按时交货,应当修改流线图.

以人力为例,首先作出表格,然后计算出什么时候,所需某种技工的人数.例如第一周任务(1-2)需要甲种工两人,乙种工五人;任务(1-3)需要甲种工一人;任务(1-4)需要甲种工三人,乙种工两人.在第一周总共需要甲种工六人,乙种工七人.用以下的表格来表明甲种工的需要情况.

表3中网线表明主要矛盾线上的情况,3-6的一块,表明从第三周到第九周,每周需要三个甲种工,而总数表示第一周需六个,第二周需六个,……而第五周上半周要八个,下半周要九个.

表 3　甲种工人配备表

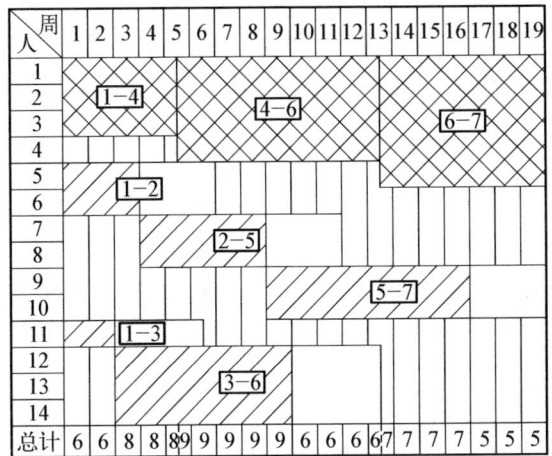

从这个图上也可以看出一些问题：首先，所需总人数是否超出可能性，如果超出，我们必须事先调整，或采取其他措施；其次，能否安排得均匀些．

例如，在任务(2-5)完成后停工 3 周，而任务(3-6)从第 4.5 周开始减为两个甲种工，延长(3-6)的完成时间，这样整个任务就有可能在 8 个甲种工的条件下进行了．

请读者试用这样的改动，作出一个箭头图来，看看七个甲种工能不能如期完成任务？

对于多种产品生产（即多个目标）问题，这种安排就更为重要了．处理的方法是：对每一个目标做一个流线图（也可以将若干个目标表示在一个流线图上），对每一个流线图列出各种人员的需要表，把各表上的某种人员总计数加起来，这样就可以看出在现有的人力范围内是否能够完成．如果超出限度，我们就要研究如何错开，如何延长，才能达到最经济最合理．说来简单，但多种产品的生产是很复杂的，必须根据实际情况才能摸索出较好的方法来．

以上所讲的是人力问题，实质上也可以用来处理设备问题，如果每个车床都有专人负责，则设备限制的问题就和人力限制的问题统一起来了．例如我们可以按刨床、车床、磨床、铣床列表处理．

关于原材料问题，由于有了流线图，可以把进料时间扣得更紧些．原材料过多过早地储存,不但积压资金,多占仓库面积,增加自然损耗等,而且最终必然影响社会主义建设扩大再生产的进度.有了统筹方法,就有可能扣得更紧些.有时,我们甘愿冒几分停工待料的风险,也比储料过多更上算,对整个经济的发展可能更有利些.

投资问题这儿就不多谈了.

更复杂的问题这儿也不多谈了.总的一句话,这是一个新兴的方法,一切还待创造、改进和完善,特别重要的是在社会主义建设的实践中,不断地作具体的修改与补充.

§9 横 道 图

根据上节的甲种工人配备表,可以画成以下的工程界所熟知的横道图(即 L. H. Gantt 图,又称条形图),见图 41.

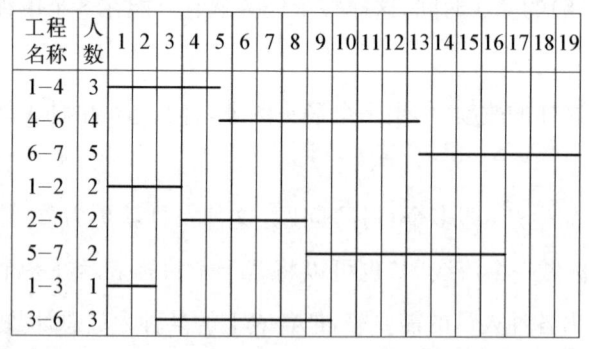

图 41

可以根据箭头图得出的合理方案,画出横道图来,但切不要从横道图出发来搞箭头图,因为横道图略去了箭头图上的若干特点,有如行政区域图上没有等高线,我们看不出地面的起伏来.

箭头图实质上交代了不少"横道图"为什么这样画的道理.

如果用箭杆的投影长度表周数,虚线表空余时间,则我们有时也可以把横道图的优点统一到箭头图中来.图 42 就是按图 39 画成的.由 F 到 I 的箭头投影长度是

10.5,但其中的实线部分是 7,表明需要实际工作时间为 7 周. 为了避免工序 F 与工序 C 使用的人力发生矛盾,可以把 F 的 3～4.5 周的一段画成虚线,把实线部分移后 2.5 格.

图 42

在不太复杂的工程中,把箭头图画在时间坐标上是有好处的,实践中已经出现了不少例子. 把各主要工种所需要的人数(以及设备、原材料、资金)都按日地排在一个表上,这样更易于综观全貌.

§10 练 习 题

1. 利用下表的资料画出箭头图来:

表 4

任 务	紧 前	紧 后
A	无	B, C, G
B	A	D, E
C	A	H
D	B	H
E	B	F, I
F	E	J

统筹方法平话及补充 377

续 表

任务	紧前	紧后
G	A	J
H	D, C	J
I	E	K
J	F, G, H	K
K	I, J	无

任务 A 表示 $\xrightarrow{A}$，在○内填上号码．读者思考一下，如果仅知道"紧前"（或"紧后"）一栏是否已足够画出图来？合适的安排是使箭杆不出现交点．

这是双代号法的图形，再试做出单代号法的图形．

2. 利用表5资料画出箭头图来：

画出的箭杆可能相交，试回答，能否画出一个箭杆不相交的箭头图来？

3. 算出图6的时差．

表 5

任务	紧后
U	A, B, C
A	L, P
B	M, Q
C	N, R
L	S
M	S
N	S
P	T
Q	T
R	T
S	V
T	V

附记

1. 如果一个计划是由若干分计划所合成的，而分计划与分计划之间的公共点不多,可以分别制定计划,然后再合并一起,统一安排.

2. 不要把箭头图看得太简单了,实际的困难在于找到各工序之间的正确关系(如混凝土的浇灌,必须在建立模板之后).但也有不少不太确切的工序名称,因而在做箭头图前,必须先从群众中来.让大家说明他们所担负的各任务与其他任务的关系,并提出意见和建议.图做好后,还必须到群众中去,由群众审查是否有漏列情况.

3. 在这儿,我们写下练习题 1 的解,供参考.

双代号的图形是

图 43

单代号的图形是

图 44

二 非 肯 定 型

§11 化非肯定型为肯定型

在计划中每个环节能够确切不差地如期完成的情况,毕竟是少数.由于一些预见不到的因素,总有或多或少的时间变化,因而一般讲来,非肯定型的问题是更常见的. 为了读者容易理解,我们先介绍了肯定型的问题,这不仅是因为肯定型也有用,而更主要的是因为它也是进一步处理非肯定的基础.

每一任务的完成时间拿不稳,怎么办? 是否我们的方法就无能为力了? 不,这正是我们的方法的好处所在. 我们能够从成千上万个不太肯定的环节中,找出最终完成的可能性规律来.

与其向负责某一项具体任务的单位,要一个靠不住的"确切"的完成任务所需要的时间,还不如请他对完成这一任务提出三个时间,即:一个最乐观的估计时间,一个最保守的估计时间和一个最大可能完成的估计时间. 例如,任务(4-6)在一切条件顺利时,需要 6 周完成;在最困难的情况下 14 周可以完成. 据估计看来最可能 7 周完成. 我们用

$$④ \xrightarrow[8]{6-7-14} ⑥$$

来表示,箭杆下的数值表示"平均"周数. 这个数值的算法是:

$$\frac{1}{6}(6+4\times 7+14)=8.$$

一般的计算公式是,最乐观的估计加上最保守的估计,再加上最可能的估计的 4 倍,然后除以 6. 就这样把一个非肯定型的问题转化为肯定型的问题来处理. 例如图 45.

图 45

这样把不肯定型化成为肯定型之后,就是 §6 中处理过的问题. 在 §6 中算出来的总完成日期是 19 周.

也许读者会说:一个裁缝一把尺,估计任务(6-7)的和估计任务(3-6)的水平不一定相同,但这是关系不大的,众人估计,算在一起,实际上还就是一个估计,用概率的观点来衡量估计,偏差不可免,但趋向总是有明显的参考价值的. 当然,这并不排斥每个估计都尽力做到可能精确的程度.

请注意,用估算得出来的完成日期(19 周),仅是一个可能的完成日期,确切地说,在这个日期前完成全部工作的可能性大约是 50%,用些统计工具可以获得在多少周到多少周之间完成的可能性在 95% 以上,等等.

§12 平均值与方差

以上所讲的是求平均数的一种方法,我们并不排斥其他方法,或估计方法. 但最好还是在工作中全部地对比式地记录下来,作为科学实验的数据. 就这样不断对比,不断提高来改进设计计划水平. 特别对有较多经验的工序,例如已做了十几次,各有数据,那我们就不妨取这些数据的平均数.

我们现在重复叙述一下,上节所用到的求"平均数"法.

如果估出最乐观是 a 周(或记为 t_o),最保守是 b 周(或记为 t_p),最可能是 c 周(或记为 t_m),我们取

$$\frac{a+4c+b}{6}$$

作为平均数,并且以

$$\left(\frac{b-a}{6}\right)^2$$

作为方差(为什么这样做,以后再讨论).

例如:沿主要矛盾线(1-4)(4-6)(6-7)的平均数及方差各为:

表 6

任务	(1-4)	(4-6)	(6-7)	总和
平均数	4.5	8	6.5	19
方差	$\left(\dfrac{8-3}{6}\right)^2=\left(\dfrac{5}{6}\right)^2$	$\left(\dfrac{14-6}{6}\right)^2=\left(\dfrac{8}{6}\right)^2$	$\left(\dfrac{10-5}{6}\right)^2=\left(\dfrac{5}{6}\right)^2$	$\dfrac{114}{36}$

我们说主要矛盾线上各工序完成的总日数的平均数是 $M=19$ 周,而总方差是 $\dfrac{114}{36}$. $\dfrac{114}{36}$ 的平方根:$\sigma=\sqrt{\dfrac{114}{36}}=1.8$,这是总完成日数的标准离差. 假定总完成日数是一个以 M 为均值、σ 为标准离差的正态分布,则可以由之而估出在某一期限之前完成的可能性. 例如,在

$$M+2\sigma=19+2\times 1.8=22.6(\text{周})$$

前完成的可能性是 98%,在

$$M+\sigma=19+1.8=20.8(\text{周})$$

前完成的可能性是 84%.

现在又添了不少"为什么". 例如:为什么总完成日期是一个正态分布?为什么在 $M+2\sigma$ 之前完成的可能性是 98%?等等. 这些问题的回答,必须要用些概率论的知识,而在国外有些文献中,似乎用得不妥. 我们在后面将指出其不妥处,并且希望数学工作者能够进行些理论的探讨.

我现在先暂且不讨论为什么,而在 §13~15 中将叙述怎样来计算的方法,学会了之后就先用. §16~19 可以暂且不看.

§13 可能性表

在 $M+\lambda\sigma$ 之前完成的可能性以 $p(\lambda)$ 表之,则有以下的表(正态分布).

在上节例中的百分比,就是这样查表查出来的.

表 7

λ	p(λ)	λ	p(λ)
−0.0	0.50	0.0	0.50
−0.1	0.46	0.1	0.54
−0.2	0.42	0.2	0.58
−0.3	0.38	0.3	0.62
−0.4	0.34	0.4	0.66
−0.5	0.31	0.5	0.69
−0.6	0.27	0.6	0.73
−0.7	0.24	0.7	0.76
−0.8	0.21	0.8	0.79
−0.9	0.18	0.9	0.82
−1.0	0.16	1.0	0.84
−1.1	0.14	1.1	0.86
−1.2	0.12	1.2	0.88
−1.3	0.10	1.3	0.90
−1.4	0.08	1.4	0.92
−1.5	0.07	1.5	0.93
−1.6	0.05	1.6	0.95
−1.7	0.04	1.7	0.96
−1.8	0.04	1.8	0.96
−1.9	0.03	1.9	0.97
−2.0	0.02	2.0	0.98
−2.1	0.02	2.1	0.98
−2.2	0.01	2.2	0.99
−2.3	0.01	2.3	0.99
−2.4	0.01	2.4	0.99
−2.5	0.01	2.5	0.99

如果问二十周(或二十六周前)完成的可能性,可以从

$$M + \lambda\sigma = 20$$

即
$$19 + 1.8\lambda = 20$$

中算出 $$\lambda = \frac{1}{1.8} = 0.56,$$

查表可知有 70% 的把握(准一位小数).

我们在讲些"所以然"之前,先算一个例子,对急用先学,边学边用的同志来说,从这个例子学会了应用,最为重要. 后面看不懂的部分将来再说.

§14 例　子

问题：我们有一计划,其中各任务间的关系和数据如图 46,问:90 周内完成的可能性有多少?

图 46

解答：

第一步,算出最早可能、最迟必须完成时间与时差. 我们用以下的手算工作表进行. 首先将任务依第一字的顺序由小到大排列,如果第一字相同则依第二字的顺序由小到大排列,然后写下最短、最可能、最长三个估计的时间,写好后如表 8.

表 8　手算工作表

工序编号		时间			平均 t_E	开工时间		时差 $T_L - T_E$
箭尾号	箭头号	最短 t_o	最可能 t_m	最长 t_p		最早 T_E	最迟 T_L	
33	36	10	16	28				
33	39	18	28	44				
36	42	4	6	10				
36	45	2	2	4				
36	72	24	30	42				
39	45	6	10	16				
39	48	20	28	40				
39	51	4	8	10				
39	54	6	8	12				
42	57	2	2	4				
45	60	24	32	52				
48	63	4	4	10				
51	66	10	20	32				
54	69	24	30	48				
57	72	8	12	20				
60	63	0	0	0				
60	72	6	14	32				
63	75	6	6	10				
66	75	2	4	8				
69	75	4	10	20				
72	75	4	6	8				
75								

先用

$$t_E = \frac{t_o + 4t_m + t_p}{6}$$

来算出平均时间,填入第五栏,这样就变为肯定型的情况了.

第二步,用处理肯定型的办法算出最早可能完成时间 T_E.

第三步,现在已经有了预先给定的完成时间 90 周,因而是从 90 周中减起算出 T_L 的数值来(与肯定型稍有不同).

第四步,还是由 $T_L - T_E$ 求时差,但注意时差可能出现负数了(这就是为什么不称为"富裕时间"的道理).最小负数的箭杆形成主要矛盾线,经过这样算得出的结果见表 9.

表 9 手算工作表

工序编号		时间				开工时间		时差
箭尾号	箭头号	最短 t_o	最可能 t_m	最长 t_p	平均 t_E	最早 T_E	最迟 T_L	$T_L - T_E$
33	36	10	16	28	17.0	0	15.0	15.0
33	39	18	28	44	29.0	0	−5.0	−5.0
36	42	4	6	10	6.3	17.0	62.7	45.7
36	45	2	2	4	2.3	17.0	32.0	15.0
36	72	24	30	42	31.0	17.0	53.0	36.0
39	45	6	10	16	10.3	29.0	24.0	5.0
39	48	20	28	40	28.7	29.0	49.6	20.6
39	51	4	8	10	7.7	29.0	57.7	28.7
39	54	6	8	12	8.3	29.0	39.0	10.0
42	57	2	2	4	2.3	23.3	69.0	45.7
45	60	24	32	52	34.0	39.3	34.3	−5.0
48	63	4	4	10	5.0	57.7	78.3	20.6
51	66	10	20	32	20.3	36.7	65.4	28.7
54	69	24	30	48	32.0	37.3	47.3	10.0
57	72	8	12	20	12.7	25.6	71.3	45.7
60	63	0	0	0	0	73.3	83.3	10.0
60	72	6	14	32	15.7	73.3	68.3	−5.0
63	75	6	6	10	6.7	73.3	83.3	10.0
66	75	2	4	8	4.3	57.0	85.7	28.7
69	75	4	10	20	10.7	69.3	79.3	10.0
72	75	4	6	8	6.0	89.0	84.0	−5.0
75						95.0	90.0	−5.0

附注:有时用手算工作表,并不比图上算来得快些.

由此可见主要矛盾线是:

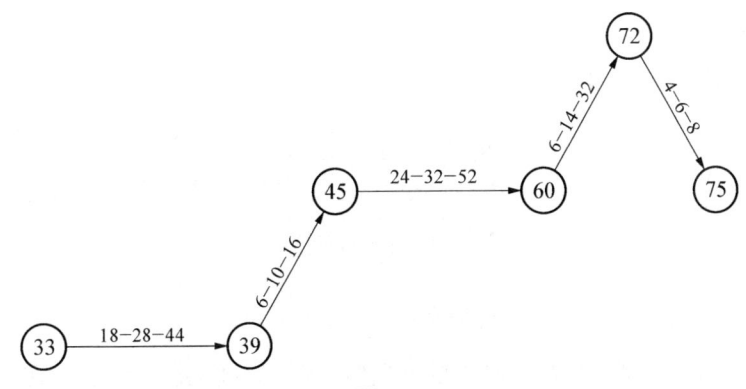

图 47

再用表 10 算出主要矛盾线上的方差.

表 10

工序编号		t_o	t_p	$t_p - t_o$	$(t_p - t_o)^2$
箭尾号	箭头号				
33	39	18	44	26	676
39	45	6	16	10	100
45	60	24	52	28	784
60	72	6	32	26	676
72	75	4	8	4	16
总　　计					2252

因此,标准离差

$$\lambda = \sqrt{\frac{2252}{36}} \approx \sqrt{62.5556} \approx 7.91.$$

总的平均周数已经在表 9 中算出等于 95.

因此,求 $\qquad 95 + 7.91\lambda = 90,$

即得 $\qquad \lambda = \dfrac{-5}{7.91} \approx -0.63.$

查 §13 的表 7 得出可能性是 26%.

总括一句:这个工程 90 周内完工的可能性只有 26%,四次里面可能有一次成功,三次失败.

放长期限到 100 周,由

$$95 + 7.91\lambda = 100,$$

解出

$$\lambda = \frac{5}{7.91} \approx 0.63.$$

查表 7 得出可能性为 74%,成功的可能性四次里面可能有三次了.

附记 用肯定型的办法来画主要矛盾线对吗?我们暂且如此用,在 §16 有更好的办法来处理这个问题,在那里我们考虑了潜在发展的可能性.

我们想指出,对每一任务都用最保守的估计,因而可以算出整个工程最保守的估计,这样可以心中有底,知道在某一日期前定能完成.同样我们都用最乐观的估计,也可以算出整个工程的最乐观估计,这样可以知道完成任务所需的最短时间.如果这两种方法所得出来的主要矛盾线是同一的,那就不一定要用概率方法来决定主要矛盾线了.

§15 练 习 题

1. 纠正图 48 上至少存在的六个错误.

图 48

2. 用手算工作表处理图 49 并算出主要矛盾线.

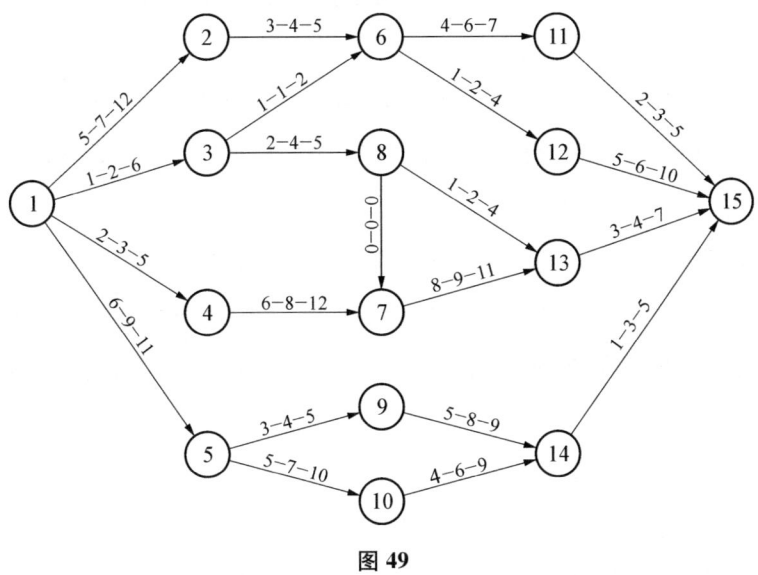

图 49

3. 计算图 50 的主要矛盾线.

图 50

4. 把习题 2, 3 化成单代号的形式.

§16 非肯定型的主要矛盾线的画法对吗?[①]

我们化非肯定型为肯定型,因而画出了主要矛盾线,这样的方法对不对,值得重新考虑. 是否非肯定型应当有从它本身特点考虑出来的主要矛盾线,现在就来讨论这个问题.

说得确切些,化为肯定型而算主要矛盾线的方法,可以描绘成为:在以 1/2 的可能性来完成整个计划的条件下,来定主要矛盾线. 因而确切的提法似乎应当是:给了一个预计完成日期,在所有的线路中,依预计日期完成的可能性最小的才是主要矛盾线.

算法是:对各条路线都用 §15 的方法算出在预定时间之前完成的可能性,把可能性最小的及非常接近于最小的线路定为主要矛盾线.

第 i 条路线的平均时间是 M_i,标准离差 σ_i,给定日期是 Q,则由

$$Q = M_i + \lambda \sigma_i, \lambda = \frac{Q - M_i}{\sigma_i},$$

而这条路线在 Q 周前完成的可能性是

$$p\left(\frac{Q - M_i}{\sigma_i}\right)$$

数值最小的所对应的路线作为主要矛盾线.

由于 $p(\lambda)$ 是 λ 的增函数,因此只要在

$$\frac{Q - M_i}{\sigma_i}$$

中找出数值最小的就够了.

在实际计算中不必要算出所有的 $(Q - M_i)/\sigma_i$ 来,只要考虑那些 M_i 比较大

---

① §16~19 是研究讨论性质的,用了一些较难懂的数学,有困难的读者可以跳过去.

的,再考虑 σ_i 中比较大的就够了.因为全部算出,往往不胜其烦,且作用不大.

§17 为什么这样定平均数?

为什么用公式

$$M = \frac{a + 4c + b}{6}$$

来代表平均数? 为什么用

$$V = \left(\frac{b-a}{6}\right)^2$$

来表示方差? 美国的一些专家说,这样算还是符合实际的.但怎样解释呢? 当然,只能加以解释,而不能像普通数学上那样"证明".先讲我们的解释,再介绍美国所流行的一种解释,他们的解释既要用到高深数学,又似乎得不出需要的结论来.

a 是最乐观的估计,c 是最可能的估计,我们用加权平均,在(a,c)之间的平均值是

$$\frac{a+2c}{3},$$

假定 c 的可能性两倍于 a 的可能性.同样在(c,b)之间的平均值,是

$$\frac{2c+b}{3}.$$

因此完成日期的分布可以用

$$\frac{a+2c}{3}, \frac{2c+b}{3}$$

各以 $\frac{1}{2}$ 可能性出现的分布来代表它(渐近).如果这是对的,这两点的平均数是

$$\frac{1}{2}\left(\frac{a+2c}{3}+\frac{2c+b}{3}\right)=\frac{a+4c+b}{6},$$

而方差是

$$\frac{1}{2}\left[\left(\frac{a+4c+b}{6}-\frac{a+2c}{3}\right)^2+\left(\frac{a+4c+b}{6}-\frac{2c+b}{3}\right)^2\right]=\left(\frac{b-a}{6}\right)^2.$$

再看美国一些 PERT(这是美国对非肯定型方法所叫的名称)工作者的说法，他们说完成时间的分布是依所谓 β 分布的规律的，假定方差是 $\frac{1}{36}(b-a)^2$，则均值的渐近值就等于 $\frac{1}{6}(a+4c+b)$. 为什么方差是 $\frac{1}{36}(b-a)^2$ 没有交代，即使如此，也不能用 β 分布推得以上的结论来. 当然另一个可能性是我没有看懂. 但我把他们的论点交代如下:

为了简单起见，我们用 $a=0, b=1$. β 分布的定义是

$$\beta(x)=x^p(1-x)^q/B(p+1,q+1),$$

这儿

$$B(m,n)=\frac{\Gamma(n)\Gamma(m)}{\Gamma(m+n)}.$$

把这些条件用上:

(1) 在 $x=c$ 处取极大值，即

$$\left.\frac{\mathrm{d}\beta(x)}{\mathrm{d}x}\right|_{x=c}=0.$$

由此推出 $\qquad px^{p-1}(1-x)^q-qx^p(1-x)^{q-1}=0.$

即 $\qquad p(1-x)-qx=0, x=\frac{p}{p+q},$

即得 $$c=\frac{p}{p+q}.$$

(2) 均值的近似值等于

$$\frac{4c+1}{6},$$

均值等于

$$\mu = \int_0^1 x\beta(x)\mathrm{d}x = \int_0^1 x^{p+1}(1+x)^q \mathrm{d}x / B(p+1, q+1)$$

$$= \frac{B(p+2, q+1)}{B(p+1, q+1)} = \frac{p+1}{p+q+2},$$

即

$$\frac{p+1}{p+q+2} = \frac{1+4c}{6}.$$

(3) 方差 $=\dfrac{1}{6^2}$.

$$\text{方差} = \int_0^1 (x-\mu)^2 \beta(x)\mathrm{d}x$$

$$= \int_0^1 x^2 \beta(x)\mathrm{d}x - 2\mu\int_0^1 x\beta(x)\mathrm{d}x + \mu^2 = \int_0^1 x^2 \beta(x)\mathrm{d}x - \mu^2$$

$$= \frac{\int_0^1 x^{p+2}(1-x)^q \mathrm{d}x}{B(p+1, q+1)} - \mu^2$$

$$= \frac{B(p+3, q+1)}{B(p+1, q+1)} - \left(\frac{p+1}{p+q+2}\right)^2$$

$$= \frac{(p+2)(p+1)}{(p+q+3)(p+q+2)} - \left(\frac{p+1}{p+q+2}\right)^2$$

$$= \frac{(p+1)(q+1)}{(p+q+2)^2(p+q+3)}.$$

算到这儿问题可以改述为：假定

$$\frac{(p+1)(q+1)}{(p+q+2)^2(p+q+3)} = \frac{1}{6^2}. \qquad ①$$

则由 $c = \dfrac{p}{p+q}$ 可以推得

$$\mu = \frac{p+1}{p+q+2} \approx \frac{1+4c}{6}.$$

从
$$c = \frac{p}{p+q}, \quad \mu = \frac{p+1}{p+q+2},$$

解得
$$p = \frac{c(1-2\mu)}{\mu-c}, \quad q = \frac{(1-c)(1-2\mu)}{\mu-c};$$

$$p+1 = \frac{1-2c}{\mu-c}\mu, \quad q+1 = \frac{1-2c}{\mu-c}(1-\mu).$$

代入①式
$$\frac{\dfrac{1-2c}{\mu-c}\mu \cdot \dfrac{1-2c}{\mu-c}(1-\mu)}{\left(\dfrac{1-2c}{\mu-c}\right)^2 \left(\dfrac{1-2c}{\mu-c}+1\right)} = \frac{1}{6^2},$$

即
$$6^2 \mu(1-\mu)(\mu-c) = 1+\mu-3c. \qquad ②$$

怎样从这个式子推出

$$\mu = \frac{1}{6}(1+4c)$$

是一个疑问.

用了高深数学并没有回答原来的问题.

附记

对一个任务的经验多了,通过资料知道它们以往是

$$a_1, a_2, \cdots, a_n$$

周完成的,则我们可以用

$$\bar{a} = \frac{a_1 + a_2 + \cdots + a_n}{n}$$

来表均值,用

$$V = \frac{1}{n} \sum_{i=1}^{n} (\bar{a} - a_i)^2$$

表方差.

§18 整个完成期限适合正态分布律

为什么最后完成期限是一个服从以

$$M = \sum_{i=1}^{s} \frac{a_i + 4c_i + b_i}{6}$$

为均值,以

$$\sigma = \sqrt{\sum_{i=1}^{s} \left(\frac{b_i - a_i}{6}\right)^2}$$

为标准离差的正态分布随机变量,用到了概率论中有名的中心极限定律,对不对? 当 s 充分大时,这可能是一个较好的渐近估计. 细分析一下, 在实际上用

$$\frac{a_i + 4c_i + b_i}{6}, \quad \left(\frac{b_i - a_i}{6}\right)^2$$

各为均值与方差的时候,我们已经用了下面的分布来替代了原来的分布:

$$\alpha_i = \frac{a_i + 2c_i}{3}, \quad \beta_i = \frac{2c_i + b_i}{3}$$

各有 $\frac{1}{2}$ 可能性.

如果 s 不太大,可以用以下的方法来处理,即

$$\prod_{i=1}^{s} \left(\frac{x^{\alpha_i} + x^{\beta_i}}{2}\right)$$

中 x 的指数 $\leqslant Q$ 诸系数之和等于在 Q 周前完成的可能性.

当 s 大时,这个方法很难直接计算,是其缺点.

如果不管 $\frac{1}{6}(b_i - a_i)^2$,而直接从 $\frac{1}{6}(a_i + 4c_i + b_i)$ 联想由

$$\prod_{i=1}^{s}\left(\frac{x^{a_i}+4x^{c_i}+x^{b_i}}{6}\right)$$

求其中 x 的指数 $\leqslant Q$ 的诸系数之和,那就更直接些,但计算起来也就更麻烦了.

§19 时差也要用概率处理

现在所算出的最早可能完成时间 T_E,实际上是在 T_E 前有 1/2 可能性完成. 最迟必须完成时间 T_L,实际上也是,如果到 T_L 仍完不成而推迟任务的可能性是 1/2,因此也应当用概率处理才对.

但为了简单起见,我们这儿不多谈了. 我们所算出的时差大小,只是用来作为调整的参考资料而已(同时每个环节都要这样算,计算量也太大了).

附带说明一句,非肯定型比肯定型的计算复杂得多,因此尽可能避免用非肯定型. 例如:如果数据都是大致对称的,也就是 c 是 a、b 的均值 $\frac{1}{2}(a+b)$ 时,在这种情况下可以作为肯定型来计算. 但要注意结论是平均完成日期.

§20 计 划

也许有人认为统筹方法仅仅着重于时间,而忽视了其他. 实质上也不尽然. 因为每道工序所需要的时间是由其他因素决定的. 而我们是在这样的基础上来画箭头图的.

计划的制定,应当根据领导的要求来进行. 例如:领导要求保证质量尽快做成,没有人力物力的限制;又如:要求达到最高工效;在现有设备和交货日期的限制下制定;等等. 为了简单起见,我们现在讲一个在时间最短的条件下用人最少的安排方法.

先画出箭头图,再调查每一工序最短可靠完成时间,依这些时间画图,找出主要矛盾线来. 然后在按照主要矛盾线所要求的时间按时完成本工程的条件下,把非主要矛盾线上的人数(或设备)尽可能减少或降低高峰用人.这样就达到在工期最短的条件下,用人最少的目标了.

说得抽象些,计划问题是如下的数学形式:

一项任务需要 100 人·周完成,并不是说 700 人可以一天做成.也不是说一个人 700 天做完,往往是人少做不成,人多窝了工.所谓 100 个人·周的意思是:在人数恰当的时候,确乎是人数与时间成反比例.

例如 $(i) \to (j)$ 工序的人数 x_{ij} 适合于

$$g_{ij} \leqslant x_{ij} \leqslant h_{ij}, \qquad ①$$

也就是说,当人数少于 g_{ij},每人工效显著下降.当人数多于 h_{ij},将出现较严重的窝工现象. $(i) \to (j)$ 需要的工作量是 a_{ij}.沿每条线算出

$$\frac{a_{ij}}{x_{ij}}$$

的和,写成为

$$t_k = \sum_{(k)} \frac{a_{ij}}{x_{ij}},$$

是沿第 k 条线路所需要的时间,而整个工程完成的时间等于所有的 t_k 中的最大者.即

$$T = \max_{(k)} t_k.$$

条件不止①一个,还可能有各种各样的条件,例如某工种的人数限制,某项设备的限制,原材料到达日期的限制,等等.计划问题在于在这些限制下,我们求 T 的最小值,称为最优解.

注意:这样的数学问题一般是不容易求出最优值的.首先,有时这样的问题比一般所知道的规划论上的问题还难,一下子找不到有效解.其次,计算量太大,不好办.如果已经有一个设计方案,可以尽可能地改进,下次再安排计划时,便可以在这个基础上进一步加工了.

还必须再赘上一句,定下 T 的数值之后,工作并未结束,在非主要矛盾线的环节上还应当检查:在不影响整个进度的条件下,用人能不能再少,设备能不能再少.

总之,向主要矛盾环节要时间,向非主要矛盾环节要节约.

此外,值得在此一提的是:在制订计划的时候,为了保证产品质量,必须添上一些检查原材料(或半成品)质量的箭头,把不合格的剔除,以便提高整个产品的合格率.

§21 施 工

在计划定好后,我们有了箭头图,但这个箭头图并不是一成不变的. 为了适应形势的进展,范围小的可以由专人掌握,随时了解情况,及时调整,指导生产;而范围大的必须建立一套报表制度,随时掌握情况. 表格力求简单,除印好的部分外,只填几个数字就行了. 例如,印好的部分如下:

表 11

崆峒山			甲						乙		
箭尾号码	箭头号码	工程性质	开工日期			估计完成日期			重估时间		
			月	日	年	月	日	年	最短	最可能	最长
536	748	隧道工程									

(1) 已经开工或已经有开工日期的请填甲栏.
(2) 如还没有确切的开工日期的请填乙栏. 如估计无变化,则填不变二字,如有变化请填上重估时间.
(3) 切勿两栏同时填.

这个表仅供参考之用,可以根据实际情况制定各种必要的表格,但原则是表中要填写的内容愈少愈好.

有了表格,可以作出规定,例如每月循环两次. 要施工单位按期将报表送给"总调度". 总调度负责分析这些资料. 把分析所得出的意见送给领导. 例如某一环节进展得快了,必须通知下一任务的负责单位早日准备进入工地.又如哪一个环节没有按时完工,必须采取怎样的特殊措施.又如主要矛盾线有了变化,或次要矛盾有转化为主要矛盾的可能了,等等.然后将领导批准的意见下达,指挥生产.按固定的时间提出报表,按固定的时间进行分析,按固定的时间下达指令(指一般的情况,特殊情况可以随时下达),周而复始,一直到任务最后完成为止.

在"总调度室"备有显示箭头图的模板一块,根据反映的情况随时修改箭头图(但必须把修改的过程记录下来).图上特别标出正在进行的工程及其进度.具体做法,必须发挥人的主观能动性,在实际工作中,依靠群众,自始至终地走群众路线,不断摸索,不断前进.

§22 总　　结

每次修改箭头图的记录,也是进行总结的好材料.例如:由于某一外协工作(或外协件)没有及时完成,由于漏列了某一工序,等等,都可由记录中获悉.反映最后实施的箭头图,也就是下次设计的好依据,或其他地区设计类似工程的良好参考.

各兄弟单位类似工程的最后实施图的对比,不仅可以找出整个工程的差距来(用数字表达的差距),而且可以一分为二地看问题,分析出在哪些工序上,我们组织得比较好些,而哪些比较差些,因而收到取长补短的效果.

(据中国工业出版社 1966 年 5 月版排印)

优选法平话及其补充

一 "优选法"平话

§1 什么是优选方法?

优选的方法的问题处处有,常常见.但问题简单,易于解决,故不为人们所注意.自从工艺过程日益繁复,质量要求精益求精,优选的问题也就提到日程上来了.简单的例子,如:一支粉笔多长最好?每支粉笔都要丢掉一段一定长的粉笔头,单就这一点来说,愈长愈好.但太长了,使用起来既不方便,而且容易折断,每断一次,必然多浪费一个粉笔头,反而不合适.因而就出现了"粉笔多长最合适"的问题,这就是一个优选问题.

蒸馒头放多少碱好?放多了不好吃,放少了也不好吃,放多少最好吃呢?这也是一个优选问题.也许有人说:这是一个不确切的问题.何谓好吃?你有你的口味,我有我的口味,好吃不好吃根本没有标准.对!但也不完全对!可否针对我们食堂定出一个标准来!假定我们食堂有一百人,放碱多少,这一百人有多少人说好吃,统计一下,不就有了指标吗?我们的问题就是找出合适的用碱量,使食堂里说好吃的人最多.

这只是引子,是比喻.实际上问题比此复杂,还有发酵等问题没有考虑进去呢!同时,这样的问题老师傅早已从实践中摸清规律,解决了这一问题了,我们不过用来通俗说明什么是优选方法而已.

优选方法的适用范围是:

怎样选取合适的配方、合适的制作过程,使产品的质量最好?

在质量的标准要求下,使产量最高、成本最低、生产过程最快?

已有的仪器怎样调试,使其性能最好?

也许有人说我们可以做大量试验嘛!把所有的可能性做穷尽了,还能找不到最好的方案和过程?大量的试验要花去大量的时间、精力和器材,而且有时还不一定是可能的.举个简单的例子,一个一平方千米的池塘,我们要找其最深点.比方说每隔一米测量一次(图1),我们必须测量 1000×1000,总共一百万个点,这个问题不算复杂,只有横竖两个因素.多几个:三个、四个、五个、六个更不得了!假定一个因素要求准两位,也就是分 100 个等级,两个因素就需要 100×100 即一万次,三个就需要 $100 \times 100 \times 100$ 即一百万次,四个就需要一亿次;就算你有能耐,一天能做三十次,一年做一万次,要一万年才能做完这些试验.

图 1

优选方法的目的在于减少试验次数,找到最优方案.例如在一个因素时,只要做 14 次就可以代替 1600 次试验.上面所说的池塘问题,有 130 次就可以代替一百万次了(当然我们假定了池塘底都不是忽高忽低的).

§2 单 因 素

我们知道,钢要用某种化学元素来加强其强度,太少不好,太多也不好.例如,碳太多了成为生铁,碳太少了成为熟铁,都不成钢材,每吨要加多少碳才能达到强度最高?假定已经估出(或从理论上算出)每吨在 1000 克到 2000 克之间.普通的方法是加 1001 克,1002 克,……,做下去,做了一千次以后,才能发现最好的选择,这种方法称为均分法.做一千次试验既浪费时间、精力,又浪费原材料.为了迅速找出最优方案,我们建议以下的"折叠纸条法".

请牢记一个数 0.618.

用一个有刻度的纸条表达1000~2000克(图2)，在这纸条长度的0.618的地方画一条线(图3)，在这条线所指示的刻度做一次试验，也就是按1618克做一次试验.

然后把纸条对中折起，前一线落在另一层上的地方，再画一条线(图4)，这条线在1382克处，再按1382克做一次试验.

两次试验进行比较，如果1382克的好一些，我们在1618处把纸条的右边一段剪掉，得(图5)：

(如果1618克比较好，那么在1382克处剪掉左边一段).

再依中对折起来，又可画出一条线在1236克处(图6)：

依 1236 克做试验,再和 1382 克的结果比较.如果,仍然是 1382 克好,那么在 1236 处剪掉左边.

再依中对折,找出一个试点是 1472(图 7),按 1472 克做试验,做出后再剪掉一段,等等.注意每次留下的纸条的长度是上次长度的 0.618(留下的纸条长=0.618×上次长).

图 7

就这样,试验、分析、再试验、再分析,矛盾的解决和又出现的过程中,一次比一次地更加接近所需要的加入量,直到所能达到的精度.

从炼钢发展的历史也可以充分地看出"优选法"的意义,最初出现的生铁,含碳量达 4%,后来熟铁出世了,几乎没有含碳量.在欧洲 18 世纪 70 年代前,熟铁还是很盛行的.各种钢的出现,就是按客观要求找到最合适的含碳量的过程.例如:可以冷压制成汽车外壳的钢是含碳量 0.15% 的低碳钢.做钢梁的大型工字钢所要求的是含碳量 0.25% 的软钢.通过热处理可以硬化制成车轴、机轴的是含碳 0.5% 的中碳钢.做弹簧、锤、锉、斧又需要含碳 1.4% 的高碳钢.各种合金钢就更需要选择配方了.

以上不过拿钢来做例子,像配方复杂的化学工业、生产条件复杂的电子工业等,那就更需要优选方法了.

§3 抓 主 要 矛 盾

事物是复杂的,是由各方面的因素决定的,因而必须考虑多因素的问题.但在介绍多因素的"优选法"之前,我们应该学习毛主席的论断:"任何过程如果有多数矛盾存在的话,其中必定有一种是主要的,起着领导的、决定的作用,其他则处于次要和服从的地位."

"优选法"固然比普通的穷举法(或排列组合法)更适合于处理多因素的问题,但必须指出,随着因素的增多试验次数也随之迅速地增加(尽管比普通方法的增加率慢得多),因此,为了加快速度节约人力、物力,减少试验次数,抓主要矛盾便成为关键的关键;至少应当尽可能把那些影响不大的因素,暂且撇开,而集中精力于少数几个必不可少的、起决定作用的因素来进行研究.

举例来说:某金属合金元件经淬火后,产生了一层氧化皮,我们希望把氧化皮去掉,而不损害金属表面的光洁度.有一种方法叫作酸洗法,就是用几种酸配成一种混合液,然后把金属元件浸在里面,目的在短时间内去掉氧化皮,不损失光洁度.

选择哪几种酸的问题,这儿不说了.只说,已知要用硝酸和氢氟酸,怎样的配方最好?具体地说要配500毫升酸洗液,怎样配?

看看因素有多少:硝酸加多少?氢氟酸加多少?水加多少?什么温度?多长时间?要不要搅拌?搅拌的速度和时间?一摆下来有7个因素,每个因素就算它分为10个等级,用穷举法就要做10^7次试验,即一千万次,就算优选法有本领,只要万分之一的工作量,那也要做一千次,太多啦!

请看搞这项实验的同志是怎样按照毛主席抓主要矛盾的指示来分析问题的.

总共是500毫升,两种酸的用量定了,水的量也就定了,所以水不是独立因素.

其次,配好了就用,温度的变化不大,温度不考虑.

再其次,时间如果指的是配好后到进行酸洗的时间,我们也不考虑这时间,因为配好就洗;如果指酸洗所需要的时间,那不是因素而是指标,这次搞出的酸洗液只要三分钟,所以也不成问题.

最后,搅拌不搅拌就暂不考虑.

结果就只有两个因素:硝酸多少?氢氟酸多少?因此,只用一天时间做14次试验就把问题解决了.否则就要成月成年的时间了.

再补充说明一下这样分析的用意:三种配比有时会误解为三个因素,实际上只有两个因素(变数)是独立的.

酸洗的时间长短,不是因素而是指标,就是说,该时间不是自变数,而是因变数.

采用"优选法"的同志必须注意:在分析问题的时候,要弄清楚到底有哪些是独立变数,经验告诉我们这都是易于发生的错误.还必须再强调一下,在分析出哪些因素是独立变数之后,还要看其中哪些因素是主要的.

§4 双 因 素

假如有两个因素要考虑,一个是含量 1000 克到 2000 克,另一个是温度 5000℃～6000℃.

我们处理的方法:把纸对折一下,例如是在 1500 克处对折,在固定了 1500 克的情况下,找最合适的温度,用单因素方法(即§2 的方法)找到了在"×"处.再横对折,在 5500 度时用单因素的方法(即§2 的方法),找到最合适的含量在"○"处(图 8).比较"○"与"×"两处的试验,哪个结果好.如果在"×"处好,则裁掉下半张纸(如果在"○"处好,那么裁掉左半张).在余下的纸上再用上法进行.

图 8

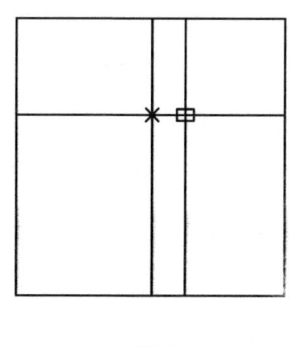

图 9

当然因素越多,问题越复杂,但在复杂情况中含有灵活思考的余地.例如:当我们找到"×"处后,我们放弃对折法,而用通过"×"的横线,在这条横线上做试验,用§2 的方法找到"□"处最好,再通过在"□"处的竖线上做试验(图 9),等等.

例如,某工厂曾处理的问题就是本节提出来的、采用酸洗液洗去金属元件的氧化皮的问题.经过分析后,将问题变为:配 500 毫升酸洗液;问:水、硝酸和氢氟酸各放多少效果最好?

根据经验和有关资料,他们原先拟定:硝酸加入量在 0～250 毫升范围内变化,氢氟酸在 0～25 毫升范围内变化,其余加水.这是一个双因素的问题.

这样的试验,如果采用排列组合的方式进行.若硝酸 0～250 毫升按 5 毫升分一等份,共分成 50 个等份,氢氟酸由 0～25 毫升按 2 毫升分一等份,共分成 13 等份. 如此需要进行 $50 \times 13 = 650$ 次试验. 这是既花时间又花物力的试验. 我们用"优选法"得出的结果,氢氟酸的取值是 33 毫升,竟超出所试验的范围之外. 因此,就是做遍 650 次也找不到这样好的酸洗液.

用"优选法"指导试验,第一步固定氢氟酸配比在变化范围 0～25 毫升的正中,假定加入量为 13 毫升,先对硝酸含量进行优选. 具体方法是,把 0～250 毫升标在一张格子纸条上,用纸条长度表示试验范围. 从 0 开始,按 0.618 的比例先找到第一个试验点甲为 155 毫升,做一次试验. 然后将纸条对折起来,从中线左侧找到甲的对称点乙为 95 毫升,做第二次试验(图 10). 对比甲、乙二试验结果,知道甲比乙好,立即剪掉乙点左侧的纸条(即淘汰小于 95 毫升的试验点),得出新的试验范围(即 95 至 250 毫升),再将剩下纸条对折起来,找到甲的对称点丙为 190 毫升,做第三次试验(图 11). 对比丙与甲的结果,知道甲比丙好,即将丙点右侧的纸条剪掉(即淘汰大于 190 毫升的试验点),又得出新的试验范围(95～190 毫升),再同样对折找甲的新对称点做新的试验(图 12). 如此循环,到第五次试验即找到硝酸配比最优为 165 毫升. 第二步将硝酸含量固定为 165 毫升,用同样方法对氢氟酸加入量进行优选,发现氢氟酸含量在边界点 25 毫升时,酸洗质量较好,说明原来给出的范围不一定恰当,决定在 25～50 毫升范围再进行优选,到第九次试验,找到氢氟酸最优点为 33 毫升. 至此,共试验十四次,所找到的配方已经能很好地满足生产的需要了,因此试验结束. 否则,还须再次将氢氟酸含量固定为 33 毫升,再用同样方法对硝酸含量进行优选,如此做下去. 直到找到最优配方为止. 这个例子说明,用"优选法"不仅能够多快好省地找到最优方案,而且可以纠正根据经验初步确定的范围不当的错误.

图 10

图 11   图 12

附记

1. 上述合金酸洗液的选配问题,在过去两年里,曾进行过两次试验.1968 年的试验失败了,1969 年经过许多次试验,总算找到一种酸洗液配方,勉强可用;但酸洗时间达半小时,还要用刷子刷洗.

这次采用优选方法,不到一天时间,做了十四次试验,就找到了一种新的酸洗液配方.将合金材料放入这种新的酸洗液中,马上反应,三分钟后,氧化皮自然剥落,材料表面光滑毫无腐蚀痕迹.

2. 令 x 代表硝酸量,y 代表氢氟酸量;根据经验和有关资料,假定:

$0 \leqslant x \leqslant 250$(毫升);$0 \leqslant y \leqslant 25$(毫升).

如果没有经验和有关资料,只有如下条件(图 13):

$x + y \leqslant 500, 0 \leqslant x, 0 \leqslant y;$

我们如何处理? 也就是如何进行选配? 在这种情况下,上述的双因素方法仍可应用,但应注意在三角形之外的点不在考虑之列. 更好的方法是改换变数:

$$z = x + y, x = tz;$$

也就是我们令 $z(0 \leqslant z \leqslant 500)$ 代表加入酸的总数量而令 $t(0 \leqslant t \leqslant 1)$ 代表硝酸占总酸量的成分并作为自变量. 于是问题仍然归结为在长方形:

$$0 \leqslant z \leqslant 500, 0 \leqslant t \leqslant 1$$

中求最优方案的问题.

§5 多因素

（初看时，此节可略去．在有些实践经验，充分掌握了一两个因素的方法之后，再试看试用这一节．）

也许有人说，"折纸法"由于纸只有长和宽，只能处理两个因素的问题，两个因素以上怎么办？学过数学的可以用"降维法"三个字来处理．只要理解了怎样降维，就可以迎刃而解了．以上两个因素问题的处理方法就是把"二维"降为"一维"的方法．

我们以上的根据是对折长方形，现在抽象成为"对折"长方体，也就是把长方体对中切为两半．大家知道共有三种切法．在这三个平分平面上找最优点，都是两个因素（固定了一个因素）的优选问题．这样在三个平分面上各找到了一个最优点．在这三点处，比较哪个点最好，并把包含有这一点的 1/4 长方体留下，再继续施行此法．

举例说：如图 14，如果在立方体

$$0 \leqslant x \leqslant 1, 0 \leqslant y \leqslant 1, 0 \leqslant z \leqslant 1$$

中找最优点，那么在三个平面：

$$x = \frac{1}{2}, \quad 0 \leqslant y \leqslant 1, \quad 0 \leqslant z \leqslant 1;$$

$$0 \leqslant x \leqslant 1, \quad y = \frac{1}{2}, \quad 0 \leqslant z \leqslant 1;$$

$$0 \leqslant x \leqslant 1, \quad 0 \leqslant y \leqslant 1, \quad z = \frac{1}{2}$$

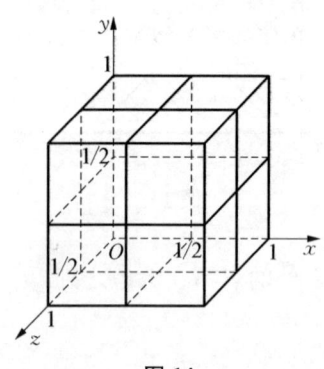

图 14

上，各用双因素法找到最优点：

$$\left(\frac{1}{2}, y_1, z_1\right), \quad \left(x_2, \frac{1}{2}, z_2\right), \quad \left(x_3, y_3, \frac{1}{2}\right).$$

看这三个点中哪个最好，如果 $\left(\frac{1}{2}, z_1, y_1\right)$ 最好，而且

$$0 \leqslant y_1 \leqslant \frac{1}{2}, \quad 0 \leqslant z_1 \leqslant \frac{1}{2},$$

那么在长方体

$$0 \leqslant x \leqslant 1, \quad 0 \leqslant y \leqslant \frac{1}{2}, \quad 0 \leqslant z \leqslant \frac{1}{2}$$

中继续找下去. 如果 $0 \leqslant y_1 \leqslant \frac{1}{2}, \frac{1}{2} \leqslant z_1 \leqslant 1$, 则在长方体

$$0 \leqslant x \leqslant 1, \quad 0 \leqslant y \leqslant \frac{1}{2}, \quad \frac{1}{2} \leqslant z \leqslant 1$$

中找下去, 等等. 总之, 留下来的体积是原来体积的 $\frac{1}{4}$.

在实际操作过程中, 在定出两平面上的最优点后, 可以经比较, 先去掉一半, 然后再处理另一平面.

二 特殊性问题

§1 一批可以做几个试验的情况

例如, 一次可以做四个试验, 怎么办? 根据这一特点, 我们建议用以下的方法:
1. 把区间平均分为五等份(图 15), 在其中四个分点上做试验.

图 15

2. 比较这四个试验中哪个最好? 留下最好的点及其左右. 然后将留下来的再等分为六份(图 16). 再在"×"做试验.

图 16

3. 继续留下最好的点及其左右两份区间, 再用同法, 这样不断地做下去, 就能

找到最优点.

这是某工厂的工人老师傅所建议的方法,实质上,可以证明,这是最好的方法.但须注意,对于每批偶数个试验,这样均分是最好的.然而对于每批奇数个实验的情况,则就比较麻烦些(每次一个就是 0.618),这儿不叙述了.

有些资料上认为,"优选法"只适用于每次一个试验.每次多个试验只好用老方法"实验设计",这种看法是值得商讨的.

§2 平分法

在实践中遇到这样的问题.某一产品依靠某种贵重金属.我们知道,采用 16% 的贵重金属生产出来的产品质量合乎要求.我们问,可否少些、更少些呢? 使产品自然符合要求.这样来降低成本.

我们建议用以下的平分法,而不用 0.618 法.我们在平分点 8% 处做试验(图17).如果 8% 仍然合格,我们甩掉右边一半(不合格甩掉左边一半).然后再在中点 4% 处做试验,如果不合格,就甩掉右边一半.再在中点 6% 处做试验,如果合格,再在 4% 与 6% 之间的 5% 处做试验,仍然合格.留有余地,工厂里照 6% 的贵重金属进行生产.

图 17

这一方法在一些工厂都早已用上了.

§3 平行线法

我们的问题是两个因素：一个是温度，一个是时间.炉温难调,时间易守.根据这一特点,我们采用"平行线法"(图 18),先把温度固定在 0.618 处,然后对不同的时间找出最佳点,在"○"处.再把温度调到 0.382 处,固定下来,对不同的时间找出最佳点,在"×"处.对比之后,"○"处比"×"处好,我们划掉下面的部分.然后用对折法找到下一次温度该多少,……

图 18

这个方法是某工厂结合实际的创造.

§4 陡度法

在 A 点做试验得出来的数据是 a,在 B 点做试验得出来的数据是 b.如果 $a > b$,则 称为由 B 上升到 A 的陡度(图 19).

在某化工厂,我们遇到过这类问题.这是一个双因素的问题(图 20),我们在横线上做了两个试验(①②)之后,我们立刻转到竖线上去,又做了两个试验(③④).我们发现④点特好,②点特差;在这种情况下我们就不再在横、竖二线上做试验了.我们在②与④的连线上⑤点做了一个试验,结果更好,超过了我们的要求.总起来这是陡度问题.可以计算①到④,②到④,③到④的陡度;看哪个最陡,就向哪个方向爬上去.

这个方法在某工厂曾经用过：从已有的试验数据中发现了很陡的方向,这个方向正是寻找最优方案的方向.在这个方向上试验,我们找到了最满意的点.

图 19　　　　　　图 20

§5　瞎子爬山法

瞎子在山上某点,想要爬到山顶,怎么办? 从立足处用明杖向前一试,觉得高些,就向前一步,如果前面不高,向左一试,高就向左一步,不高再试后面,高就退一步,不高再试右面,高就向右走一步,四面都不高,就原地不动. 总之,高了就走一步,就这样一步一步地走,就走上了山顶.

这个方法在不易跳跃调整的情况下有用,当然我们也不必一步一步按东南西北四个方向走,例如在向北走一步向东走一步后,我们得出 z_0, z_1, z_2 三个数据(图 21),由此可以看到由 z_1 到 z_2 的陡度是 $z_2 - z_1$,而由 z_0 到 z_2 的陡度是 $\dfrac{z_2 - z_0}{\sqrt{2}}$,如果 $\dfrac{z_2 - z_0}{\sqrt{2}} > z_1 - z_0$,我们为什么不好尝试在 $\overrightarrow{z_0 z_2}$ 的方向上走一段试试看(图 22),点愈多,愈可以帮助我们找向上爬的方向.

这个方法适合于正在生产着而不适于大幅度调整的情况.

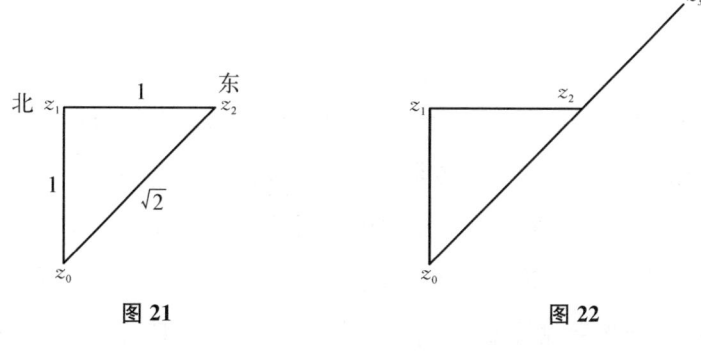

图 21   图 22

§6 非单峰的情况如何办?

也许有人说,你所讲的只适用于"单峰"的情况.多峰(即有几个点,其附近都比它差)的情况怎样办? 我们建议:

1. 先不管它是单峰还是多峰,就按单峰的方法去做,找到一个"峰"后,如果符合要求,就先开工生产,然后有时间继续再找寻其他可能的更高的"峰"(即分区寻找).

2. 先做一批分布得比较均匀疏离的试验,看其是否有"多峰"的现象出现,如果有"多峰"现象,则按分区寻找. 如果是单因素,最好依以下的比例划分(图 23):

$$\alpha : \beta = 0.618 : 0.382$$

图 23

例如,三个分点,可以取之如(图 24):

图 24

这留下来的成为(图 25):

的形式,这就便于应用 0.618 法.

图 25

但不要有所顾虑,我们的方法不会比穷举法即排列组合法更吃亏些. 充其量不过是,用"优选法"后,你再补做按穷举法原定要做的一些试验而已.

在实际工作中,尤其在探索未知的科研项目,已经见到过一些比较复杂的问题. 比方出现鞍点(即马鞍形的中间点,该点对左右而言它是极大,对前后则它又是极小)的情况. 这要按常规做法,会发生一辈子都做不完的情况. 但用"优选法"在一两周即完成了. 在化工系统碰到过不少这种例子.

三 补 充

我们扼要地在第一部分平话中讲了一般性的方法,在第二部分列举了一些特殊性的方法. 在"用"的过程中,如对以上两部分仍不能满足,可以参考这第三部分. 如果读者一时不能全懂,不要急,拣能用的就用. 在不断实践、不断思考的过程中,会有所前进的. 至于看理论完整的专书,最好是在有些实际经验之后.

§1 这是一个求最大(或最小)值的问题

对学过数学的人来说,这是一个求函数的最大(或最小)值的问题. 例如:某一质量指标 T 取决于三个因素的大小,也就是

$$T = f(x, y, z).$$

问题的中心在于变化范围

$$a \leqslant x \leqslant p, \ b \leqslant y \leqslant q, \ c \leqslant z \leqslant r$$

内求函数 $f(x, y, z)$ 的最大值. 也许有人认为这是在微积分书上早已见到并熟悉

了的问题. 但实际上, 有一个能行不能行的问题. 首先, 你必须知道函数 $f(x,y,z)$ 的表达式, 即使知道了 $f(x,y,z)$ 的解析式, 还要解联立方程:

$$\frac{\partial f}{\partial x}=0, \quad \frac{\partial f}{\partial y}=0, \quad \frac{\partial f}{\partial z}=0.$$

这可能是超越方程, 求解并不容易; 即使解出来了, 还要判断, 并且研究它是不是整个区域内的最大值.

但简单的 $f(x,y,z)$ 不常见, 还可能未被发现, 甚至根本写不出来. 例如上面平话部分所提到的, "说好吃的"人数百分比是用碱量的一个怎样的函数?

也许有人建议, 用统计回归找出一个公式, 然后再求极大值. 但统计学总是需要大量试验, 计算也不简单, 而且用回归得出来的函数往往简单得失真(经常假定是一次二次的). 我们既有做大量试验的打算, 为什么不直接采用优选方法呢? 何况这样做, 试验次数还可大大减少!

§2 0.618 的由来

0.618 是

$$W=\frac{-1+\sqrt{5}}{2}$$

的三位近似值, 根据实际需要可以取 0.6, 0.62, 或比 0.618 更精确的值.

W 这一个数有一个特殊性, 即

$$1-W=W^2 \quad \left(该方程的解正是 \frac{-1+\sqrt{5}}{2}\right).$$

W 与 $1-W$ 把区间 $[0,1]$ 分为如下图(图 26)的形式:

图 26

不管你丢掉哪一段([0,1−W]或[W,1]),所余下的包有一点,其位置与原来两点之一(1−W或W)在[0,1]中所处的位置的比例是一样的.具体地讲,原来是$0 < 1-W < W < 1$丢掉右边一段([W,1])后的情况是:

$$0 < 1-W = W^2 < W,$$

这不正是[0,1]缩小W倍的情况吗?

同样,丢掉左边一段([0,1−W])后的情况是:

$$1-W < W = (1-W)+W(1-W) < 1,$$

这区间的总长度还是W,而W与1的距离是1−W的W倍.

这方法是平面几何学上的黄金分割法,因而这个"优选法"也称为黄金分割法,在中世纪欧洲流行着依黄金分割法做的窗子最好看的"奇谈"(也就是用0.382：0.618的比例开窗子最好看).

§3 "来回调试法"

读者不要以为上一节已经回答了$W = \dfrac{-1+\sqrt{5}}{2}$的来源了.

问题更准确的提法应是:在区间$[a,b]$内有一个单峰函数$f(x)$,我们有如下的方法找到它的顶峰(并不需要函数$f(x)$的真正表达式).

先取一点x_1做试验得$y_1 = f(x_1)$,再取一点x_2做试验得$y_2 = f(x_2)$,如果$y_2 > y_1$,那么丢掉$[a, x_1]$,(如果$y_1 < y_2$,那么丢掉$[x_2, b]$).在余下的部分中取一点x_3(这点x_3也可能取在x_1,x_2之间),做试验得$y_3 = f(x_3)$,如果$y_3 < y_2$,那么丢$[x_3, b]$,再在余下的(x_1, x_3)中取一点x_4(图27),……不断做下去,不管你怎样盲目地做,总可以找到$f(x)$的最大值.但问题是:怎样取x_1,x_2……使收效最快(这里,效果是对任意$f(x)$而言的),也就是做试验的次数最少.要回答这一问题,还需要一些并不高深的数学知识(例如:《高等数学引论》第一章的知识),不在这儿详谈了[①].

---

① 对归纳法熟悉的同志,建议先用它证明F_{n+1}的表达式及分数法是最好的.然后再证分数法的极限就是黄金分割法,但归纳法的缺点在于要先知道结论.

但必须指出,外国文献上的所谓证明并非证明.

图 27

§4 分 数 法

在我国数学史上关于圆周率 π 有过极为辉煌的一页. 伟大的数学家祖冲之(429—500)就有以下两个重要贡献. 其一,是用小数来表示圆周率:

$$3.1415926 < \pi < 3.1415927.$$

其二,是用分数

$$\frac{355}{113}$$

来表示圆周率,它准到六位小数,而且其分母小于 33102 的分数中没有一个比它更接近于 π.

这种分数称为最佳渐近分数(可参考:《从祖冲之的圆周率谈起》,见本书 47 页至 81 页).

我们现在处理

$$\frac{\sqrt{5}-1}{2}$$

也有两种方法,其一是小数法 0.618,其二是分数法,即上述所引用的小书上的方法,可以找到这数的渐近分数:

$$\frac{3}{5}, \frac{5}{8}, \frac{8}{13}, \frac{13}{21}, \frac{21}{34}, \frac{34}{55}, \frac{55}{89}, \frac{89}{144}, \cdots.$$

这些分数的构成规律是由：

$$1, 1, 2, 3, 5, 8, 13, 21, 34, 55, 89, 144, \cdots$$

得来的，而这个数列的规律是：

$$1+1=2, \quad 1+2=3, \quad 2+3=5, \quad 3+5=8,$$
$$5+8=13, \quad 8+13=21, \quad 13+21=34, \quad \cdots.$$

是否要这样一个一个地算出？能不能直接算出第 n 个数 F_n 呢？一般的公式是有的，即

$$F_n = \frac{1}{\sqrt{5}} \left[\left(\frac{\sqrt{5}+1}{2} \right)^{n+1} - \left(\frac{1-\sqrt{5}}{2} \right)^{n+1} \right].$$

（读者可以参考《从杨辉三角谈起》，见本书 3 页至 46 页，有了这个公式，读者也可以用归纳法直接证明）．读者也极易算出：

$$\lim_{n \to \infty} \frac{F_n}{F_{n+1}} = W = \frac{\sqrt{5}-1}{2}.$$

由渐近性质，读者也可以看到分数法与黄金分割法的差异不大，在非常特殊的情况下，才能少做一次试验．

如果特别限制试验次数的情况下，我们可用分数来代替 0.618，例如：假定做十次试验，我们建议用 $\frac{89}{144}$，如果做九次试验用 $\frac{55}{89}$ 等．这种情况只有试验一次代价很大时才用．

§5 抛物线法

图 28

对技术精益求精，不管是黄金分割法或是分数法，都只比较一下大小，而不管已做试验的数值如何．我们能不能利用一下，例如在试得三个数据后，过这三点作一抛物线，以这抛物线的顶点作下次试验的根据．确切地说在三点 x_1, x_2, x_3 各试得数据 y_1, y_2, y_3（图 28），

我们用插入公式

$$y = y_1 \frac{(x-x_2)(x-x_3)}{(x_1-x_2)(x_1-x_3)} + y_2 \frac{(x-x_1)(x-x_2)}{(x_2-x_1)(x_2-x_3)} + y_3 \frac{(x-x_1)(x-x_2)}{(x_3-x_1)(x_3-x_2)}.$$

这函数在

$$x_0 = \frac{1}{2} \times \frac{y_1(x_2^2-x_3^2) + y_2(x_3^2-x_1^2) + y_3(x_1^2-x_2^2)}{y_1(x_2-x_3) + y_2(x_3-x_1) + y_3(x_1-x_2)}$$

处取最大值. 因此我们下一次的选点取 $x = x_0$(但最好是当 y_2 比 y_1 和 y_3 大时, 这样做比较合适). 同时当 $x_0 = x_2$ 时, 我们的方法还必须修改. 例如: 取 $x_0 = \frac{1}{2}(x_1+x_2)$.

§6 双变数与等高线

变数多了, 问题复杂了, 也就困难了. 但问题愈复杂, 就愈需要动脑筋, 也愈有用武之地. 第二部分中曾经提到过, 我们并不要做完一条平分线后再做另一条, 而是可以在每条线上做一两个试验就可以利用"陡度"了. 也有人建议: 第一批试验不在对折线上做, 而在 0.618 线上用单因素法求出这直线上的最优点. 这建议好, 下一批试验可以少做一个. 我们也提起过, 在温度难调、时间好守的情况下, 用平行线法, 这些"变着"都显示着, 在复杂的情况下, 更需要灵活思考.

我们还是从两个变数谈起.

我们假定在单位方

$$0 \leqslant x \leqslant 1, \quad 0 \leqslant y \leqslant 1$$

中做试验,寻求 $f(x,y)$ 的最大值.从几何角度来看,$f(x,y)$ 可以看成为在 (x,y) 处的高度.如果把 $f(x,y)$ 取同一值的曲线称为等高线,$f(x,y)=a$ 的曲线称为高程是 a 的等高线.这样两个变数问题的几何表达方式就是更有等高线的地形图.

我们再回顾一下,以往我们在一直线上求最佳点的几何意义.例如,如图 29,在 $x=0.618$ 的直线(1)上,照单因素方法做实验:找到最佳点在 A 处,数值是 a. 这一点是一等高线(高程为 a)的切点.再在通过 A 的、平行于 x 轴的直线上找最佳点,这点在 B 处,数值是 b.这样 $b>a$,而且 B 点是等高线 $f(x,y)=b$ 的切点.再在通过 B 平行于 y 轴的直线上找最佳点(图 30)……这一方法就是一步一步地进入一个高过一个的等高圈,最后达到制高点的方法.

图 29　　　　　　图 30

注意:有人认为,找到一点横算是最优,竖算也最优,这样的点称为"死点",因为以上的方法再也做不下去了.实际上,这是误会,这不是"死点",而是最有意义的点(读者试从 $\dfrac{\partial f}{\partial x}=0$,$\dfrac{\partial f}{\partial y}=0$,就可以看出这点所处的地位了).

有了几何模型,就可以启发出不少方法,第二部分所讲的陡度就是其中之一.例如还有:最陡上升法(梯度法),切块法,平行切线法,等等.

多变数的方法不少,不在这儿多叙述了.但必须指出:资本主义国家流行了很多名异实同,巧立名目,使人看了眼花缭乱的方法.为专名、为专利,这是资本主义制度下所产生的自然现象.但我们必须循名核实、分析取舍才行.

§7 统计试验法

把一个正方形(或长方形),每边分为一百份,总共有一万个小方块,每块取中心点,共一万个点. 我们的目的是:找出一点,在哪点实验所得的指标最好.

如果我们考虑容易一些的问题,找出一点比 8000 点的指标都好,我们建议用以下的方法:

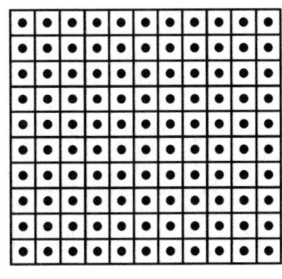

图 31

把这些点由一到一万标起号来. 另外做一个号码袋,里面有一万个号码. 摸出哪一个号码就对号做试验,这方法叫作统计试验法. 也就是外国文献上所谓的蒙特卡罗法.

它的原理是:一个袋内装有 2000 个白球,8000 个黑球,摸出一个白球的可能性是 $2000/10000 = 0.2 = 20\%$;摸出一个黑球的可能性是:

$$1 - 0.2 = 0.8,$$

连摸两个都是黑球的可能性是[①]:

$$0.8^2 = 0.64,$$

连摸四个都是黑球的可能性是:

$$(0.8)^4 = (0.64)^2 \approx 0.41,$$

连摸八次全是黑球的可能性是:

$$(0.8)^8 = (0.41)^2 \approx 0.17,$$

连摸十次全是黑球的可能性是:

$$(0.8)^{10} = (0.8)^8 (0.8)^2 \approx 0.11,$$

也就是连摸十次有白球的可能性是:

---

① 以下都是有放回地摸球. ——编者注

$$1-0.11=0.89,$$

也就是差不多十拿九稳的事了.

结合以上的问题,我们随机做十次试验,有89%的把握找到一点比8000点的指标都好.

这方法的优点在于,不管峰峦起伏、奇形怪状都行,因素多少关系也不大.

缺点在于毕竟是统计方法,要碰"运气",大数规律、试验次数多才行.

其中还包括一个"摸标号"的问题.除在上面所介绍的号码袋外,还有所谓"随机数发生器".一种是利用盖格计数器计算粒子数,看奇、偶,用二进位法来决定的;另一种是利用噪声放大器.这些机器有快速发生随机数的优点,但就做实验的速度而言,并不需要如此快速地产生随机数.

更好的方法是数论方法(见华罗庚与王元《数值积分及其应用》,科学出版社,1963年).这一方法既不需要任何装置,而且误差不像上述所讲的两种机器那样是概率性的,而是肯定性的.

这一方法,读者务必要分析接受,不要轻易应用.

§8 效果估计

把 $[0,1]$ 均分为 $n+1$ 份,做 n 个试验,可以知道最优点在 $\dfrac{2}{n+1}$ 长的区间内. 如果约定的精度是 δ,那么我们需要做的试验次数便是使得

$$\frac{2}{n+1}<\delta$$

的 n,也就是 n 的数量级是 $\dfrac{1}{\delta}$.

对黄金分割法来说,做 n 次试验可以知道最优点在一个长度为 $(0.618)^{n-1}$ 的区间内,如果要求它小于 δ,不难算出

$$n > 4.8\log\frac{1}{\delta}.$$

也就是说 n 的数量级变成为 $\log\dfrac{1}{\delta}$.

对 k 个变数来说,均分法的数量级是 $\left(\dfrac{1}{\delta}\right)^k$,上面讲过的由黄金分割法处理的多变数的方法需要试验次数的数量级是 $\left(\log\dfrac{1}{\delta}\right)^k$.

我们有达到数量级 $k\log\dfrac{1}{\delta}$ 的方法.

实质上我们还有数量级为 $\left(\log\log\dfrac{1}{\delta}\right)^k$ 的方法. 而 k 在指数上不好,我们又跃进了一步,得出数量级为

$$\frac{k^2}{\log k}\log\log\delta$$

的方法.

但千万注意,并不是理论上最精密的方法,也在实际上最适用. 最重要的是根据具体对象,采用简快适用的方法.

注意:预先估计精度 δ,并不是完全可靠的. 有时平坦些,很大的间隔都不易分辨高低,有时陡些,很小间隔就有着差异,也就是说,我们所能处理的是 x 的分隔,而实际上要辨别的是我们还不知道的 $y = f(x)$ 的大小. 因而,这儿的估计只能作为参考而已. 以"分数法"而言,其优点是在试验次数估计得一个不差时,而恰巧是数列 F_n 中的一个数时,可以比"黄金分割法"少做一次,但如果合乎要求的数据提前来了,也就不少做了. 如果不够而还要做下去,就反而要多做一两次了.

在中华人民共和国普及数学方法的若干个人体会[①]

一 引 言

在第五届国际数学教育会议上,我能够作为四个主讲人之一,我个人感到光荣,这也是中国人民的光荣.但另一方面,人贵有自知之明,我的数学是自学出来的,对于数学教育,实践不多.近二十年来,我从事把数学方法交到工人和技术人员手里、为生产服务的工作,也是一面搞理论研究、一面教学、一面在实践中摸索着做的.这是我第一次有机会向先进的数学教育工作者学习.在数学教育方面,我仍然是个初学者、自学者,许多有关数学教育的名著都没有学习过.在我的讲话中,如有缺点错误,就请大家指教和纠正.

二 三个原则

我从事普及数学方法的工作是从 60 年代中期开始的,迄今我们已经到过中国的 23 个省、市、自治区,几百个城市,几千个工厂,会见了成百万的工人、农民和技术人员.从工作实践中,我们体会到在普及数学方法时有以下三个原则:

(1) "为谁?"或"目的是什么?"

[①] 这是华罗庚同志在第四届国际数学教育会议上的报告的修订稿,原文是英文(见 L. K. Hua and H. Tong, Some personal experiences in popularizing mathematical methods in the People's Republic of China, Int. J. Math. Educ. Sci. Technol;13:4,1982,371~386.)这次会议是 1980 年 8 月在旧金山召开的.

（2）"什么技术？"

（3）"如何推广？"

我现在对这三个问题简单地分述如下：

（1）在专家与工人之间并不一定有共同语言，要找到共同语言，必须要有共同的目的.决不能你想你的，他想他的.无穷维空间对一个数学家来说很引人入胜，但对工人来说，他不关心这一点.他希望尽快地找到砂轮或锡林(cylinder)的平衡位置.因此搞普及工作，首先要找到讲者与听者间的共同目标.有了共同目标，就能为产生共同语言打开道路.这样才有可能提到(2)选择什么技术的问题.

（2）关于这一问题，我以后还要比较详细地讲，现在仅提出"选题三原则"：

群众性.我们提出来的方法，要让有关的群众听得懂，学得会，用得上，见成效.

实践性.每个方法在推广之前都要经过实践，通过实践去检验这个方法可以适用的范围，然后在这个范围内进行推广，在实践中会发现，在国外取得成功的方法，如果原封不动地搬到中国来，往往也不一定能取得预期的成果.

理论性.必须有较高的理论水平，因为有了理论，才能深入浅出；因为有了理论，才能辨别方法的好坏；因为有了理论，才能创造新的方法.

（3）如何推广的问题，我们的经验是：亲自下去，从小范围做起.例如先从一个车间做起，从一个项目做起.如果一个车间做出成绩，引起了注意，其他车间会闻风而来，邀请我们前去.如果整个工厂从领导到群众大多感兴趣了，那就可以推广到整个工厂，一直到整个城市、整个省和自治区.就这样，有时我们要对几十万个听众演讲.演讲的方法是有一个主会场，并设若干个分会场.我们的闭路电视还不普遍，所以在每个分会场都有我的助手负责演示与画图.讲完后，我们不仅要负责答疑，更重要的是到现场去，和大家一起工作、实践，务必让讲授的方法在生产中见到效果.

三　书本上寻

作为一个学者，往往会到文献中或书本上寻找材料.如果能注意分析比较，这样做不失为一个好方法，可以从中获得不少经验和教训.例子很多，我仅举其中之一.

如何计算山区的表面积? 我们在书上找到了两个方法:一个是地质学家的 Бауман 法,另一个是地理学家的 Волков 法. 这些方法的叙述如下:

从一个画有高程差为 Δh 的等高线地图出发. l_0 是高度为 0 的等高线,l_1 是高度为 Δh 的等高线,……,l_n 是制高点,高度为 h. W_i 是 l_i 与 l_{i+1} 间平面上的面积.

地质学家的方法分两步:

① 令 $C_i = \dfrac{1}{2}(|l_i|+|l_{i+1}|)$,$|l_i|$ 是等高线 l_i 的长度.

② $B_n = \sum\limits_{i=0}^{n-1}\sqrt{W_i^2+C_i^2}$.

地质学家把 B_n 看作是这块山地区域面积值.

地理学家的方法,也分两步:

① $l = \sum\limits_{i=1}^{n}|l_i|$,$W = \sum\limits_{i=0}^{n-1}W_i$.

② $V_n = \sqrt{W^2+(\Delta h \cdot l)^2}$.

地理学家把 V_n 看作是这块山地区域面积值.

这是我们从不同的科学分支找来的两种方法. 当这些方法摆在我们面前的时候,立刻就出现了两个问题:它们是否收敛于真面积? 哪个方法好些?

使人失望的是,两个方法都不收敛于真面积 A,确切地说,命

$$B = \lim_{n\to\infty} B_n, \quad V = \lim_{n\to\infty} V_n,$$

则得出
$$V \leqslant B \leqslant A.$$

证明是不难的,但似乎有些趣味. 我们把曲面写成为

$$\rho = \rho(z,\theta), \quad 0 \leqslant \theta \leqslant 2\pi.$$

这是以制高点为原点、高度为 z 的等高线方程,则习知

$$A = \int_0^h \int_0^{2\pi} \sqrt{\rho^2 + \left(\dfrac{\partial \rho}{\partial \theta}\right)^2 + \left(\rho\,\dfrac{\partial \rho}{\partial z}\right)^2}\, d\theta\, dz.$$

如果引进一个复值函数

$$f(z,\theta)=-\rho\frac{\partial f}{\partial z}+\mathrm{i}\sqrt{\rho^2+\left(\frac{\partial\rho}{\partial\theta}\right)^2},$$

那么

$$V=\left|\int_0^h\int_0^{2\pi}f(z,\theta)\mathrm{d}\theta\mathrm{d}z\right|\leqslant B=\int_0^h\left|\int_0^{2\pi}f(z,\theta)\mathrm{d}\theta\right|\mathrm{d}z$$
$$\leqslant A=\int_0^h\int_0^{2\pi}|f(z,\theta)|\mathrm{d}\theta\mathrm{d}z.$$

我们还发现了它们取等号的可能性. 很不幸, 只有在一些非常特殊的情况下, 才取等号.

这个例子, 一方面说明了数学工作者从其他科学领域寻找问题的可能性, 另一方面也说明了数学理论的作用. 没有数学理论就不能识别方法的好坏. 经过理论上的分析, 我们就有可能由之而创造出更好的方法来.

找出了较好的方法, 是不是能够成为我们应该普及的材料? 不! 这个方法只要让地质地理学家们知道就够了. 也就是建议他们写书的时候改用新法, 或作为我们教授微积分时的资料就行了.

虽然这不是我们可以推广的项目, 但我还是觉得这样的工作是必要的. 这样的材料积累多了, 就可以使我们改写教材时显得更充实, 习题可以更实际, 不是仅仅在概念上兜圈子, 或凭空地去想些难题.

四 车 间 里 找

从一个车间或从个别工人那里得来的问题, 也有不少是很有意义的. 我在这儿举其中一个作为例子, 叫作挂轮问题.

那是 1973 年, 我们到了中国中部的洛阳市去推广应用数学方法. 洛阳拖拉机厂的一位工人给我们提出一个"挂轮问题".

用数学的语言来表达:给定一个实数 ξ,寻求四个介于 20 和 100 之间的整数 a,b,c,d,使

$$\left|\xi-\frac{a\times b}{c\times d}\right|$$

最小.

这位工人给我们指出,从机械手册所查到的数字是不精确的.他以 $\xi=\pi$ 为例,手册上给出的是

$$\frac{377}{120}=\frac{52\times 29}{20\times 24},$$

他自己找到的

$$\frac{2108}{671}=\frac{68\times 62}{22\times 61}$$

要比手册上的好.他问还有比这更好的吗?

这是 Diophantine 逼近问题,粗看起来容易,用连分数有可能解决这个问题.或许从 π 的渐近分数

$$\frac{3}{1},\frac{22}{7},\frac{333}{106},\frac{355}{133},\frac{103993}{33102},\cdots$$

中能找到一个数比这位工人找出的数更好?可是不行! $\frac{355}{113}$ 以前的分数太粗糙,不比他的好.以后的分子分母都超过 100^2,不合要求. 113 是素数,不能分解为 $c\times d$. 这个问题竟成了棘手的问题.怎么办?

时间仅有一天!在我离开洛阳的时候,在火车站给我的助手写了一张小纸条:

$$\left|\frac{377}{120}=\frac{22+355}{7+113}\right|$$

我的助手看了这小纸条,知道我建议他用法里(Farey)中项法.

我的助手用这方法,又找出两个更好的分数.

$$\frac{19\times355+3\times333}{19\times113+3\times106}=\frac{7744}{2465}=\frac{88\times88}{85\times29}$$

及

$$\frac{11\times355+22}{11\times113+7}=\frac{3927}{1250}=\frac{51\times77}{50\times25}.$$

最后一个分数是最好的.

上面是以 π 作为例子,但得出来的方法可以用来处理任意的实数. 根据这个方法我们发现工程手册上有好些 a、b、c、d 并不是最好的,并且还有漏列. 我在此顺便一提:我们可以根据这些经验去帮助编写工程手册的单位和人员,改进他们手册的质量.

找到这个方法,是否能作为我们推广普及的材料?虽然需要这方法的人比算山区表面积的人多些,但用"挂轮计算"的毕竟还是工人中的极少数,而且,如果工程手册改进了,也就可以起到同样的作用. 于是,"选题"问题还需要多方探讨.

五 优 选 法

来回调试法是我们经常用的方法. 但是怎样的来回调试最有效?1952 年克弗尔(J. Kiefer)解决了这一问题. 由于和初等几何的黄金分割有关,因而称为黄金分割法. 这是一个应用范围广阔的方法,我们怎样才能让普通工人掌握这个方法并用于他们的工作中?

我们讲授的方法是(先预备一张狭长纸条)

(1) 请大家记好一个数字 0.618.

(2) 举例说:进行某工艺时,温度的最佳点可能在 1000℃～2000℃ 之间. 当然,我们可以隔一度做一个试验,做完一千个试点之后,我们一定可以找到最佳温度. 但要做一千次试验.

(3) (取出纸条)假定这是有刻度的纸条,刻了 1000℃～2000℃. 第一个试点在总长度的 0.618 处做,总长度是 1000,乘以 0.618 是 618,也就是说第一点在 1618℃ 做,做出结果记下(图 1).

图 1

(4) 把纸条对折,在第一试点的对面,即点②(1382℃)处做第二试验(图2).

图 2

比较第一、二试点结果,在较差点(例如①)处将纸条撕下不要.

(5) 对剩下的纸条,重复(4)的处理方法,直到找出最好点.

用这样的办法,普通工人一听就能懂,懂了就能用. 根据上面第二部分提出的"选题三原则",我们选择了若干常用的优选方法,用类似的浅显语言向工人讲授.

对于一些不易普及但在特殊情况下可能用上的方法,我们也做了深入的研究. 例如,1962 年提出的 DFP(Davidon-Fleteher-Powell)法,声称收敛速度是

$$|x^{(k+1)}-x^*|=o(|x^{(k)}-x^*|).$$

我们曾指出此法的收敛速度还应达到

$$|x^{(k+n)}-x^*|=o(|x^{(k)}-x^*|^2).$$

1979 年我们在西欧才得知伯迈斯特(W. Burmeister)于 1973 年曾证明了这结果. 但是我们早在 1968 年就给出了收敛速度达到

$$|x^{(k+1)}-x^*|=o(|x^{(k)}-x^*|^2).$$

的方法. 这方法比 DFP 法至少可以少做一半试验.

六 分 数 法

有时客观情况不是连续变化的. 例如一台车床,只有若干挡速度. 这时候,$\frac{\sqrt{5}-1}{2}\approx 0.618$ 似乎难以用上,但连分数又起了作用. $\frac{\sqrt{5}-1}{2}$ 的渐近分数是

$$\frac{0}{1}, \frac{1}{1}, \frac{1}{2}, \frac{2}{3}, \frac{3}{5}, \frac{5}{8}, \frac{8}{13}, \cdots, \frac{F_n}{F_{n+1}}, \cdots.$$

这儿的 $\{F_n\}$ 是 Fibonacci 数,由 $F_0=1$,$F_1=1$ 及 $F_n+F_{n+1}=F_{n+2}$ 来定义. 这个方法,我们是利用"火柴"或零件,在车床旁向工人们讲述的.

例如,一台车床有 12 挡

①②③④⑤⑥⑦⑧⑨⑩⑪⑫

我们建议在第⑧挡做第一个试验,然后用对称法,在⑤做第二个试验,比比看哪个好. 如果⑧好,便甩掉①~⑤而留下

⑥⑦⑧⑨⑩⑪⑫

(不然,则留下

①②③④⑤⑥⑦)

再用对称法,在⑩处做试验. 如果还是⑧好,那么甩掉⑩⑪⑫,余下的是

⑥⑦⑧⑨

再用对称法在⑦处做试验,如果⑦好,便留下

⑥⑦

最后在⑥处做试验,如果⑥较⑦好,那么⑥是十二挡内最好的一挡,我们就在⑥挡上进行生产.

这种方法易为机械加工工人所掌握.

七 黄金数与数值积分

$\theta = \dfrac{\sqrt{5}-1}{2}$ 称为黄金数,不但在黄金分割上有用,它在 Diophantine 逼近上也占有独特的地位. 因而启发我想到以下的数值积分公式:

$$\int_0^1 \int_0^1 f(x,y)\mathrm{d}x\mathrm{d}y \sim \frac{1}{F_{n+1}} \sum_{t=1}^{F_{n+1}} f\left(\left\{\frac{t}{F_{n+1}}\right\}, \left\{\frac{tF_n}{F_{n+1}}\right\}\right)$$

这是用单和来逼近重积分的公式,这儿 $\{\xi\}$ 表 ξ 的分数部分.

如何把这个方法推广到多维积分呢？关键在于我们要认识到 $\dfrac{\sqrt{5}-1}{2}$ 是什么？它是分单位圆为五份而产生的，也就是从

$$x^5=1$$

即
$$x^4+x^3+x^2+x+1=0$$

中，令 $y=x+\dfrac{1}{x}$ 而得到 $y^2+y-1=0$，解之，得 $y=\dfrac{\sqrt{5}-1}{2}$，也就是 $y=2\cos\dfrac{2\pi}{5}$.

这是分圆数. 既然分圆为 5 份的 $2\cos\dfrac{2\pi}{5}$ 有用处，那么分圆为 p 份的

$$2\cos\dfrac{2\pi l}{p},\ 1\leqslant l\leqslant \dfrac{p-1}{2}=s$$

是否能用来处理多维的数值积分？此处 p 表示奇素数.

闵可夫斯基(Minkowski)定理早已证明有 $x_1,\cdots,x_{s-1}$ 及 y，使

$$\left|2\cos\dfrac{2\pi l}{p}-\dfrac{x_1}{y}\right|\leqslant\dfrac{s-1}{sy^{s/s-1}}.$$

但 Minkowski 的证明是存在性证明，对于分圆域 $\mathbf{R}\left(2\cos\dfrac{2\pi}{p}\right)$ 而言，因为有一个独立单位系的明确表达式，所以能够有效地找到 $x_1,\cdots,x_{s-1}$ 与 y，因此可用

$$\left(\left\{\dfrac{t}{y}\right\},\left\{\dfrac{tx_1}{y}\right\},\cdots,\left\{\dfrac{tx_{s-1}}{y}\right\}\right),\ t=1,\cdots,y$$

来代替
$$\left(\left\{\dfrac{t}{F_{n+1}}\right\},\left\{\dfrac{tF_n}{F_{n+1}}\right\}\right),\ t=1,\cdots,F_{n+1}.$$

这不但可以用于数值积分，而且凡用随机数的地方，都可以试用这点列.

八 统 筹 方 法

教学改革既要帮助学生扩大知识面，还要有促进社会生产发展的作用. 以上介

绍的优选法的例子既便于普及,又是改进生产工艺的好方法.另外,质量控制是在出了次品、废品后,不让它们出厂,从而保持本厂产品质量荣誉的方法,但是,与其出了废品后再处理,不如先用优选法找到最好的生产条件而减少废品率.这样,再用质量控制把关也就比较轻而易举了.

在生产中,除了生产工艺的管理问题外,还有生产组织的管理问题.处理这类问题所用的数学方法,我们称之为统筹方法(或统筹学).

统筹学中也有许多好方法,可以进行普及,仅举几例.

1. CPM 法.

我们开始普及时,为了容易接受起见,而把让工期缩到最短作为目标.但是,一旦大家学会了这个方法,就会懂得去搞投资最少及人力、资源平衡等较为复杂的问题.CPM 是什么,大家都已知道了,我只准备介绍我们是怎样工作的.

我们的第一原则是根据实际工程,使技术人员或工人学会这一方法,步骤是:

(1) 调查.调查三件事:① 组成整个工程的各个工序;② 各工序之间的衔接关系;③ 每道工序所需的时间,要做好这一条,一定要注意依靠生产第一线的工人和技术人员,他们的估计比起上层的技术人员的估计更切合实际.

(2) 依据这些材料,使大家学会画出草图,再教会大家找关键路线的方法,然后大家讨论,献计献策,努力缩短工期,定出计划,画出 CPM 图.

(3) 注意矛盾转化.在工程进行过程中,经常会有提前或延期完成的现象,因此关键路线不会一成不变.我们就要经常注意变化的情况,给有关工段下指示.

(4) 总结.在工程完成后,依照实际的进度重画 CPM 图,这样可以把这次的经验记录下来,作为下次施工的参考.

我们体会到,这一方法宜小更宜大,或者从基层工段做起,逐步汇成整个工程的 CPM 图.或从全局着眼,先拟制一个粗线条的计划,然后由基层单位拟订自己的 CPM 图,再综合起来,大家讨论修改.

2. 序贯分析(sequencing analysis).

如果有若干工程(每个工程各有时间估计,或可用 CPM 估出),可以任意安排先后次序施工,如何安排次序,使总的等待时间最短.

在解决这一问题之前,先讲一个数学问题.

有两组非负数

$$a_1, \cdots, a_n;$$
$$b_1, \cdots, b_n.$$

怎样的次序使

$$\sum_{i=1}^{n} a_i b_i$$

最小或最大? 答案是:"a"与"b"同序时最大,逆序时最小. 证明是容易的,从下面最简单的情况,不难推出最一般的结果.

若 $a_1 \leqslant a_2, b_1 \leqslant b_2$,则

$$a_1 b_1 + a_2 b_2 \geqslant a_1 b_2 + a_2 b_1,$$

即 $(a_2 - a_1)(b_2 - b_1) \geqslant 0$. 一般来说,和中若有一个不同序处,则改之为同序后,和数更大.

再用通俗的话来讲:有一个水龙头,有 n 个容量分别为 $a_1, a_2, \cdots, a_n$ 的水桶,依怎样的次序安排才能使总的等待时间最短? 第一桶注满的时间是 a_1,第二桶是 $a_1 + a_2, \cdots$,所以总的等待时间是

$$a_1 + (a_1 + a_2) + \cdots + (a_1 + a_2 + \cdots + a_n) = na_1 + (n-1)a_2 + \cdots + 2a_{n-1} + a_n.$$

它当"a"依 $b_1 = n, b_2 = n-1, \cdots, b_n = 1$ 的反向排列时最小,即

$$a_1 \leqslant a_2 \leqslant \cdots \leqslant a_n,$$

也就是容量小的先灌.

如果有 s 个水龙头,第一个水龙头上的水桶容量次序为 $a_1^{(1)}, \cdots, a_m^{(1)}$. 第二个是 $a_1^{(2)}, \cdots, a_m^{(2)}, \cdots$. 因此总等待时间是

$$\sum_{j=1}^{s} [m a_1^{(j)} + (m-1) a_2^{(j)} + \cdots + a_m^{(j)}]$$

(我们不排除有些 $a_t^{(j)} = 0$).

命
$$b_1=b_2=\cdots=b_s=m,$$
$$b_{s+1}=b_{s+2}=\cdots=b_{2s}=m-1,$$
……

便得出结论:仍然是"小桶先灌".

3. 上面两段初等介绍,使大家对多工程,总安排有了初步认识.然后再向负责组织管理的人提供当前他们所用得着的方法.

4. 另一个可以普及的方法是关于运输调配的图上作业法.有 n 个小麦产地 $a_1,\cdots,a_n$,各生产麦子 $A_1,\cdots,A_n$(吨),要运往 m 个消费点,各需要麦子 $B_1,\cdots,B_m$.要求运输的吨公里数最小.这问题当然可以用线性规划来处理.但我们往往用较简单的图上作业法.这个方法的原则是:利用交通图,消灭对流和迂回.

九 统 计 方 法

1. 经验公式及数学见识的重要性.

经验公式往往从许多统计数据归纳而得,具有广博知识和一定数学修养的科学家很容易看出某个经验公式的意义.举个例子,印度数理统计学家博斯(R. C. Bose)分析了印度稻叶的大量样本,得出一个计算稻叶面积 A 的经验公式

$$A=\frac{\text{长}\times\text{宽}}{1.2}.$$

我不怀疑此公式的可靠性.一些中国农学家应用相同的公式去估计他们的稻子试验田的产量,我看了他们稻田里叶子的形状后,便立刻指出这公式不适合他们的稻叶.他们采集了一些稻叶样本来测量,果然发现这公式估计的面积比实际稻叶面积大.他们很奇怪,我画了下面的一个图(图3)向他们解释:

图 3

阴影部分表示叶片的面积.

在这种情形下,长方形面积与 A 的比近似为 6/5 即 1.2.但在他们的试验田里,叶片的形状更为狭长.我又画了另一个图(图 4):

图 4

这时,长方形面积与 A 的比当然大于 1.2 了.很容易解释为什么用 Bose 的公式会高估了他们稻叶的面积.

由此,我们得到了很好的教训:一个经验公式的数学背景是非常重要的.

2. 简便统计.

在实验科学中我们常常应用统计方法,当然不能否认,这些方法是重要的.然而,我个人认为某些方法太复杂繁琐,而且很容易被滥用、误用.先举一些例子.

例 1 某一试验独立地重复了 20 次,以 $x_1, \cdots, x_{20}$ 表示观察值.命

$$\overline{x} = (x_1 + \cdots + x_{20})/20,\text{(均值)}$$

$$s = \sqrt{\sum_{w=1}^{20}(x_i - \overline{x})^2/19}.\text{(标准离差)}$$

这时,做实验的人可以声称:观察值落在区间 $(\overline{x} - 1.73s/\sqrt{20}, \overline{x} + 1.73s/\sqrt{20})$ 的置信概率为 0.9.这样复杂的方法似乎不易为中国的普通工人所理解.此外,基本的高斯(Gauss)假设很可能不成立!

实际上,我倾向于用如下的简便方法.

将观察值排好次序,记为

$$x_{(1)} \leqslant x_{(2)} \leqslant \cdots \leqslant x_{(20)}.$$

我们可以如实地说,试验值落在 $\left(\dfrac{x_{(1)} + x_{(2)}}{2}, \dfrac{x_{(19)} + x_{(20)}}{2}\right)$ 的可能性大于 $18/20 = 90\%$.

例 2 假如有两种生产方法,每种方法有 5 个观察值,要求检验哪种方法较好.

以$\{a_1, \cdots, a_5\}$与$\{b_1, \cdots, b_5\}$分别表示第一法与第二法的观察值. 我们可以借助于通常的 student 分布[①]，试一试比较两者的均值. 但要知道，用这样一个复杂的办法，要基于一系列的假设，诸如正态性、同离差、独立性等. 对于这些东西，普通工人是不容易理解的.

有一个更为可靠的简便方法，它只基于有序样本$a_{(1)} > a_{(2)} > \cdots > a_{(5)}$和$b_{(1)} > \cdots > b_{(5)}$的比较，可能更适于在中国推广. 举例说，如果将两组样本混起来比较次序，有

$$a_{(1)} > a_{(2)} > a_{(3)} > a_{(4)} > b_{(1)} > a_{(5)} > b_{(2)} > b_{(3)} > b_{(4)} > b_{(5)}$$

或 $a_{(1)} > a_{(2)} > a_{(3)} > a_{(4)} > a_{(5)} > b_{(1)} > b_{(2)} > b_{(3)} > b_{(4)} > b_{(5)}$.
我通常伸出两只手、两只大拇指互相交叉（图 5），用以说明前者：

图 5

即使是普通工人也很容易明白：不能说两种生产方法一样好. 进一步讲，两组样品有$5 \times 5 = 25$种比较关系，除了$b_{(1)} > a_{(5)}$外，"a"都大于"b". 所以"第一种生产方法比第二种好"有$\dfrac{24}{25} = 96\%$的可能性.

3. PERT.

考虑 PERT (Program Evaluation Review Technique). 假如在表示某工程的网络中共有N个活动，描述第i活动持续时间的基本参数有三个. 以a_j, b_j和c_j表示"乐观时间""最可能时间"和"悲观时间". 第i个活动的持续时间通常假定是服

[①] 学生分布，也即 t-分布. ——编者注

从 beta 分布①(在 (a_j, c_j) 上),具有平均持续时间 m_j,

$$m_j = (a_j + 4b_j + c_j)/6,$$

并且有离差 $(b_i - a_i)^2/36.$

整个工程所需总时间的概率分布是否可用 Gauss 分布②来近似?对这个问题仍然有争议. Gauss 分布的前提是中心极限定理(CLT)."服从 beta 分布"这个假设本身已有争论,即使不计及这点,能否草率地应用 CLT,还很有疑问.

4. 试验的设计.

我认为,迄今为止还没有给予非线性设计足够的重视,过去偏重于线性模型的研究,却掩盖了一个重要的事实:这些模型往往不符合现实.

我们需要不断改进模型,使之更接近现实.当然,我们也懂得任何模型都不是实体,不能指望有一个完全符合现实的模型.

5. 分布的类型.

有人一直主张用皮尔逊(Pearson)Ⅲ型分布去模拟"特大"洪水间隔时间的分布.在这个问题中,数据本来就少得可怜,因而用Ⅲ型分布是否符合事实?是否明智?都值得怀疑.更不用说从这模型去预测下一次大洪水到来的时间了.

十 数 学 模 型

1. 矩阵的广义逆.

考虑 y 关于 $x_1, \cdots, x_p$ 的一般回归模型,

$$y = f(x_1, \cdots, x_p) + e.$$

这里 e 表示随机"误差"项.以 $y^{(i)}$ 表示 y 在 $x_1^{(i)}, x_2^{(i)}, \cdots, x_p^{(i)}$ 的观察值.若假定 f 是线性的,且有 $n(>p)$ 个观察值,那么

---

① 即 β-分布.——编者注
② 即正态分布.——编者注

$$y^{(i)} = \sum_{j=1}^{p} \theta_j x_j^{(i)} + e^{(i)}, \quad i=1, \cdots, n. \tag{1}$$

估计 $\theta_1, \cdots, \theta_p$ 的一般方法是令 $\sum_{i=1}^{n} [e^{(i)}]^2$ 关于 θ_j 达到最小值. 亦即使 $Q(\underset{\sim}{\theta}) = (\underset{\sim}{y} - \underset{\sim}{M}\underset{\sim}{\theta})'(\underset{\sim}{y} - \underset{\sim}{M}\underset{\sim}{\theta})$ 关于 $\underset{\sim}{\theta}$ 达最小值, 此处

$$\underset{\sim}{y} = [y^{(1)}, \cdots, y^{(n)}]',$$

$$\underset{\sim}{M} = \begin{bmatrix} x_1^{(1)} & x_2^{(1)} & \cdots & x_p^{(1)} \\ \vdots & \vdots & & \vdots \\ x_1^{(n)} & x_2^{(n)} & \cdots & x_p^{(n)} \end{bmatrix},$$

$$\underset{\sim}{\theta} = (\theta_1, \cdots, \theta_p)'.$$

为简单起见, 可以假定 $\underset{\sim}{M}$ 是 p 阶的, 那么,

$$Q(\underset{\sim}{\theta}) = [\underset{\sim}{\theta} - (\underset{\sim}{M}'\underset{\sim}{M})^{-1}\underset{\sim}{M}'\underset{\sim}{y}]'\underset{\sim}{M}'\underset{\sim}{M}[\underset{\sim}{\theta} - (\underset{\sim}{M}'\underset{\sim}{M})^{-1}\underset{\sim}{M}'\underset{\sim}{y}] +$$

$$\underset{\sim}{y}'[I - \underset{\sim}{M}(\underset{\sim}{M}'\underset{\sim}{M})^{-1}\underset{\sim}{M}']\underset{\sim}{y} = S_1 + S_2,$$

因为 $S_1 \geqslant 0$, 所以置

$$\underset{\sim}{\theta} = (\underset{\sim}{M}'\underset{\sim}{M})^{-1}\underset{\sim}{M}'\underset{\sim}{y} \tag{2}$$

可使 $Q(\underset{\sim}{\theta})$ 达到最小值. 有时候, (2) 被看作是方程

$$\underset{\sim}{y} = \underset{\sim}{M}\underset{\sim}{\theta} \tag{3}$$

的广义解. 因之 $(\underset{\sim}{M}'\underset{\sim}{M})^{-1}\underset{\sim}{M}'$ 被称作 $\underset{\sim}{M}$ 的**广义逆**.

当然, 如果模型是线性的, 那么 (2) 是正确解. 但是, 如果将 (2) 代入方程 (3) 后, y 的"观察值"和"预测值"之间出现本质上的差异, 那么就得放弃线性的假定了.

有许多例子是将本质上非线性的问题当成线性去求解的. 广义逆的应用只不过是其中之一, 另外一些例子有线性规划、正交设计等.

2. 非负矩阵.

因为许多经济学上的变量都是非负的, 我认为非负矩阵的理论, 很适用于分析经济关系. 我也相信, 在建立中国经济的数学模型时, 这一理论会很起作用.

十一 结 语

如果要我用几句话说明我在最近十五年来推广数学方法中学到了什么,我会毫不犹豫地回答,从中我学会了一个螺旋上升的过程(图6):

图 6

附录 应 用 数 学[①]
中国科学院应用数学小组分队

在过去的二十年里,华罗庚教授在继续纯数学的理论研究之外,又大力从事于数学方法对于国民经济的应用. 他领导了一个由数学工作者、技术人员和工人所组成的小分队,到过全国二十三个省市,下到成千上万个工厂去进行普及推广工作. 用这种办法,他成功地把许多有用的数学方法直接交到普通工人师傅手里,并应用在生产上取得了显著的经济效果. 他在这项工作上所花的时间和精力,毫无疑问,不比他在纯数学的任何一个领域里所花的来得少. 由于这个原因,我们觉得在这本选集中应当收进一个说明他在这方面的贡献的简表. 由于这种成果遍及许多不同的行业和部门,所以不可能详细地一一叙述它们.

纺织

1. 提高 2014 纱卡的质量.

[①] 原载 Loo-Keng Hua, Selected papers. Springer-Verlag, 1983.

2. 解决美丽绸褪色的问题.

3. 提高织机的效率.

4. 提高细纱的单产.

5. 提高涤棉布热定型的效率.

6. 减少细纱的断头率.

7. 改进滚筒表面的状况, 减少缠纱的现象.

8. 锡林动平衡问题.

9. 提高染色质量, 节约原材料.

电子

1. 试制新的 160 V 电容器.

2. 100 万米废钼丝复活.

3. 提高晶体管防潮漆的抗潮性能.

4. 调试 XD_1 信号发生器的功率放大器.

5. 解决 BP-3 宽频谱分析仪的源电压波动问题.

6. 回收稀有金属钽.

7. 提高在制造钽电解电容器中钽粉的利用系数.

8. 改进单晶硅衬底的质量.

9. 控制铝膜的厚度.

10. 高纯铝箔的退火.

11. 提高点腐蚀工艺的质量.

冶金

1. 提高球磨机的效率.

2. 改进浇铸 H80 焊条钢中铝封顶的效果.

3. 克服熔炼 Si-Cr 硅铬合金中的技术障碍.

4. 减少电炉炼钢的时间.

5. 提高 2Cr13 不锈钢的质量.

6. 提高钴的产量.

7. 提高钛的产量.

8. 改进硅钢片涂层的质量.

9. 提高三辊冷轧管机的产量.

10. 减少 $\phi 500$ 轧机的废品率.

11. 提高金属锰的回收率.

12. 解决由于钢锭收缩产生的孔隙的问题.

13. 延长炉龄.

煤矿

1. 合理安排,提高煤的产量.

2. 调整联合采煤机的参数,提高机器效率.

3. 减少炸药消耗,提高采煤工作面的单产.

4. 提高精煤回收率.

5. 提高圆环锚链和连接环的破裂强度.

电力

1. 恢复汽轮发电机组的输出.

2. 提高锅炉的效率.

3. 改变工业供水系统.

4. 调优供水泵的运行.

5. 实现在开机并列时的自动频率调节.

6. 降低汽轮机轴承的温度.

7. 提高移动床软化水的效率.

通信和交通

1. 组织铁路施工.

2. 提高车站的装卸率.

3. 降低车船的燃料(油料)消耗.

4. 改进气象导航.

5. 组织泸州长江大桥的施工建设.

建筑和建材

1. 建筑工程的组织.

2. 建筑工程的预算.

3. 桥梁工程的组织.

4. 提高纤维板的产量.

5. 降低聚氯乙烯胶泥的成本.

6. 提高混凝土预制板的产量.

7. 提高水磨石制品的质量.

8. 提高膨胀珍珠岩的膨胀系数.

9. 降低矿渣混凝土的成本.

10. 试制多硫化钙溶液.

11. 提高离心浇注混凝土管的效率.

食品、粮油加工

1. 提高大米加工中的出米率.

2. 提高油料加工中的出油率.

3. 提高小麦加工中的出粉率.

4. 提高酿酒工艺中的出酒率.

5. 提高糖的回收率.

6. 提高饴糖的产量.

7. 降低细挂面的再加工率.

8. 提高由麦芽制糖的出糖率.

9. 提高豆腐质量,降低大豆消耗.

10. 提高糖果的质量.

11. 提高猪毛溶解工艺中蛋白的得率.

设计

1. 设计无线电网络.

2. 设计滤波器.

3. 设计补偿器.

4. 在给定地形上的机场的设计.

5. 光学设计.

6. 行星齿轮的设计.

7. 无线电发射机的频带的设计.

8. 电路开关的设计.

9. 水样采集器的设计.

10. 多级提水站的位置的设计.

化工

1. 提高液晶对温度变色的灵敏度.

2. 提高癸二酸的质量.

3. 提高双氰胺的回收率.

4. 提高活性炭的产量和质量.

5. 延长辛烯醛加氢(触媒)反应中催化剂的寿命.

6. 在锆氟酸钾生产中,节约原料硅氟酸钾.

7. 提高抗氧剂 1010 的回收率.

8. 改进精馏塔的分离系数.

9. 提高糠醛的产率.

10. 提高苛性碱的回收率.

11. 增加来苏尔的产量.

12. 在硫化碱的生产中,提高产量,节约原材料.

13. 减少电能消耗,增加碳化钙的产量.

14. 增加造粒塔的产量.

15. 增加气体发生器的产气量.

16. 增加磷肥的产量.

石油

1. 提高破乳剂 GP122 的效能.

2. 提高原油脱水的质量.

3. 提高在常减压加工中,减压塔的总产率.

4. 计算油井的最大产能.

5. 提高化学清蜡中的溶蜡率.

6. 优选锅炉运行的最佳条件.

7. 降低厚油的黏性.

8. 选择地震资料基地的回放仪滤波因素.

9. 增加微球硅化铝(催化剂)的产量.

10. 用铂重整法试炼新油种.

11. 提高抗凝剂 605 的质量.

轻工业

1. 提高热水瓶的质量.

2. 增加肥皂的产量.

3. 提高纸张的质量.

4. 提高鞣制皮革的质量.

5. 增加皮鞋的产量.

6. 提高 10 W 荧光灯光效.

7. 增加卷烟的产量.

8. 提高罐头内涂料的质量.

9. 提高鸭绒分离机的效率.

10. 利用干枯变质木材生产火柴.

11. 提高锦纶丝的产量.

12. 增加特种甘油的产量.

13. 改进 TiF_2 玻璃的质量.

机械制造

1. 提高各类机床的加工效率和精度.

2. 挂轮间的最优逼近.

3. 砂轮的静平衡.

4. 提高落地镗床镜面标尺的光洁度.

5. 提高球墨铸铁的质量.

6. 提高法兰盘加工的质量.

7. 快速镀铬.

8. 提高电泳镀漆的质量.

9. 各类切削工具的淬火工艺.

10. 齿轮平面表面的高频淬火工艺.

11. 振动膜的热处理.

12. 不开坡口单层双面埋弧自动焊接.

13. 用 3S 铬钼钒加工钻头.

14. 氧气瓶的收口成型.

15. 无氰镀锌工艺.

16. 降低高炉的焦铁比.

制药

1. 优选酰化反应时间增加扑热息痛的产量.

2. 提高海带提取碘的得率.

3. 降低磺胺嘧啶的成本.

4. 增加敌百虫农药的产量.

5. 改进四环素的压片工艺.

6. 提高甲醇钠的产量.

7. 提高土霉素盐酸盐的回收率.

8. 在呋喃类药物生产中,节约原料.

9. 提高磺胺嘧啶的发酵指数.

图书在版编目(CIP)数据

大哉数学之为用：华罗庚科普著作选集/华罗庚著.
—上海：上海教育出版社,2018.12
ISBN 978-7-5444-8888-4

Ⅰ.①大… Ⅱ.①华… Ⅲ.①数学－文集 Ⅳ.
①O1-53

中国版本图书馆 CIP 数据核字(2018)第 300276 号

策　划　刘懿　赵海燕
责任编辑　张莹莹
特约编辑　方运加
整体设计　陆　弦

大哉数学之为用：华罗庚科普著作选集
华罗庚　著

出版发行　上海教育出版社有限公司
官　　网　www.seph.com.cn
地　　址　上海永福路 123 号
邮　　编　200031
印　　刷　常熟华顺印刷有限公司
开　　本　700×1000　1/16　印张 29
字　　数　430 千字
版　　次　2018 年 12 月第 1 版
印　　次　2018 年 12 月第 1 次印刷
书　　号　ISBN 978-7-5444-8888-4/O·0166
定　　价　88.00 元

如发现质量问题，读者可向本社调换　　电话：021-64377165